全国高等农林院校"十一五"规划教材

种 子 生 物 学

高荣岐　张春庆　主编

中国农业出版社

内 容 提 要

　　本教材共十章，包括种子的形态构造与机能，种子的化学成分，种子的形成和发育，种子的成熟，种子的无性繁殖，种子休眠，种子活力和劣变，种子寿命，种子萌发，种子生态。书后附有专业名词中英文对照和常见植物汉英拉名称对照。

　　本教材将种子形态学、种子生理学、种子发育学、种子生态学等相关内容融会贯通，在细胞、亚细胞和分子水平上系统阐述种子的解剖、超显微结构、化学组成及其在发育、成熟、萌发、劣变等生命历程中的功能、变化；介绍种子休眠、衰老、萌发的形态、生理生化及分子机制，环境条件对种子发育、成熟、休眠、活力、寿命、萌发的影响；首次将种子生态纳入种子生物学的范畴。

　　本教材注重理论知识与应用技术的密切结合，所举实例广泛涉及裸子植物、被子植物中的农作物、蔬菜、林木、果树、花卉、牧草等多种植物种子，内容系统、新颖、适用，可作为高等农林院校种子、农学、园艺、林学、花卉等相关专业的教材或教学参考书，亦可作为种子工作者、农业科技人员、农业管理者的参考书。

主　编　高荣岐　张春庆

副主编　马守才　兰进好　孙黛珍

　　　　张文明　侯建华

编　者　(按姓氏笔画排列)

　　　　马守才（西北农林科技大学）

　　　　尹燕枰（山东农业大学）

　　　　兰进好（青岛农业大学）

　　　　孙爱清（山东农业大学）

　　　　孙黛珍（山西农业大学）

　　　　吴承来（山东农业大学）

　　　　张文明（安徽农业大学）

　　　　张春庆（山东农业大学）

　　　　张海艳（青岛农业大学）

　　　　郑文寅（安徽农业大学）

　　　　侯建华（内蒙古农业大学）

　　　　高荣岐（山东农业大学）

前　言

种子学是一门既古老又年轻的学科。1876 年 F. Nobbe 的《种子学手册》一书，标志着种子学作为一门独立学科诞生。虽然 20 世纪后半叶特别是 80 年代以来，种子学科有了迅速发展，但其研究毕竟只有一百二十余年的历史，仍然是一门年轻的学科。植物生物学作为生物科学技术的重要组成部分，近年来发展迅猛，相关的论著繁多。种子生物学作为植物生物学的一个重要分支，是研究种子形态、结构及其与功能的关系，种子形态、结构及功能形成、变化规律及调控机理的科学。近年来随着科学技术的迅速发展，其内容也得到了极大丰富和深入，并由静态的观察描述逐步进入到实验研究阶段，逐步接触到种子生命活动的内在本质及其与环境的相互联系。然而到目前为止，尽管国内外的种子专家们从不同方面对种子形成、发育、休眠、寿命、萌发的现象和本质进行了深入探讨，但从大科学的角度考虑，种子的本质是什么，有些种子何以会有几十甚至几百、几千年的休眠期，许多种子为何能适应超干贮藏，而在超干状态下能忍受极度的高温和低温，这一系列的问题都远未解释清楚。更进一步的问题如为什么生物越进化，适应自然环境的能力反而越弱，能不能通过基因导入的方法变短寿命种子为长寿命种子等，不管从宏观还是微观层面，种子生物学还都是新兴学科。随着系统生物学的提出和迅速发展，将种子学中的种子形态、发育、成熟、休眠、寿命、萌发、生态影响以及产量、质量控制等与种子生理、生化、遗传表达等分子生物学有机结合，对种子这一生命体进行系统研究论述，已成当务之急。为了促进我国种子学科的发展，提高我国种子工作的水平，以适应加入世界贸易组织后市场激烈竞争的新形势，编者集多年种子教学、科研工作的理论与实践经验，并广泛汲取国内外种子学科研究的新资料、新成果，编著了本教材。

本教材分为十章，将种子形态学、种子生理学、种子发育学、种子生态学、种子生物工程等相关学科融会贯通，在细胞、亚细胞和分子水平上系统阐述种子的解剖、超显微结构、化学组成；分析形态结构、化学成分在种子发育、成熟、萌发、劣变等生命历程中的功能、变化；探讨种子休眠、衰老、萌发的形态、生理生化机制，生态环境对种子发育、成熟、休眠、活力、寿命、萌发的影响，种子发育、成熟、物质形成、休眠、萌发中的基因表达与调控；介绍具有现实意义的种子生物技术，如胚、胚乳培养、人工种子研制等，首次将种子生态纳入种子生物学的范畴。因此，种子生物学既是一门基础理论课，为种子生产、种子加工、种子贮藏、种子检验等提供科学的理论依据；同时又是一门技术应用课，为种子工程提供新技术，最终为人类改造种子、创造种子、发展种子产业提供有益的参考。

　　本教材注重理论知识与应用技术的密切结合，所举实例广泛涉及裸子植物、被子植物中的农作物、蔬菜、林木、果树、花卉、牧草等多种植物种子，内容系统、新颖、适用，可作为种子工作者、农业科技人员、农业管理者、植物类学科师生的参考书，亦可作为高等农林院校种子、农学、园艺、林学、花卉等相关专业的教科书或教学参考书。希望该书的出版能起到抛砖引玉的作用，促进种子生物学的研究和发展。不当之处，恳请广大读者批评指正。

编　者
2008 年 10 月

目　录

绪 论

种子是植物长期进化的产物，是种子植物个体发育的一个阶段。从胚珠受精开始，到种子成熟、休眠、萌发，是种子植物的一段微妙、独特的生命历程，它既是上一代的结束，又是下一代的开始。种子从被人类利用开始，就对人类的生存、发展乃至整个人类社会的进步起着极其重要的作用。

一、种子及其重要性

(一) 种子的含义

通常所指的种子，多为广义上或说是农业生产上的种子，它无论从定义上还是范围上与植物学上所指的种子都是有区别的。

在植物学上，种子是指由胚珠发育而成的繁殖器官，它的最外面是种皮，内含胚和胚乳。它不包含花器的其他组织所发育的部分，若整个籽粒由子房发育而来，则称为果实而非种子。

在农业生产上，种子泛指播种材料，即凡是用于播种的植物器官，统称为农业种子。农业种子多种多样，大体可归纳为真种子、类似种子的果实、营养器官、人工种子四大类。

1. 真种子 真种子就是植物学上所定义的种子，整个籽粒由胚珠发育而成。生产上常见的有多数豆类、十字花科、瓜类、棉花、烟草、蓖麻、黄麻、茄子、番茄、辣椒、葱类、柑橘、茶、苹果、梨、银杏、松、柏等的种子。

2. 类似种子的果实 类似种子的果实即植物学上定义的许多干果，由子房发育而来，有的还附有花器的其他部分发育而成的附属物，如稃壳、花萼等。常见的有颖果如小麦、玉米等，假颖果如水稻、大麦等，瘦果如向日葵、大麻、苎麻、莴苣等，坚果如板栗、核桃、甜菜、菠菜等，核果如桃、李、杏、杨梅、枣等，悬果如胡萝卜、芹菜等。

3. 营养器官 生产上常利用某些植物的营养器官而非繁殖器官作播种材料，常见的如甘薯和山药的块根，马铃薯和菊芋的块茎，洋葱和蒜的鳞茎，芋艿和荸荠的球茎，莲和竹的地下茎，甘蔗的地上茎，苎麻的吸枝等。所以利用这些营养器官作播种材料，是因为它们具有比种子更方便、简单且产量高的优点，个别的则为常规生产上难以产生种子。

4. 人工种子 人工种子是随着农业科学技术的发展而产生的新类型，是指把通过组织培养产生的胚状体或芽包裹在胶囊中，使其外观、构造、功能均像天然种子，用以播种或流通。严格地说，人工种子仍属于营养繁殖的范畴，但它利用的不是某些天然器官，而是人工制成的繁殖单位。

我国 2000 年 12 月 1 日施行的《中华人民共和国种子法》中所定义的种子，是指农作物和林木的种植材料或者繁殖材料，包括籽粒、果实和根、茎、苗、芽、叶等。

（二）种子的重要性

种子作为植物进化的产物，所具有的繁殖功能是其他植物器官无法比拟的。首先，它是祖代遗传信息的携带者和传递者，不但使植物得以世代延续，而且能变异使优胜劣汰得以进行而进化；其二，种子成熟干燥后新陈代谢极其微弱，几乎处于静止状态，从而具有很强的抗逆能力，可以说，种子产生的本身就是植物对不良环境的一种适应性；其三，种子中积累有丰富的营养物质，为下一代的生长发育提供有力的物质保障；其四，种子易于传播、贮藏，能长期保持生命力，使得"基因银行"的建立成为可能。正由于种子的这些独特优点，使得种子不仅在生物学上，而且在农业生产上，乃至整个人类发展史上，都具有极为重要的地位。

民以食为天。自古以来，种子就是人类的主要生活资料，人类的衣、食、住、行都直接或间接与种子相关。即使在科学技术已相当发达的今天，人类食粮的 80% 仍直接取自植物种子，棉花亦仍然是人类衣被的主要原料。另外，种子还是众多工业、医药的基础原料，是畜牧业的主要精饲料。种子的易于加工、贮藏和高营养，是人类赖以生存、发展的基础。可以说，正是种子及对种子的生产、利用，孕育了人类的古、近代文明。

种子还是人类从事农林生产最基本的生产资料。由于种子具有传宗接代的再生产性能，才使地球上万物繁衍，才有了人类的农林生产，进而开始了其他行业的创建和发展。农林生产是自然再生产和经济再生产相互交织的物质能量转化过程，种子作为从事农林生产的有生命物质和最终目的物，是任何其他物质和技术所不能替代的。无论是过去、现在和未来，无论科学技术如何发达，农林生产都必定是人类社会的支柱，而要从事农林生产，种子都是必不可缺的。同时，使用良种更是植物生产最经济有效的增产措施。据估测，应用杂交种可比常规种提高产量 30% 左右；杂交种纯度每上升 1%，产量可提高 1%～2%；通过更换良种，可提高产量 8%～10%；通过精选加工、包衣和精量播种，可省种 20%～40%，提高产量 5% 以上。在所有农业增产措施中，种子因素所占的份额可高达 30%～45%。

种子还是农业科技的载体，是绿色革命的基础。农林作物产量的增加、品质的改良及生产效益的提高，都必须通过种子才能实现。纵观世界农业发展史，种子所起的主导作用功不可没。早在远古时代，人类茹毛饮血的狩猎生活的结束，便是由于利用种子进行作物生产，建立了农业，从而改变了自身的生活方式——由游牧到定居，奠定了古代文明的基础。20 世纪 30～50 年代美国杂交玉米的育成和推广，60 年代墨西哥矮秆小麦和菲律宾矮秆水稻的育成和 70 年代我国杂交水稻的培育成功，使世界粮食产量大幅度提高，在很大程度上解决了世界上特别是第三世界人民的吃饭问题，缓解了人口爆炸的威胁，被全世界推崇为"第二次绿色革命"。现在已在迎接或说已经开始的"第三次绿色革命"，也是通过利用、改善和创造种子来实行的。英国最先利用基因工程的方法成功地提高了谷类种子的蛋白质和赖氨酸含量；日本人利用体细胞杂交培育出了具有马铃薯（potato）和番茄（tomato）两种作物结实特性的"马番茄（pomato）"；美国用远缘杂交的方法培育出了蛋白质含量高达 26.5% 的"超级蛋白小麦"；利用基因导入的方法培育抗虫棉、抗虫玉米已广泛应用于生产。太空系列作物品种亦有很多报道，正如古人所谓"一粒粟中藏世界"。可以预计,在新的世纪里,"种子革命"将会为人类带来更大的福利、更多的发展机遇,为世界范围内的食品安全提供保障。

在市场经济下,种子是一种商品。但种子作为商品,除了有一般商品所有的价值和使用价值属性外,还具有特殊性。种子作为商品的特殊性主要是具有再生产性,它本身的价值和使用价值往往是不等同的。一批好种子经一季种植,可能增值十倍、百倍甚至千倍,但如果此种子质量不好,损失也将是十倍、百倍甚至千倍。如1994年湖南省汝城县三江口农林牧种源公司将"汕优3550"、"协优3550"杂交稻种4万多千克冒充"汕优63"和"协优63",销往安徽、福建、广西等地,造成大面积减产和绝产,损失人民币近千万元。1995年北京通县胡各庄某菜籽店销售劣质大白菜"北京新1号"种20.65kg,造成菜农经济损失17.57万元。这足以见其质量的重要性。由于种子是活商品,在生长发育、加工、贮藏、运输过程中都要求与其适应的环境条件,若不合适就会降低生活力甚至丧失生命;种子还具有生产周期长、季节时效期短的特点,市场需求较难预测,容易造成大余大缺。另外,种子还具有区域局限性和性状隐蔽性,有些性状如适应性、抗逆性、丰产性、品质等不但从外观上看不出来,而且无仪器可检,只能在田间长到一定生育阶段才表现出来,若出问题已造成无法挽救的损失。

我国是农业大国,农业是国民经济的基础,而种子又是农业发展的基础。纵观农业的发展史,每一次作物产量的重大突破,都首先是种子的突破。我国的种子业必须迅速发展,不发展不足以带动农业乃至整个国民经济的发展,不足以养活庞大的人口确保粮食安全,不足以富民强国。我国地域广阔,有丰富的种质资源,具有种子行业迅速发展的良好基础和潜力。作为种子工作者、农业工作者,深入地了解种子、探讨种子,有效地改良种子、创造种子,使种子更好地为人类造福,任务光荣而艰巨。

二、种子生物学的内容和任务

种子学是研究各种作物种子的特征、特性和生命活动规律,为农业生产服务的一门应用科学。从广义上讲,种子学包括种子的基础理论部分和技术应用部分。基础理论部分即狭义种子学,是为技术应用部分提供理论依据的;技术应用部分则广泛包括种子加工学、种子贮藏学、种子检验学、种子生产、种子经营管理等。种子生物学是在狭义种子学的基础上发展而成,它将种子形态学、种子生理学、种子发育学、种子生态学、种子生物工程等相关学科融会贯通,在细胞、亚细胞和分子水平上系统阐述种子的解剖、超显微结构、化学组成;分析形态结构、化学成分在种子发育、成熟、萌发、劣变等生命历程中的功能、变化;探讨种子休眠、衰老、萌发的形态、生理生化机制,生态因素对种子发育、成熟、休眠、活力、寿命、萌发的影响,种子发育、成熟、物质形成、休眠、萌发过程中的基因表达与调控;介绍具有现实意义的种子生物技术如胚培养、人工种子等。因此,种子生物学既是一门基础理论课,为种子生产、种子加工、种子贮藏、种子检验等提供科学的理论依据,同时又是一种应用技术,为种子工程提供新技术,最终为人类改造种子、创造种子、发展种子产业提供有益的参考。

种子生物学是一门综合性很强的科学,其内容广泛涉及植物形态、组织解剖、植物分类、胚胎发生、植物生理、植物生化、分子生物学、细胞生物学、生物物理、农业气象、农业生态以及植物遗传学、植物育种学、植物栽培学等诸多内容。要系统掌握这门课必须加强各方面的理论与技术学习，坚持理论学习与实践相结合，勤于思考，勇于探索，为在种子工作中有所进步、有所创新、有所贡献打下坚实基础。

三、种子学科的历史与发展

种子学科是一门既古老又年轻的学科。说它古老，是指许多古书上就有关于种子比较研究的记载；谓之年轻，则是指种子作为一门独立学科的建立，只不过百余年的历史。

人类定居以来，就开始了种子的利用、生产和研究。据史料记载，最早利用种子的是在近东扎哥斯山麓。公元前372年，欧洲就有人对果实与种子的区别、种子成熟及萌发习性等有所观察。我国作为世界四大文明古国之一，农业已有几千年的历史，有关种子方面的知识也极为丰富，如汉朝氾胜之编写的《氾胜之书》，北魏贾思勰的《齐民要术》，唐代韩鄂的《四时纂要》，元代王祯的《王祯农书》，明代徐光启的《农政全书》等均有关于种子贮藏、检验或处理等方面的知识。当然，这些知识都是零散的，较一门系统学科的建立还差得很远。

19世纪是种子学科的萌芽阶段。19世纪中叶，欧洲农业发展迅速，种子贸易逐渐增多，一些不法商贩为了经济利益以次充好，以假充真。在此情况下，F. Nobbe在德国的萨克松主持建立了国际上第一个种子试验站，并做了大量研究工作，于1876年出版了《种子学手册》一书。该书标志着种子学的创立，因此种子学是一门只有百余年历史的年轻学科。在此前后，许多科学家对种子科学的发展也做出了重大贡献。在种子形成和发育方面，Sachs（1895，1865，1868，1887）对种子成熟过程中营养物质积累进行了研究；Nawashin（1898）对被子植物双受精进行了研究。在种子寿命方面，Haberlandt（1874）进行了大量研究。在种子萌发方面，Wiesner（1894）对萌发抑制物质进行了研究；Cieslar（1883）就光对发芽的影响进行了研究；Sachs（1860，1862）研究了温度对发芽的影响。在种子活力方面，除Nobbe（1876）在《种子学手册》中提到种子发芽过程中存在着发芽强度（shooting strength）或驱动力（driving force）的差异外；Churchill（1890）研究了大豆小、大粒种子出苗和生长的差异；Hays（1896），Hicks和Dabney（1897）等研究表明大粒饱满的种子在种子生产上具有优势。这些都是有关活力的早期工作。在种子处理方面，Tillet（1755）最早利用石灰和盐进行种子处理试验；Schulthess（1761），Tesier（1779），Prevost（1807），Kühn（1873）等利用硫酸铜防治小麦黑穗病和腥黑穗病。Geuther（1895），Bolley（1897）利用福尔马林（formalin）防治以上两种病害。总之，种子学19世纪在各个方面都有了一定程度的发展。

20世纪是种子科学迅猛发展的时期。1924年国际种子检验协会（International Seed Testing Association，ISTA）成立，1931年颁布了国际种子检验规程。ISTA的成立与工作促进了国际种子的贸易和种子科学的交流与发展。一批有关种子的书籍应运而生，如1934年日本近藤万太郎的《农林种子学》，对种子界的影响很大。20世纪中叶Crocker和Barton的《种子生理学》；前苏联柯兹米娜的《种子学》，什马尔科的《种子贮藏原理》，菲尔索娃的《种子检验和研究方法》等。在种子科研方面，有关种子形成发育、种子休眠、种子寿命、活力、种子劣变、种子加工、贮藏、种子处理、种子萌发等方面报道不胜枚举，使种子科学的研究从群体到个体，从细胞水平到分子水平，都出现了许多重大突破。但在种子休眠、后熟、活力、劣变等方面仍存在大量理论问题有待探讨，需要更多的科学工作者投身到种子科学的研究中去。

近代中国政府腐败，外患内乱，种子研究几成空白，直到新中国成立，种子工作才开始受到重视。1953年，种子学课程首先由浙江农学院开设，叶常丰先生是该课程的先导。他先后主持编写了《种子学》(1961)、《种子贮藏与检验》(1961)、《作物种子学》(1981)等教材，为我国种子科学的发展做出了重大贡献。自20世纪50年代以来，种子科学的研究在我国逐渐兴起。叶常丰等对主要禾谷类作物和油菜种子的休眠萌发生理、贮藏特性及品种鉴定进行了系统的研究；郑光华等对种子休眠及其控制、种子活力等进行了广泛研究；傅家瑞等对种子萌发生理、贮藏生理、种子活力等进行了大量研究；山东农业大学自1978年以来在种子活力测定、种子贮藏、种子纯度测定、种子处理等方面进行了大量研究。此外，国内还有许多科技工作者在种子发育、活力测定、贮藏技术和品种鉴定等方面做了大量研究工作。这些都为我国种子科学的发展做出了较大的贡献。

四、我国种子工作的发展历程与展望

中华人民共和国成立后，我国的种子工作在党和政府的关怀下得到了迅速发展。回顾近60年来我国种子工作的发展历程，大致可分为几个发展阶段。

1957年以前是我国种子工作恢复发展阶段。1949年12月新中国的第一次全国农业会议，就把推广良种作为恢复发展农业生产的一项重要措施提出来。1952年2月农业部召开华北农业技术会议，制定了"五年良种普及规划（草案）"，提出进行全国性良种普查，积极发掘优良农家品种。1956年农业部成立种子管理局，同年发出《征集农作物地方品种》的通知，1957年在北京双桥开办全国种子培训班。这一时期，作物良种的生产、供应以农户自留种为主，调剂部分由农业部门提计划、粮食部门为主组织收贮、调拨。政府部门的重视和各地农业工作者的积极工作为我国种子业的发展奠定了基础。

1958—1978年的20年间，是我国种子业发展的初级阶段。1958年2月，国务院批转粮食部、农业部《关于成立种子机构意见的报告》；同年4月，农业部在北京召开全国种子工作会议，总结了前几年种子工作的经验教训，根据当时农业合作社集体经济发展的形势和要求，提出了"依靠农业合作社自选、自繁、自留、自用，辅之以必要调剂"的"四自一辅"种子工作方针。遵照中央政府的指示精神，各省、地、县农业部门相继成立了种子站、良种场，逐步建立起了一支专门的种子工作队伍，从事着引种、试种、调剂余缺、贯彻"四自一辅"种子工作方针的工作，有力地推动着我国种子事业的进程。这一时期，在品种选育、推广上以常规品种为主，后期开展了杂交种的引进、选育和推广。尽管受到了"文化大革命"的干扰，但我国的种子队伍还是从无到有，从小到大，种子事业有了较好的发展。

1978年11月党的十一届三中全会提出，我国整个工作重点转移到经济建设上来，实行对外开放、对内搞活的改革政策，开创了我国种子工作现代化新局面。而早在1978年5月，国务院就批转农林部《关于加强种子工作的报告》，要求健全良种繁育推广体系，省、地、县建立种子公司，并制定了"种子生产专业化，种子加工机械化，种子质量标准化，品种布局区域化，以县为单位统一组织供种"的"四化一供"种子工作新方针。十一届三中全会后，各省、地、县相继在原种子站的基础上建立起行政、技术、经营三位一体的国营种子公司。农业部先后在全国460多个县进行"四化一供"的试点工作。1981年，全国品种审定委员会成立，随后各省也建立起地方品种审定委员会，进一步健全了种子机构，壮大了种子工作队伍，全面开展起粮食、油料、蔬菜等主要农作物品种的试验、示范、审定、销售工作。随着改革开放的不断深入，各种子公司的良种经营工作蓬勃开展，良繁基地、仓储设施、加工运输机械、质量检测仪器等都有了很大改进，种子工作的实力逐渐壮大。

　　1995年制定并实施的"种子工程"，启动了我国种子行业行政、经济体制的真正改革。多年来，我国处于计划经济体制下，即便是改革开放开始制定的"四化一供"种子工作方针，也是计划经济的产物。随着由计划经济向市场经济的转轨，我国的种子工作在发展中表现出四大问题：①经营规模小、全、散，限制了优势的发挥。我国种子体系是按行政区划建立的，各省（区）、市、县甚至乡镇都有自己的种子部门，实行"区域割据"式的自给自足经营方式，好的种子进不来也出不去，限制了优势单位优势的发挥，弱势单位则在勉强维持。②经营种子多、乱、杂，阻碍了专业化、商品化。同时，小而全的经营方式难以发挥地域、专业优势，难以向专业化、商品化发展。③政、事、企不分，不利监督、管理。一个地方的种子部门常为一班人马，多块牌子，既搞经营，又搞管理，结果造成管理不到位、经营也搞不好。④育、繁、推脱节，限制了新品种的选育。育种的不卖种，卖种的不育种甚至不懂种，导致科研单位育种经费不足，而种子公司无新品种经营，且优种不能优价，种子商品化程度低。我国种子业的状况已难适应社会主义市场经济的要求，难以满足社会化大生产和集约化经营的要求，更难以与国际经济接轨参与国际竞争。为了改变这种状况，促进我国种子业的快速发展，1995年党的十四届五中全会决定在全国范围内实施种子工程，并将其列入国民经济和社会发展"九五"计划和2010年远景目标，明确提出要"突出抓好种子工程，加快良种培育、引进和推广"，并要在20世纪末至2010年基本实现。

　　种子工程即种子产业化工程，是以实现种子产业化为目的的系统工程。种子工程的总体目标是建立适应社会主义市场经济体制和种子产业发展规律的现代化种子产业，形成结构优化、布局合理的种子产业体系和富有活力的、科学的管理制度，实现种子生产专业化、经营集团化、管理规范化，育种、繁殖、推广一体化，大田育种商品化。

　　种子工程分为新品种引育、种子生产、种子加工、种子销售和种子管理五大系统，包括种质资源收集、育种、区域试验、品种审定、原种或亲本繁殖、种子生产、收购、贮藏、加工、包衣、包装、标牌、检验、销售、售后服务15个环节。种子工程的实施就是通过建设和完善五大系统，使15个环节互相促进、协调发展，实现种子工作由传统的粗放生产向现代化大生产转变，由行政区域的自给生产向专业化、商品化、社会化转变，由分散的小规模经营向专业化、集团化转变，由科研、生产、经营脱节向育、繁、推一体化、大田用种商品化转变，形成一个结构优化、布局合理、良性循环的种子产业整体。

　　实施种子工程，国家强化宏观指导，统筹规划，综合协调。以市场为基础，以加工包装为突破口，通过制定和实施发展战略、产业政策、总体规划，动用国家掌握的财力、物力和政策、法律手段，引导种子产业结构优化和生产力合理布局。

　　为了保证种子工程的顺利实施，推动我国种子产业化、法制化，国家于1995年颁布了新的《农作物种子检验规程》，1996年颁布了新的《农作物种子质量标准》，1997年颁布了《植物新品种保护条例》，特别是《中华人民共和国种子法》（以下简称《种子法》）经多年酝酿，多易其稿，于2000年7月8日由第九届全国人民代表大会常务委员会第十六次会议通过，自2000年12月1日起施行。这表明，我国的种子工作将步入法制化、规范化的轨道。广大种子工作者应当认真学习种子法，自觉维护和执行种子法。

　　自我国《种子法》实施和加入世界贸易组织以来，我国的种子业形势发生了很大变化：①国外种子公司逐渐进入我国种子市场，生产销售的国际种子所占份额渐大；②国内种子界的上市公司渐多；③基本实现了政、事、企分立，育、繁、销一体化；④种子质量有了明显提高；⑤种子专业高等教育得到了迅速发展。相对于这种形势，我国的种子业仍存在许多亟待解决的问题：①在管理体制、经营理念、加工技术等方面与国际大公司存在很大差距；②经营规模小，远未形成在国际上具有竞争力的大种业集团，特别是国有种子公司发展缓慢；③审定品种很多，但真正有突破性的能大面积推广的优良品种少；④种子质量与种植业大发展的要求还差得很远；⑤种子业的人员素质、用人理念不适应种子现代化的需求。这就迫使农业工作者积极行动起来，认清形势，抓住机遇，迎接挑战，一方面努力提高种子在业人员的素质，深化内部体制改革，优化产业结构；另一方面借助国外高新技术、资金和管理经验的引进，加快我国种子现代化、产业化进程，迅速提高产品质量，积极参与国际市场竞争。相信国人既然在尖端技术上都能不甘落后，在种子国际市场竞争中也一定能赶超世界先进水平。

　　随着我国由计划经济向市场经济的转变，种子迅速朝着商品化方向发展，经营途径也由国营向多元化发展。1985年时，全国仅有2 300多家国营种子公司。1995年我国开始实施"种子工程"，至1996年，全国证、照齐全的种子经营单位发展到32 450余个，其中国有种子公司2 790个；目前，我国的种子市场规模在每年200亿～300亿元人民币，有注册资金500万元以上的种子公司约1.2万家。中国是有13亿多人口的农业大国，更是种子大国，提高种子质量、保证用种安全，做大做强种子产业，对保证粮食安全、发展农业现代化都尤为重要。

第一章　种子的形态构造与机能

种子植物种类繁多，所产生种子的形态多种多样，构造也各有不同。种子在外形和构造上的差异，是进行种子真实性鉴定、纯度检验、清选分级、加工包装、安全贮藏的重要依据。因此，熟练地掌握各主要作物种子的形态构造特点，正确运用种子的分类方法，是做好种子工作必须具备的基本技能。

第一节　种子的外部形态

从外观上能够看到的性状为种子的外部形态，包括种子的外形和种被上的构造；种子的外部形态主要因植物种类不同而异，同时亦受环境条件的影响。

一、种子外形及其差异

从外形上看，植物种子是千差万别的。种子的外形主要由形状、颜色、大小三方面性状组成。植物种子的形状多种多样，主要因植物种类不同而异，如豌豆为圆形，大豆为椭圆形，菜豆为肾形，大麦为纺锤形，荞麦为三棱形，棉花为卵形，瓜类为扁卵形，黄花苜蓿为螺旋形，葱为盾形等。种子的表面性状也不相同，有的富有光泽如蚕豆、蓖麻，有的具短绒如棉花，有的皱缩如甜豌豆、甜玉米，有的则有疣状突起如苘麻。在同一作物的不同品种间，种子形状多数差异较小，但也有差异大的，如水稻有的为近椭圆形，有的则为瘦长的线形。

种子因含有不同的色素而呈现各种颜色和花纹，即使同一作物的不同品种间，颜色的差异也很明显。如大多数玉米品种的籽粒呈橙黄色，而"金皇后"呈鲜黄色，"白马牙"呈玉白色，也有的品种呈红色、紫黑色；大豆由于种皮颜色不同可分为黄豆、黑豆、青豆、褐豆、花豆等。小麦也是根据外表颜色的不同分成白皮和红皮两大类，每一类型的不同品种之间，又有深浅明暗之差；还有一些黑色、蓝色类型。使种子呈现颜色的这些色素在种子中存在的部位也因作物而异，如紫稻的花青素存在于颖壳内，荞麦的黑色素存在于果皮内，红米稻和高粱的红色素存在于种皮内，玉米的色素主要存在于胚乳内，偶有少量存在于果种皮，而青仁大豆的色素则存在于子叶内。

种子大小的表示方法一般有两种，一种是以种子的长、宽、厚表示，另一种是以千粒重表示。前一种方法在种子的清选分级上有重要意义，后一种则多用来作为种子品质的指标并用以计算播种量。不同植物间种子的大小相差极为悬殊，最大的种子如油棕的果实，一个就有 6~8kg，农作物中的花生、蚕豆，千粒重也能达到 500g 以上，而小的如烟草，其千粒重仅为 0.06~

0.08g。一般农作物种子的千粒重在 20～50g 之间，主要作物种子的大小见表 1-1。种子的形状和颜色在遗传上是相对稳定的性状，并且在同一作物的不同品种间也往往存在显著差异，因此是鉴别植物种和品种的重要依据。种子的大小虽然也是遗传特性之一，但易受环境条件影响，即使同一品种，在不同的地区和年份其种子的饱满充实程度也有较大变异，如小麦，不同年份收获的同一品种，其千粒重可相差 10g 以上。所有这些，在鉴别种子时都要特别注意。

表 1-1　主要作物种子的大小

作物	种子大小（mm）			千粒重（g）	作物	种子大小（mm）			千粒重（g）
	长	宽（直径）	厚			长	宽（直径）	厚	
水稻	5.0～11.0	2.5～3.5	1.5～2.5	15～43	黄秋葵	5.5	4.8	4.6	50～70
小麦	4.0～8.0	1.8～4.0	1.6～3.6	15～88	粉皮冬瓜	12.2	8.2	2.2	30～60
玉米	6.0～17.0	5.0～11.0	2.7～58	50～1 000	刺籽菠菜	4.5	3.8	2.2	11～14
大麦	7.0～14.6	2.0～4.2	1.2～3.6	20～55	油菜	—	1.5～2.2	—	2～6
黑麦	4.5～9.8	1.4～3.6	1.0～3.4	13～45	四季萝卜	2.9	2.6	2.1	7～10
燕麦	8.0～18.6	1.4～4.0	1.0～3.4	15～45	芫荽	4.2	2.3	1.5	5～11
稷	2.6～3.5	1.5～2.0	1.4～1.7	3～8	石刁柏	3.8	3.0	2.4	20～25
荞麦	4.2～6.2	2.8～3.7	2.4～3.4	15～40	结球白菜	1.9	1.9	1.6	2.5～4
大豆	6.0～9.0	4.0～8.0	3.0～6.5	130～220	大葱	3.0	1.9	1.3	2～3.6
花生	10.0～20.0	7.5～13	—	500～900	洋葱	3.0	2.0	1.5	3.0～4
陆地棉	8.0～11.0	4.0～6.0	—	90～110	韭菜	3.1	2.1	1.3	2.4～4.5
蓖麻	9.0～12.0	6.0～7.0	4.5～5.5	100～700	茄子	3.4	2.9	0.95	3.5～7.0
向日葵	10.0～20.0	6.0～10.0	3.5～4.0	50～60	辣椒	3.9	3.3	1.0	3.7～6.7
烟草	0.6～0.9	0.4～0.7	0.3～0.5	0.05～0.2	甘蓝	2.1	2.0	1.6	3.0～4.5
甜菜	—	2.0～4.0	—	15～25	牛蒡	6.6	3.0	1.5	13.7
番茄	4.0～5.0	3.0～4.0	0.8～1.1	2.5～4.0	茼蒿	2.9	1.5	0.8	1.3～2.0
胡萝卜	3.0～4.0	1.2～1.4	1.5～1.7	1.0～1.5	莴苣	3.8	1.3	0.6	0.8～1.5
大籽西瓜	12.3	8.3	2.3	60～140	芥菜	1.3	1.2	1.1	1.2～1.4
小籽西瓜	8.12	4.73	2.12	40	苋菜	1.2	1.1	1.9	0.4～0.7
黄瓜	10.0	4.25	1.40	16～30	马铃薯	1.7	1.3	0.3	0.4～0.6
菜豆	15.8	7.0	6.9	100～700	芹菜	1.6	0.8	0.7	0.3～0.6
莲籽	24.0	11.0	—	1 388	荠菜	1.1	0.9	0.5	0.08～0.2
豇豆	9.5	5.2	3.25	100～200	苦苣	3.8	1.3	0.55	1.65
大籽南瓜	12.3	7.8	2.3	60～140	豆瓣菜	1.0	0.75	0.60	0.14

二、种被上的构造与种子鉴别

真种子是由受精后的胚珠（ovule）发育而成，因而在种皮上多遗留有胚珠时期的痕迹；果实类种子（真果）是由子房（ovary）发育而成，果皮上也多遗留有子房时期的遗迹；而假果的果皮外还常附有宿存的花被等附属物。不同植物种和品种间这些遗迹的差异如着生部位、大小、颜色、形状等，是进一步进行种子鉴别的重要依据。

1. 种皮上的构造　一般种皮上可看到种脐、发芽口、脐条、内脐、种阜几种构造。

（1）种脐。种脐（hilum）是种子成熟后从种柄上脱落时留下的疤痕，或说是种子附着在胎座上的部位，是种子发育过程中营养物质从母体流入子体的通道。种脐的形状、颜色、凹凸及存在部位等因植物种类和品种不同而异。所有种子均有脐，但最明显的是豆类种子的脐，如蚕豆的脐呈粗线状、黑色或青白色，菜豆的脐呈短卵形、白色或边缘有色，大豆的脐呈长椭圆形，有黄白色、红色、蓝色、黑色等。若按脐的高低可分为凸出种皮的如饭豆，与种皮相平的如大豆，凹入种皮内的如菜豆。脐在种子上的着生部位决定于形成种子的胚珠类型（图 1-1），直生胚珠形成的种子，脐位于种子顶端，如银杏、荞麦、核桃、板栗等；半倒生胚珠（包括横生胚珠、弯生胚珠）形成的种子，脐位于种子的侧面，如豆类；倒生胚珠形成的种子，脐位于种子基部，如棉花、瓜类；某些带有种柄的种子，脐自然就位于种子与种柄接触处。

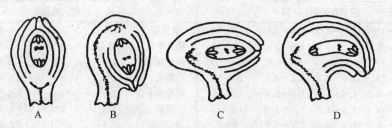

图 1-1 主要类型的胚珠结构
A. 直生胚珠 B. 倒生胚珠 C. 横生胚珠 D. 弯生胚珠

有些植物的种子从种柄上脱落时，种柄的残片附着在脐上，称为脐褥或脐冠。带有脐褥的种子有蚕豆、扁豆等。

（2）发芽口。发芽口（micropyle）又称种孔，是胚珠时期珠孔的遗迹。发芽口的内侧是胚根的尖端，种子萌发时，随着胚根细胞吸水膨胀和细胞伸长，胚根生长从此孔中伸出。倒生胚珠形成的种子，发芽口与种脐位于同一部位；半倒生胚珠形成的种子，发芽口位于种脐靠近胚根的一端；直生胚珠形成的种子，发芽口则正好位于种脐相反的一端。

（3）脐条。脐条（raphe）是倒生、半倒生胚珠从珠柄通到合点的维管束遗迹，又称种脉、种脊，为种皮上的一道脊状突起。这些胚珠在发育为种子的过程中，来自母体通过珠柄的维管束并不直接进入胚珠内部，而是沿珠被上行直达合点，再由合点处进入胚囊供应养分。珠被发育为种皮后，经过珠被的维管束就遗留在种皮内，从表面上看似一道条状突起即脐条。因此，种皮上脐条的有无、长短决定于形成种子的胚珠类型，倒生胚珠形成的种子，由于合点离珠柄的距离远，脐条长而明显，如棉花，脐条从种子基部直通到种子顶部；半倒生胚珠的合点离珠柄较近，形成的种子脐条也较短，如豆类；直生胚珠的合点紧靠珠柄，形成的种子无脐条。

（4）内脐。内脐（chalaza）是胚珠时期合点的遗迹，位于脐条的终点部位，稍呈突起状。棉花、豆类的内脐在外观上较为明显。内脐是种子萌发时最先吸胀的部位，表明遗留在种皮内的维管束（脐条）乃是水分进入种子的主要通道。

（5）种阜。种阜（strophiole）是靠近种脐部位种皮上的疣状突起，是外种皮细胞增殖或扩大而形成的。蓖麻和西瓜种子的种阜最明显，豆类也有。

有些裸子植物种子的种皮上还连着一片薄的种鳞组织，称为翅，便于风力传播，如松树种子。

2. 果皮上的构造 一般果实种子（真果）表面的构造有果脐、发芽口、茸毛、花柱遗迹或花柱残物。果脐即果实与果柄接触的部位，有的裸露可见，如小麦、高粱、向日葵、板栗等；有的则为附着的果柄所掩，如玉米。果脐、发芽口的位置同样是由发育成种子的子房内胚珠的类型所决定，与真种子相同。外果皮上常长有茸毛，但其长短、稀密不同，小麦颖果顶端有长茸毛区，其区域的大小和明显程度可作为鉴别品种的依据。有些果实种子收获脱粒时花柱脱落后在果实上留有痕迹，有的为疤痕状如向日葵，有的则为刺形突起状如玉米。玉米花柱遗迹的突出程度因品种及籽粒在果穗上的着生部位而不同，可作为鉴别种子的依据。还有的果实种子花柱多数不脱落，残存在果实上成为花柱残物，如胡萝卜种子。

另有一些果实种子的外面附有附属物，如甜菜、荞麦附有宿存花萼，水稻、谷子、大麦等附有内外颖、护颖。这些附属物的形状、颜色也是品种鉴别的重要依据。

第二节　种子的内部构造与机能

种子的外部形态形形色色、复杂多变，但从植物形态学进行观察，则绝大多数种子的内部结构具有共同性，即每粒种子都由种被、种胚和胚乳三大部分组成。

一、种　　被

种被是种子外表的保护组织，其层次的多少、结构的致密程度、细胞的形状及细胞壁的加厚状况等，因植物种类有较大差异，是种子鉴别的重要依据，同时也会直接或间接地影响种子的干燥、加工、休眠、寿命、发芽、预措等。

果实种子的种被包括果皮（pericarp）和种皮（seed coat），而真种子的种被仅包括种皮。有些种子具内外两层种皮，如蓖麻、松子，其外种皮质厚、强韧，内种皮膜质、柔软。有些种子仅具一层种皮，如豆类、葱类、十字花科种子，但十字花科中不同作物种子的种皮有较大差异，常依此进行种子鉴别。极少数植物的干种子仅具中种皮和内种皮，如银杏，其外种皮（肉质）脱落，中种皮坚硬，内种皮膜质。果皮由子房壁发育而来，一些肉质果的果皮常可明显分为外、中、内三层，而作为种子用的干果多分化不明显。禾本科的颖果果皮很薄，由表皮、中层、横细胞、内表皮等十几层细胞构成，且与里面更薄的种皮紧密相连。

二、种　　胚

种胚（embryo）通常是由受精卵即合子发育而成的幼小植物体，是种子中最重要的部分。种胚一般由胚芽、胚轴、胚根（三者又合称为胚本体）和子叶四部分组成。

1. **胚芽**　胚芽（plumule）又称幼芽或上胚轴，位于胚轴的上端，为茎叶的原始体，萌发后发育成植株的地上部分。成熟种子的胚芽分化程度不同，有些作物仅由生长点构成，如棉花、蓖麻，而有些作物则由生长点及其周围的数片真叶构成。禾本科作物的胚芽一般分化有 4～6 片真叶，真叶的外边还分化有一锥筒形叶状体，称为胚芽鞘（coleoptile），是种子萌发时最先出土的部分。

2. 胚轴　胚轴（hypocotyl）又称胚茎，是连接胚芽和胚根的过渡部分。位于子叶的着生点以下的称为下胚轴。胚轴在种子萌发时伸长的程度，决定幼苗子叶的出土与否。

3. 胚根　胚根（radicle）又称幼根，位于胚轴的下部，萌发后发育成植株的地下部分。多数作物仅具 1 条胚根，但禾本科作物种子除 1 条初生胚根外，还在子叶的叶腋内和胚轴外分化有 2～3 条次生胚根，且在初生胚根的外面包有一层薄壁组织，称为胚根鞘。当种子萌发时，胚根鞘突破果种皮外露，胚根再突破胚根鞘伸入土中。

少数植物种子在胚根的尖端宿存有胚柄，如长豇豆、松子。

4. 子叶　子叶（cotyledon）是种胚的幼叶，常较真叶厚且大，有的有明显的叶脉，如蓖麻。子叶的数目和功能因植物不同而异。裸子植物的种子往往是多子叶的，一般 8～12 片不等，如松子。双子叶植物具 2 片子叶，多数对称，少数不对称，功能是保护胚芽、贮藏养分，萌发后若能出土还可作为幼苗最初的同化器官。单子叶植物仅具 1 片子叶，农作物中主要有禾本科、石蒜科。禾本科作物的子叶位于胚本体和胚乳之间，为一片很大的组织，形状像盾或盘，常称为盾片（scutellar）或子叶盘；由于种子萌发时它并不露出种外，有人也称之为内子叶。盾片贮藏有丰富的营养物质，其与胚乳相接的上皮细胞能在种子萌发时分泌水解酶到胚乳中去，分解胚乳中的养分并吸收过来供胚本体生长利用。有些禾本科植物如小麦，在盾片的相对一面有一小突起，称为外胚叶（epiblast），而有些禾本科植物如玉米是没有外胚叶的。

实际上，凡是有胚乳种子，其子叶无论单双，功能均与盾片相似。

5. 胚的类型　胚的大小、形状及在种子中的位置因植物种类不同而有很大差异。根据这些差异，可把胚分为六种类型（图 1-2）：

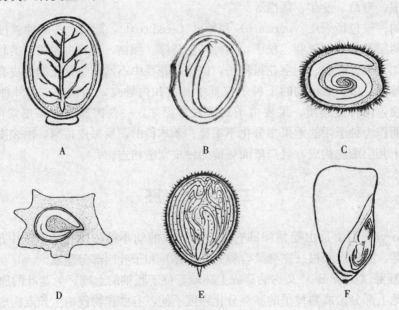

图 1-2　主要作物胚的类型

A. 直立型　B. 弯曲型　C. 螺旋型　D. 环状型　E. 折叠型　F. 偏在型

（1）直立型。整个胚体直生，其长度与种子纵轴平行，子叶多大而扁，插生于胚乳中央，如蓖麻、柿子等植物种子。

（2）弯曲型。胚根、胚芽及子叶弯曲呈钩状，子叶大而肥厚填满种皮以内，如大豆等豆科种子。

（3）螺旋型。胚体瘦长，在种皮内盘旋呈螺旋状，胚体周围为胚乳，如番茄、辣椒等茄科种子。

（4）环状型。胚细长，在种皮内绕一周，胚根与子叶几乎相接呈环状，环的内侧为外胚乳，如藜科的菠菜、甜菜。

（5）折叠型。子叶大而薄，反复折叠填满于种皮以内，将胚本体裹在下部中央，如锦葵科的棉花。

（6）偏在型。胚体较小，子叶盾状，胚体斜生于种子背面的基部或胚乳的侧面，禾本科作物种子属此类。

三、胚　乳

胚乳是有胚乳种子的贮藏组织，依起源不同，胚乳分为内胚乳（endosperm）和外胚乳（perisperm）。极核受精发育而成的贮藏组织称内胚乳，而由珠心细胞发育成的贮藏组织称为外胚乳。绝大多数种子的胚乳为内胚乳，只有少数种子如甜菜、菠菜、石竹等为外胚乳。胚乳在种子中所占比例大小、组织的质地、细胞的形状及所含物质的种类因植物种类有很大差异，在同一植物的不同品种间也不尽相同。绝大多数植物的胚乳都是固体的，但也有极少数植物如椰子中心的胚乳呈液体状态（即椰乳）。有些种子的胚乳位于胚的四周，即胚位于胚乳的中央如蓖麻、荞麦，或基部中央如柿子、银杏；也有的植物胚乳位于胚的中央如甜菜；还有些植物的胚乳与胚体相互镶嵌如葱类、番茄；禾本科的胚乳则位于胚的侧上方。多数植物的胚乳为薄壁细胞，也有少数植物如大葱的胚乳为厚壁细胞。一般油质种子胚乳的主要成分是脂肪和蛋白质，而粉质种子胚乳的主要成分是淀粉和蛋白质。

禾谷类种子的胚乳根据其色泽和坚硬程度可分为角质和粉质两种。角质胚乳坚硬致密、蜡质透明，而粉质胚乳组织较松软、白色不透明，主要原因是角质胚乳中的淀粉粒为多角形，淀粉粒与蛋白体结合紧密，而粉质胚乳中的淀粉粒为球形，且与蛋白体结合较松（图1-3、图1-4）。另据研究，胚乳透明与否还与可溶性糖含量有关，可溶性糖含量高，胚乳呈透明的角质，如甜玉米。硬粒小麦、爆裂型玉米及优质粳稻的胚乳几乎全为角质，而普通小麦的胚乳为半角质或粉质。籼稻和某些粳稻品种在胚的上方有一粉质胚乳区域称为腹白，少数籽粒的中央也有部分粉质胚乳称为心白。普通玉米籽粒中两种胚乳的界限也较分明，一般角质胚乳分布在籽粒中上部的外围，粉质胚乳分布在籽粒下部和中上部中央。角质胚乳的食用品质好，因而角质胚乳所占比例的大小是禾谷类种子食用品质的重要指标。角质胚乳占总胚乳的比率称角质率或透明度，一般爆粒型玉米角质率近100%，普通玉米中的硬粒型品种角质率约在60%以上，马齿型品种角质率约在50%以下；甜玉米胚乳虽然瘦秕，但由于质体中形成的淀粉粒周围围绕着大量可溶性糖，形成糖—淀粉复合体，淀粉粒不暴露，复合体间充满大量蛋白质体（图1-5、图1-6），故多数甜玉

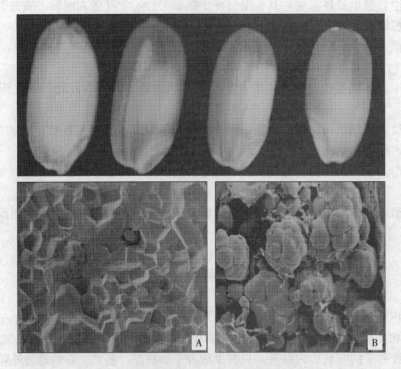

图 1-3 水稻种子的胚乳外观（上图）和扫描
电镜照片

A. 角质 B. 粉质

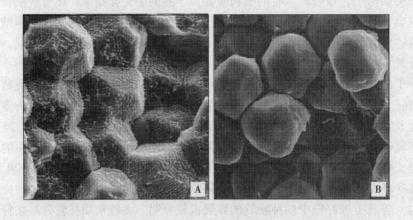

图 1-4 玉米种子角质胚乳（A）和粉质胚乳（B）的扫描电镜照片

米品种角质率也近 100%。

一般认为，具有小胚和丰富胚乳的种子是原始的，并且在进化上显示一个向着带有很少或没有胚乳，而胚占据种子绝大部分的成熟种子类型发展的总体趋势。

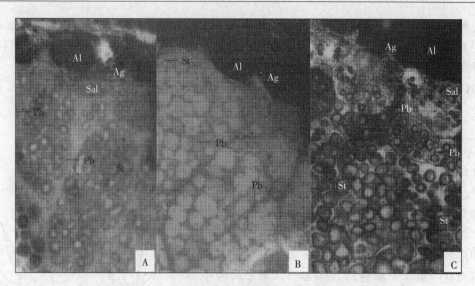

图 1-5　不同类型玉米胚乳的光学显微照片

A. 爆粒玉米　B. 甜玉米　C. 普通玉米

Al. 糊粉层　Ag. 糊粉粒　Sal. 亚糊粉层　Pb. 蛋白质体　St. 淀粉粒

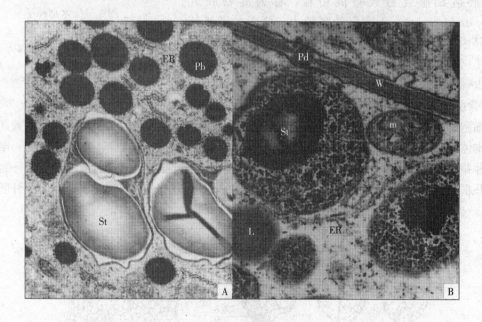

图 1-6　普通玉米（A）胚乳中的淀粉粒和甜玉米（B）胚乳中的糖—淀粉复合体

ER. 粗糙内质网　L. 脂肪体　m. 线粒体　Pb. 蛋白质体　Pd. 胞间连丝　St. 淀粉粒　W. 细胞壁

第三节　主要作物种子的形态构造特点

由于植物种子外部形态的多样和内部构造的差异，所以了解每种主要作物种子形态构造的特点，即为种子工作者所必须做到的。而有些作物种子在形态构造上差异较小，还必须进一步用显微切片的方法，从细胞的形状及层次上加以区别。如大豆、豌豆的不同品种间，十字花科的不同种和品种间的鉴别，就要根据其种皮栅状细胞和柱状细胞的形态来进行。

下面以主要科的作物种子为例，介绍不同类型种子的形态构造和解剖特点。

一、禾本科作物种子

粮食作物中许多是禾本科植物，如小麦、玉米、水稻、大麦、高粱、谷子、燕麦、薏苡等。这些作物的种子实为颖果，常称为籽实或籽粒；其中有些如水稻、有皮大麦、谷子等颖果的外面带有稃壳，称为假颖果。颖果的果种皮均很薄，且紧密愈合在一起不易分开，麦类颖果的腹面有一纵沟，称腹沟（crease）。禾本科种子都含有丰富的胚乳，其胚乳最外层的一至几层细胞富含糊粉粒（aleurone grain），称为糊粉层（aleurone layer），往内的胚乳细胞含有大量淀粉粒，称为淀粉胚乳（starchy endosperm）。禾本科的胚较小，位于种子基部一侧，胚中子叶所占比例大而胚本体所占比例小，如水稻（图1-7）、小麦（图1-8）、大麦（图1-9）、玉米种子（图1-10）。禾本科的子叶常称为盾片或子叶盘（图1-11），富含脂肪、蛋白质、淀粉等营养物质，其与胚乳相接

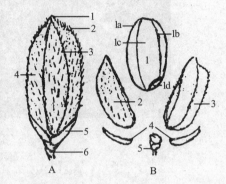

图1-7 水稻种子
A. 籽粒外形：1. 稃尖 2. 稃毛 3. 外稃
4. 内稃 5. 护颖 6. 小穗柄
B. 籽粒构造：1. 米粒（颖果） 1a. 果种皮
1b. 纵沟 1c. 胚乳 1d. 胚
2. 内稃 3. 外稃 4. 护颖 5. 小穗柄

的表皮细胞具有传递细胞的特征，称为上皮细胞，具有从胚乳中吸收养分供胚本体发育或萌发的功能。胚本体可分为胚芽、胚轴、胚根，胚芽由4～6片真叶和生长点构成，真叶外包被一层叶状组织为胚芽鞘；胚根外包被一层薄壁组织为胚根鞘；胚轴与子叶相连，在子叶叶腋和胚轴外侧有3～5条次生胚根原基（图1-12）；小麦、水稻等的胚轴外侧还可观察到外胚叶，而玉米则无外胚叶。

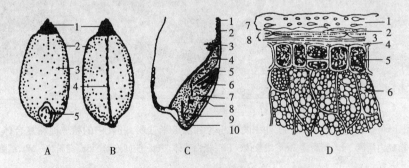

图1-8 小麦种子
A. 籽粒背面 B. 籽粒腹面：1. 茸毛 2. 果种皮 3. 胚乳 4. 腹沟 5. 胚
C. 籽粒纵切面：1. 果种皮 2. 糊粉层 3. 胚乳淀粉层 4. 盾片 5. 胚芽鞘
6. 胚芽 7. 胚轴 8. 外胚叶 9. 胚根 10. 胚根鞘
D. 皮层：1、2、4. 皮层 3. 色素层 5. 胚乳糊粉层 6. 胚乳淀粉层 7. 果皮 8. 种皮

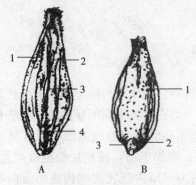
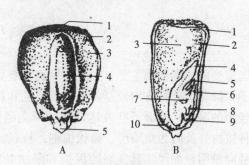

图 1-9　大麦种子

A. 籽粒腹面：1. 外稃　2. 内稃
3. 腹沟　4. 小基刺
B. 籽粒背面：1. 胚乳　2. 胚　3. 浆片

图 1-10　玉米种子

A. 籽粒背面：1. 花柱遗迹　2. 果种皮　3. 胚乳　4. 胚　5. 果柄
B. 籽粒纵切面：1. 果种皮　2. 角质胚乳　3. 粉质胚乳　4. 盾片
5. 胚芽鞘　6. 胚芽　7. 胚轴　8. 胚根　9. 胚根鞘　10. 黑色层

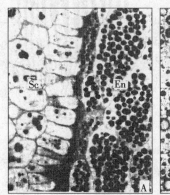
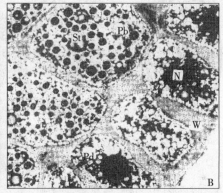

图 1-11　禾本科盾片结构

A. 玉米盾片的显微结构：En. 胚乳　Sc. 盾片
B. 薏苡盾片的超微结构：N. 细胞核　Pb. 蛋白质体　Pd. 胞间连丝　St. 淀粉粒　W. 细胞壁

图 1-12　禾本科的次生胚根

1、2. 玉米　3. 薏苡
A. 次生胚根　R. 胚根　Rc. 胚根鞘　Sc. 盾片

二、豆科作物种子

我国重要的豆类作物主要有大豆、绿豆、豌豆、菜豆、豇豆、花生等。豆类是半倒生胚珠形成的种子，除花生外种皮均较厚，上常有颜色和花纹，种皮上可观察到大而明显的脐、内脐和发芽口、较短的脐条；内部子叶发达，胚体弯曲呈钩状，完全无胚乳如豇豆或有极少量胚乳如大豆。其种皮由外及内为角质层、栅状细胞、柱状或骨状细胞、海绵组织，栅栏层细胞排列紧密，外壁和径向壁明显加厚，具良好的保护和隔水功能；再向内为一层内胚乳细胞构成的蛋白质层（图1-13）。

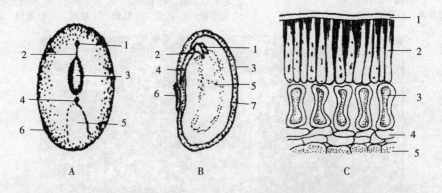

图 1-13　大豆种子

A. 种子外形：1. 内脐　2. 脐条　3. 种脐　4. 发芽口　5. 胚根所在部位　6. 种皮
B. 种子纵剖面：1. 胚芽　2. 胚轴　3. 种皮　4. 胚根　5. 子叶　6. 种脐　7. 胚乳遗迹
C. 种皮横切面：1. 表皮　2. 栅状细胞　3. 骨状细胞　4. 海绵组织　5. 胚乳遗迹

花生虽也是豆科植物，但其种子形态构造与其他豆类有许多不同（图1-14）。花生的荚果不自然开裂，人工脱掉果皮后的种子顶部钝圆，基部尖斜呈喙状，种皮肉色至红色不等，在其基部一侧有一白色疤痕为种脐，胚根突出的尖端处是发芽口；种皮上分布有7～9条纵向的维管束，其中最粗大的一条连接脐，为脐条。花生为完全无胚乳种子，整个胚体直生，胚根向基部突出，胚轴粗而短，胚芽分化明显，可观察到4～6片羽状真叶。花生种皮中没有栅状细胞和柱状细胞，厚薄不匀且脆，非常容易破裂，对种子保护性能差，因而花生种子需带果皮贮藏。

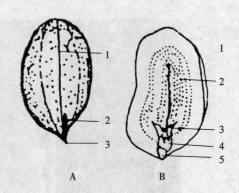

图 1-14　花生种子

A. 种子外形：1. 脐条　2. 种脐　3. 发芽口
B. 种子纵剖面：1. 种皮　2. 子叶　3. 胚芽
4. 胚轴　5. 胚根

三、锦葵科作物种子

栽培较多的锦葵科作物主要是棉花。棉花种子具坚厚的种皮和发达的胚。大多数棉籽的种皮上有短绒，也有少数无短绒的称为光籽或铁籽。棉花种子为倒生胚珠形成，呈卵形，基部尖顶部阔，基部的尖端部位常有刺状的种柄，种柄脱落处是种脐，也即发芽口的所在。种子腹面有一条突起的棱，从基部直通到顶部，即为脐条（图 1 - 15A）。种子的顶端也即脐条的终点部位是内脐，此部位的种皮较疏松，其内侧膜上有一褐斑。若内脐部位的种皮硬化，则种子往往成为硬实。种皮以内还有一层两列细胞组成的乳白色薄膜包围在胚外，是外胚乳和内胚乳的遗迹。胚乳遗迹以内为发达的子叶，大而较薄且两片常不等大，反复折叠填满于种皮以内。子叶细胞内充满糊粉粒和油脂。胚根、胚轴、胚芽被包围在子叶中间，胚芽分化极不明显，仅为一生长点。整个胚体上密布深色腺体，其内含物成分主要为棉酚（图 1 - 15B）。

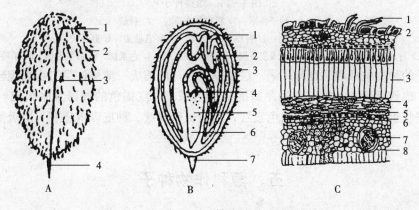

图 1 - 15　棉花种子

A. 种子外形：1. 内脐　2. 短绒　3. 脐条　4. 种柄

B. 种子纵剖面：1. 种皮　2. 子叶　3. 胚乳遗迹　4. 胚芽　5. 胚轴　6. 胚根　7. 种柄

C. 棉花种皮横切面：1. 短绒　2. 表皮　3. 栅状细胞　4. 内褐色层　5. 外胚乳　6. 内胚乳　7. 腺体　8. 子叶

棉籽的种皮由表皮、外褐色层、无色层、栅状细胞层和内褐色层组成。表皮是一列大型厚壁细胞，棉花的长、短绒就是此层的部分细胞延伸而成；外褐色层有 3～4 列细胞，其中贯穿许多维管束并含有褐色素；无色层有 1～2 列细胞，细胞较小无色；无色层下面是长形厚壁细胞组成的栅状组织，上有明线清晰可见；内褐色层是 6～7 列压缩的柔细胞，呈深褐色（图 1 - 15C）。

四、十字花科作物种子

十字花科作物在油料及蔬菜生产上占有重要地位。较重要的十字花科作物有油菜（油用或菜用）、白菜、萝卜、甘蓝等，其种子较小、近圆形，子叶对折且叶顶有缺口。十字花科作物种子子叶的折叠方式及种皮细胞的形状和层次是区别属、种的重要依据。下面以油菜为例介绍十字花科芸薹属种子的形态构造。

油菜种子较小、圆形，由种皮及胚两部分组成。种皮褐色，仔细观察时，在种皮上可看到脐和胚根痕。油菜种子的胚充满整个种子内部，两片子叶发达，对折包在种皮内，外面一片较大而内侧一片较小，每片子叶外缘有一缺口，胚根弯生长于两子叶外（图1-16）。

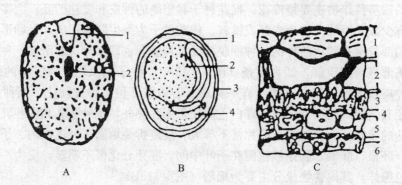

图 1-16　油菜种子

A. 种子外形：1. 胚根所在部位　2. 种脐

B. 种子纵剖面：1. 种皮　2. 子叶　3. 胚乳遗迹　4. 胚根

C. 种皮横切面：1. 表皮层　2. 表皮下层　3. 栅栏细胞层　4. 色素层　5. 胚乳细胞　6. 子叶

油菜种子的种皮包括四层细胞：第一层壁厚无色，压缩成一薄层；第二层细胞较大且呈狭长形，胞壁薄，成熟后干缩；第三层为厚壁的机械组织，由红褐色的长形细胞组成，胞壁多木质化，也称为栅状组织；第四层是带状色素层，细胞长形薄壁。种皮以内还有一层极薄的透明细胞为胚乳遗迹。

五、藜科作物种子

种植较多的藜科作物主要是甜菜和菠菜。甜菜是北方地区的主要糖料作物，而菠菜则是重要的叶用蔬菜。甜菜种子通常是3～5个坚果聚合在一起成为果球，每一果球附有一苞叶，组成果球的每个坚果外有5片宿存花萼。

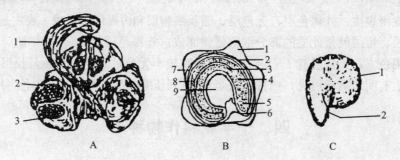

图 1-17　甜菜种子

A. 果球外形：1. 苞叶　2. 花萼　3. 果实

B. 果实纵剖面：1. 花萼　2. 果皮　3. 胚芽　4. 胚轴　5. 胚根　6. 内胚乳　7. 种皮　8. 子叶　9. 外胚乳

C. 种子外形：1. 种皮　2. 种脐

甜菜果皮坚硬且与种皮分离，种子上阔下尖呈反逗点形，种皮红褐色，在胚根突出的尖端内侧可看到脐，种皮以内是种胚，胚体狭长，沿种皮内弯曲呈环状，胚围成的环以内有白色粉块状组织为外胚乳，富含淀粉（图 1-17）。

六、大戟科作物种子

栽培较多的大戟科作物主要是蓖麻（图 1-18）和橡胶（图 1-19），均为经济作物，其种子较大，内外两层种皮明显分离。蓖麻外种皮厚而硬，表面有花纹并富有光泽，为倒生胚珠所形成，脐条很长从基部直通到顶端。种子基部的种皮细胞突起形成白色海绵样疣状物为种阜，种脐和发芽口被其覆盖，内种皮为白色膜状。蓖麻是双子叶有胚乳种子，胚乳发达，形成厚厚一层包在胚体周围，内富有油脂。胚体呈扇状，胚根、胚芽和子叶排列与种子纵轴平行，为直立型，子叶薄而大，生于种子中央，上有明显叶脉；胚根较粗，胚轴较短，两片子叶间的胚芽仅为一小突起。橡胶种子的内部结构与蓖麻类似，外部形态有差异。

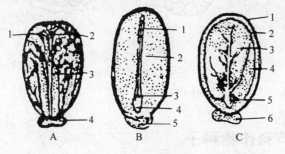 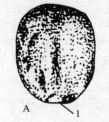 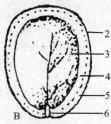

图 1-18 蓖麻种子

A. 种子外形：1. 外种皮 2. 内脐 3. 脐条 4. 种阜

B. 与宽面垂直的纵切面：1. 子叶 2. 胚乳 3. 胚芽 4. 胚根 5. 种阜

C. 与宽面平行的纵剖面：1. 外种皮 2. 内种皮 3. 子叶

4. 胚乳 5. 胚根 6. 种阜

图 1-19 橡胶种子

A. 种子外形 B. 种子纵剖面

1. 发芽口 2. 外、中种皮 3. 子叶

4. 胚乳 5. 内种皮 6. 胚根

七、蓼科作物种子

栽培较多的蓼科作物主要有荞麦。荞麦的子实为瘦果，呈三棱形，最外是较厚的黑褐色果皮，包括外表皮、皮下组织、柔组织和内表皮四层。果皮内为直生胚珠形成的双子叶有胚乳种子。瘦果的基部有果脐及宿存的五裂花萼，喙状的顶部尖端为发芽口。种子的种皮很薄，包括表皮和柔组织两部分，呈黄绿色，紧附着富含淀粉的内胚乳。胚体位于种子中央，子叶薄而大且扭曲，位于果脐一端；胚根较粗大位于发芽口一端（图 1-20）。

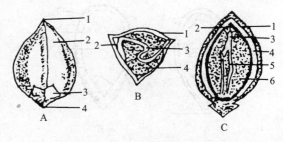

图 1-20 荞麦种子

A. 籽粒外形：1. 发芽口 2. 果皮 3. 花萼 4. 果脐

B. 籽粒横切面：1. 果皮 2. 种皮 3. 子叶 4. 胚乳

C. 籽粒纵切面：1. 果皮 2. 种皮 3. 胚根

4. 子房腔 5. 子叶 6. 胚乳

八、茄科作物种子

茄科作物在蔬菜中占有重要地位。我国各地广泛栽培的茄科作物主要有茄子、番茄、辣椒、烟草等。茄类种子小且薄，为双子叶有胚乳种子。图1-21为番茄种子，可看到圆薄片状的种子上有种皮表皮细胞突起形成的种毛，其凹陷处是种脐和发芽口。种皮内胚体瘦长，呈螺旋状，螺旋状胚体以外是一层内胚乳。茄子的种子与番茄相似但无种毛。烟草种子肾形，种皮凹凸不平，胚直立，亦有胚乳（图1-22）。

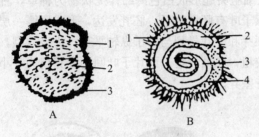

图1-21　番茄种子
A. 种子外形：1. 种胚　2. 种皮　3. 种毛
B. 种子纵剖面：1. 种皮　2. 胚根　3. 子叶　4. 胚乳

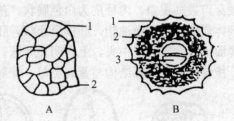

图1-22　烟草种子
A. 种子外形：1. 种皮　2. 种脐
B. 种子横切面：1. 种皮　2. 胚乳　3. 子叶

九、葫芦科作物种子

葫芦科植物中不少为重要蔬菜，如南瓜、冬瓜、丝瓜、瓠瓜、黄瓜、葫芦等，或是鲜食瓜类如西瓜、甜瓜等。瓜类种子较大而扁，外表为外种皮，呈现白、黑、乳黄、褐等色，多致密且较坚硬，内种皮较薄而松脆，两片子叶大而富有营养，胚芽分化程度较低，胚轴较短，无胚乳（图1-23）。西瓜种子有明显的种阜（图1-24）。

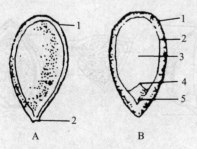

图1-23　南瓜种子
A. 种子外形：1. 外种皮　2. 种脐（发芽口）
B. 种子纵剖面：1. 外种皮　2. 内种皮
　3. 子叶　4. 胚芽　5. 胚根

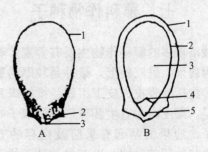

图1-24　西瓜种子
A. 种子外形：1. 外种皮
　2. 种阜　3. 种脐（发芽口）
B. 种子纵剖面：1. 外种皮　2. 内种皮
　3. 子叶　4. 胚芽　5. 胚根

十、菊科作物种子

　　菊科是被子植物中最大的一个科，有许多为观赏植物如菊花类，栽培作油料（或食用）的主要有向日葵，栽培作蔬菜的主要有莴苣。向日葵种子实为瘦果，较大长形；果皮呈现各种颜色和花纹，顶端有一疤痕为花柱遗迹；种皮白色膜状，两片子叶肥大，胚芽分化程度较差；无胚乳（图1-25）。莴苣的瘦果较小，果皮凹凸成棱，种皮与胚之间留有一层胚乳残迹（图1-26）。

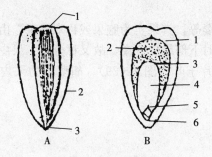

图1-25　向日葵种子
A. 种子外形：1. 花柱遗迹　2. 果皮　3. 发芽口（果脐）
B. 种子纵剖面：1. 果皮　2. 子房腔　3. 种皮　4. 子叶
5. 胚芽　6. 胚根

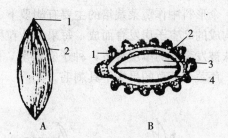

图1-26　莴苣种子
A. 瘦果外形：1. 发芽口　2. 果皮
B. 瘦果横切面：1. 果皮　2. 子房腔
3. 子叶　4. 种皮

十一、胡椒科作物种子

　　胡椒科作物主要生长在我国南方，属热带作物，其中种植较多的为高级调味植物胡椒。胡椒为多年生攀缘藤本，其种子实为蒴果，果实球形，果皮上有明显的果脐，果皮皱缩，内含1粒种子，由直生胚珠形成，种皮较薄，胚很小，内外胚乳皆具，含胡椒碱和挥发油（图1-27）。

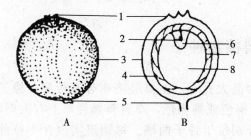

图1-27　胡椒种子
A. 种子外形　B. 种子纵剖面
1. 花柱遗迹　2. 胚　3. 果皮　4. 子房腔　5. 果柄
6. 内胚乳　7. 种皮　8. 外胚乳

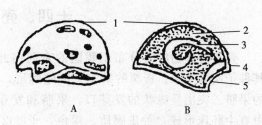

图1-28　大葱种子
A. 种子外形　B. 种子纵剖面
1. 种皮　2. 胚乳　3. 胚　4. 发芽口　5. 种脐

十二、百合科作物种子

百合科中作为重要蔬菜栽培的有葱、洋葱、韭葱、韭菜等，其种子多为黑色，体积较小，盾形，种皮上可看到脐、发芽口，胚瘦长，单子叶弯曲，有胚乳（图1-28）。胚乳细胞壁厚，胞质内富含脂肪体和蛋白质体。

十三、伞形科作物种子

伞形科中作蔬菜栽培的主要有胡萝卜、芹菜、芫荽等，其果实为胞果或称双悬果，由2个心皮构成的2室子房发育而成，每果含2粒种子，成熟时下部果皮分离，故又称分果。果皮内为一层珠被发育成的单层种皮，种子有胚乳，胚较小，2片子叶（图1-29）。胡萝卜的果皮外有刺毛，芹菜、芫荽的果实不具刺毛。

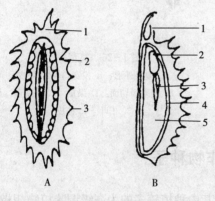
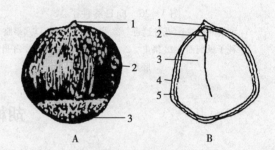

图1-29 胡萝卜种子
A. 悬果外形：1. 发芽口 2. 果皮 3. 刺毛
B. 果实纵剖面：1. 花柱残物 2. 胚根
3. 子叶 4. 种皮 5. 胚

图1-30 板栗种子
A. 坚果外形：1. 发芽口 2. 果皮 3. 果脐
B. 坚果纵切面：1. 发芽口 2. 胚根
3. 子叶 4. 果皮 5. 种皮

十四、壳斗科植物种子

壳斗科作物广泛分布于我国的东西南北，为高大乔木。主要经济树种有板栗、橡子等，其种子实为坚果。板栗的果实呈倒陀螺形，果皮褐色或黑褐色，厚且具韧性，上有大而明显的果脐、突出呈喙状的发芽口，果脐和发芽口分别位于种子两端。每颗果实内含1粒种子，由直生胚珠形成，种皮膜质、褐色，子叶2片，肥大，内富含淀粉，萌发时子叶留土，无胚乳（图1-30）。

十五、蔷薇科植物种子

蔷薇科包括许多果树。苹果是多年生落叶果树，乔木。苹果原产欧洲、中亚和新疆西部一带。苹果的果实是由子房和花托发育而成的假果。苹果的正常果实，每果有 5 个心室，每心室有种子 2 粒（图 1-31）。

桃，落叶小乔木。果实略呈球形，最外层膜质部分为外果皮，中果皮肉质，内果皮坚硬成核。子房原有 2 枚胚珠，通常仅一枚受精并发育成种子，位于核内。因此，桃子都是一半稍大于另一半，两半连合之处稍显一纵向浅沟，这是核果的特征。果肉有白色、黄色或红色。有的品种果核与果肉容易分离，叫离核型；有的则紧密相连，称粘核型。多数品种的桃成熟后表面有茸毛；果皮光滑的品种称为油桃。成熟种子种皮膜质，2 片较肥大子叶，无胚乳，种子外附有坚硬如骨的内果皮（图 1-32）。

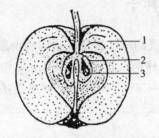

图 1-31　苹果果实纵剖面
及其种子

1. 假果皮　2. 果皮　3. 种子

（叶常丰，戴心维，1994）

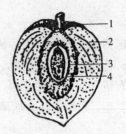

图 1-32　桃果实纵剖面
及其种子

1. 外果皮　2. 中果皮　3. 内果皮　4. 种子（仁）

（叶常丰，戴心维，1994）

十六、棕榈科植物种子

棕榈科植物种子实为核果，栽培植物主要有椰子、油棕等。椰子（图 1-33）的果皮分为三层：外层薄而光滑，质地致密，抗水性较好；中层厚而松散，充满空气；内层是坚硬的果核，核内胚乳丰富，分固体（椰肉）和液体（椰汁）两部分，为种苗的生长发育提供充足的养料；种胚很小，位于椰肉靠近发芽口处。因此，椰子的果实具有很强的漂浮能力，常常可以在海中漂泊数月，然后在适宜的海岸上安家落户，发芽生根，开花结果，繁殖后代。

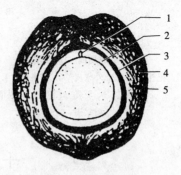

图 1-33　椰子的果实

1. 胚　2. 胚乳　3. 内果皮　4. 中果皮　5. 外果皮

（黄宗道，2000）

十七、茜草科植物种子

茜草科植物作为经济作物栽培的主要有咖啡。咖啡是常绿灌木或小乔木，原产非洲北部和中部的热带地区，栽培历史已有 2 000 多年。我国咖啡最早于 1884 年引种于台湾，1908 年华侨自马来西亚带回大粒种、中粒种种在海南岛，目前主要栽培区分布在云南、广西、广东和海南。

咖啡为聚伞花序，花梗短，白色，芳香；咖啡具有多次开花及花期集中的特性。果实（图 1-34）为浆果，椭圆形，长 9～14mm。成熟时呈红色、紫红色。咖啡果实果顶（花柱遗迹）的形状因品种而异，基部为果柄。每个果实一般有 2 粒种子，呈扁圆形，有一条纵沟。果实包括外果皮、中果皮、内果皮（种壳）、种皮、种仁（胚乳、胚）。种皮的颜色与厚度是区分品种的特征之一。

十八、柿树科植物种子

柿树科植物的代表作物为柿树，落叶乔木，雌雄异株或同株，雄花 3 朵排成小聚伞花序，雌花单生叶腋；花冠钟状，黄白色。浆果大型，卵圆形或扁球形，直径 2.5～8cm，橙黄色、鲜黄色或红色，有宿存而膨大的花萼，果肉富含单宁。每果生有 6～8 粒种子，种皮黑褐色，厚而坚硬，种胚直立型，2 片子叶大而薄，胚乳丰富（图 1-35）。

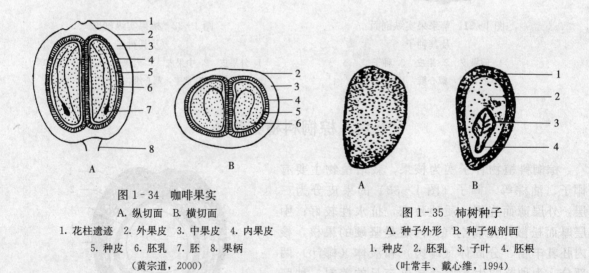

图 1-34　咖啡果实

A. 纵切面　B. 横切面

1. 花柱遗迹　2. 外果皮　3. 中果皮　4. 内果皮
5. 种皮　6. 胚乳　7. 胚　8. 果柄

（黄宗道，2000）

图 1-35　柿树种子

A. 种子外形　B. 种子纵剖面

1. 种皮　2. 胚乳　3. 子叶　4. 胚根

（叶常丰、戴心维，1994）

十九、裸子植物种子

裸子植物有许多重要的经济树种，如松、柏、杉、铁树、银杏等，其种子或被孢子叶球所包被如松、柏等，或裸生如银杏，一般具坚硬的种皮，丰富的单倍体胚乳，胚乳中富含脂肪。松树种子（图1-36）的胚呈白色棒状，胚根尖端常有一丝状物为残存的胚柄，胚轴上轮生 4～16 片子叶。银杏种子（图1-37）为直生胚珠所形成，其胚倒生于种子的顶部中央，胚体较小，子叶 2 片，或有少数种子无胚；种内充满单倍体胚乳，胚乳中含有大量营养成分。

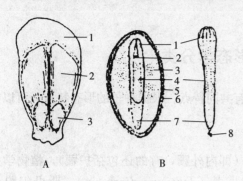

图1-36 松树种子

A. 种鳞及种子：1. 种鳞 2. 种翅 3. 种子
B. 种子纵剖面：1. 子叶 2. 胚芽 3. 胚乳
4. 胚轴 5. 外种皮 6. 内种皮 7. 胚根 8. 胚柄

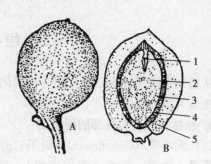

图1-37 银杏种子

A. 种子外形（示通常 1 个胚珠发育成种子）
B. 种子纵切面：1. 胚 2. 胚乳 3. 内种皮
4. 中种皮 5. 外种皮

第四节 种子的植物学分类

种子分类的方法很多，人们可以根据不同的需要选择不同的方法。在种子工作中，常用的分类方法主要有两种，一种是根据胚乳的有无分类，另一种是根据植物形态学分类。这两种方法各有优缺点：前者比较简单，有利于对种子的识别和利用，但有时不很确切，因为按照这种方法，许多植物如十字花科和豆科的某些属列入无胚乳种子，而事实上这些植物却含有极少量胚乳（遗迹）；后者虽然较为繁琐，但却能将种子的形态特征和亲缘关系相联系，与植物分类相联系，有助于种子的检验、加工、贮藏。现将两种方法分述如下。

一、根据胚乳有无分类

根据种子中胚乳的有无，可将种子分为有胚乳种子和无胚乳种子两大类。

1. **有胚乳种子** 这类种子均具较发达的胚乳。根据子叶数目的不同，又可分为单子叶有胚乳种子和双子叶有胚乳种子。单子叶有胚乳种子主要有禾本科、百合科、姜科、鸭跖草科、棕榈科、天南星科等；双子叶有胚乳种子主要有大戟科、蓼科、茄科、伞形科、藜科、苋科、番木瓜科等。

若根据胚乳的来源，有胚乳种子又可分为三种类型：①内胚乳发达型。在有些种子中，胚只占据种子的一小部分而其余大部分为内胚乳，如禾本科、大戟科、蓼科、茄科、伞形科、百合科、棕榈科等的种子。②外胚乳发达型。有些植物的种子，在形成过程中消耗了所有的内胚乳，但由球心层发育成的外胚乳保留下来，如藜科、石竹科、苋科等的种子。③内外胚乳同时存在型。在同一种子中既有内胚乳又有外胚乳，这样的植物很少，只有胡椒、姜等。

2. **无胚乳种子** 这类种子是在其发育过程中，胚乳中的营养物质大都转移到了胚中，因而有较大的胚，子叶尤其发达，而胚乳却不复存在。也有些植物种子的胚乳没有完全消失而有少量残留，亦应归于此类。无胚乳种子主要包括豆科、十字花科、锦葵科、葫芦科、蔷薇科、菊科等。

二、根据植物形态学分类

从植物形态学的观点看，同一科属的种子常具有共同特点。根据种子的形态特点，可以把种子分为五大类。

1. 包括果实及其外部的附属物

(1) 禾本科 (Gramineae)。颖果，外部包有稃（即内外颖，有的还包括护颖），植物学上常称为假果，如稻、大麦（有皮大麦）、燕麦、二粒小麦 (*Triticum dicoccum*)、斯卑尔脱小麦 (*T. spelta*)、莫迦小麦 (*T. macha*)、薏苡、粟、黍稷、蜡烛稗、苏丹草。

(2) 藜科 (Chenopodiaceae)。坚果，外部附有花被及苞叶，如甜菜、菠菜。

(3) 蓼科 (Polygonaceae)。瘦果，花萼不脱落，呈翅状或肉质，附着在果实基部，称为宿萼，如荞麦、食用大黄。

2. 包括果实的全部

(1) 禾本科 (Gramineae)。颖果，如普通小麦、黑麦、玉米、高粱、裸大麦。

(2) 棕榈科 (Palmae)。核果，如椰子。

(3) 蔷薇科 (Rosaceae)。瘦果，如草莓。

(4) 豆科 (Leguminosae)。荚果，如黄花苜蓿（金花菜）。

(5) 大麻科 (Cannabinaceae)。瘦果，如大麻。

(6) 荨麻科 (Urticaceae)。瘦果，如荨麻。

(7) 山毛榉科 (Fagaceae)。坚果，如栗、槠、栎、槲。

(8) 伞形科 (Umbelliferae)。悬果，如胡萝卜、芹菜、茴香、防风、当归、芫荽等。

(9) 菊科 (Compositae)。瘦果，如向日葵、菊芋、除虫菊、苍耳、蒲公英、橡胶草等。

(10) 睡莲科 (Nymphaeaceae)。莲。

3. 包括种子及果实的一部分（主要是内果皮）

(1) 蔷薇科 (Rosaceae)。桃、李、梅、杏、樱桃。

(2) 桑科 (Moraceae)。桑树、构树。

(3) 杨梅科 (Myricaceae)。杨梅。

(4) 胡桃科 (Juglandaceae)。胡桃、山核桃。

(5) 鼠李科 (Rhamnaceae)。枣。

(6) 五加科 (Araliaceae)。人参、五加。

4. 包括种子的全部

(1) 百合科 (Liliaceae)。葱、葱头、韭菜、韭葱。

(2) 樟科 (Lauraceae)。樟。

（3）山茶科（Theaceae）。茶、油桑。

（4）椴树科（Tiliaceae）。黄麻。

（5）锦葵科（Malvaceae）。棉、苘麻。

（6）番木瓜科（Caricaceae）。番木瓜。

（7）葫芦科（Cucurbitaceae）。南瓜、冬瓜、西瓜、甜瓜、黄瓜、葫芦、丝瓜。

（8）十字花科（Cruciferae）。油菜、甘蓝、萝卜、芜菁、芥菜、白菜、根芥菜、荠菜。

（9）苋科（Amaranthaceae）。苋菜。

（10）蔷薇科（Rosaceae）。苹果、梨、蔷薇。

（11）豆科（Leguminosae）。大豆、菜豆、绿豆、小豆、花生、刀豆、扁豆、豇豆、蚕豆、豌豆、豆薯、猪屎豆、紫云英、田菁、三叶草、紫花苜蓿、苕子、紫穗槐、胡枝子、羽扇豆。

（12）亚麻科（Linaceae）。亚麻。

（13）芸香科（Rutaceae）。柑、橘、柚、金橘、柠檬、佛手柑。

（14）无患子科（Sapindaceae）。龙眼、荔枝、无患子。

（15）漆树科（Anacardiaceae）。漆树。

（16）大戟科（Euphorbiaceae）。蓖麻、橡皮树、油桐、乌桕、巴豆、木薯。

（17）葡萄科（Vitaceae）。葡萄。

（18）柿树科（Ebenaceae）。柿。

（19）旋花科（Convolvulaceae）。甘薯、蕹菜。

（20）茄科（Solanaceae）。茄子、烟草、番茄、辣椒。

（21）胡麻科（Pedaliaceae）。芝麻。

（22）茜草科（Rubiaceae）。咖啡、栀子。

（23）松科（Pinaceae）。马尾松、杉、落叶松、赤松、黑松。

5. 包括种子的主要部分（种皮的外层已脱去） 公孙树科（Ginkgoaceae），如银杏等。

第二章 种子的化学成分

种子作为植物繁衍后代的最佳器官，含有多种多样的化学物质，这些化学物质既是种子生命活动的基质，又是萌发时幼苗生长所必需的养料来源；同时所含化学成分种类、含量及其分布的差异，直接影响种子的生理特性和物理特性，也就与种子加工、贮藏、萌发和营养价值有着密切的联系。只有深入了解种子的化学成分，才能较好地把握种子的生命活动规律，为合理地进行种子生产、加工、贮藏提供理论依据，同时也为农业生产提供高活力的种子。

第一节 种子的主要化学成分及其分布

一、种子的主要化学成分及其差异

植物为了满足新个体的生存和继续生长，在种子中贮存有多种化学物质，这些化学物质依其在种子中的作用，可分为四大类。

1. **构成种子细胞的结构物质** 如构成原生质的蛋白质、核酸、磷脂，构成细胞壁的纤维素、半纤维素、木质素、果胶质、矿物质等。

2. **贮藏营养物质** 在种子中含量很高，主要有糖分，脂肪和蛋白质及其他含氮物质。

3. **生理活性物质** 如酶、植物激素、维生素等，在种子中相对含量虽少，但对种子生命活动起重要的调控作用。

4. **水分** 水分虽不是种子中的营养成分，却是维持种子生命活动不可缺少的化学组成。

除了这些大多数植物种子所共有成分外，某些植物种子还含有一些对人畜有害的物质，如芥子苷、棉酚、单宁、茄碱等。

农作物种子中普遍含有各种营养成分，按其营养成分的差异，把种子划分为粉质种子（starch seed）、蛋白质种子（protein seed）和油质种子（oil seed）三大类。

1. **粉质种子** 粉质种子是指淀粉含量特别高的禾谷类种子（禾本科＋荞麦），其淀粉含量60％～70％，以淀粉粒形式贮存在发达的胚乳，蛋白质8％～12％，脂肪2％～3％。

2. **蛋白质种子** 蛋白质种子是指蛋白质含量明显高的豆类种子，其含量在25％～35％。其中有些是蛋白质含量高，油脂含量也高的油用或油、蛋白两用类型，如大豆、花生，大豆的脂肪含量是玉米、小麦、水稻等粉质种子脂肪含量的4～10倍；有些则是蛋白质含量高、淀粉含量也高而脂肪含量极少的食用豆类，如豌豆、绿豆、蚕豆等。

3. **油质种子** 油质种子包括许多科的多种作物种子，其共同特点是脂肪含量高，含量在30％～50％，同时蛋白质含量也较高。

　　薯类用营养器官繁殖，其水分含量较高，营养成分主要是糖类。

　　不同植物种子所含化学成分差异显著。表2-1列出了主要作物种子化学成分的含量，从表中可以看出，分类学上亲缘关系相近的植物，其种子的化学成分大体相似，而亲缘关系较远的植物种子之间差异往往较大。

表2-1　主要作物种子的化学成分含量（%）

作物种类		水分	糖类	蛋白质	脂肪	纤维素	灰分	特殊成分
禾	小麦	10.4	69.8	13.05	2.1	2.4	1.8	
谷	大麦	10.1	71.0	8.7	1.9	5.7	2.6	
类	水稻	11.4	64.7	8.3	1.8	8.8	5.0	
	普通玉米	11.5	71.0	9.8	4.3	1.9	1.5	可溶性糖 1.5～3.7
	爆裂玉米	9.4	69.7	12.1	5.2	2.0	1.6	可溶性糖 10～16
	甜玉米	9.3	67.2	11.5	7.9	2.3	1.8	
	谷子	10.6	71.2	11.2	2.9	2.2	1.9	
	白高粱	13.7	64.8	11.9	5.0	1.6	3.0	单宁 0.04～0.09
	红高粱	9.0	72.5	9.9	4.7	1.8	2.5	单宁 0.14～1.55
	黑麦	10.0	71.7	12.3	1.7	2.3	2.0	
	燕麦	8.9	62.2	9.6	7.2	8.7	3.4	
	黍子	9.3	64.2	11.7	3.3	8.1	3.4	
	荞麦	9.6	63.8	11.9	2.4	10.3	2.0	
豆	大豆	8.8	26.3	36.9	17.2	4.5	5.3	皂苷 0.46～0.50
类	花生（仁）	5.3	11.7	30.5	47.7	2.5	2.3	
	绿豆	12.0	59.0	22.1	0.8	3.1	3.3	
	豌豆	9.5	56.2	23.8	1.2	6.2	3.1	
	菜豆	11.8	56.1	22.9	1.4	3.5	4.3	
	蚕豆	12.0	48.8	25.7	1.2	6.2	3.1	蚕豆毒素 0.9～1.0
油	芝麻	5.4	12.4	20.3	53.6	3.3	5.0	
料	向日葵（仁）	4.5	16.3	27.7	41.4	6.3	3.8	
	棉籽（仁）	6.4	14.8	39.0	33.2	2.2	4.4	棉酚 0.51～1.59
	油菜	5.8	17.6	26.3	40.0	4.5	5.4	芥子苷 3～7
	蓖麻	—	27.0	19.0	51.0	—	—	
	亚麻	6.2	24.0	24.0	35.9	6.3	3.6	
	大麻	8.0	20.0	24.0	30.0	15.0	3.5	
薯	甘薯（块根）	71.3	25.2	2.0	0.2	0.5	0.8	
类	马铃薯（块茎）	70.8	24.6	1.7	0.6	1.2	1.1	茄碱 0.002～0.13

　　种子中化学成分的差异不仅表现在不同植物种类间，同一植物种类不同品种间差异也很明显。我国李鸿恩（1992）对收集的 20 184 份小麦品种资源分析，籽粒蛋白质含量为 7.5%～28.9%，平均 15.1%。生产上推广的小麦品种籽粒蛋白质含量变幅较小，一般在 12%～16%。玉米杂交种蛋白质含量在 9.5%～11.17%，但高蛋白玉米品种蛋白质含量可达 16.9%。不同类型、不同品种间化学成分变幅大，品种改良的潜力大，品质育种前景广阔。

　　种子的化学成分与种子的许多物理性质及种子品质密切相关。例如，糙米的蛋白质和灰分含量与种子的千粒重、相对密度、容重呈显著的负相关，而碳水化合物则与这些性质及种子的大小呈显著正相关。小麦种子蛋白质含量越高,其硬度和透明度越高。粉质种子和蛋白质种子的淀粉和蛋白质含量与种子容重成正比,而油料作物种子的脂肪含量与种子容重成反比。种子蛋白与种子活力的关系也十分密切,作为花生主要贮藏蛋白的球蛋白含量与种子活力呈显著的正相关。

二、农作物种子化学成分的分布

不同作物种子的胚、胚乳和种被的组成比例差异很大,各部分所含化学成分种类和数量明显不同,从而决定了各部分生化特性和生理机能以及营养价值和利用价值的不同。例如,无胚乳种子主要由种胚和种皮构成,种胚占的比例很大,而且营养物质主要存在于胚中尤其是子叶中,子叶很发达,胚芽、胚轴、胚根所占的比例较小,如大豆。对于有胚乳种子来说,种被、种胚和胚乳三部分所占的比例和所含成分因作物而异。以小麦为例,果种皮占籽粒质量的4%～8%,所含成分主要是纤维素和戊聚糖,另有部分蛋白质,它们都是不易消化利用的成分,矿物质的含量也高。果种皮以内是胚乳,其中糊粉层约占全粒质量的6%,淀粉层占82%～85%,是人类食用的主要部分。胚乳中的主要成分为淀粉,几乎占胚乳干物重的80%,其次是贮藏蛋白质,含量约为13%,明显低于全粒(表2-2),但其绝对含量高。若以籽粒中的蛋白质作为100%,则胚乳蛋白质占65%左右(表2-3),而可溶性糖、纤维素、脂肪、灰分的含量很低,这使面粉较易贮藏。小麦胚所占比例很小,一般为2%～3.6%,胚几乎不含淀粉,但其蛋白质、脂肪和可溶性糖含量较高,并含多种维生素(表2-4),因而具有较高的营养价值,但在贮藏过程中极易吸湿、变质和发霉生虫,不耐贮藏。

麸皮主要由果种皮组成,其主要成分是纤维素。果种皮细胞为死细胞,无原生质而仅剩空细胞壁,糊粉层是胚乳的外层,在种子中所占的比例极小,在小麦中仅一层细胞,但却含有非常丰富的蛋白质、脂肪、矿物质和维生素,具有很高的营养价值,但在加工中很难与果种皮分开,从而混到麸皮之中,使营养损失。

表2-2 小麦种子各部分化学成分的含量(%)

种子部分	质量百分比	蛋白质	淀粉	脂肪	可溶性糖	戊聚糖	纤维素	灰分
全粒	100	16.06	63.07	2.24	4.32	8.1	2.76	2.18
胚乳	82～85	12.91	78.82	0.68	3.54	2.72	0.15	0.45
胚	2～3.6	41.3	0	15.04	25.12	9.74	2.46	6.32
糊粉层	6	53.16	—	8.16	6.85	15.44	6.41	13.93
果种皮	4～8	10.56	—	7.46	2.58	51.43	23.73	4.28

表2-3 小麦种子各部分化学成分的分布(%)

化学成分	全粒	胚乳	糊粉层	胚	果种皮
淀粉	100	100	0	0	0
蛋白质	100	65	±20	<5	±5
脂肪	100	25	55	20	20
纤维素	100	<5	15	±5	75
糖分	100	80	±18.5	±1.5	0

表 2-4 小麦不同部位中 B 族维生素含量（μg/g）

种子部位	维生素 B_1	维生素 B_2	维生素 B_6	烟酸
全粒	3.7～6.1	0.6～3.7	5	46～63
胚	10.6～30.0	7.8～14.5	13	84～76
麸皮	7.0～28.0	2.8～6.1	—	120～325

玉米种子各部分的化学成分（表2-5）与小麦基本一致，只是胚中除蛋白和可溶性糖含量高外，油分含量尤其高，占30%～54%以上，加之胚占比例大，一般占种子质量的10%～15%，甜玉米和高油玉米的胚可高达20%以上，更不耐贮藏。现在许多地方在玉米加工中将胚和胚乳分开，胚乳制粉，胚榨油，既增加了玉米粉的耐贮性，又使胚中的营养成分得到充分利用。

表 2-5 玉米种子各部分的化学成分含量（%）

种子部分	质量百分比	蛋白质	淀粉	脂肪	可溶性糖	灰分
全粒	100	8.2	74.0	3.9	1.8	1.5
胚乳	80～85	7.2	87.8	0.8	0.8	0.5
胚	10～15	18.9	9.0	31.1	10.4	1.0
果种皮	5～8	3.8	7.0	1.2	0.5	11.3

有些籽粒外包有稃壳，如水稻、大麦、燕麦等，稃壳是由高度木质化的细胞构成，其纤维素和矿物质含量高，特别是二氧化硅的含量约占稻谷中矿物质总量的95%。稃壳虽不能被种子转化利用，却能对种子起良好的保护作用，使种子容易贮藏。

双子叶植物种皮的化学成分特点与禾本科种皮相似，只是有些种子的种皮还具有蜡质组成的角质层，使种皮具有不透水性。

第二节 种子水分

种子水分是种子细胞内部新陈代谢作用的介质，在种子成熟、萌发和贮藏期间，种子的各种物理性质和生理生化变化以及安全贮藏都与水分的状态和含量有密切的关系。

一、种子水分的存在状态

种子中的水分是一个复杂的体系，一般种子中的水分以游离水（free water）和结合水（bound water）两种状态存在。游离水或称自由水，是指不被种子中的胶体吸附或吸附力很小，能自由流动的水，主要存在于种子的毛细管和细胞间隙中，具有一般水的性质，可作溶剂，0℃以下能结冰，自然条件下易蒸发；结合水或称束缚水，是指被种子中亲水胶体所紧紧吸引，不能自由流动的水，不具有普通水的性质，不能作溶剂，0℃以下低温不会结冰，自然条件下不易蒸发，并具有另一种折射率。

种子水分的存在状态与种子生命活动密切相关。当种子只含束缚水时，种子中的酶，尤其是水解酶呈钝化状态，种子的新陈代谢极其微弱，这有利于种子活力的保持和寿命的延长。而自由水一旦出现，水解酶就由钝化状态转为活化状态，呼吸强度迅速升高，新陈代谢加快，其生命活动就会由弱转强，种子就不耐贮藏，种子的活力和生活力很快降低或丧失。

二、种子临界水分和安全水分

种子中自由水和束缚水的分界即临界水分，是指种子中自由水刚刚去尽，而只剩下饱和束缚水时的种子含水量，又称束缚水量。束缚水分子间的吸引力，称为吸附引力。水分子具有永久偶极，能通过分子间的静电引力被强烈地吸附于极性物质上。种子中的淀粉和蛋白质含有很多能与水作用的极性亲水基，如羧基、羟基、醛基、氨基等，为亲水胶体。种子饱和束缚水含量即临界水分因种子中亲水胶体的含量及其所含有的亲水基数量和种类不同而有差异。蛋白质的亲水基多且亲水性强，所以蛋白质含量高的种子其临界水分也高。同样，淀粉也具有较强的亲水性，其临界水分也较高。脂肪中不含亲水基，也就不能吸附水分子。一般禾谷类种子的临界水分为12%～13%，油料作物种子为8%～10%，甚至更低，这取决于种子的含油量，含油量越高，临界水分越低。

种子安全贮藏必须低于该种子的临界水分，否则由于新陈代谢加强易引起种子劣变而丧失发芽力，影响播种品质和食用品质。因此，为了种子的贮藏安全，种子水分必须控制在一定范围内，这一保证种子安全贮藏的种子含水量范围，称为种子的安全水分。种子入库前，都要先确定该批种子的安全水分。种子安全水分的确定，最重要的依据是临界水分，临界水分高的种子，其安全水分也可高一些，反之则应低。种子的安全水分除了因作物种类不同而不同外，在很大程度上还受温度和仓储条件影响，一般温度越高，仓储条件越差，安全水分越低（表2-6）。在我国南方温度高、空气湿度大，安全水分略低于北方。禾谷类作物种子的安全水分，在温度为0～30℃范围内，温度一般以0℃为起点，水分以18%为基点，以后温度每升高5℃，种子的安全水分就相应降低1%。

表2-6 种子贮藏在不同温度下的最大安全含水量（%）

作物	4.5～10℃	21℃	26.5℃
菜豆	15	11	8
利马豆	15	11	8
甜菜	14	11	9
甘蓝	9	7	5
胡萝卜	13	9	7
芹菜	13	9	7
甜玉米	14	10	8
黄瓜	11	9	8
莴苣	10	7	5
秋葵	14	12	10
葱头	11	8	6
豌豆	15	13	9
花生（仁）	6	5	3
辣椒	10	9	7
菠菜	13	11	9
番茄	13	11	9
芜菁	10	8	6
西瓜	10	8	7

三、种子的吸湿性和平衡水分

（一）种子平衡水分的含义

种子是具有多孔性毛细管结构的胶体物质。种子的表面和毛细管内壁可以吸附水蒸气和其他挥发性物质的气体分子，这种性能称为吸附性（absorbability）。同样，被吸附的气体分子也可以从种子表面或毛细管内部释放到周围环境中去，这一过程也是吸附作用的逆转，称为解吸。种子对水蒸气的吸附作用称为吸湿性。种子水分随着吸附与解吸过程的变化而变化，当吸附过程占优势时，种子含水量增加，当解吸过程占优势时，种子水分含量降低。如果将种子放在一个固定的温湿度条件下，经过一段时间后，种子的吸附和解吸达到了平衡，这时种子水分含量基本上稳定不变，此时的种子含水量称为该水分条件下的平衡水分（equilibrium moisture content）。

由于种子具有吸湿性，所以能将种子水分调节到与任一相对湿度达到平衡时的含水量，当温度保持不变时，不同湿度下的种子平衡水分绘成吸湿平衡曲线呈S形（图2-1），说明当环境相对湿度较高时，种子平衡水分迅速增加，

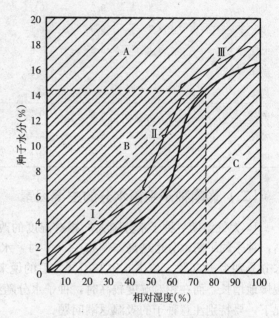

图2-1　一定温度条件下，种子含水量与
空气相对湿度的关系

A. 种子贮藏不安全　B. 种子贮藏安全　C. 仅限于短期贮藏

Ⅰ. 第一阶段　Ⅱ. 第二阶段　Ⅲ. 第三阶段

（Copeland 和 McDonald，1985）

种子贮藏安全性下降。如图2-1，第二阶段（Ⅱ）的上端和第三阶段（Ⅲ）的水分状况，在种子贮藏期间能促使种子劣变和生活力丧失，在后一种情况下尤为明显。

在自然条件下，种子实有水分与当时温、湿度下的平衡水分经常有一定的差距（表2-7）。因此在生产上可以利用平衡水分来判断种子水分的变化趋向，即在当时的温、湿度条件下，种子是趋向吸湿还是散湿，并以此为依据对贮藏中的种子采取通风、密闭、摊晒或干燥降水等处理。

表2-7　种子在不同温度和相对湿度下的平衡水分

作物种子	温度（℃）	相对湿度（%）							
		20	30	40	50	60	70	80	90
小麦		8.7	10.1	11.2	12.4	13.5	15.0	16.7	21.3
大麦	0	9.2	10.6	12.1	13.1	14.4	16.4	18.3	21.1
黍		8.7	10.2	11.7	12.5	13.6	15.2	17.1	19.1
稻谷	20	7.5	9.1	10.4	11.4	12.5	13.7	15.2	17.6

（续）

作物种子	温度（℃）	相对湿度（%）							
		20	30	40	50	60	70	80	90
玉米	20	8.2	9.4	10.7	11.9	18.2	14.9	16.9	19.2
小麦		7.8	9.0	10.5	11.6	12.7	14.3	15.9	18.3
大麦		7.8	9.2	10.7	11.3	13.1	14.3	16.0	19.9
黍		8.8	9.5	10.9	12.0	13.4	15.2	17.5	20.9
大豆		5.4	6.5	7.1	8.0	9.5	14.4	15.3	20.9
亚麻		—	—	5.1	5.9	6.80	7.9	9.2	12.1
蓖麻		—	—	—	5.5	6.1	7.1	8.90	
小麦	30	7.4	8.8	10.2	11.4	12.5	14.0	15.7	19.3
大麦		7.6	10.4	12.2	13.1	14.3	16.6	19.0	
黍		7.2	8.7	10.2	11.0	12.1	13.6	15.3	17.7

（二）影响种子平衡水分的主要因素

1. **大气湿度** 种子水分随大气相对湿度的改变而变化。在一定温度下，大气中相对湿度越高，种子的平衡水分也越高。例如在 25℃时，水稻种子在相对湿度 60%、75% 和 90% 时，平衡水分分别为 12.6%、13.8% 和 18.1%。总的说来，在相对湿度较低时，平衡水分随湿度提高而缓慢地增长，而在相对湿度较高时，种子水分随湿度提高而急剧增长。因此在相对湿度较高的情况下，要特别注意种子的吸湿返潮问题。

空气相对湿度在昼夜和一年四季内都有变化，开放环境中的种子平衡水分也会随之变化。

2. **温度** 温度对平衡水分有一定的影响，因此大多数平衡水分在 25℃条件下测定。在同样的相对湿度下，气温越低，种子水分含量越高；反之，则低。这是因为空气中水汽的绝对含量虽因降温而减少，但空气的保湿量随之降低（表 2-8），种子的水分活度也随之降低，所以种子水分相对增加。总之，温度对种子水分的影响远较湿度的影响小。

表 2-8 温度和空气中饱和水汽含量的关系
（毕辛华和戴心维，1993）

温度（℃）	每千克干空气中饱和状态的水汽（g）
0	3.8
10	7.6
20	14.8
30	26.4

3. **种子化学物质的亲水性** 种子化学物质的分子组成中含有大量亲水基团，如—OH（羟基）、—CHO（醛基）、—COOH（羧基）、—NH$_2$（氨基）、—SH（巯基）等，蛋白质与糖类的分子中均含有这类极性基团，故亲水性较强，脂肪分子中不含极性基团，所以表现为疏水性。这即一般蛋白质丰富的种子吸湿力强，而含油多的种子吸湿力较弱的原因。因此在相同温、湿度条件

下，禾谷种子、蚕豆种子比大豆、向日葵种子有较高的水分含量。

4. 种子的部位与种子结构　种子部位不同，其亲水基含量有明显差异，胚相比胚乳部分含有更多亲水基，因而种子胚部的含水量明显超过其他部位的含水量。如玉米种子水分为24.2%时，胚部含水量为27.8%；而当种子水分达29.5%时，胚部含水量高达39.4%。小麦种子水分为18.49%时，胚部水分达到20.04%。这是胚部较其他部位容易变质的一个重要原因。有些作物的种皮可能成为种子吸湿的限制因素，如豆科的紫云英、绿豆等种子，其种皮结构致密并覆有蜡质，从而影响种子吸水。种子结构也会影响吸湿，如玉米的角质胚乳明显地影响种子吸水量和吸水速度。因此，玉米采用果穗贮藏，就是使玉米粒的胚乳角质部分朝外，可减少吸湿，较为安全。有人做了这样一个试验：玉米的胚或胚乳朝下放在潮湿环境吸水试验，结果表明，胚乳角质部分朝下的吸水要比胚朝下的含水量少8.06%～10.89%，并且吸水速度也慢，每小时少0.30%，说明角质结构明显地影响种子吸水量和吸水速度。

第三节　种子中的营养成分

糖类、脂肪和蛋白质是种子的主要营养成分，也是人类食物中的主要可利用养分。糖类和脂肪是呼吸作用的基质，蛋白质主要用于合成幼苗的原生质和细胞核。在糖类或脂肪缺乏时，蛋白质也可通过转化作用成为呼吸基质。

一、糖　类

糖类是种子中三大贮藏物质之一，是种子生命活动中的主要呼吸基质，提供生长发育所必需的养料。如在种子发芽时，糖分在分解过程中产生的某些中间产物可作为新细胞中蛋白质、脂类等物质合成的碳架。糖与蛋白质所形成的糖蛋白还是细胞组成成分之一。种子中所含的糖类总量占干物质重的25%～70%，因作物种类而不同。其存在形式包括不溶性糖和可溶性糖两大类，不溶性糖是主要的贮藏形式。

（一）可溶性糖

种子中的可溶性糖主要有葡萄糖、果糖、麦芽糖和蔗糖。大多数禾谷类成熟种子中可溶性糖含量不高，一般占干物质的2%～2.5%，其中主要是蔗糖，集中分布于胚部及种子的外围组织（包括果皮、种皮、糊粉层及胚乳外层），在胚乳中的含量很低。胚部的蔗糖含量因作物种类而不同，一般为10%～23%，如小麦胚部蔗糖含量为16.2%，黑麦为22.9%，玉米为11.4%。这些可溶性糖养料在种子发芽时对幼胚的初期生长具有重要的作用。另外，蔗糖也是有机物质运转的主要形式，是种子萌发时的主要养分来源。

可溶性糖的种类和含量因种子的生理状态不同而异，未充分成熟或处于萌动状态种子的可溶性糖含量很高，其中单糖占有较大比例，并随着成熟度的增高而相应下降。当种子在不良条件下贮藏，亦会引起可溶性糖含量的增高。因此，种子的可溶性糖含量的动向，可在一定程度上反映种子的生理状况。

（二）不溶性糖

种子中的不溶性糖主要包括淀粉、纤维素、半纤维素和果胶等，完全不溶于水或吸水成黏性胶溶液。其中淀粉和半纤维素可在酶的作用下水解成可溶性糖而被利用，纤维素和果胶则难以被分解利用。

1. **淀粉** 淀粉在植物种子中分布广泛，是禾谷类最主要的贮藏物质。它以淀粉粒的形式贮存于胚乳细胞中，种子的其他部位极少，甚至完全不存在。

种子中的淀粉为白色粉状物。在绝对干燥条件下淀粉的相对密度为 1.65，而湿淀粉的相对密度为 1.3。淀粉在冷水中不溶解且沉淀很快，其沉淀的速度因颗粒的大小而不同，颗粒越大，沉降速度越快，因而，可用沉降速度的差异进行淀粉分级。

淀粉以淀粉粒的形式存在于种子的胚乳或无胚乳种子的子叶中，胚和种皮中一般不含淀粉。淀粉粒的主要成分是多糖，一般在 95% 以上，此外还含有少量的矿物质、磷酸及脂肪酸。淀粉粒是由细胞中的质体发育而来，若一个质体中形成一个淀粉粒，称为单粒；若一个质体中形成 2 个以上淀粉粒，则称为复粒。所以，淀粉粒分单粒和复粒两种，复粒是许多单粒的聚合体，其外包有膜，玉米、小麦、蚕豆等的淀粉粒为单粒，水稻和燕麦的淀粉粒以复粒为主。马铃薯一般是单粒淀粉，但有时也形成复粒或半复粒（图 2-2、图 2-3）。淀粉粒的大小、形态和结构在不同作物间存在一定的差异（表 2-9），是鉴定淀粉或粮食粉及粉制品的依据。一般淀粉粒的直径为 12～150μm，不同作物种子的淀粉粒大小相差较为明显，如马铃薯约为 45μm，蚕豆、豌豆为 32～37μm、麦类 2～35μm、甘薯约 15μm、水稻约 7.5μm。而且同种种子不同部位也有较大差异，一般子叶中的淀粉粒较胚本体中的大，而胚乳中则淀粉粒越向内其直径越大。淀粉粒刚形成时均为圆形或椭圆形，随着淀粉粒体积的扩大和数量的增多，分布稠密的部位形成多角形，如水稻、玉米等胚乳的角质部分；分布不稠密的部位，如禾谷类种子胚乳的粉质部分和甘薯块根、马铃薯块茎中的淀粉粒，则仍呈圆形或椭圆形。

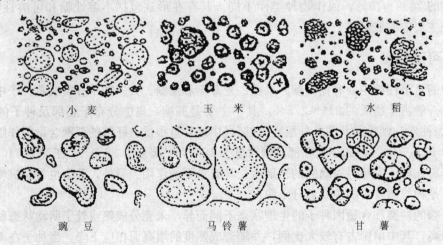

小 麦　　　　　　　玉 米　　　　　　　水 稻

豌 豆　　　　　　马铃薯　　　　　　　甘 薯

图 2-2 几种植物淀粉粒的模式图

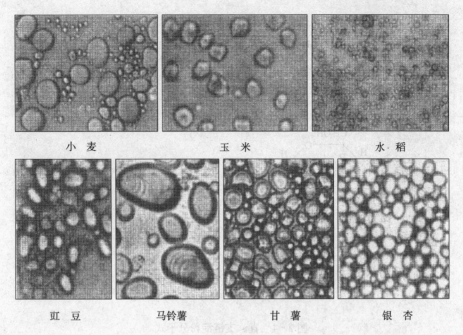

| 小　麦 | 玉　米 | 水　稻 |

| 豇　豆 | 马铃薯 | 甘　薯 | 银　杏 |

图 2-3　几种植物淀粉粒的显微照片

表 2-9　不同作物种子的淀粉粒特征

（王景升，1994）

作物	淀粉粒大小（μm）	形　状
马铃薯	25～100	卵圆形，有环纹
玉米	2～25	多角形（角质玉米）或椭圆形（粉质玉米）
水稻	3～8	多角形，单粒、复粒并存
小麦	2～35	圆形或扁圆形，有环纹
大麦	2～35	近圆形
黑麦	14～50	圆形

　　淀粉由两种理化性质不同的多糖——直链淀粉和支链淀粉组成，直链淀粉分子质量小，相对分子质量 $1.0 \times 10^4 \sim 2.0 \times 10^6$，相当于 250～300 个葡萄糖分子。葡萄糖之间以 α（1-4）糖苷键呈直线连接（图 2-4A），易溶于热水，遇碘呈蓝黑色，煮熟后黏度低。支链淀粉中的葡萄糖则连接成树枝状，除了主要以 α（1-4）糖苷键连接外，还有 5%～6% 存在于分支处的 α（1-6）糖苷键（图 2-4B）。分子质量大，相对分子质量 $5.0 \times 10^4 \sim 4.0 \times 10^8$，相当于 6 000 个或者更多的葡萄糖分子组成，在热水中膨胀呈现很大的黏性，遇碘呈紫红色。

　　种子中的淀粉以支链淀粉为主，通常含量为 75%～80%，直链淀粉为辅，含量为 20%～25%（表 2-10）。在糯质种子中，几乎完全不存在直链淀粉，而仅有支链淀粉。淀粉粒中直链淀粉和支链淀粉的比例，是决定淀粉特性和粮食食味的重要因素。例如，水稻种子类型和品种不同，其直链淀粉与支链淀粉的含量有别。粳稻米一般直链淀粉含量低（20% 以下），少数中等（20%～25%）；籼稻米一般直链淀粉含量较高（25% 以上），部分中等，少数较低。二者含量不同影响煮饭特性及食味：籼米饭较干，松而易碎，质地较硬；粳米饭较湿，有黏性、光泽，但再

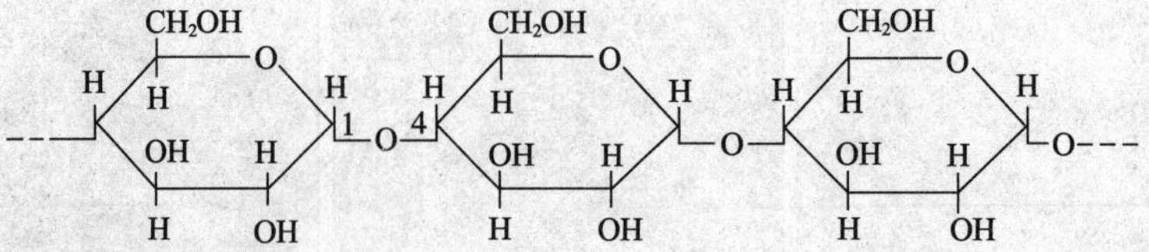

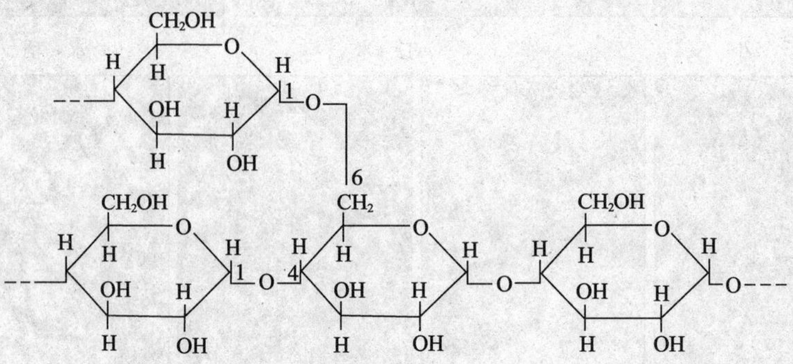

图 2-4 直、支链淀粉分子式

(沈同等，1990)

浸泡时则易碎裂。糯性种子中几乎全部都是支链淀粉，所以鉴定种子是否糯性的简易方法就是将其胚乳与碘反应，呈紫红色的为糯性，呈蓝黑色的为非糯性。

表 2-10 不同作物直链淀粉与支链淀粉的含量（％）

(王景升，1994)

作　物	直链淀粉	支链淀粉
马铃薯	19～22	78～81
玉　米	21～23	77～79
小　麦	24	76
稻　米	17	83

2. 纤维素和半纤维素　种子中除淀粉外，主要的不溶性糖是纤维素和半纤维素，它们与木质素、果胶、矿物质及其他物质结合在一起，组成果皮和种皮细胞。由于成熟籽粒的果种皮细胞中原生质消失，果种皮仅留下空细胞壁。因此，纤维素和半纤维素是果种皮的基本成分。这两类物质的存在部位与功能很相似，但也有不同之处：纤维素难分解，通常不易被种子消化和吸收利用，对人也无营养价值，但它能促进肠胃蠕动，有助消化；半纤维素则可以作为种子的贮藏物质（贮藏于胚乳或子叶的膨大细胞壁中，而不是细胞腔内）或作为幼苗的"后备食物"，即在种子发芽时，若其他养分不足，半纤维素可被半纤维素酶水解而吸收利用。莴苣、咖啡、羽扇豆等种子中含有大量的半纤维素作为贮藏物质，这些种子的胚乳或子叶呈角质，硬度很高。

二、脂　类

脂类物质包括脂肪和磷脂两大类，前者以贮藏物质的状态存在于种子细胞中，后者是构成种子活细胞原生质的必要成分。

（一）脂肪

脂肪是种子中三大营养物质之一，在种子生命活动中占有重要的地位，也是人类食用油的主要来源。在自然界绝大多数种子都含有脂肪，特别是油料作物种子的脂肪含量较高，一般在20%～60%，而禾谷类种子脂肪含量很少，多在2%～3%。脂肪属高能量贮藏物质，它的密度小，分子中含氧少，作为动植物体内的燃料，氧化时必须从空气中夺取较多的氧气而放出更多的热能。1g脂肪完全氧化所释放的能量比1g糖和1g蛋白质所释放能量的总和还要多。

种子中的脂肪以脂肪体形式存在于种子的胚和胚乳中，但禾本科的淀粉胚乳中不含脂肪体，脂肪体主要分布在盾片和糊粉层中。

种子中的脂肪是多种甘油三酯的混合物，其品质的优劣决定于组成成分中脂肪酸的种类和比例（表2-11）。组成植物脂肪的饱和脂肪酸主要有软脂酸和硬脂酸，不饱和脂肪酸主要有油酸、亚油酸和亚麻酸，有的还有花生四烯酸和芥酸等。植物脂肪一般含不饱和脂肪酸的比例大，而不饱和脂肪酸的熔点低，所以植物油在常温下多是液体；动物油含饱和脂肪酸含量高，即使在夏季也是固体。饱和脂肪酸因无双键，含能量较低，且不易被消化；不饱和脂肪酸能量高且易被消化吸收，特别是亚油酸，含2个双键，分解时碳链断裂为3段，每段含6个碳原子，易被消化吸收，且能软化血管，有预防心血管疾病的功效。油酸含1个双键，分解时断裂成两段，每段9个碳原子，可以被人体吸收，但易氢化变成饱和脂肪酸。亚麻酸含有3个双键，能断裂成4段，更易被人体吸收，但由于亚麻酸含双键多，极易氧化酸败，不耐贮藏。因此，优良的食用油要求亚油酸含量较高而亚麻酸的含量很低。提高亚油酸、油酸含量，降低亚麻酸及饱和脂肪酸的含量，是食用油料作物品质育种的重要指标。某些作为工业用油的植物油如桐油，则要求亚麻酸的比例高，以在空气中能迅速形成坚韧的膜。不同作物种子中这三种脂肪酸的比率相差很大，向日葵高达60%～70%，大豆和玉米胚油中的亚油酸均在50%以上，油菜种子中含以上三种不饱和脂肪酸较少，但芥酸的含量却占50%左右。芥酸为13-二十二碳烯酸（1个双键），过去曾被认为对人体有害，从而提出油菜育种应降低它的含量而提高亚油酸的含量，但以后有的报道认为芥酸对人类无害却不易被消化吸收，油菜油还是适宜作为食用油的。

表2-11 主要油料作物种子脂肪酸组成

种 类	脂肪（%）	脂肪中脂肪酸（%）						
		软脂肪 16：0	硬脂酸 18：0	油酸 18：1	亚油酸 18：2	亚麻酸 18：3	芥酸 22：1	其 他
大豆	17～20	7～14	2～6	23～34	52～60	2～6	0	花生四烯酸0.3～3.4
向日葵	44～54	3～7	1～3	22～28	58～68	0	0	
花生	38～50	6～12	2～4	42～72	13～28	0	0	花生四烯酸2～4
棉籽	17～30	20～25	2～7	18～30	40～55	微量～11	0	花生四烯酸0.1～1.5
芝麻	50～56	7～9	4～5	37～50	37～47	0	0	花生四烯酸0.4～1.2
玉米	4～7	8～12	2～5	19～49	34～62	0	0	
油菜	35～42	微量～5	微量～4	14～29	9～25	3～10	40～55	
亚麻	—	5～9	4～7	9～29	8～29	45～67	0	
桐籽	30	4.1	1.3	4～13	8～15	—	0	桐油酸72～79

种子中脂肪的性质可用两种重要的指标——酸价和碘价表示。酸价是中和 1g 脂肪中全部游离脂肪酸所需的氢氧化钾毫克数。酸价的高低可以表示脂肪品质的优劣和种子活力的高低。这是因为油脂种子在不良贮藏条件下,如贮藏湿度较高的情况下,种子中或微生物中的脂肪酶发生作用,促使脂肪物质分解而脱出游离脂肪酸,于是种子酸价增高,品质恶化,脂溶性维生素破坏,种子生活力下降。

碘价是指与 100g 脂肪结合所需的碘的克数。脂肪中不饱和脂肪酸含量多,双键就多,则能结合碘的数量就多,碘价也就高。而碘价越高,脂肪就越容易氧化。正常成熟的种子,其脂肪碘价高,随着贮藏时间的延长,随着氧化作用的进行,双键逐渐破坏,碘价亦随之降低,种子品质发生变化。

在贮藏过程中,油质种子保管不当或贮藏太久,由于脂肪变质产生醛、酮、酸等物质而发生苦味和不良气味——哈气,称为酸败(rancidity)。脂肪酸败现象在一些含油量高的种子中容易发生,如向日葵、花生、大豆、玉米等。种皮破裂的种子常加速酸败,高温、高湿、强光、多氧的条件也促进这一过程,以致种子迅速劣变,产生明显的酸败异味。油脂的酸败可包括水解和氧化两个过程。在水分较高的种子中,脂酶发生作用,将脂肪水解为游离脂肪酸和甘油,水解过程所需的脂酶,既存在于种子中,又大量存在于微生物中。因此,微生物对脂肪的分解作用可能比种子本身的脂酶作用更为重要。氧化过程有两种情况,一种是饱和脂肪酸的氧化,另一种是不饱和脂肪酸的氧化。饱和脂肪酸的氧化是在微生物的作用下,脂肪酸被氧化生成酮酸,然后酮酸失去 1 分子 CO_2 分解为酮:

$$R \cdot CH_2CH_2COOH \xrightarrow[+O]{\text{氧化}} R \cdot \underset{\substack{|\\OH}}{CH} - CH_2COOH \xrightarrow[-H]{\text{氧化}} R \cdot COCH_2COOH \rightarrow R \cdot COCH_3 + CO_2\uparrow$$
$$\hspace{6.5cm} \beta\text{-羟脂酸} \hspace{2.5cm} \beta\text{-酮酸} \hspace{2cm} \text{甲基酮}$$

不饱和脂肪酸的氧化有化学氧化及酶促氧化,种子中脂质的氧化一般是酶促作用的氧化,但也存在自动氧化过程。在脂肪氧化酶或其他物理因素的催化下,游离态或结合态的脂肪酸氧化继续分解形成低级的醛和酸等物质,其中危害最严重的是丙二醛,对细胞有强烈的毒害作用。不同作物种子的脂肪酸败情况不完全一致,如向日葵等种子很容易发生氧化性酸败,但有活力的水稻种子一般不会发生氧化性酸败,高水分的或碾伤的水稻籽粒容易发生水解性酸败。从氧化速率看,种子中脂肪的不饱和程度越高,则氧化速率越快,变质越为迅速。例如在一定条件下,亚油酸(2 个双键)比油酸(1 个双键)的氧化速率快 12 倍,而亚麻酸(3 个双键)比亚油酸快 2 倍。种子中含有的抗氧化剂,如维生素 E、维生素 C、胡萝卜素及酚类物质等,均有利于延缓和降低脂肪的氧化作用。

脂肪酸败会对种子品质造成严重影响,由于脂肪的分解,脂溶性维生素无法存在,并导致细胞膜结构的破坏,而且脂肪的很多分解产物都对种子有毒害作用,食用后还能造成某些疾病的恶化及细胞突变、致畸、致癌和加速生物体的衰老,因此,酸败的种子可以说完全失去种用、食用或饲用价值。种子中脂肪的含量尤其是胚部脂肪的含量,与种子的劣变和种子寿命存在密切关系。禾谷类种子中的脂肪含量一般很低,胚乳中的含量不超过 1‰,绝大部分脂肪存在于胚和糊粉层的细胞内。在全粉和粗面粉中,由于胚和糊粉层没有去尽,贮藏期间因脂肪分解而大大降低面粉品质。精度低,留有部分米糠的米粒也明显比精度高的米不耐贮藏。禾谷类作物籽粒中,以玉米的胚部脂肪含量为高，达 33%，远远超过大麦和小麦（分别为 22% 和 14%），这是玉米种子耐藏性差的另一个重要原因。

（二）磷脂

种子中的脂类物质除脂肪外，还有化学结构与脂肪相似的磷脂，磷脂是含有一个磷酸基团的类脂化合物。磷脂是分子中含磷酸的复合脂，由于其所含醇的不同，又可分为甘油磷脂和鞘氨醇磷脂两类。复合脂是指分子中，不仅存在醇与脂肪酸所形成的酯，而且还结合了其他成分，主要有磷酸、糖或硫酸，它们分别被称为磷脂、糖脂和硫脂。磷脂是细胞原生质的成分——各种细胞膜的必要组分，对于限制细胞和种子的透性，防止细胞的氧化，维持细胞的正常功能是必不可少的。

种子中磷脂的含量较植物营养器官为高，磷脂的代表性物质是卵磷脂和脑磷脂。禾谷类种子中的磷脂含量为 0.4%~0.6%；花生、亚麻、向日葵等油质种子中的含量一般达 1.6%~1.7%；大豆种子的含量可高达 2.09%，胚芽较子叶含量更为丰富，可达 3.15%，因此大豆种子常用于提取磷脂制成药物，用以改善和提高大脑的功能。

三、蛋 白 质

蛋白质是生物体的重要组成部分，是生命活动所依赖的物质基础，没有蛋白质便没有生命。蛋白质是种子中含氮物质的主要贮藏形式，是种子的三大营养物质中最重要的物质。它既是贮藏物质，又是结构物质，具有很高的营养价值。

（一）种子蛋白质的种类

种子中的含氮物质主要是蛋白质，非蛋白氮主要以氨基酸的形式集中于胚及糊粉层，且其含量的变化与种子的生理状态有密切关系，在生理状态不正常的种子如未成熟、受过冻害或发过芽的种子中含量较高。正常成熟的、处于安全贮藏条件下的种子中则含量很低。

种子中的蛋白质种类很多，按其功能可分为结构（复合）蛋白质、酶蛋白质和贮藏（简单）蛋白质。结构蛋白（如核蛋白和脂蛋白）和酶蛋白含量较少，主要存在于种子的胚部。结构蛋白是组成活细胞的基本物质，而酶蛋白作为生物催化剂参与各种生理生化反应。贮藏（简单）蛋白在种子蛋白质中所占的比例很大，如大豆中蛋白质含量的 90% 为贮藏蛋白。贮藏蛋白主要以糊粉粒或蛋白体的形式存在于糊粉层、胚及胚乳中，其大小、形态结构和分布密度因种子不同部位而异，糊粉层中的糊粉粒球形，外有膜包被，内部常含有 1 个或几个晶体；胚中的蛋白体有着与糊粉层类似的结构；而禾本科胚乳中的蛋白质别具特色，它中间有一个核，周围分布多层同心圆环，多数还形成放射状裂痕。种子中的蛋白体颗粒较淀粉粒小，直径一般在 1.5~2.3μm，从大到小的顺序依次为子叶中大于糊粉层中大于胚乳中。禾本科胚乳中的蛋白体密度是从外向内依次递减，盾片中则是自上而下依次递减。糊粉层中的糊粉粒主要是脂蛋白和核蛋白，贮藏蛋白质很少。

贮藏蛋白质是种子萌发过程中用于胚部新细胞建立的主要物质基础，也是人类营养蛋白的主要来源。根据简单蛋白质在各种溶剂中溶解度的不同分为清蛋白（albumin）、球蛋白（globulin）、醇溶谷蛋白（prolamine）和谷蛋白（glutelin）四类（表 2-12）。清蛋白易溶于水，这类蛋白质主要是酶蛋白，在一般种子中含量很少。球蛋白不溶于水，但溶于 10％的氯化钠稀盐溶液，它是双子叶植物种子所含有的主要蛋白质，在禾谷类种子中虽普遍存在，但含量很少。醇溶性谷蛋白不溶于水和盐类溶液，但溶于 70％的酒精溶液，它是禾谷类特有的一种蛋白质，不仅在各种禾谷类种子中普遍存在，而且在大部分禾谷类种子中含量很高，其中赖氨酸含量较低，影响了它的营养价值。谷蛋白不溶于水、盐类溶液和酒精溶液，但溶于稀碱或稀酸溶液，这类蛋白在禾谷类尤其是麦类、水稻种子中的含量较高。

（二）种子中蛋白质组分的分布

四种蛋白质含量及其分布在不同作物及种子不同部位有很大的差异（表 2-12）。球蛋白是豆类种子的主要蛋白质，主要存在于胚的子叶中。禾谷类种子中，清蛋白和球蛋白的含量很少，主要存在于胚部。胚乳中主要是醇溶性谷蛋白和谷蛋白，尤其是醇溶性谷蛋白，是禾谷类种子特有的蛋白质，麦类种子中的麦胶蛋白、玉米种子中的胶蛋白都属此类。醇溶性谷蛋白和谷蛋白是面筋最主要的成分，占面筋总量的 74.2％，另外面筋中还有 20％的淀粉和少量的球蛋白、纤维素、脂肪和矿物质等。在面包和馒头的制作过程中，面筋具有保持面团中气体的性能，凡面筋含量高和面筋品质优良即面筋的弹性及延伸性好的麦粉有较好的面包烤制品质。因此，面筋的含量和品质是小麦品质的重要指标。一般麦谷蛋白具有高弹性和较低的延伸性，麦醇溶性谷蛋白具有高的延伸性而较低的弹性。

表 2-12 不同作物种子中各类贮藏蛋白的比例（％）

（王景升，1994）

作物	清蛋白	球蛋白	醇溶谷蛋白	谷蛋白
小麦	3～5	6～10	40～50	46
玉米	4	2	55	39
大麦	13	12	52	23
燕麦	11	56	9	24
水稻	5	10	5	80
高粱	5	10	46	39
大豆	5	95	0	0

（三）种子蛋白质的氨基酸组成

营养学研究表明，种子营养价值高低主要取决于种子中蛋白质的含量、构成蛋白质的氨基酸尤其是人体必需氨基酸的比率以及种子蛋白质能被消化和吸收的程度。因此蛋白质的成分具有非常重要的意义，如果蛋白质的成分中缺少 8 种人体必需氨基酸中的任何一种时，动物就不能利用植物中的蛋白质重新构成自己所特有的蛋白质，可见某些植物种子的蛋白质含量虽高，但由于品质欠佳，仍影响了它的价值。

不同类型的蛋白质中氨基酸组成不同，清蛋白和球蛋白中的赖氨酸、色氨酸、精氨酸含量比醇溶性谷蛋白和谷蛋白高很多。后者主要含谷氨酰胺、脯氨酸和亮氨酸。禾谷类种子不但蛋白质含量普遍较低，一般只有动物蛋白质含量的 $1/2\sim1/3$，而且蛋白质中氨基酸的组成比例也不好，蛋白质中的赖氨酸含量很低，色氨酸含量也不高。因此，赖氨酸是这类种子的第一限制氨基酸，尤其是玉米和高粱（表 2-13）。因为禾谷类种子的食用部分主要是胚乳，而其主要蛋白质是赖氨酸含量较低的醇溶性谷蛋白，胚部和糊粉层含有的却是营养价值较高的清蛋白和球蛋白，它们作为麸皮（胚与糊粉层不易与果种皮分离，这些成分在习惯上常统称麸皮）的重要成分被作为饲料利用。稻米的蛋白质相对较好，其赖氨酸含量高于麦类和玉米，因为稻米中醇溶性谷蛋白含量很低，80%是赖氨酸含量较高的米谷蛋白。

表 2-13　种子中必需氨基酸的含量（%）

（毕辛华和戴心维，1993）

氨基酸种类	最适比例	小麦	玉米	水稻	高粱	菜豆	花生	大豆	豌豆	谷子
苏氨酸	4.3	2.8	3.2	3.4	3.3	3.4	2.8	3.7	4.1	6.9
缬氨酸	7.0	3.8	4.5	5.4	4.7	3.9	4.0	5.0	4.1	5.3
异亮氨酸	7.7	3.4	3.4	4.0	3.6	3.1	3.5	4.5	3.4	3.7
亮氨酸	9.2	6.9	12.7	7.7	11.2	5.2	6.2	7.5	5.3	9.6
苯丙氨酸	6.3	4.7	4.5	4.4	4.4	3.9	4.9	5.2	5.4	5.9
赖氨酸	7.0	2.3	2.5	3.4	2.7	4.7	3.1	6.0	5.4	2.3
甲硫氨酸	4.0	1.6	2.1	2.9	2.3	1.9	1.1	1.6	1.2	2.5
色氨酸	1.5	1.0	0.6	1.1	1.0	1.0	1.1	1.5	0.8	2.1

豆类种子的情况与禾谷类不同，贮藏蛋白主要是球蛋白，富含赖氨酸，营养价值较高。其中花生蛋白质的赖氨酸、苏氨酸和蛋氨酸均较低；蚕豆蛋白质的蛋氨酸和色氨酸的含量很低；大豆种子赖氨酸含量丰富，具较高营养价值，但含硫氨基酸（蛋氨酸和胱氨酸）含量低。

在缺乏人体必需氨基酸的食物中添加该种氨基酸或是通过选种途径提高其含量，其生理效应极为显著。例如，用普通玉米和高赖氨酸玉米"奥帕克"作猪饲料试验表明，后者的日增重高于前者，最终重量可达前者的 3.6 倍。

种子中蛋白质含量较高和氨基酸组成比例合理，还不能完全保证种子具有较高的营养价值，分解利用还和下列因素有关：组织中有较多纤维素时，蛋白质就难于被分解利用，因为蛋白质的螺旋形构造，往往和纤维素骨架紧紧缠绕在一起，在动物的肠胃中分解蛋白质或用化学方法提取蛋白质时，都需先破坏纤维素的骨架；另外，在种子中存在某些物质时，蛋白质的分解利用也会被削弱，如单宁等酚类物质和蛋白酶抑制剂等。

（四）蛋白变性

种子中的蛋白质因受理化因素的影响，其分子内部原有的高度规则性的排列将发生变化，致使原有性质发生部分或者全部改变，这种作用称为蛋白质的变性作用。蛋白质变性后，其亲水性、吸水能力和溶解性均有不同程度的降低，生物活性丧失，导致种子衰老，活力降低或丧失。所以改善种子贮藏条件，可以防止或延缓种子衰老。

四、种子中的生理活性物质

所谓生理活性物质，是指某些含量很低但却能调节生物的生理状态和生化变化的化学成分。种子作为活的有机体，其新陈代谢和生理状态的改变亦是受生理活性物质调控。种子中的生理活性物质主要有酶、植物激素和维生素。

（一）酶

生物体内的各种生化反应都是在具催化活性的蛋白质——酶所催化下进行的，种子也同样。根据它的组成成分，酶可分为单酶和全酶。单酶的成分为单纯蛋白质，如大多数水解酶。全酶则为酶蛋白和活性基（辅酶或辅基）构成，构成辅酶或辅基的成分多数为维生素和核苷酸，有些酶还含有金属离子如 Cu^{2+}、Fe^{2+}、Zn^{2+} 等。酶具有催化高效性、底物专一性，多数酶还具反应可逆性，因而能在普通条件下使生物体内复杂的新陈代谢中各种化学反应有条不紊地进行。

种子中的酶种类繁多，根据其催化的反应类型，可分为氧化还原酶类、转移酶类、水解酶类、裂解酶类、异构酶类、合成（连接）酶类六种类型。

（1）氧化还原酶类。参与氧化还原反应，催化氢原子或电子的传递，主要包括氧化酶和脱氢酶。

（2）转移酶类。将某些基团从某一分子上转移到其他分子上，如转氨酶、转甲基酶、转醛（酮）酶、磷酸激酶等。

（3）水解酶类。催化各种复杂的有机物加水分解成较简单化合物的反应，如糖酶类、酯酶类、肽酶类等。

（4）裂解酶类。催化一种化合物分子的键断裂形成两种化合物或其逆反应，主要有脱羧酶、脱水酶、脱氨酶等。

（5）异构酶类。催化某种有机化合物转变为它们的同分异构体，如磷酸丙糖异构酶、磷酸己糖异构酶、葡萄糖变位酶等。

（6）合成（连接）酶类。利用 ATP 分解释放的能量使两种化合物进行合成作用，如乙酰 CoA 羧化酶、氨酰基 tRNA 连接酶，主要在蛋白质合成及 CO_2 固定中起作用。

实际上，种子中的这六大酶类中普遍存在着多种形式的同工酶。同工酶是指能催化同一种化学反应，但其酶蛋白的分子结构不同的一类酶，存在于同一个体甚至同一组织中，如玉米种子中有 8 种过氧化物酶同工酶，莲籽中存在 8 种超氧化物歧化酶（SOD）同工酶。

不同生理状态的种子，酶的含量和活性有很大差异。种子在发育、成熟过程中，各种酶尤其是合成酶的活性很强，种子中的干物质迅速积累。随着种子成熟度的提高和脱水，酶的活性降低甚至消失，有些酶如 β-淀粉酶等则与蛋白质结合成酶原状态贮藏在种子中，使成熟种子的代谢强度降到很低，有利于安全贮藏。处于良好贮藏条件下的种子酶的活性一般很低，但氧化还原酶类仍具相当的活性，如酚氧化物酶、过氧化物酶、脂肪氧化酶等，前两种酶在种被中存在较多，其氧化作用可改善种被的通透性；后一种则导致脂肪氧化而成为种子劣变的重要原因。在不良条件下贮藏的种子，不仅氧化还原酶类活性更强，而且水解酶类的活性也增强，加上微生物活动所产生的外源酶，会加速种子劣变。当种子进入萌发状态时，各种酶类尤其是水解酶、合成酶、呼吸酶随之活化和形成，代谢强度急剧增高，且许多酶如脱氢酶、ATP 生成酶的活性与萌发种子的活力状况成正比。

不充分成熟和发过芽的种子中存在多种具活性的酶，不仅使种子不耐贮，而且还严重影响加工品质，如用此类小麦种子加工面包、馒头，会因 α-淀粉酶在麦粉制作面团发酵过程中使淀粉水解产生许多糊精而使面包或馒头黏而缺乏弹性，因蛋白水解酶活性强导致面筋蛋白质分解使馒头或面包体积小、不松软。

（二）植物激素

植物激素（phytohormone）对种子及果实的形成、发育、成熟、休眠、脱落及衰老都有调控作用。种子（包括果实）较植物的其他部分有较多激素，有些激素甚至主要是在种子中合成的。按照植物激素的生理效应和化学结构，可分为生长素（IAA）、赤霉素（GA）、细胞分裂素（CTK）、脱落酸（ABA）、乙烯五大类。

1. 生长素　生长素（indoleacetic acid，IAA，吲哚乙酸）是植物中普遍存在的天然生长素，在种子的各部分均有分布，但以生长着的尖端如胚芽鞘尖、胚根尖为多。种子中的 IAA 是在种子发育过程中由色氨酸通过色胺形成的，并非由母株运入。其含量随受精后果实和种子的生长而增加，至种子成熟后期又迅速降低。安全贮藏的种子 IAA 含量极低，大多以结合态的形式存在，多数以酯或色素的前体存在，发芽时才水解成具活性的游离态。IAA 有促进种子、果实和萌发幼苗生长的作用，还能引起单性结实形成无籽果实，但与种子休眠的解除无关。

许多吲哚类化合物如萘乙酸有着与 IAA 相类似的作用，有的人工合成的生长调节剂不是吲哚类却亦有相似的生理效应，如 2,4 - D。

2. 赤霉素　种子本身具有合成赤霉素（gibberellin，GA）的能力，而且绝大多数是在胚中合成，因而绝大多数种子的 GA 含量远高于植物的其他部位。种子中的 GA 有数十种之多，赤霉酸（GA_3）是其中研究最为透彻的一种，是目前主要的商品化和农用形式；而 GA_1 和 GA_{20} 可能是活性最强、在高等植物中最为重要的赤霉素。

种子中的 GA 有游离态和结合态两种，结合态的 GA 常与葡萄糖结合成糖苷或糖脂。GA 在种子发育的早期呈具有活性的游离态，成熟时转为无活性的结合态，当种子萌发时又可被水解释放出游离的活性部分。GA 具有促进细胞伸长从而使茎叶迅速生长的功能，对细胞的分裂分化也起促进作用。GA 能促进果实、种子的生长，调控种子的休眠和发芽，有些种子休眠打破萌发时，常伴有内源 GA 的增加，施加外源 GA 亦能打破许多种子的休眠。GA 还能加速非休眠种子的萌发，调控禾谷类种子糊粉层中 α-淀粉酶、β-淀粉酶、蛋白水解酶及其他淀粉降解酶类的产生和释放，这些水解酶分泌到胚乳内，使胚乳中的贮藏物质水解供胚及幼苗生长利用。

GA 和生长素一样，也可引起单性结实。我国将从培养的水稻恶苗病菌中提取出的 GA_3 称为 920，可用于多种种子处理和叶菜类植物的田间喷施。

3. 细胞分裂素　细胞分裂素（cytokinin，CTK）是腺嘌呤的衍生物，现已分离出天然的这类生长调节物质有 13 种之多，如玉米素、二（双）氢玉米素、反式-玉米素核苷及异戊烯基腺苷（iPA）等，其中从幼嫩的玉米种子中提取出的玉米素是天然分布最广、活性最强的一种细胞分裂素。6-呋喃氨基嘌呤（激动素）、6-苄基腺嘌呤也具有细胞分裂素的功能，但在植物体内尚未发现它的天然产物。

在幼果和未成熟种子中 CTK 的含量较高，可能是在植株中合成，随后流入种子中（如有人认为根尖合成，通过木质部运输而来的）；也可能是果实或种子自身合成；还有人认为是 tRNA 水解形成的，因为在许多低等植物或高等植物中发现 CTK 是结合在 tRNA 上的。一般从授粉后到果实、种子生长旺盛时期，CTK 含量很高，随着果实、种子长大，CTK 含量降低，至果实、种子成熟时 CTK 含量降到很低甚至完全消失，到种子萌发时 CTK 又重新出现。这表明 CTK 的作用主要是促进细胞分裂，对细胞伸长也可能有作用。

CTK 具有抵消萌发的抑制物质，特别是 ABA 对种子萌发的抑制作用，施加外源 CTK 可以打破因 ABA 存在而导致的种子休眠。

4. **脱落酸**　脱落酸（abscisic acid，ABA）是以异戊间二烯为基本结构单位的倍半萜类，因能促进茎、叶、幼果的脱落而得名，是延长休眠、抑制发芽的生长抑制剂，在植物的不同部位均有存在，但以果实和种子中含量较高。

ABA 在种子的胚、胚乳和种被中均有分布，一般是随果实和种子的发育、成熟而升高，常导致许多种子成熟后期进入休眠状态。随着贮藏过程中休眠被打破，ABA 的含量降低。在幼果脱落时期和种子发生劣变时，ABA 含量达到高水平。

5. **乙烯**　乙烯（ethylene）是化学结构简单的不饱和碳氢化合物，是一种具有很强生理活性的气体。在成熟的果实、发芽的种子、衰老器官中均有乙烯存在，因此认为乙烯能促进果实成熟，同时对种子的休眠和萌发有调控作用。许多作物如花生、蓖麻、燕麦等的非休眠种子萌发中，发现乙烯水平有 2～3 个高峰，峰点与幼苗的快速生长相吻合，产生乙烯的部位是胚。

施加外源乙烯能打破花生、苍耳、水浮莲等许多种子的休眠，而且施加外源乙烯对种子的作用，与乙烯的浓度有密切关系。低浓度下，促进萌发；高浓度则抑制种子的萌发。乙烯还具有促进某些植物开花和雌花分化的作用。

实际上，植物激素对种子生长、发育、成熟、休眠、萌发及脱落、衰老的调控，有促进和抑制两个方面，如 IAA 在低浓度时促进根的生长，但较高浓度时则转向抑制；ABA 是萌发抑制物，但也可促进某些植物开花；乙烯低浓度时促进种子萌发，但高浓度时抑制萌发。这在使用人工合成的生长调节剂时应特别注意。

（三）维生素

维生素（vitamin）是具有生理活性的一类低分子化合物，是维持人体正常代谢和生理功能的必需物质。但大多数维生素却不能在人体内合成，必须由食物供给，若摄入不足会导致维生素缺乏症。人体所需维生素有很大部分是靠种子及其制品供给，因而保持和提高种子中维生素含量对人类健康至关重要。同时维生素又是种子中许多酶的主要组成成分（作为辅酶或辅基），有的可转变成激素，因而对调节种子的生理状态也至关重要。

种子中维生素的含量不高但种类齐全，主要有两大类，一类是脂溶性维生素，主要包括维生素 A 和维生素 E；另一类是水溶性维生素，主要有维生素 B 族和维生素 C。

1. **维生素 A**　实际上，种子中并不存在维生素 A，但含有形成维生素 A 的前体——胡萝卜素，1分子胡萝卜素在酶作用下能分解为2分子维生素A，故称为维生素A源。小麦、黑麦、大麦、燕麦和玉米的籽粒中都含有胡萝卜素，但一般含量很少，而在某些蔬菜种子中含量较多，如胡萝卜、茄子等。维生素A与人的视觉有关，若缺乏易引起夜盲症、干眼病等。

2. **维生素E**　维生素E（生育酚）在蛋黄和绿色蔬菜中含量丰富，在油质种子及禾谷类种子的胚中也广泛存在。维生素E是一种有效的阻氧化剂，可保护维生素A、维生素C以及不饱和脂肪酸免受氧化，保护细胞膜免受自由基危害，对种子生活力的保持有利，对人体有抗衰老、防流产之功能。

3. **维生素C**　水溶性的维生素C（抗坏血酸），一般种子中含量极少，但在种子萌发后的幼芽中和豆类发芽后的子叶中能大量生成。

4. **维生素B族**　维生素B族的种类很多，包括维生素B_1（硫胺素）、维生素B_2（核黄素）、维生素B_3（泛酸）、维生素B_6（吡哆醛）、维生素B_{12}、维生素PP（烟酸）、叶酸、生物素等。在豆类种子中含量丰富，在禾谷类种子中主要集中于胚和糊粉层中，胚乳中含量很少，因此面粉精度越高，B族维生素的损失也就越严重。多数B族维生素都是主要辅酶或辅基的重要成分，依次参与物质代谢中脱羧、氢氨基、甲酰基、乙酰基传递、羧化作用。另据报道，维生素B_1可刺激胚根生长，当有维生素B_6存在时，这种刺激就更明显，因此推测维生素与种子萌发有关。

维生素含量的多少主要取决于遗传因素，环境条件也有影响，因而可通过选育种的方式和优化栽培条件提高其含量。

第四节　种子中的其他化学成分

种子中含有的其他化学成分，主要指矿物质、色素和种子毒物等。它们和种子中的主要化学成分一样，对种子的生长发育、贮藏和营养价值起着不可或缺的作用。

一、矿　物　质

种子中的矿物质主要指一些化合物中所含的金属和非金属矿质元素，大约有30余种，根据其在种子中的含量可分为大量元素，如磷、钾、硫、钙和镁等；微量元素，如铁、铜、锌、锰、氯等，也即将种子置高温下烧灼后的白色残留物，又称灰分（ash）。这些矿质元素除极少数以无机盐形式存在外，大多数都与有机化合物结合存在，或者本身就是有机物的化学组成，因而对种子的生长发育很重要。镁和铁与幼苗形成叶绿素有关；磷是磷脂的重要组成元素；硫参与含硫氨酸、谷胱甘肽及蛋白质的合成；锰对植物生长具有刺激作用。

同时，种子所含矿物质也是人体所需矿物质的主要来源之一。种子中的矿质元素就其营养作用而言，都是人体所需要的，但一般食品供给已较充足，只有钙、铁较缺乏。因此在评价种子营养价值时，常把钙、铁加以考虑。作物种子中矿物质的种类与含量因作物种类不同而异（表2-14）。禾谷类种子矿物质含量一般为1.5%～3.0%；豆类作物种子较高，大豆可高达5%。

矿物质在种子中的分布很不均匀，胚和种皮中的含量要比胚乳中高得多。

表 2 - 14 不同作物种子中矿物质的含量

作物	大量元素（%）						微量元素（mg/kg）			
	K	P	Ca	S	Mg	Na	Fe	Cu	Mn	B
大麦	0.63	0.47	0.09	0.19	0.14	0.02	0.006	8.6	18.0	13.0
荞麦	0.51	0.38	0.13	—	0.26	—	0.005	11.0	38.0	—
玉米	0.35	0.32	0.03	0.12	0.17	0.01	0.003	2.9	5.9	1.9
棉花	1.20	0.73	0.15	0.76	0.44	0.02	0.059	54.0	31.0	13.0
亚麻	1.24	0.47	0.40	0.06	0.58	0.11	0.020	26.4	39.4	17.0
谷子	0.48	0.31	0.06	0.14	0.18	0.04	0.005	24.0	32.0	
燕麦	0.42	0.39	0.11	0.23	0.19	0.07	0.008	6.6	43.0	
水稻	0.17	0.26	0.05	0.05	0.07	0.02	0.004	3.7	20.0	9.4
黑麦	0.52	0.38	0.07	0.17	0.13	0.02	0.009	8.8	75.0	2.9
高粱	0.38	0.35	0.05	0.18	0.18	0.05	0.005	11.0	16.0	
向日葵	0.96	1.01	0.21	0.02	0.40	—	0.003		23.0	—
大豆	2.40	0.66	0.28	0.45	0.34	0.38	0.016	23.0	41.0	41.0
小麦	0.58	0.41	0.06	0.19	0.18	0.10	0.006	8.2	55.0	1.11

二、种子色素

使种子具有一定的色泽，它不仅是品种特性的标志，同时也能表明种子的成熟度和品质。例如，小麦籽粒的颜色与制粉品质和休眠期长短有关，红皮小麦休眠较深，白皮小麦休眠较浅，容易穗发芽。而且，红皮小麦磨粉品质相对差些。油菜种子颜色影响出油率；大豆、菜豆等种子的颜色影响耐贮性和种子寿命。

种子内所含的色素种类主要有叶绿素、类胡萝卜素（carotenoid）、黄酮素和花青素等。叶绿素主要存在于未成熟种子的稃壳、果皮及豆科种皮中，成熟期间具有进行光合作用的功能，并随着种子成熟而逐渐减少，但在黑麦（胚乳中）、蚕豆（种皮中）和一些大豆品种（种皮和子叶中）成熟种子中仍大量存在。

类胡萝卜素主要存在于禾谷类种子的果皮和糊粉层中，是一种不溶于水的黄色素。花青素则是水溶性的细胞液色素，主要存在于某些豆科作物的种皮中，使种皮显现各种色泽和斑纹，如乌豇豆、黑皮大豆、赤豆等；有些特殊的水稻品种亦可存在于稃皮及果皮中。玉米籽粒中所含的色素有两种，一种是类胡萝卜素，是黄色玉米籽粒的主要色素；另一种是花色苷类色素（anthocyanin），是黑玉米、紫玉米及红玉米等籽粒中含有的色素。玉米籽粒色素一般分布在胚乳中，少数如红色糯玉米分布于果种皮中。

种子色素的种类和含量主要受遗传的影响，环境条件如发育期间的光照、温度、水分、矿质营养等只对含量有影响。受冻、受潮发霉和长时间贮藏的种子色泽与正常种子相比，往往颜色黯淡，没有光泽。

随着生活水平的提高，人类对食品的安全性要求越来越高，在追求色、香、味俱全的同时，合成色素对健康的危害已是共识，开发健康的自然食用色素迫在眉睫。曾获得全美最佳医生的 Devid Heber 博士最新研究显示，花青素一类的植物营养素具有令人惊讶的抗氧化能力，如花青素的抗氧化能力是维生素 C 的 20 倍、维生素 E 的 50 倍；另外，还可以提高免疫力、调节内分泌、预防癌症等。种子色素具有量多、稳定等优点，是有待大力发掘的重要天然食用色素来源。

三、种子毒物

种子中除含有大量人畜所必需的营养物质外，还含有少量对人畜有害的物质或成分，其中有的是植物种性所固有、通过亲代遗传下来的，有的是种子感染真菌后经代谢而产生的，有的则是施用农药后的残留物或代谢物。当用含有这些物质或成分的种子作食料时，如果加工调制不当或摄食过量，就会在体内发生生理作用或物理化学作用，破坏或扰乱正常的生理代谢，造成中毒或引起中毒病，甚至危及生命。这种由生物的和环境的原因所致，而在种子中存在的有毒物质或成分，即称为种子毒物。种子中的有毒物质种类很多，根据其产生的来源，可分为内源性毒物和外源性毒物两类。

(一) 内源性毒物

内源性毒物是植物种子本身固有的化学成分，其种类和含量因植物种类及品种不同而异，能够世代遗传。这些有毒物质的存在，是植物在长期系统发育中自然选择的结果，对植物自身的生存繁衍起某种保护作用。但内源性毒物对人畜是有毒的，轻者能影响其营养物质的吸收和利用，重者则发生病理反应甚至致癌、致死。

种子中的内源性毒物一般含量很少，以游离或结合两种状态存在于细胞中，或者作为细胞壁、原生质和细胞核的组成物质，或者作为贮藏物质而与营养成分结合在一起，多数是次生代谢产物。大多数内源性毒物可被高温所破坏，少数有热稳定性，在紫外线、氧、碱或酸性条件下，有的可被破坏，有的则仍保持稳定。

种子内源性毒物的种类很多，主要有：

1. **大豆中的皂苷和胰蛋白酶抑制剂** 酶抑制剂是一种蛋白质或蛋白质的结合体，对动植物体内的某些酶有抑制作用。大豆中含有的胰蛋白酶抑制剂 (trypsin inhibitor) 是其中的一种，能抑制动植物体内胰蛋白酶的活性，引起动物胰脏肥大和抑制动物生长。胰蛋白酶抑制剂是一种球蛋白，相对分子质量约为 24 000，等电点为 pH4.5，能结晶。

大豆中除含有胰蛋白酶抑制剂这种毒性蛋白外，还含有一种有毒的三萜烯类化合物——皂苷 (saponin)。大豆皂苷相对分子质量约为 950，另外还带有 5 种苷配基。皂苷味苦，能溶于水生成胶体溶液，搅动时产生泡沫，能洗涤衣物，能破坏动物血液中的红细胞而引起溶血作用，或干扰与代谢有关的酶而影响对营养物质的吸收和利用；对种子本身，皂苷可使细胞膜的微结构发生变化，影响氧的渗入，降低呼吸作用，以致抑制萌发。大豆种子中的皂苷含量一般为 0.46%～0.50%。

大豆种子中的这两种有毒物质，均可在煮熟后被破坏而失去毒性。因此，无论人畜，均不可食用生大豆或未充分煮熟的大豆制品。

2. 油菜籽中的芥子苷和芥酸 芥子苷和芥酸（erucic acid）在十字花科植物的种子中普遍存在，但以油菜种子含量最高。芥子苷又称硫代葡萄糖苷。油菜籽中芥子苷的含量因种类而异，油菜型含量较低，一般 3% 左右；芥菜型较高，一般为 6%～7%；甘蓝型油菜居中。芥子苷本身无毒，但经芥子酶水解后产生异硫氰酸脂和恶唑烷硫酮两种有毒物质，这两种有毒物质能作用于动物的甲状腺，造成甲状腺肿大，还影响肾上腺皮质、脑垂体和肝等，引起新陈代谢紊乱。用未经处理的菜籽饼作为饲料，容易造成家畜中毒。

芥酸是含 22 个碳原子和 1 个双键的长链脂肪酸，一般占油菜籽含量的 40%～50%。芥酸能引起动物的心血管病，影响心肌功能，甚至导致心脏坏死。对人有无危害，至今尚无定论，有人认为和动物一样，芥酸也能引起人的心血管病；但有人却认为人类具分解消化芥酸的酶类，能把芥酸消化吸收而不致引起病症。然而，从营养角度看，芥酸分子链长，分解时多从双键处断裂形成 13 个碳和 9 个碳较大分子，在人体内不易消化，且味道不佳，营养价值较低。

去除芥子苷的毒性，可利用高温、浸泡以及发酵中和等多种方法，但最终结果都不十分理想，因而，最好的措施是通过遗传育种的方法，选育低芥子苷和低芥酸含量的品种。

3. 高粱中的单宁类物质 单宁（tannin）又称鞣酸，是具有涩味的复杂的多元酚类化合物。植物体中的单宁主要有水解性和缩合性两类，高粱种子中的单宁属缩合性，含量一般在0.04%～2.0%，主要集中在果种皮上，胚乳中也有但较少。单宁含量与种皮颜色成正相关，即种皮颜色越深，其单宁含量就越高。

单宁溶于水，是一种容易氧化的物质，其氧化消耗大量的氧气，致使种子萌发时缺乏氧气而出现休眠。单宁有与蛋白质牢固连接的特性，可使蛋白质变性和沉淀，因而会降低食物中蛋白质的可消化性，以致影响动物的生长发育。另据报道，以高粱为主食的人、畜食道癌发病率高，推测单宁可能有致癌作用。然而，与其他含单宁的植物一样，高粱的单宁可构成一种对自身的自然保护系统，具有抗粒霉菌和真菌侵袭、防止收获前穗发芽的功能，并且可有效地躲避鸟害。

去毒的措施就是通过遗传改良的方法选育低单宁含量或"优质单宁"的新品种。它们在成熟过程中能保持较高的单宁含量以防鸟，但在成熟后却可变成营养上钝化的形式而不至于沉淀蛋白质，称为"优质单宁"。

4. 棉籽中的棉酚 当前种植的绝大多数棉花品种都含有棉酚（gossypol），其含量一般为棉籽仁的 0.1%～1.5%；棉酚是有 6 个羟基（—OH）的酚类化合物，多以树胶状存在于种子的腺体内。棉籽腺体多呈长椭圆形，外被网状膜，纵轴长 100～400μm，直径 1～2μm，依生长和环境条件的不同，颜色从淡黄、橙黄到紫色；其中除含棉酚 20.6%～39% 外，还含有棉紫素、棉绿素、氨基酸和其他酚类化合物。

棉籽贮藏期间的棉酚含量随贮存时间的延长而降低，高温亦能降低其含量。因此，冷榨棉油中的棉酚含量比热榨的多，压榨棉油又比溶剂淬取的含量高。

棉酚对植物自身具保护作用，它对虫、鼠有驱避作用，且与品种的抗病性有关，无腺体棉花品种一般易于感染病虫。但棉酚对人畜是有害的，能引起低钾麻痹症。人若食用过量带壳冷榨粗棉油，会使人体严重缺钾，肝、肾细胞及血管神经受损，中枢神经活动受抑，心脏骤停或呼吸麻痹。动物食用的棉饼或棉粉中棉酚量达 $0.15\%\sim0.2\%$ 时，会导致血液循环衰竭、继发性水肿或严重营养不良而致死。

人经常食用含棉酚的棉籽油，还会使生育能力下降。棉酚还易与蛋白质结合，这样，虽然棉酚的毒性降低了，但影响了蛋白质的营养价值。为了防止棉酚的毒害和开发棉籽蛋白资源，我国已育成了多个无腺体棉花品种用于生产。但无腺体棉花存在抗病性差，棉花纤维品质下降等问题。对于含棉酚棉籽，可经加热处理、太阳暴晒棉饼或用 2% 熟石灰水及 2.5% 碳酸氢钠溶液浸泡等措施降低棉酚毒性。科学技术的发展可变害为利，我国已把棉酚这一种子毒物研制成药物，如棉酚片（节育药）和锦棉片（抗肿瘤药）等，造福于人类。

5. 马铃薯块茎中的茄碱 茄碱（alkaloid）是一种生物碱，分子式为 $C_{45}H_{73}O_{15}N$，白色针状结晶，不溶于水而溶于乙醇或戊醇，加稀酸分解可生成 1 分子毒性更强的茄啶和各 1 分子的鼠李糖、半乳糖和葡萄糖。一般马铃薯鲜块茎中的含量较低，为 $0.002\%\sim0.013\%$，如果是在阳光下发芽的块茎，含量可增加到 $0.08\%\sim0.5\%$，芽内可达 4.76%，霉烂薯块为 $0.58\%\sim1.34\%$。

茄碱对人畜有毒，有致畸胎作用，导致无脑畸形和脊柱裂。食用含茄碱多的块茎时，使人喉部有发麻的感觉。家畜食用过量会引起出血性胃肠炎，还会麻痹中枢神经。对马铃薯本身来说，茄碱的积累是一种防御和抵抗，有促进酚类物质合成的愈伤反应。

通过加工调制如烘烤、油炸等，可大大降低马铃薯块茎中茄碱含量，还可通过育种的方法，选育茄碱含量低的优质品种。

除上述的一些化学成分外，种子中还存在一些值得注意的有机化合物，如油质种子中存在有含量相当高的植酸及植酸盐（即肌醇六磷酸和肌醇六磷酸的钙盐、镁盐或钾镁复盐），其中的磷不易为动物充分利用，且能与体内其他营养物质中的矿物质结合形成复合物，影响锌和钙的消化与吸收。某些种子中存在一些有毒或有害的蛋白质，影响种子的利用价值或在利用时必须引起注意，如蓖麻种子中存在的有毒蓖麻蛋白，大豆种子中有含量较高的凝血素等。

另外，有些种子中含有咖啡碱、可可碱等植物碱，可供利用；某些种子含有糖甙，如利马豆等豆类植物种子中的氰糖甙，食用后可能受其分解产物的毒害。又如南瓜、花椰菜等种子中含有驱虫或糜烂作用的物质；冬瓜、苦参、萝卜、蓖麻等种子含有特殊成分，在医药上具有一定价值。

（二）外源性毒物

外源性毒物是种子在生长发育及贮藏过程中，由于外界生物的入侵或有毒物质的侵入而产生的有毒成分，称为外源性毒物。种子感染真菌产生的真菌毒素和农药污染后的残留物或代谢物，是两类主要的外源性毒物。外源性毒物对种子、对人畜都是有毒的，必须通过栽培和人为的方式予以降低和消除。

感染种子而使种子带毒的真菌可分田间真菌和贮藏真菌。田间真菌主要有交链孢霉属、芽枝霉属、镰刀霉属、孺孢霉属和黑孢霉属；贮藏真菌主要是曲霉属和青霉属。种子感染真菌后，会引起种子变色、萎缩，胚部组织破坏，呼吸升高，营养物质被消耗，细胞器发生异常，高分子物质变性，酶活性降低，最终导致生活力丧失；或者即使能发芽，但幼苗萎缩易病，发育异常。除此以外，还在种子中积累有毒物质，若人畜误食，会导致真菌毒素中毒症。有些真菌毒素的毒性很强，可引起恶性疾病，如黄曲霉毒素的毒性比氰化钾强 10 倍，能引起肝脏病和癌症，是强致癌物质；展青霉、麦芽米曲霉毒素等具有导致出血的毒性；还具有使肾脏、心脏和神经损害的毒性。

要防止或降低真菌毒素的危害，主要可从三方面入手：一是选育对真菌有抗性或对其产生的毒素不敏感的作物品种，筛选含毒素少的高质量商品种子；二是改进栽培措施，提高收获质量，改善贮藏保管条件，以减少菌源，并使真菌处于不能生长的外界条件下；三是对已受真菌侵害的种子进行物理或化学处理，降低或解除毒性。

在种子生产、贮藏等过程中，要经常喷洒农药以防治田间和仓库病虫。由于粘附、转移及某些农药或其代谢物的稳定，种子难免带有农药的残毒。如果种子中的残毒超过一定剂量，就会使种子发生异常的生理反应，如降低发芽力、细胞染色体损伤、幼苗畸形等。当这样的种子用作人畜食料时，则会引起急性或慢性中毒，甚至发生细胞癌变。据研究，有机汞农药、有机氟农药和有机氯农药性质比较稳定，经生物代谢后仍有残毒；有机磷农药可在体内进行烷化作用，怀疑其有致癌和致突变的可能性。要解决种子中的农药残毒问题，关键是在种子的生产、贮藏过程中，大力提倡用生物或物理方法防治病虫害，尽可能少用或不用化学试剂；若必须使用时，则应选择无残毒或少残毒，对人畜安全的试剂，并控制在允许剂量以内。

第五节　影响种子化学成分的因素及其调控

大量研究表明，通过人工方法提高粮食、果蔬、饲料等作物种子的营养价值，对保持人体营养平衡和提高畜产品的产量、品质至关重要。国外有人曾用富含赖氨酸的"奥帕克（Opaque）-2"作食物，每人每天 300g 即可维持成年人的氮素平衡，而食用普通玉米则需 600g。对用高蛋白小麦品系进行的生物鉴定表明，高蛋白小麦（17%～18.6%）喂养小白鼠 28d，比用低蛋白小麦（10.8%～12.9%）喂养的体重平均增加 50%，饲料报酬率高 29%。了解影响种子化学成分的因素，掌握种子营养品质改良的依据，是人们生活水平提高亟待解决的问题。

已如前述，种子化学成分的差异不仅表现在不同作物间，即使同一作物的不同品种甚至同一品种在不同区域种植，差异也很明显。导致这种差异的原因很多，可概括为内因和外因。

一、影响种子化学成分的内因与基因调控

（一）内因对种子化学成分的影响

影响种子化学成分的内因主要为作物的遗传性、种子的成熟度、饱满度，其中遗传性是最大的影响因素，约为变异的 18%。种子化学成分的可遗传性，决定了品种间化学成分的较大差异，而这两者正是栽培作物品质育种的理论依据。表 2-15 和表 2-16 分别标明了主要油料和禾谷类种子营养品质的变异范围。豆类种子同样有着较大的品质改良潜力，据测定，野生大豆、半野生大豆、栽培大豆的脂肪含量依次为 39.19%～54.06%、38.27%～46.74%、38.02%～41.87%，种间的改良潜力为 0.32。而向日葵种子不同类型间的含油量变异范围可达 40%～70%。

表 2 - 15　油料作物种子油分变异的幅度

（王景升，1994）

作物名称	含油量（%）	
	品种特性	气候影响
大豆（种子）	10.0～25.0	12.8～28.0
花生（仁）	40.2～60.7	40.0～59.0
甘蓝型油菜（种子）	38.0～49.5	33.0～49.6
棉花　种子	17.2～28.3	18.3～29.1
仁	31.5～44.5	35.8～44.4
向日葵　种子	23.5～45.0	23.0～46.4
仁	40.0～67.8	36.4～63.7
蓖麻　种子	45.1～58.5	35.0～58.8
仁	50.7～72.0	52.2～71.3
亚麻　油用种子	36.8～49.5	28.9～47.8
纤维用种子	32.9～39.8	18.5～45.5

表 2 - 16　主要禾谷类作物种子蛋白质、赖氨酸含量的变异范围

作物	数据来源	测定材料	蛋白质含量（%）			赖氨酸含量（%）		
			变幅	平均值	改良潜力	变幅	平均值	改良潜力*
小麦	Johnson（美国，1979）	12 613 份（种质）	6.9～22.0	12.97	1.35	0.25～0.66	0.40	0.65
	李鸿恩（中国，1992）	20 180 份（种质）	7.5～28.9	15.01	0.90	0.25～0.80	0.44	0.83
	王光瑞（中国，1986）	533 份（品种）	7.4～17.1	13.1	0.30	—	—	—
	河北农科院（1983）	114 份（农家品种）	13.66～22.50	15.85	0.35	—	—	—
	江苏农科院（1980）	786 份（地方品种）	6.42～13.89	10.42	0.33	—	—	—
水稻	国际水稻所（菲律宾）	10 443 份（品种资源）	5～17	10.6	0.60	—	—	—
玉米	FAO（1982）	普通杂交种	7.5～16.9	—	—	—	—	—
高粱	普杜大学（美国，1973）	9 000 份（种质）	7.4～25.9	—	—	—	—	—
大麦	蒙大拿州（美国）	—	9.9～24.1	12.8	0.89	—	—	—

* 改良潜力 = $\dfrac{最高含量-平均含量}{平均含量}$

　　近年来，国内外在品质育种方面取得了可喜成果。前苏联育成的春小麦品种"萨拉托夫29"，蛋白质含量达 21%，且高产、稳产、抗病。美国用以色列高蛋白野生二粒小麦同伊朗和阿富汗的山羊草杂交，育出"超级蛋白小麦"，蛋白质含量高达 26.5%。我国山东农业大学 1993年获国家发明奖的优质面包冬小麦"PH82 - 2 - 2"，含蛋白质 15.2%～17.1%，角质率高达97%。北京李竞雄等 1982 年育成的一批高赖氨酸玉米杂交种"中单 201"～"中单 204"，产量与"中单2号"相当，赖氨酸含量为"中单2号"的2倍。北京农业大学1980年育成的"农大101"玉米杂交种，赖氨酸含量比对照高84％，色氨酸含量比对照高67％。这都充分表明，品质育种不仅重要，而且是切实可行、经济长效的。品质育种，可以通过系统选育、杂交育种等常规方法进行，但若用近年来新发展起来的基因工程方法，则可能更快速、高效且易达到明确目标。如美国威斯康星大学将菜豆贮藏蛋白基因导入马铃薯，培育出高蛋白的"肉土豆"。我国朱新兵、赵文明等将豌豆花DNA导入小麦，使其种子蛋白质含量提高了22％，特别是增加了71kD和47kD两种蛋白质新组分。

成熟度不同的种子，化学成分也有一定差异。未充分成熟的种子，可溶性糖、非蛋白质态氮的含量较高；而种子成熟越好，由于胚乳和子叶的蛋白体是随成熟而增多的，则种子中贮藏蛋白质的含量和比例越高，种子的干重越高，角质率亦越高。因此，应保证种子充分成熟。

种子饱满度不同，种子各部分所占比例有一定程度变化，化学成分也就有差异。饱满种子胚乳或子叶所占比例大，淀粉或脂肪的含量高，麦类的出粉率高，油质种子的出油率高；而不饱满的种子果种皮所占比例大，纤维素和矿物质的含量较高，出粉率、出油率降低。

（二）种子化学成分的基因调控

近年的众多研究，对种子化学成分特异性的遗传基础进行了探讨。种子蛋白质含量和种类都是数量性状，多数植物种子贮藏蛋白是由比较小的多基因家族编码的，例如拟南芥的2S清蛋白是由$at2S1 \sim at2S5$的5个基因编码的。大豆球蛋白（11S球蛋白）是由$Gy_1 \sim Gy_5$基因编码，而且它们之间具有很高的同源性，Gy_1、Gy_2紧密连锁于一个遗传位点，两基因之间相隔3kb；Gy_3、Gy_4、Gy_5分别位于基因组的3个位点，遵循孟德尔分离规律独立遗传。其次，大豆球蛋白亚基基因都含有3个内含子和4个外显子，其中3个内含子1个较大2个较小，如$A2B1a$亚基前体基因3个内含子大小分别为238bp、292bp及624bp。不同基因内含子的保守性较低，同源性只有40％左右，而外显子的同源性达80％以上。进一步的研究表明，这些内含子的插入位点没有一定的规则可循，但内含子边界序列符合GT-AG拼接原则。在信号肽（18～24个氨基酸）编码序列的5′端上游存在着CAATbox、TATAbox及Leguminbox等顺式作用元件，它们对大豆球蛋白基因的特异性表达具有重要作用。编码β-伴大豆球蛋白（7S球蛋白）的基因由CG-1～CG-15的15个成员的大家族组成，至少分布在两条染色体上，主要集中于三个区域，它们之间的同源性很高，但各亚基都有其独特的表达调控方式。

水稻种子谷蛋白（glutelin）不是由单一成分组成，通常由1个28～30ku酸性多肽（α链）和1个21～22ku碱性多肽（β链）通过二硫键连接而成。这两个多肽是由一个基因编码的，先合成一个51～57ku的前原蛋白（preproprotein），然后经翻译后加工而成。水稻谷蛋白在种子中大量存在，mRNA在发育的种子中丰度也很高。目前已克隆获得了8个全长水稻谷蛋白cDNA，根据这些cDNA编码的氨基酸序列同源性把它们分为A、B两个亚家族，亚家族内基因间的碱基同源性在80％以上，亚家族间的同源性在60％左右，每个亚家族有4个基因，每个基因在整个基因组中又有5～8个拷贝。水稻谷蛋白基因带有3个短的内含子，长度在83～103 bp，分别位于367～455，731～833，1314～1396。前两个在酸性亚基的编码区，后一个在碱性亚基的编码区；另一个特性是编码序列的始端是一段编码24个氨基酸的信号肽序列，该序列在翻译时被切除。谷蛋白基因编码的前原蛋白上还存在有保守的酸性亚基和碱性亚基切割位点，以及形成二硫键的保守半胱氨酸残基。

　　醇溶蛋白和谷蛋白是存在于小麦籽粒中的主要贮藏蛋白，决定着面筋的质量。小麦谷蛋白易溶于稀酸或稀碱，是多个亚基形成的聚合体，经过 SDS - PAGE 可分为两大类，即高分子质量谷蛋白亚基（HMW - GS）和低分子质量谷蛋白亚基（LMW - GS）。编码 HMW - GS 的基因 $GluA_1$、$GluB_1$ 和 $GluD_1$ 位于小麦染色体的第一组同源染色体的长臂端。每个等位基因位点有两个基因，编码两种亚基，分别记作相对分子质量较高的 x 型（由 1Ax、1Bx、1Dx 位点编码）和较低的 y 型（由 1Ay、1By、1Dy 位点编码）。除了 1Bx、1Dx 和 1Dy 基因编码的亚基在所有小麦品种内表达外，1Ax 或 1By 的亚基在大部分小麦品种内表达，而 1Ay 的亚基通常很少在小麦品种中出现，x 类型与 y 类型亚基也很少在同一个品种内出现。编码 LMW - GS 的大多数基因被定位到第一同源组群 1A、1B 和 1D 染色体短臂末端的 Glu - A3、Glu - B3 和 Glu - D3 位点，至着丝点 42~46cM，分别与 Gli - A1（1.3 cM）、Gli - B1（2 cM）和 Gli - D1 紧密连锁。小麦醇溶蛋白在组成上以单体存在，具有高度的异质性和复杂性，按照其在乳酸电泳中的迁移率递降次序，醇溶蛋白被依次分为 α、β、γ、ω4 种类型，它们分别占其总量的 25%、30%、30% 和 15%。通过各种单、双向电泳、反相高效液相色谱及单克隆抗体等分析方法，证实所有 ω-醇溶蛋白、大部分 γ-醇溶蛋白和少数 β-醇溶蛋白的控制基因位于第一部分同源染色体短臂上，编码位点为 Gli - 1；所有的 α-醇溶蛋白、多数 β-醇溶蛋白和部分 γ-醇溶蛋白由第六部分同源染色体短臂上的 Gli - 2 位点编码。进一步的研究发现，1A、1B 和 1D 染色体短臂上 Gli - 1 位点的相对位置相同，位于短臂的远端部；6A、6B 和 6D 染色体短臂上 Gli - 2 位点的相对位置也可能相同，同样位于短臂的远端部。

　　研究发现贮藏蛋白的表达水平和组织特异性是在基因的转录水平上调节的，受基因的顺式作用元件和反式作用因子相互作用的调节。豆类和禾谷类作物种子贮藏蛋白基因顺式作用元件的启动子区都含有 RY 重复模体，作为增强子加强这些基因在胚中的表达，同时抑制这些基因在营养组织中的表达。菜豆种子贮藏蛋白 β- phaseolin 启动子调节该基因只在胚中表达，不在营养组织中表达。大豆球蛋白基因 5′端的 UTR 区（untranslated region）具有保守的顺式作用元件（cis-elements），包括 28bp Leg-box、5′- CATGCATG - 3′RY 重复元件以及 CACA 成分等。将 5′-UTR 区的一些可能顺式作用元件与 GUS 报告基因连接转化烟草的研究证明，5′- CATGCAT - 3′元件对于控制基因表达的量具有关键作用，属于增强子成分。在 6 个谷蛋白基因启动子中均存在的 AACA 基因序列（5′- AACAAACTCTATC）可以抑制谷蛋白基因在营养生长组织表达，GCN4 基因序列［5c - TG（C/A）GTCA］指导谷蛋白基因在胚乳中特异表达。

　　近十几年来，分子水平上改良作物蛋白质的研究取得了显著的进展。通过农杆菌介导法将水稻谷蛋白基因 $GluB_1$ 启动子调控下的大豆铁蛋白基因的完整编码区序列导入水稻的结果显示，铁蛋白基因在水稻胚乳中特异表达，经与对照植株比较，转基因植株 T_1 种子的铁蛋白含量是对照植株的 3 倍多。导入大豆球蛋白基因的转基因水稻与非转基因的对照植株相比较，转基因水稻种子的蛋白质含量高于对照植株 20% 以上，正常水稻所缺乏的赖氨酸在内的大部分氨基酸成分也均高于对照植株。有人合成了一段富含各种必需氨基酸的 DNA 序列，通过 Ti 和 Ri 质粒将该DNA 片断转移到马铃薯中，并获得表达，有效地改善了马铃薯贮藏蛋白的氨基酸组成。

种子中的脂肪含量也属于数量性状，控制稻米粗脂肪含量的 QTLs 分析表明，一个控制粗脂肪含量的 QTL（Fat 1）位于第 10 染色体的长臂上，贡献率为 19%。随着转基因技术的发展，基因工程提高种子含油量的研究受到了越来越多的重视，利用反义 PEP 羧化酶（反义磷酸烯醇式丙酮酸羧化酶 phosphoenolpyruvate carboxylase，PEPCase）基因表达技术途径，已育成了含油量较受体品种显著提高的转基因油菜、转基因大豆及转基因水稻新品系。国外采用反义抑制油酸去饱和酶基因表达的方式，培育出油酸含量高达 85%、多不饱和脂肪酸含量极低的大豆和油菜新品种。

二、环境条件对种子化学成分的影响与区域化种植

种子发育、成熟期间的生态条件对种子的化学成分有较大影响，约占变异的 14%，这是导致相同作物或相同品种在不同地区、不同年份化学成分差异的主要原因。Johnson 等（1972）曾把若干个小麦品种同时种植在几个国家，结果发现所有试验品种的蛋白质含量在美国最高，其次为匈牙利，英国最低（表 2-17），美国种植的比英国种植的平均高 5.3%。我国不同地区种植的小麦蛋白质含量，同样表现了地域间的较大差异（表 2-18）。栽培于不同地理条件下的大豆品种的化学成分同样表现出明显差异（表 2-19）。

表 2-17　不同国家种植的小麦籽粒蛋白质含量（%）

品　　种	美　国	匈牙利	英　国
无芒 1 号（Bezostayal）	16.5	15.8	12.5
兰塞尔（Lancer）	16.2	14.3	12.3
约克斯达（Rokstar）	16.0	14.6	12.1
盖恩斯（Gaines）	16.5	13.7	11.2
阿特拉斯 66/cmn（NE67730）	20.8	20.3	13.7
普尔杜（Purdue）28-2-1	20.8	20.3	13.7
阿特拉斯（Atlas）66	20.6	19.4	13.5
实验圃平均	17.8	15.8	12.5

表 2-18　我国不同地区小麦种质资源籽粒蛋白质含量（%）

地区	杭州	合肥	南京	郑州	济南	北京	公主岭
纬度	30°16′	31°51′	32°03′	32°43′	36°41′	39°48′	43°31′
蛋白质含量（%）	13.24	13.51	12.06	15.75	15.37	16.19	16.69

从表 2-18 中可以看出，就我国来讲，小麦蛋白质含量呈现从南到北逐渐增高的趋势，而大豆的蛋白质含量则从南到北逐渐降低。这主要是不同类型种子受不同地区气候条件影响的结果。

表 2-19　栽培于不同地理条件下大豆品种籽粒的化学成分差异

地区	纬度（N）	海拔（m）	蛋白质含量（%）			油分含量（%）			脂肪碘价		
			"四月白"	"八月白"	平均	"四月白"	"八月白"	平均	"四月白"	"八月白"	平均
昆明	25°03′	1 839.0	41.02	38.57	39.80	13.55	16.82	15.19	122.0	131.9	126.95
南昌	28°41′	25.2	41.03	40.60	40.82	14.89	17.64	16.27	106.1	127.1	116.6
杭州	30°16′	10.0	39.86	38.20	39.03	16.75	17.22	16.99	108.2	125.1	116.7
武汉	30°32′	38.1	36.62	39.26	37.94	17.61	15.43	16.02	108.7	127.1	117.9

（续）

地区	纬度 （N）	海拔 （m）	蛋白质含量（%）			油分含量（%）			脂肪碘价		
			"四月白"	"八月白"	平均	"四月白"	"八月白"	平均	"四月白"	"八月白"	平均
南京	32°03′	67.9	36.84	38.11	37.48	16.30	17.51	16.91	110.8	131.4	121.1
徐州	34°17′	38.0	35.99	41.40	38.70	16.44	15.81	16.13	113.3	134.8	124.1
北京	39°48′	53.3	35.52	38.66	37.09	—	—	—	122.8	143.4	133.1

小麦一类的粉质种子主要受湿度影响，包括大气湿度和土壤湿度。我国南方多雨潮湿，这种气候有利于淀粉酶的活动而不利于蛋白酶的活动，因而淀粉合成较多而蛋白质合成受阻；我国北部、西部地区干旱少雨，低的大气湿度使淀粉酶活动受阻而蛋白酶基本不受影响，从而蛋白质含量呈现北高南低。同样道理，旱地谷类作物的蛋白质含量也较水浇地高，如水稻旱作蛋白质含量 9.32%～13.75%，水作蛋白质含量 7.17%～11.13%；小麦不浇水和浇 1 次水的较浇 2 次水的蛋白质含量高约 1%。这仅是指蛋白质的相对含量，由于干旱降低了粒重和单位面积粒数导致产量低，即使蛋白质相对含量较高，单位土地面积的蛋白质总量也不会高，所以应该在保证作物高产的前提下提高蛋白质含量。

虽然潮湿多雨的气候有利于淀粉的合成，但灌浆期间降雨过多，往往使淀粉趋于水解，可溶性糖被淋洗，从而使淀粉、蛋白质的积累不充分，粒较瘦秕，出粉率低。

温度对粉质种子化学成分也有一定影响。据李鸿恩等（1992）所做的研究表明，小麦蛋白质含量与月平均气温年较差呈显著正相关。在我国由南到北气温年较差 20～40℃ 条件下，气温的月平均年较差每增加 1℃，小麦籽粒蛋白质含量提高 0.425%。稻谷发育成熟期间高温，会使胚乳形成垩白，稻米的角质率降低。广东省农业科学院水稻生态研究室（1975）所做的研究表明，水稻籽粒发育成熟期间温度低，其蛋白质含量高，如"南京 11 号"，作早稻种植籽粒蛋白质含量 8.79%，作秋稻种植籽粒蛋白质含量 10.46%。另外，籽粒灌浆期间高光照度，籽粒的蛋白质含量亦高。我国北方产稻米食用品质高于南方。

对于大豆等油质种子来说，影响其化学成分的最大气候因素是温度，适宜的低温有利于油分在种子中积累。我国北方地区气温较低，纬度高，日夜温差大，这样的条件不但有利于种子含油量的提高，而且油分中不饱和脂肪酸的含量多，脂肪的碘价高，油的质量好，江南地区则反之；同样道理，在纬度相当但海拔不同的地区，海拔高的地方种子中油分含量多，碘价高。作为这类种子的另一类主要贮藏物质——蛋白质，由于与油分存在互为消长的关系，油分相对含量的提高导致了蛋白质相对含量的降低，因而我国大豆的蛋白质含量是南高北低。

大气湿度和土壤水分对油质种子中油分和蛋白质的含量也有一定影响。空气湿度和土壤水分高，有利于油分的积累，反之则有利于蛋白质的积累，这与粉质种子的化学成分受温度影响相类似，因为一般有利于淀粉积累的条件，亦有利于油分的积累。因此，北方干旱地区可通过灌溉有效地提高油质种子的含油率。

营养元素与种子中的油分含量也有密切关系。磷肥对油质种子含油量的提高有明显作用，因为糖类转化为甘油和脂肪酸的过程中需要磷的参与；钾肥（草木灰）对油分积累也起积极作用；氮肥施用过多会使种子含油量降低，因为植物体内大部分糖类和含氮化合物结合成蛋白质，势必影响油分的合成。

第三章　种子的形成和发育

植物经开花、传粉和受精后，雌蕊发生一系列变化，胚珠发育成种子，子房发育成果实，直到种子和果实成熟，才真正完成了整个有性生殖过程。因此，种子的发育是植物有性生殖的最后阶段，而这一阶段也是种子产量和质量形成的关键时期。掌握这一阶段的规律和特点，为种子生长发育提供良好的环境条件，以获得多而优的作物种子，是一切种子工作的基础。

第一节　种子形成发育的一般过程

一、裸子植物种子的形成发育

裸子植物为单受精，即来自雄配子体的一个精子与卵细胞结合形成合子，进而发育成胚；另一个精子消失，由多细胞的雌配子体发育成单倍体的胚乳。

胚的发育过程以松为例，受精后形成的合子先经 2 次核分裂形成 4 个自由核，移至颈卵器基

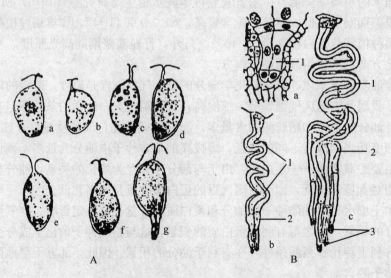

图 3-1　松属原胚的发育过程

A. 前胚的发育　a. 受精卵　b. 受精卵分裂为 2　c. 受精卵分裂为 4　d. 核在基部排成 1 层　e. 形成 2 层 8 个细胞　f. 形成 3 层 12 个细胞　g. 形成 4 层 16 个细胞

B. 裂生多胚的形成　a. 初生胚柄伸长　b. 形成次生胚柄　c. 次生胚柄伸长并分离

1. 初生胚柄　2. 次生胚柄　3. 胚

部，排成 1 层；再经一次核分裂，共产生 8 个核，并随之产生细胞壁形成 8 个细胞，分上、下 2 层排列。下层细胞再连续分裂 2 次，形成 16 个细胞，排列成 4 层，其中第 3 层细胞伸长形成初生胚柄，将最先端的 4 个细胞推至颈卵器下的雌配子体即胚乳组织中。此后上部的细胞极度伸长形成次生胚柄，而最先端的 4 个细胞则继续分裂多次，形成相互分离的 4 个原胚着生在长而弯曲的胚柄上（图 3-1）。每个原胚继续扩大形成幼胚。这种由一个受精卵形成几个胚的多胚现象在裸子植物中是常有现象，又由于胚乳内有数个颈卵器，故受精后一个胚珠内可产生多胚。但一般情况下只有一个能正常发育，成为种子中的有效胚，其余的逐渐退化消失。

继续发育的胚逐渐分化出胚根、胚轴、胚芽和子叶，整个胚呈白色棒状，居种子中央，胚根尖端常有一丝状物，为残存的胚柄，胚轴上轮生有 4～16 片子叶。

胚发育的同时，雌配子体细胞也不断分裂、增殖，细胞内逐渐积累大量贮藏物质，即为裸子植物种子的胚乳（大孢子体），包在胚的周围，呈白色。珠心组织逐渐被消化吸收，珠被发育成种皮，珠鳞木质化成为种鳞或称为种翅。这样，整个胚珠形成一粒种子，整个大孢子叶球发育成为一个球果。

裸子植物（松属）种子形成发育过程图解见图 3-2。

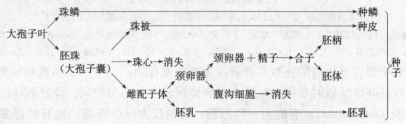

图 3-2　裸子植物（松属）种子形成发育过程图解

二、被子植物种子的形成发育

被子植物在受精过程中，来自雄配子体的两个精子，一个与卵细胞融合成为合子，另一个与两个极核融合形成初生胚乳核，这称为双受精现象。双受精之后，合子进一步发育成胚，初生胚乳核发育成胚乳，珠被发育成种皮，大多数植物的珠心被吸收而消失，少数植物珠心组织继续发育直到种子成熟，这就是外胚乳。至此，胚珠发育成种子的过程完成。下面分别介绍种子各部分的发育过程和特点。

（一）胚的发育

被子植物胚的发育是从双受精完成形成合子（zygote）开始，经过合子休眠期、原胚（primary embryo）发育期、胚基本器官分化期和胚扩大生长期，最后达到成熟。

合子形成后，通常并不立即分裂而是要经过一定时间的"休眠"，因而胚开始发育一般较胚乳晚。从合子形成到合子分裂的时期称为合子休眠期，其时间的长短因植物而异，一般数小时至数天不等。水稻在传粉后 6h 合子开始分裂；棉花在传粉后 3d 合子分裂；而秋水仙在秋季受精，至第二年春天合子才分裂，整个冬季的 4～5 个月合子都处于休眠状态。合子具较强的极性，合点端阔，珠孔端较窄，细胞质较多集中在合点端，核也位于合点端。合子的分裂亦是不对称的，大多形成横的隔壁而分为上下两个细胞。靠合点端的一个称顶细胞，体积小，细胞质浓，以后发育成胚体；靠珠孔端的一个称为基细胞，内具大液泡，后分裂或不分裂，主要形成胚柄，间或也参与形成胚体。由 2 细胞原胚发育成幼胚的模式如图 3-3。

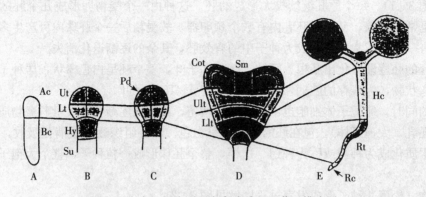

图 3-3　由 2 细胞原胚发育成幼胚（苗）模式图

A. 2 细胞原胚　B. 八分体原胚　C. 球胚期　D. 心形胚期　E. 幼苗（胚）

Ac. 顶细胞　Bc. 基细胞　Ut. 顶层 4 细胞　Lt. 底层 4 细胞　Hy. 胚根原细胞　Su. 胚柄　Pd. 原表皮层

Cot. 子叶原基　Sm. 胚芽生长点　Ult. 上下层　Llt. 下下层　Hc. 下胚轴　Rt. 胚根　Rc. 根冠

　　从合子分裂至器官分化前的胚胎发育阶段为原胚发育期，一般从 2 细胞原胚至球胚期。由顶细胞发育成的球胚胚体呈辐射对称的球形，细胞体积较小且形态相同。球胚胚体的下方是由基细胞发育成的胚柄（suspensor），有的为一列细胞，有的仅为一个细胞，也有的呈多细胞的棒状或树桩形（图 3-4），少数植物没有胚柄。胚柄基部细胞的外周壁大多形成壁内突，有的甚至发育成胚柄吸器。胚柄一般是短命的，多在球胚期达发育的最高程度，子叶原基形成以后停止发育，逐渐退化消失或仅留残迹，也有少数植物成熟胚中胚柄宿存，如豇豆。胚柄的作用已越来越引起人们的重视。胚柄能将胚体推进到胚囊中央，使胚处于最佳营养状态；胚柄基部细胞常具传递细胞（transfer cell）的特征（图 3-5），能伸入到母体组织吸取养分供胚发育；胚柄还可产生激素，调控胚体的早期发育。

　　在原胚发育阶段，双子叶植物和单子叶植物有着相似的发育形态，但随着胚器官分化期的开始，单、双子叶间就有了差异。双子叶植物以荠菜为例，球形胚在将来形成子叶的位置上细胞分裂加快，出现两子叶原基，为心形胚期；随后胚在下胚轴区域开始向下伸长，子叶原基则向上生长，形成鱼雷胚；以后胚由于不均匀生长而弯曲成拐杖形，再继续弯曲扩大生长成 U 形的成熟胚。荠菜胚的发育是双子叶植物胚胎发育的最典型类型，十字花科和柳叶菜科都属这种类型，豆科也与其相类似。单子叶植物以玉米为例，由于基细胞进行分裂的次数较少而顶细胞分裂次数较多，其充分发育的原胚呈大头棒状。随后在棒状胚的外侧出现 1 个由分生细胞构成的小突起即胚芽、胚根原基，其上方呈一凹陷，因而称为凹形胚期。此后胚变成稍扁平状，其内侧沿胚柄区后面扩大成盾片（scutellar）即子叶，小突起则陆续分化出胚芽鞘、4～6 片真叶、胚根鞘及初生胚根。后随着胚的扩大生长，分别在子叶叶腋内和靠近果种皮的外侧胚轴上分化出 3～5 条次生胚根。其他禾本科植物胚的发育与玉米基本相似。但需指出，禾本科只是单子叶中一个特殊类型，

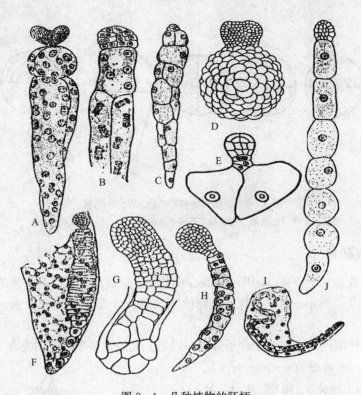

图 3-4 几种植物的胚柄

A. 狭叶香豌豆 B. 豌豆 C. 鹰嘴豆 D. 金键金雀花 E. 间花狐尾藻

F. 疏毛羽扇豆 G. 红花菜豆 H. 黄花羽扇豆 I. 肉质羽扇豆 J. 灌花芒柄花

(Maheshwari，1950)

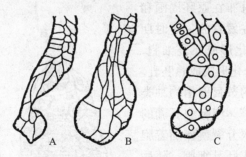

图 3-5 胚柄基部的壁内突

A. 红花菜豆球胚期 B. 红花菜豆心形胚期 C. 豇豆子叶分化期

(胡适宜，1984)

与其他单子叶不同。

　　单子叶植物胚与双子叶植物胚的主要区别在于子叶数目不同。对于单、双子叶形成的机制有许多不同见解，较为合理的解释是 Lakshmannan（1972）提出的。他指出，原胚顶端的四分体参与形成子叶的细胞数目和在四分体中相对位置的不同，导致单、双子叶的形成。双子叶植物是顶端四分体的两个相对的细胞产生子叶，而除此以外的其他形式都只形成不同类型的单子叶（图

3-6)。

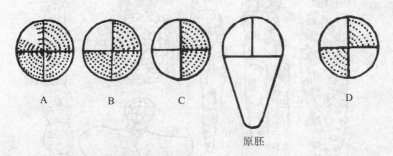

A   B   C   D

原胚

图 3-6 原胚四分体参与形成子叶图解

A～C. 形成单子叶（加点部分代表参与形成子叶的部分） D. 形成双子叶

（二）胚乳的发育

被子植物的胚乳多是由极核（polar nucleus）受精后形成的初生胚乳核发育而来，是三倍体结构，称为内胚乳（endosperm）；而裸子植物的胚乳是由雌配子体发育而来，是单倍体的贮藏组织。

初生胚乳核无休眠期，一般先于合子分裂，因而胚乳的发育早于胚的发育。胚乳的发育方式可分为三种类型，即核型（nuclear type）、细胞型（cellular type）和沼生目型（helobial type）。核型胚乳（图 3-7）是被子植物中最常见的发育方式，特点是初生胚乳核的分裂及其以后多次分裂不伴随细胞壁的形成，故形成大量游离核分布在原胚周围和胚囊周边细胞质中，然后在发育的一定时期迅速长出细胞壁，即细胞化形成胚乳细胞，胚乳细胞再进一步分裂、分化形成成熟胚乳。细胞化开始时游离胚乳核的数目因植物种类而异，从几个至数千个不等。细胞型胚乳的发育是初生胚乳核的第一次分裂就伴随着胞质分裂，即产生细胞壁形成胚乳细胞，随后胚乳细胞不断分裂分化形成胚乳，其发育过程中无游离核时期（图 3-8）。大多数合瓣花植物如烟草、芝麻、番茄等属此种类型。

沼生目型兼有核型和细胞型两者的特点，即初生胚乳核第一次分裂伴随着细胞质分裂，形成大小两个细胞，较小的一个位于合点端，称为合点室，不分裂或只分裂几次而后退化；

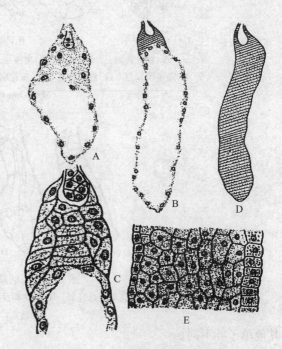

图 3-7 小麦核型胚乳的发育

A. 胚乳游离核期 B. 原胚周围形成胚乳细胞，示细胞化从珠孔端向合点端发展 C. B 图珠孔端放大 D. 胚乳全部形成细胞 E. D 图部分放大，示胚乳组织最外层为糊粉层

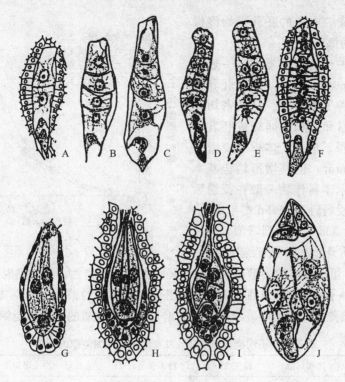

图 3-8　细胞型胚乳的发育

A~F. 肾形苦菜（A.2 细胞　B~C.4 细胞　D~F.8 细胞）　G~I. 五福花　J. 距花败酱

(Maheshwari, 1950)

较大的一个位于珠孔端，称为珠孔室，以后由它按核型方式发育成胚乳（图 3-9）。石蒜科的植物属这种类型。

胚乳细胞发育到后期，通常是等径的薄壁细胞，其内形成大量淀粉粒、蛋白质粒、脂肪体等贮藏物质。禾本科植物胚乳最外的一层或几层细胞，胞体较小且排列整齐，壁较厚，有完整的细胞核，胞质中充满糊粉粒、脂肪体和小颗粒淀粉，称为糊粉层（aleurone layer）。糊粉层以内的多层淀粉细胞胞体较大，细胞壁薄，胞内形成大量淀粉粒和蛋白质体，同时细胞核消失或被挤碎，成为死细胞。但有些含脂肪较多的植物胚乳完全成熟后仍具完整的细胞核，亦可被 TTC 染成红色，为具生活力的活细胞，如蓖麻、葱。椰子胚乳的发育较为特殊，其发育初期形成大量游离胚乳核呈乳液状充满胚囊，随后某些游离核从乳状液中沉淀出来，黏附于胚囊腔的周缘并逐渐形成细胞壁，再由这些胚乳细胞分裂增殖形成固

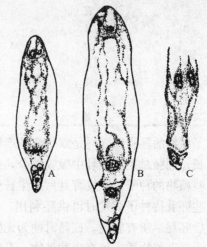

图 3-9　沼生目型（紫萼）胚乳的发育

A. 初生胚乳核分裂中期的胚囊　B. 形成大的珠孔室和小的合点室　C. 珠孔室形成 2 个游离核，合点室仍保持 1 核

(胡适宜，1984)

体胚乳即椰肉，胚囊腔中央的胚乳则始终保持液体状态即白色的椰乳。

胚乳是有胚乳种子的贮藏器官，一般成熟时占籽粒质量的 60%～80%，因此胚乳发育的顺利与否，与种子的产量、品质密切相关。胚乳细胞的数目和体积共同构成胚乳库容。胚乳细胞的数目、形状、体积主要因植物种类、品种类型而异，但其增殖趋势基本一致（图 3-10）。禾本科作物一般在授粉后 5d 开始明显增多，授粉后 10～15d 增殖迅速，随后增长速率减缓，20d 左右达到峰值。从授粉 10d 后，营养物质开始在胚乳细胞中积累，

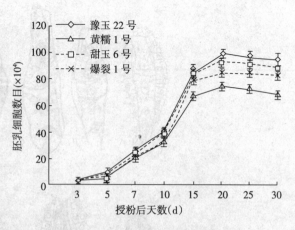

图 3-10　玉米胚乳细胞增殖动态

25d 后，随着淀粉、蛋白质体的大量形成，淀粉胚乳细胞开始凋亡，至成熟时成为没有原生质体的死细胞。但油质种子的成熟胚乳细胞不凋亡。胚乳细胞体积的扩大（表 3-1）持续时间要长得多，可一直延续到蜡熟期。可见胚乳细胞体积的增长和营养物质的积累不受细胞凋亡的影响。

表 3-1　不同类型玉米胚乳发育过程中细胞体积的变化

授粉后天数（d）	体积（μm）	豫玉 22 号	费玉 3 号	甜玉 6 号	爆裂 1 号	黄糯 1 号
5	长	60	59	56	47	62
	宽	47	47	44	38	48
10	长	91	92	97	83	98
	宽	73	69	72	69	73
15	长	108	106	113	92	116
	宽	96	91	72	79	87
20	长	128	125	116	113	121
	宽	92	89	74	75	90
30	长	135	129	120	114	129
	宽	95	90	78	80	87
40	长	142	134	125	116	129
	宽	94	89	77	81	86

被子植物的胚和胚乳同是双受精的产物，但它们最终的命运不同。胚乳虽先于胚发育，却是有限生长；而胚总是从胚乳中吸收养分，最后分化为幼小孢子体并可萌发长成植株，为无限生长。有些植物的种子，胚发育到后期生长变缓，胚乳中的贮藏物质被保存，成熟时即为有胚乳种子，这些胚乳待种子萌发时再供胚利用；也有些植物在种子发育的中后期胚迅速生长而胚乳退化，最后胚耗尽所有胚乳，成熟时便为无胚乳种子，无胚乳种子的胚往往很发达，特别是子叶中常贮存大量营养物质；另有少数植物，其胚乳退化消失不彻底，种子成熟时仍有 1～2 层胚乳细胞残留在种子中，如大豆、棉花、油菜等；只有极少数植物是几乎不形成胚乳的，如兰科、菱科等植物。

一般情况下，由于胚和胚乳的发育，胚囊体积不断扩大，以致胚囊外的珠心组织被破坏，最

后为胚和胚乳所吸收，故成熟种子中无珠心组织。但有些植物的珠心组织随种子的发育而扩大，形成一种类似胚乳的贮藏组织，称为外胚乳（perisperm）。外胚乳由体细胞发育而来，故为二倍体。菠菜、甜菜、咖啡等的成熟种子无内胚乳，但有外胚乳；胡椒、姜等成熟种子则既有内胚乳又有外胚乳。内胚乳和外胚乳同为种子的贮藏组织，为胚提供营养，故同工但不同源。

（三）种被的发育

随着受精后胚和胚乳的发育，珠被细胞也在不断生长和变化，形成种皮（seed coat）包在胚和胚乳外面，起保护作用。果实种子的种皮外还包被有子房壁发育成的果皮。若胚珠只有一层珠被，就只形成一层种皮，如向日葵、胡桃等。若胚珠具两层珠被，便有两种情况，一种是内外珠被分别发育成内外种皮，如蓖麻；另一种是两层珠被中一层退化消失，另一层发育成一层种皮，如豆类是内珠被消失外珠被发育成种皮，而水稻、小麦的种皮则由内珠被发育而成。

随着种子、果实的发育，被子植物花器的其他部分也发生变化，有的枯萎脱落，有的宿存或发育成为附属物。被子植物种子和果实发育过程中花器各部分的变化及相应名称见图 3-11。

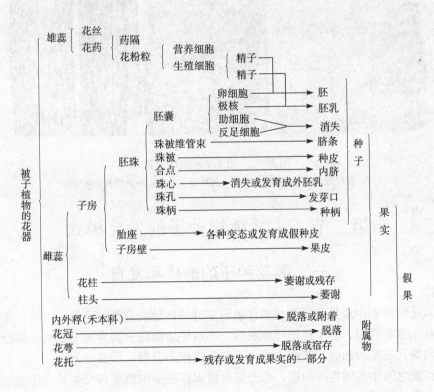

图 3-11　被子植物种子和果实发育过程中花器各部分的变化

种皮细胞发育到后期，细胞中的原生质和营养物质消失，细胞壁中积累大量纤维素、木质素，有的形成厚壁的石细胞，从而使种皮密而坚硬，增加了对胚和胚乳的保护性能。有的植物种皮的表皮细胞向外突起，延伸成长、短纤维，如棉花、杨、柳等的种子。还有少数植物，其珠柄或胎座发育成一层组织，包在种皮的外面或包被种子的一部分，称为假种皮，如荔枝、龙眼的可食部分。

果皮（pericarp）的结构较复杂。果皮通常分为外、中、内三层，外果皮上有气孔、角质、蜡被、表皮毛等；中果皮类型较多，有些由大量富含营养的薄壁细胞组成，如桃、李、杏等的可食部分，有的成熟时则干缩成膜质、革质或疏松的纤维状；内果皮的变化也很大，有的生成许多大而多汁的囊，如柑橘、柚子等的可食部分，有的则成为坚硬的核，如桃、李、椰子等，还有的细胞分离成浆状，如葡萄等。许多干果如坚果、瘦果、颖果的果皮则三层分化不明显，尤其是颖果，整个果皮仅由数层干缩的空细胞壁组成（图3-12）。

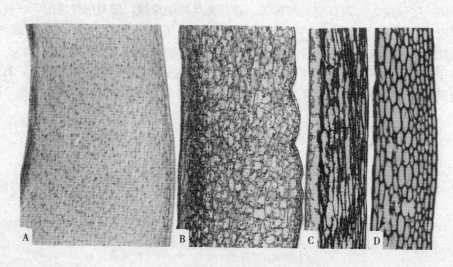

图3-12 玉米果种皮的发育
A. 授粉后1d B. 授粉后7d C. 授粉后20d D. 成熟颖果的果种皮

第二节 主要植物种子的发育模式

一、荠菜种子的形成和发育

荠菜是双子叶植物中最具代表性且被详细研究过的胚胎发育类型（图3-13），其胚的发育属柳叶菜型或称十字花科型。合子经短暂休眠后，不均等地横向分裂为两个细胞，靠近珠孔端的是基细胞，远离珠孔的是顶细胞。基细胞略大，经连续横向分裂，形成一列由6～10个细胞组成的胚柄，这些细胞之间由胞间连丝沟通，电子显微镜观察胚柄细胞壁内突生长为传递细胞。顶细胞先要经过二次纵向分裂（第二次的分裂面与第一次的垂直），成为4个细胞，即四分体时期；然后各个细胞再横向分裂一次，成为8个细胞的球状体，即八分体时期；八分体的各细胞先进行一次平周分裂，再经过各个方向的连续分裂，成为一团组织。以上各个时期都属原胚阶段，以后由于这团组织的顶端两侧分裂生长较快，形成两个突起，迅速发育，成为两片子叶，又在子叶间的凹陷部分逐渐分化出胚芽。与此同时，球形胚体下方的胚柄顶端一个细胞即胚根原细胞

（hypophysis）和球形胚体的基部细胞也不断分裂生长，一起分化为胚根。胚根与子叶间的部分即为胚轴。这一阶段的胚体从纵切面看近似心脏形。之后，由于细胞的横向分裂，使子叶和胚轴延长，而胚轴和子叶由于空间地位的限制随之弯曲成拐杖形，进而弯曲成 U 形。至此，一个完整的胚体已经形成，胚柄退化消失。

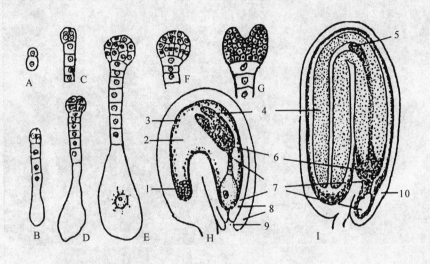

图 3-13　荠菜种子的发育过程
A. 2 细胞原胚　B. 二分体时期　C. 四分体时期　D. 八分体时期　E. 小球胚　F. 球胚
G. 心形胚　H. 鱼雷形胚期的胚珠　I. 成熟胚期的种子，胚乳消失
1. 珠心　2. 胚囊　3. 胚乳游离核　4. 子叶　5. 胚芽
6. 胚根　7. 胚柄　8. 珠被　9. 珠孔　10. 种皮

　　随着胚的发育，初生胚乳核通过核型方式发育成胚乳，而后又随胚的迅速生长而解体、消失，成为无胚乳种子，珠被发育成种皮。

二、长豇豆种子的形成和发育

　　长豇豆即菜用豇豆，又名豆角，其胚珠弯生，胚囊长椭圆形，开花时反足细胞已退化，两极核融合形成次生核，开花前 7～10h 闭花传粉，开花后 10h 完成双受精过程。长豇豆种子的发育过程如图 3-14。

　　开花后 12h，合子分裂形成 2 细胞原胚；开花后 1d 形成 4～6 细胞原胚，开花后 3d 形成具有较大胚柄的球胚，开花后 4d 形成心形胚；开花后 6d 胚根、胚轴发生弯曲，开花后 9d 子叶中开始积累淀粉粒；开花后 12d 开始积累蛋白质粒，胚具有发芽能力；开花后 16～18d 胚发育成熟，胚柄宿存。

　　胚乳的发育为核型。初生胚乳核的分裂早于合子，产生的游离胚乳核多分布于胚的四周和胚囊周边。开花后 2d 胚周围的游离核开始细胞化形成胚乳细胞，至球胚期，胚周围已形成 1～2 层胚乳细胞组成的鞘。合点端的胚乳不细胞化，始终保持游离核状态。心形胚期胚乳游离核开始退

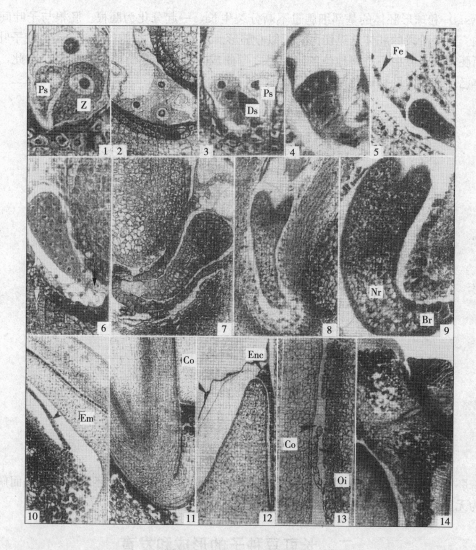

图 3-14 长豇豆种子的发育

1. 合子　2. 合子及两个游离胚乳核　3. 2细胞原胚　4. 四分体期的胚　5. 胚乳游离核　6. 棒形胚（箭
头示胚柄基部细胞）　7. 球胚　8. 心形胚　9. 鱼雷形胚　10. 拐杖形胚　11. 发育好的胚根及宿存胚柄
12～13. 胚乳退化消失　14. 发育好的种皮、种脐
Br. 胚柄基部　Em. 胚　Enc. 胚乳细胞　Co. 子叶　Ds. 退化助细胞　Fe. 胚乳游离核
Nr. 胚柄上部　Oi. 种皮　Ps. 宿存助细胞　Z. 合子

化，以后胚乳细胞逐渐解体。成熟胚期，胚乳完全退化消失而不留有痕迹。

　　长豇豆胚珠具有两层珠被，内珠被在种子发育早期退化，种皮仅由外珠被发育而来。外珠被
的外表皮细胞径向伸长形成栅栏层，表皮内层形成骨状石细胞层，再向内的数层薄壁细胞形成海
绵组织。种脐部位具有两层栅栏细胞，外栅栏层及其以外部分由珠柄组织发育而来，内栅栏层由
外表皮细胞发育而成。脐中央部位的表皮细胞退化解体形成脐缝，脐缝外侧有薄壁细胞覆盖，脐
缝内侧的细胞形成管胞群。

三、棉花种子的形成和发育

棉花在开花后 24～36h 才完成受精作用，受精后合子呈休眠状态，到第 3 天才开始分裂形成 2～4 个细胞，到第 12 天胚根和子叶可以识别出来，到第 15 天胚才能用肉眼看见。以后逐渐生长，经一个月达到最大限度（图 3-15A）。

极核与雄核融合后，即开始分裂，形成大量的游离胚乳核，第 9 天胚乳细胞开始出现细胞壁，胚乳母细胞经过一系列的分裂形成大量胚乳细胞，再经过 20 余天，胚乳即充满整个胚囊（图 3-15B）；以后，胚乳逐渐被发育中的胚所吸收，胚乳细胞逐渐解体消失仅剩下一薄层细胞包围在胚的外部。同时胚继续发育，直到棉铃吐絮前数日才发育成为具有子叶、胚芽、胚轴和胚根的完整胚，充满种皮内部。同时外珠被的表皮细胞延伸而成棉纤维。

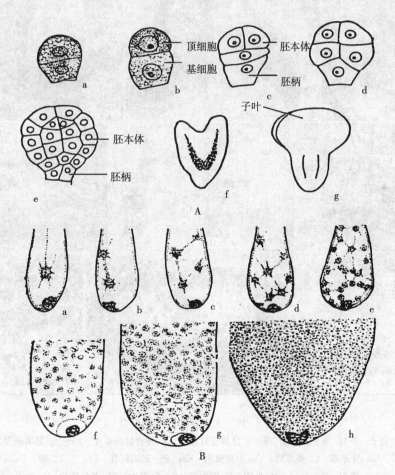

图 3-15　棉花胚和胚乳的发育

A. 胚的发育：a. 合子开始分裂　b. 二细胞原胚　c. 四分体胚　d. 小球胚　e. 球形胚　f. 心形胚　g. 鱼雷形胚

B. 胚乳的发育：a～f. 初生胚乳核分裂形成大量游离胚乳核的过程　g. 胚乳细胞化　h. 形成大量胚乳细胞

四、大麦种子（颖果）的形成和发育

大麦胚和胚乳的发育过程如图3-16。

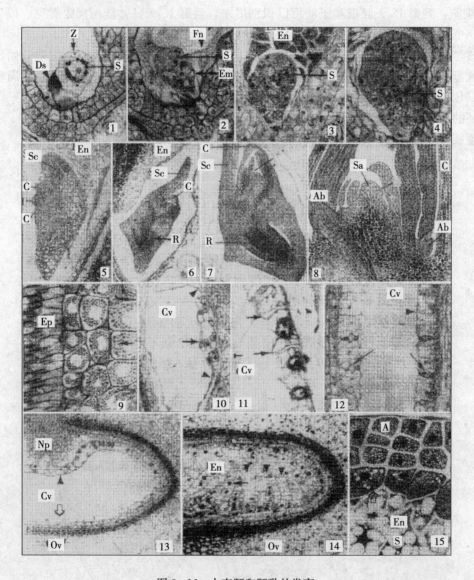

图3-16 大麦胚和胚乳的发育

1. 合子　2～4. 原胚发育期　5～8. 胚器官分化期　9. 发育好的盾片　10～15. 胚乳的发育

A. 糊粉层　Ab. 芽原基　C. 胚芽鞘　Cv. 中央液泡　Em. 胚　En. 胚乳　Ep. 上皮细胞　Fn. 胚乳游离核

Np. 腹沟　Ov. 子房　R. 胚根　S. 淀粉粒　Sa. 胚芽生长点　Sc. 盾片　Z. 合子

（席湘媛等，1994）

大麦开花后1d为合子休眠期，合子细胞核周围有较多的大淀粉粒。开花后2d为4～5

细胞原胚；开花后 3d，原胚约为 10 个细胞；开花后 4d，胚为多细胞梨形；开花后 5～6d，胚为长梨型。开花后 8d，胚芽鞘原基形成，进入凹形胚期。开花后 10d，第一叶原基形成；开花后 13d，第二叶原基及胚根形成；开花后 17d，第三叶原基形成，并由胚轴产生出两条不定根 P（次生胚根）原基；开花后 21～29 d，胚具 4 片叶原基，胚芽鞘内外腋中各产生 1 个腋芽原基，盾片的上皮细胞径向伸长。开花后 33d，第五叶原基形成，胚发育成熟。

大麦胚乳的发育为核型。开花后 2～3d 为游离核胚乳期，游离核在中央细胞的周边排成 1 层；开花后 4d，珠孔端原胚周围胚乳游离核已细胞化形成胚乳细胞，合点方向仍为游离核；开花后 5d，远胎座侧形成一层无内切向壁的胚乳"开放细胞"，近胎座侧（腹侧）形成 1～2 层细胞，内层仍为"开放细胞"；开花后 6d，中央细胞被胚乳细胞填满，胚乳细胞化完成；开花后 8d，糊粉层原始细胞形成；开花后 10～13d，形成 2～3 层糊粉层细胞、1 层亚糊粉层细胞；开花后 17d，糊粉层多为 3 层，细胞壁增厚，分裂停止。开花后 6d，淀粉胚乳中开始形成淀粉粒，开花后 8～10d，淀粉粒大量形成；开花后 13d，淀粉胚乳中开始形成蛋白质体；21d，糊粉层中开始形成糊粉粒；33d，糊粉层中形成脂肪体；开花后 33d，胚乳细胞分化完成，营养物质积累接近完成，胚乳达蜡熟，此时细胞中原来的核和原生质已不存在，但糊粉层及与其邻接的细胞层的核未消失，直到成熟还是活的。

在胚和胚乳的发育过程中，珠被也发生显著变化。起初，内外珠被都包含两层细胞，但受精后不久，外珠被细胞即开始解体，而内珠被继续增长，并积累色素而使种皮呈现颜色。到种子完熟期，这些细胞都干缩，径向胞壁被挤压破坏而残留内外壁，构成很脆薄的种皮，与干缩的果皮密结在一起形成复合组织（果种皮）。

五、玉米种子（颖果）的形成和发育

玉米胚的发育如图 3-17。玉米开花授粉时，卵细胞高度液泡化，细胞核略偏向珠孔端。授粉后 20～22h 完成受精形成合子。合子的细胞质变浓，细胞核位于合点端，细胞壁完整。授粉后 1d，合子分裂形成 2 细胞原胚。授粉后 5d 形成大头棒状胚，柱形的胚柄大而明显，其基部插生于胚乳组织中。此后胚柄开始逐渐退化。授粉后 7d，盾片形成，胚芽鞘、第一叶原基和胚根原基分化。授粉后 15d，胚已分化出 6 片幼叶原基，盾片、胚轴、胚根中央的维管系统明显可见。至此，胚的分化初步完成，进入扩大生长和次生胚根分化期。授粉后 20d，在紧靠盾片节上面中胚轴左右两侧产生两个次生胚根原基；授粉 40d 后，第三条次生胚根从胚轴外侧（靠果种皮侧）上分化形成。

玉米胚乳的发育（图 3-18）早于胚的发育。合子期，初生胚乳核已分裂形成胚乳游离核；授粉后 2d 有大量胚乳游离核围绕在原胚周围及中央细胞周边；授粉后 3d，胚乳开始细胞化；授粉后 5d，细胞化基本结束，进入胚乳细胞分化增殖阶段，靠近胎座的基部 3～4 层胚乳细胞壁强烈次生加厚形成纤维状壁内突，构成 65～75 列细胞组成的传递细胞带，带的两端与糊粉层相接，带的外侧与黑色层细胞相邻。成熟种子胚乳传递细胞带基部的细胞中无不溶性营养物质积累，有原生质体。

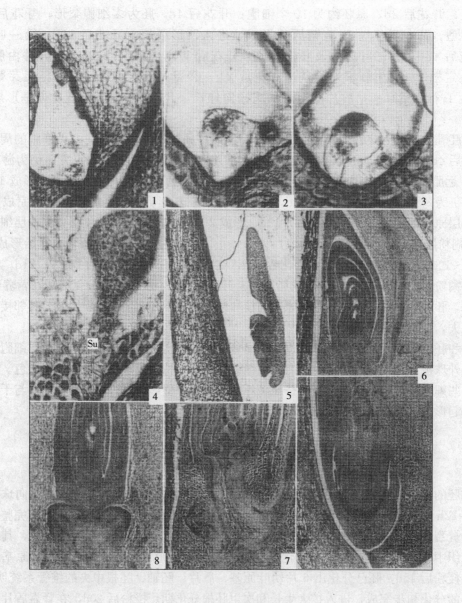

图 3-17　玉米胚的发育
1. 成熟胚囊　2. 合子　3. 2 细胞原胚　4. 大头棒状胚（Su. 胚柄）　5. 胚芽鞘形成期
6. 基本分化完成的胚　7. 两条次生胚根形成　8. 第三条次生胚根形成

　　随着胚和胚乳的发育，珠被迅速退化，子房壁中的营养物质减少，至授粉后 7d，珠被仅剩残迹，子房壁细胞由外及内纵向伸长，原生质体消失，靠外的 2 层细胞较小，壁较厚。胎座部位的 5～6 层子房壁细胞在退化过程中逐渐积累一些灰褐色物质，籽粒成熟或干燥时这些细胞干缩成一薄层，颜色变深形成黑色层。

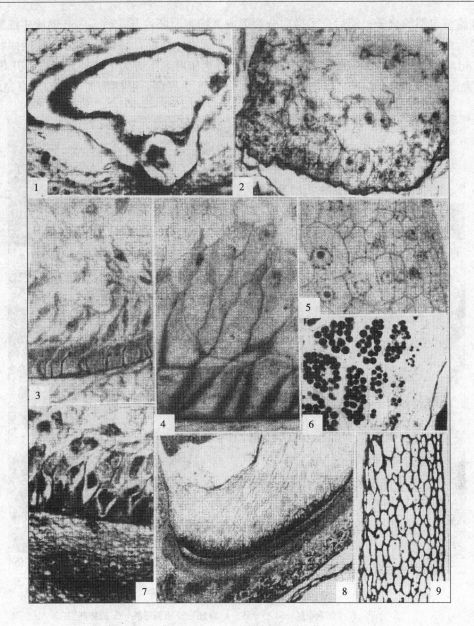

图 3-18　玉米胚乳的发育
1. 胚囊周边的胚乳游离核　2、3. 胚乳细胞化开始时的自由生长壁
4. 形成中的胚乳传递细胞　5. 胚乳细胞的分裂、分化　6. 发育成熟的胚乳细胞
7、8. 胚乳传递细胞层及黑色层的形成和分布　9. 成熟籽粒的果种皮

六、大葱种子的形成和发育

大葱种子胚和胚乳发育过程的显微照片如图 3-19。大葱开花后 4d，可观察到比卵细胞大且

有明显细胞壁包围的合子；随后合子横向分裂形成 2 细胞原胚，开花后 5～6d 形成 4 细胞的胚本
体；开花后约 7d，胚体为 8～16 细胞；开花后 8～10d 为球胚期，胚体圆球形，胚柄棒状；开花
后 12～13d，胚伸长，胚的一侧出现凹口，凹口上方为子叶，下方为下胚轴及胚根；开花后 13～
15d，胚为长棒状，胚柄尚存；开花后 16～18d，子叶产生卷曲，胚柄消失，胚的发育完成。

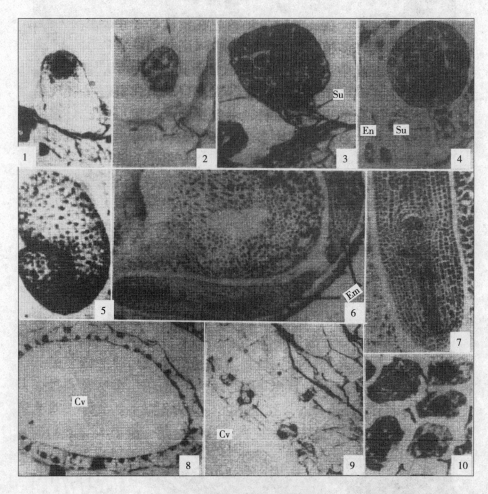

图 3-19　大葱种子胚和胚乳的发育
1. 合子　2. 2 细胞原胚　3. 小球胚　4. 球胚　5. 椭圆形胚　6. 成熟胚
7. 棒形胚基部　8. 胚囊周边胚乳游离核　9. 部分胚乳细胞化　10. 成熟胚乳
Cv. 中央液泡　Em. 胚　En. 胚乳　Su. 胚柄
（席湘媛，1987）

　　大葱开花后 4～8d，为胚乳游离核时期，游离核分布在胚囊周边成为一层。开花后 9d，胚处
于球胚期，胚乳开始细胞化；椭圆形胚期，胚乳细胞化完成，形成胚乳细胞。随后，胚乳细胞靠
平周分裂而增生，长棒形胚晚期，胚乳细胞充满中央细胞。成熟的胚乳细胞壁变厚，细胞质浓
稠，有明显的细胞核，胞质中充满了脂肪体和蛋白质体。
　　大葱的胚珠倒生，具 2 层珠被，发育成 1 层种皮，种皮细胞中充满了黑色素。

第三节　种子发育中的异常现象

　　绝大多数植物的胚珠受精后经一定时间发育，都能形成有发芽能力的正常种子。但也有少数胚珠，由于遗传的原因或外界条件影响，往往通过一些不正常途径产生一些异常种子，如多胚、无胚和无性种子及败育种子。

一、多胚现象

　　正常情况下，每粒种子中含有1个胚，萌发后长出1株幼苗。但在实践中，却常发现1粒种子中有两个或两个以上的胚，称为多胚现象。自1917年Leeuwenhoek首先在柑橘种子中观察到有多个胚以来，已发现许多植物都有多胚现象（图3-20）。根据多胚是否产生在同一个胚囊中，多胚现象又可分为真多胚和假多胚两种。

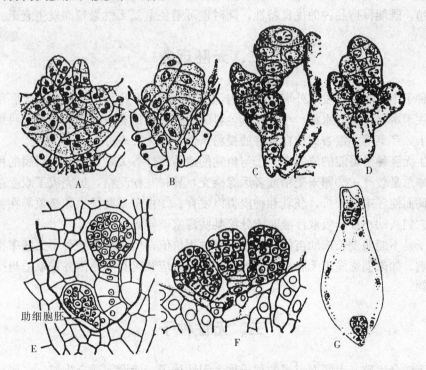

图3-20　不同来源的多胚

A～D. 裂生多胚［A～B. 美洲鹿蹄由合子裂生形成的多胚　C～D. 美冠兰的合子裂生多胚（C）
和原胚出芽多胚（D）］　E. 岩白菜助细胞形成多胚　F. 紫萼的不定胚　G. 无毛榆的反足胚
（Mahtshwari等，1950）

　　多胚产生在同一个胚囊中，称为真多胚。真多胚在多胚现象中占主要地位，多胚的来源主要有三种：一是由合子、原胚或胚柄裂生产生胚，这类称裂生多胚。裂生多胚在裸子植物中很普遍，常常由原胚产生两个以上的胚；在被子植物中，合子胚通过出芽或裂生方式产生附加胚的现象有，但较少见。二是由助细胞或反足细胞产生胚，以助细胞产生多胚为常见。在某些胚囊中，助细胞常变为卵状，经受精或不受精发育为胚。助细胞不经受精发育成的胚为单倍体，受精后发育成的胚则与合子胚一样为二倍体。由反足细胞形成胚很少见，且形成的胚多不能达到成熟。三是由胚囊外的珠心或珠被细胞进行活跃分裂，形成细胞群并推进到胚囊中而形成胚，数量可从几个至数十个。不定胚从形态上不易与合子胚相区分，有时可根据不定胚的位置略偏一侧、不具胚柄和形状不规则来判断。从珠被起源的不定胚很少，只有个别植物如垂花绶草有较高的百分率，而柑橘类植物从珠心细胞产生不定胚很普遍，每粒种常为 4～5 个胚，且有许多能长成幼苗。

多胚产生在同一个胚珠的不同胚囊里称为假多胚。假多胚较少见，产生的原因主要有三个：其一，在同一珠心中形成多数胚囊，这种情况见于黑核桃、木麻黄和柑橘属；其二，两个或更多的珠心融合成一体；其三，由一个珠心裂生成两个或两个以上的珠心。后两种情况更为少见。

由胚囊中卵细胞以外的细胞发育导致的多胚现象，从理论上可认为是有意义的，但由于发生的频率低且常不能达到最后成熟，实践上意义不大。而多胚现象中的不定胚是来自母体组织的无性胚，可提供和母体完全一致的幼苗，在某些果树的繁殖上有重要利用价值，如柑橘属植物，利用不定胚繁殖，既能保持品种的优良特性，同时也可避免重复无性繁殖而发生衰退。

二、无胚现象

在一批种子中，有时可发现外形正常但内部无胚的种子，称为无胚现象。无胚现象在植物界分布很广，在禾本科作物如水稻、小麦及其他科属的种子中偶有发现，而在伞形科植物中却极常见，如胡萝卜、芹菜等。银杏即使在良好的授粉条件下，无胚率亦在 50％ 以上。

植物产生无胚种子可能的原因有：①与植物的遗传特性有关，因为某些科属的种子，无胚种子出现的频率总是较高；②卵未受精或者远缘杂交，异种花粉受精，虽完成了双受精过程，但终因生理不协调而使胚中途夭折，胚乳和种皮得以发育；③由于某些昆虫如蝽象等在种子发育初期的为害，当它们从幼小种子吸取汁液时能分泌某些毒素，导致胚死亡。

无胚种子是不能萌发长成幼苗的，因而没有种用价值，但一般作物种子无胚率很低，所以对生产无大影响。如果偶然发现无胚率较高的种子时，则应及时查明原因并采取适当措施，以保证足够的出苗数。

三、无性种子

凡通过无融合生殖产生胚而形成的种子称为无性种子。所谓无融合生殖，一般是指配子体不经配子融合而产生孢子体的过程，亦即植物不经雌雄配子融合而产生胚形成种子的生殖方式，仅限于在胚囊中不经受精而产生胚的现象，这与营养繁殖有着明显不同。通过无融合生殖产生无性种子有三种情况。

第一种是发生在正常减数胚囊中的无融合生殖，包括孤雌生殖、无配子生殖、孤雄生殖。孤雌生殖是卵细胞不经受精而直接发育为胚；无配子生殖是助细胞或反足细胞不经受精直接发育为胚；孤雄生殖是指精子进入胚囊，精卵细胞发生细胞质融合后，没有进行核融合，随后卵核消失，精核发育成胚。孤雌生殖和无配子生殖虽广泛存在，但自然发生的频率很低，如小麦为0.48%，甘蓝型油菜为0～0.364%，玉米为0.0005%；孤雄生殖发生的频率更低，至今只在烟草等极少数植物中有发现。减数胚囊中无融合生殖产生的胚一般是单倍体的，但也有极少数其染色体自然加倍形成二倍体胚。

第二种是未减数胚囊中的无融合生殖，包括二倍体孢子生殖和体细胞孢子生殖。二倍体孢子生殖的胚囊是由于孢原细胞或大孢子母细胞减数分裂受阻，形成二倍体的大孢子，即胚囊中的8个核均为二倍体。体细胞无孢子生殖的胚囊通常是由珠心细胞起源，属体细胞胚囊，因而也是二倍体的。在这种二倍体胚囊中通过孤雌生殖、无配子生殖所产生的胚都是二倍体。

第三种是不定胚生殖。不定胚是珠心细胞或珠被细胞突入胚囊，形成与合子胚相似的胚状体，继而发育为成熟胚。含有不定胚的种子在发育初期可能是多胚种子，多胚中有1个是有性的，这个有性胚往往发育迟缓，结果被无性胚排挤掉而成为无性种子，柑橘中常有这种现象发生。无性种子的形成虽然不是受精的产物，但却常需要传粉或精子入胚囊过程的刺激。

无性种子与有性种子在形态上常无明显差异，但在遗传物质上却大相径庭。它或者只具有母本的遗传物质，萌发后长出与母株相同的植株；或者只具有父本的遗传物质，长出与父株相同的植株。无性种子在植物育种上有重要用途，一是可提供单倍体材料，使隐性性状能够直接表达出来，且经过染色体加倍获得纯合二倍体，加快育种进程，克服远缘杂交的不亲和性；二是可以固定杂种优势，如F_1植株产生的不定胚或未减数胚囊中无融合生殖产生的二倍体胚，都能保持母株的杂种优势。无性种子可通过人工授粉、化学药剂处理或异种属细胞质核替换进行诱导。

四、种子败育

胚珠能顺利地通过双受精过程，但却不能发育成具有发芽能力的正常种子，这种现象称为种子败育。种子败育如果发生在种子发育的早期，由于干物质未来得及积累，幼小的胚珠将干缩为极小的一点而使果实成为空壳；如果败育发生在种子发育的稍后期，则有可能形成极瘦秕或有缺陷的种子。败育种子无正常的发芽能力，因而没有种用价值。

种子败育是一个很普遍的现象，在许多种子生产中都能发生。稻、麦等作物的空、秕粒，荚果、角果中的缺粒等，许多是由种子败育造成的；杂交育种中种子败育的现象更为严重。如果种子败育的比率高，会给种子生产和作物产量带来损失。

引起种子败育的原因很多，有内在因素，也有外界环境条件的影响，一般可归纳为以下几种情况。

1. **生理不协调** 在远缘杂交中，有时受精虽然能够完成，但由于生理不协调，种子常不能正常发育。生理不协调可分为三种情况，一是胚和胚乳发育都不正常而使种子早期夭折；二是胚乳可能发育正常但胚不正常，导致产生无胚种子；三是胚开始发育正常，但由于胚乳发育不正常，发育中的胚尤其是原胚因得不到胚乳的养分而停止发育或解体。如在陆地棉和中棉的杂交试验中，就看到杂种胚乳没有充分发育而过早解体，在它解体前的几天内，杂种胚发育还正常，但随着胚乳的解体，胚的发育也逐渐停止。在某些杂种后代中常表现为育性很低，有的虽能形成种子却往往不能正常发育和成熟，也多是由于这种原因。

2. **受病虫危害** 种子在发育过程中常易遭受病、虫危害，有些是直接危害，如虫吃掉种子的重要部分或病菌寄生其中，有些则属间接危害，如病、虫的分泌物使胚部中毒死亡等，这些都能造成种子败育。

3. 营养缺乏　种子在发育过程中，需要从植株吸取大量营养物质。如果植株由于自身或外界条件的影响导致营养缺乏，或者物质转运受阻，都能引起种子的败育。在栽培条件不好的地方，这种情况经常发生，例如植株遭受病虫危害或机械损伤，营养器官被损，或土壤贫瘠，肥水缺乏，或是气温不适，水涝湿害，盐碱过度，或是环境污染等，总之，凡是能引起植株营养物质缺乏或运输障碍的一切因素，都可能使种子由于营养物质缺少而败育。种子败育多发生在果穗的顶部、基部等营养弱势部位，表明营养缺乏乃是种子败育的重要原因。

4. 恶劣环境条件影响　有些极为恶劣的环境条件如冰冻、高温、有毒药剂等，能直接使发育中的种子受伤致死。

造成种子败育的原因很复杂，除上述之外，还有许多因素，如激素调控失调、植物固有的遗传差异等，有待进一步研究、探讨。防止种子败育的措施要视其败育的原因而定。如果败育是由于生理不协调所致，可利用胚离体培养的方法，以得到珍贵的杂交种；若为病、虫危害，应及早防病治虫；如果是由于营养缺乏引起，则应改善栽培条件，加强肥水管理，使营养生长和生殖生长协调发展，以获得种子高产；还应有目的地选育遗传上败育率低、抗逆性强的品种。

种子败育除了有对生产不利的一面外，还有可利用的一面，即有些杂种后代，其种子可育性低，易败育，但其营养体生长繁茂，经济器官品质好，而人们所需要的正是它的这种营养体，将这样的品种用于生产，将能大大提高经济效益，例如三倍体甜菜和杂交西瓜的选育和推广。

第四节　种子发育的基因调控

一、胚胎发育的基因调控

高等植物组织分化和器官发生的显著特点是连续性和重复性，胚胎发育只是一个建立组织和器官原基的过程。在这个过程中建立起来的芽生长点和根生长点几乎在其整个生活周期中保持活跃，不断产生新的组织和器官乃至次级生长点，因而可以推断，从单细胞的合子到形态各异、执行功能不同的各种组织和器官的出现，启动这些过程必然涉及众多胚胎特异性基因。若能将这些特异性基因进行定位、分离进而人为调控，将对植物遗传育种产生重大影响。现将有关这方面的研究作一简单介绍。

（一）胚极性的建立

建立极性是胚胎分化的第一步，也是根、芽发育的基础。目前研究过的高等植物的合子胚发生过程中极性建立都非常规律，总是在近珠孔端产生胚根而在远珠孔端产生子叶和胚芽生长点。这种极性实际上在胚囊和卵细胞发生时就已建立，因为卵细胞从形成时就一直处于非游离状态，它的基部固定于胚囊内壁，而着生卵细胞的胚囊端总是处于珠孔端。卵细胞受精后形成的合子极性进一步加大，细胞核和细胞质更接近远珠孔端。

如前所述，一般情况下合子经过非对称性横向分裂形成两个细胞的原胚，顶细胞形成胚体，基细胞形成胚柄。胚柄一旦形成，便担负着为由母体向发育中的胚体提供养料和激素的功能。这种物质的单向运输，必然使胚体形成了新的物质梯度，诱导胚胎建立新极性。这就使得胚柄又有了使胚胎建立极性的作用，但这种作用一般到球胚期完成。

究竟是什么因子通过怎样的过程诱发胚胎极性的产生？由于技术上的困难，这方面的研究还很少。到目前为止发现的唯一一个与建立极性有关的基因是 EMB_{30} 或称为 $GNOM$，该基因的突变会导致胚胎失去胚根和下胚轴。用拟南芥这种遗传背景简单、生长周期短且体积小的植物做进一步跟踪研究表明，$GNOM$ 基因的突变，使得合子的第一次分裂由本来的非对称性转变为对称性，产生大小相近的顶细胞和基细胞。由于基细胞参与胚根的形成，而突变体中比较小的基细胞可能丢失了形成胚根所必需的信号分子，从而造成所形成的胚胎缺失胚根。1994 年，蔡南海实验室的 Shevell 等已成功地利用 T - DNA 标签技术分离到该基因，发现 EMB_{30} 是一个与酵母菌 Sec7 同源的基因，在胚胎发育和植物生长过程中都有所表达，并进一步认为该基因的作用并不只限于影响细胞分裂，还可能影响细胞的伸长和细胞间的黏合性。

由于高等植物具有体细胞全能性，大多数已分化的细胞仍具有脱分化和再分化形成胚胎的能力。当胚胎从游离的悬浮培养的体细胞或花粉发生时，游离的单细胞不能直接发生胚胎，而总是先形成一个愈伤细胞团，然后这个细胞团上的一个或几个细胞开始胚胎发育产生体细胞胚。很可能这个不参与胚胎发生的细胞团在功能上与胚柄相似，协助胚体建立极性。这对理解胚胎如何建立极性有所帮助。

（二）胚胎形态建成

形态建成是指胚胎发育中器官发生或器官原基形成的过程，可视为伴随于细胞分裂的一系列区域化和功能化行为。Mayer（1991）曾经把植物胚胎分为上、中、下三个区域，上区包括子叶、上胚轴和顶端生长点；中区包括下胚轴；下区包括根生长点和根冠。他们认为这三个区域分别由独立的基因控制，而建立这三个区域的过程称为上下轴模式形成。

在对拟南芥所做的诱变试验中，Mayer 等（1991）从 44 000 个 M_2 代幼苗中分离到 250 个与形态建成有关的突变体。进一步研究认为，由于多个突变体可能来自同一基因位点，这 250 个突变体就可能来自不足 50 个基因位点，其中 4 个基因位点是与上下轴模式的形成有关：①上区突变体 gurk，表现为子叶和顶端生长点的缺失；②中区突变体 fackel，表现为下胚轴的缺失，使子叶看起来像与胚根直接连接；③下区突变体 monopteros，表现为胚根和下胚轴同时缺失；④两端突变体 gnom，表现为上区和下区同时缺失。从这些突变体的表现型可以推测这三个区域及其相关的基因是相对独立的。根据诱变中出现突变体的总数和同一突变体再出现的频率，他们认为有 40 个基因就足以建成植物个体，而 Meinke（1986，1991）则预测，至少有 200 个以上的基因参与胚胎发育中的形态建成，这个数字可能更准确一些。这些基因的突变有的造成器官形状变异，如缺失 1 片子叶或 2 片子叶融合成筒状；有的阻断于某一特定发育阶段，如球形胚或心形胚期。

英国 John Innes 研究所在对豌豆胚胎发育的研究中，从化学诱变处理的 3 000 个 M_2 代植株中筛选到 9 个与形态建成有关的突变体。这些突变体可归纳为 3 种类型，第一类是单子叶型，包括 4 个单基因突变体，共同特征是只具 1 片子叶，但子叶表型上有明显差异；第二类是细胞学变型，包括两个突变体，其中 1 个胚胎表面不光滑，子叶内细胞异常，另 1 个影响表皮细胞分化，为表皮缺失突变；第三类是发育阻断型，亦包括两个突变体，其胚胎发育均停止在心形胚后期，不能产生有功能的顶端生长点。

Sheridan 和 Clark 的实验室从一个带有活跃转座子的玉米品种分离到 51 个与胚胎发育有关的突变体，均属于发育阻断型，其中有 12 个阻断在纵向不对称性的建立，即胚体与胚柄的分化发育；29 个阻断在横向不对称性的建立，即盾片出现、胚轴顶端生长点和胚根的形成。

(三) 顶芽和根生长点的形成

植物胚胎在建立上下轴的同时，就决定了根、茎、叶的相对位置，如双子叶植物总是在两片子叶之间产生顶端生长点，而在其相反一端形成根生长点。这两个生长点在种子萌发后保持持续器官发生能力，不断形成新的根、茎、叶，并在一定阶段分化形成花器官。由此可以推断，两个顶端分生组织是胚胎发育过程中建立起来的最重要组织。大多数植物的顶端生长点是产生于子叶之后，也有少数植物如豌豆等顶芽生长点是先于子叶形成。对拟南芥和豌豆的研究发现，很多影响子叶形态的突变对真叶的形态没有影响。

基因突变可以造成胚根的缺失，但只要有胚根产生，其位置就总是在近胚柄一端，而顶芽生长点却有逆转的可能。Jurgens 等（1991）曾经从拟南芥分离到一个双根突变体，其胚胎具有完整的根和子叶，但却在本应形成顶芽的两子叶间又形成了另外一个根，使整个胚胎以子叶为中心呈镜面对称。显然，这个突变基因与顶芽生长点发生有关。美国的一个实验室还从拟南芥中分离到一个称为胚胎花的突变体，其营养生长几乎完全被生殖生长所代替，种子萌发后几乎不形成真叶而直接产生花，推测这个基因可能比目前分离到的其他开花基因的作用时期更早。

由顶芽分生组织产生新的茎叶原基，必然会有很多特异基因在这里表达，控制叶子产生的位置、数目和形状等重要形态特征和与光合作用有关的生理生化特征。已有人发现一些与叶序、叶的数目、形状有关的单基因突变。

与根生长点有关的基因除前面提到的 GNOM 外，还有一些决定根生长点发生、根结构与根形态的基因。例如，Benfy 等（1993）曾从拟南芥中分离到 4 个与根的结构和形态有关的突变基因，这 4 个基因都参与幼苗的形态发生，其中 1 个为短根突变基因，其表达会使突变体的根不能长长，无论是其主根还是侧根，伸长到一定程度就会自动停止生长，不再具有根尖生长点；另 3 个突变基因造成的都是根的膨大。

二、胚乳发育的基因调控

关于胚乳形成的调控机制，目前所了解的主要可以归为以下几个方面：第一，胚乳发育的决定和启动很可能主要由中央细胞控制。其主要证据是有人利用体外受精技术，发现精细胞在体外与中央细胞融合后所分化的产物是胚乳而不是胚。第二，胚乳的细胞扩增过程受到不同层面基因的调控。同样通过突变体分析，目前发现 PcG 基因除了控制胚乳发育的启动之外，还影响到胚乳细胞的扩增。张宪银（2002）等从水稻谷蛋白基因 Gt1 的上游序列克隆出胚乳特异性启动子，并通过转基因首次证实它能驱动 Gus 基因在水稻胚乳中表达。McClintocky（2003）则利用突变体技术研究了在玉米胚乳发育过程中淀粉酶的合成机制。

第四章　种子的成熟

　　种子的成熟（maturation）是种子形成发育过程的最后阶段，是决定粒重、粒饱的关键时期，因而是决定种子产量和品质的重要阶段。

　　种子在成熟期间能否正常生长发育，一方面决定于这一时期田间管理的优劣，另一方面还与当时的气候条件密切相关。在有的年份里，某种作物种子成熟期间气候条件非常好，病虫稀少，且栽培管理适宜，所收种子的播种品质大大超过平常年份，为留种提供有利条件，这一年就被称为该作物的种子年。

　　种子成熟是否充分，收获时期掌握是否得当，对种子的化学成分、原始发芽率、休眠期、耐贮性、寿命等均有不同程度的影响。因此，深入了解种子成熟过程的变化规律以及环境条件的影响，并根据具体情况给以适当控制，对提高种子播种品质、获得作物高产、做好良种繁育工作有十分重要的意义。

第一节　种子成熟的指标及阶段

一、种子成熟的概念和指标

　　种子发育到一定程度便达到成熟。真正成熟的种子应包括两个方面，即形态上的成熟和生理上的成熟。所谓形态成熟，是指种子的形状、大小已固定不变，且呈现出品种的固有颜色；生理成熟是指种胚具有了发芽能力。有些种子，在达到形态成熟的同时，胚的发育也即完成并具备了萌发能力，两方面的成熟是一致的；但也有些种子如稻、麦，在乳熟期胚就具备了发芽能力，但整个籽粒远未达到形态成熟，因而这时不能叫真正成熟；另有一些植物种子如大麦、燕麦、莴苣等及许多林、果的种子，在形态上达到成熟时胚却没有发芽能力，因而也不能称为真正成熟。

　　真正成熟的种子一般应具备以下指标：第一，养料运输已经停止，种子中干物质不再增加，即达到了最大干重；第二，种子含水量降低到一定程度，如豆类 40%～45%，大、小麦 20%～25%，玉米、高粱 30%～35%；第三，果种皮的内含物变硬，呈现出品种的固有色泽；第四，种胚具有了萌发能力。

二、种子成熟的阶段及外表特征

　　种子的成熟期是按种子及植株的形态特征变化划分的。不同植物的种子成熟阶段及外表特征各不相同，即使是同一作物同一品种甚至同一植株的不同穗位、粒位，成熟时间也不尽一致。因此，在鉴定种子成熟期的时候，应根据植株上大部分种子的成熟度为标准。现将各类主要作物种子的成熟阶段及成熟程序介绍如下。

（一）禾谷类作物种子的成熟阶段和成熟程序

1. 成熟阶段　禾谷类种子的成熟阶段一般分为乳熟、黄熟、完熟、枯熟四个阶段。

（1）乳熟期。进入乳熟期（milk ripe），植株下部的叶片开始转黄色，茎的大部分和中上部叶子仍保持绿色，节依然有弹性、多汁，茎基部的节开始皱缩，内外稃和籽粒都呈绿色，内含物乳汁状，此时籽粒鲜体积已达最大限度，绝对含水量最高，胚已经分化完成。

（2）黄熟期。黄熟期（yellow ripe）植株大部分变黄，仅上部数节还保持绿色，茎秆还具有相当弹性，基部的节已皱缩，中部节开始皱缩，顶部节间多汁液，并保持绿色，叶片大部分枯黄，护颖和内外稃都开始褪绿，籽粒呈固有色泽（一般为黄色），内含物呈蜡状，以指甲压之易破碎，养分累积趋向缓慢；到黄熟后期，籽粒逐渐硬化，稃壳呈品种固有色泽，为机械收获的适期。

（3）完熟期。完熟期（full ripe）籽粒干燥强韧，体积缩小，内含物呈粉质或角质，指甲压之不易使其破碎，容易落粒。茎叶全部干枯（水稻尚有部分绿色），叶节干燥收缩，变褐色，光合作用已趋停止，此时为人工收获适期。

（4）枯熟期。枯熟期（dead ripe）又称过熟期，茎秆灰黄色或褐黄色，很脆，脱粒时易折断。籽粒硬而脆，极易落粒，收获时损失大；如逢阴雨，则粒色变暗，失去固有色泽，易在穗上发芽，品质变劣。

2. 成熟程序　禾谷类作物种子的成熟程序，基本上与开花次序是一致的，先从主茎上的花序开始，然后再轮到分蘖，在同一个穗上，成熟程序因作物而不同。

水稻种子的成熟程序，从全穗来看，是由主轴到分枝，由第一枝梗到第二枝梗，而各枝梗上的程序是由上而下，即由先端到基部。同一枝梗上，第一枝梗或第二枝梗均为顶端小穗成熟最早，其次为枝梗基部的小穗，然后顺序向上，而以顶端第二小穗成熟最迟。

小麦的成熟程序亦与开花顺序一致，在一穗中以中上部小穗（离基部约 2/3 处的小穗）最先成熟，然后依次向上向下成熟；在每小穗中，是外侧的籽粒先成熟，中间的籽粒最迟成熟。

（二）豆类作物种子的成熟阶段和成熟程序

1. 成熟阶段　豆类种子的成熟阶段一般分为绿熟、黄熟前、黄熟后、完熟和枯熟五个阶段。

（1）绿熟期。绿熟期（green ripe）的植株、荚及种子均呈鲜绿色；种子体积基本上已长足，含水量很高，内含物带甜味，容易用手指挤破；至绿熟后期，种子鲜体积达最大限度。

（2）黄熟前期。下部叶子开始变黄，荚转黄绿色，种皮呈绿色，种子变硬，但容易用指甲刻破。

（3）黄熟后期。中下部叶子变黄，荚壳褪绿，种皮呈固有色泽，种子体积缩小，不易用指甲刻破。

（4）完熟期。大部分叶子脱落，荚壳干缩，呈现固有色泽，种子很硬。

（5）枯熟期。茎秆干枯发脆，叶全部脱落，部分荚果破裂，色泽暗淡，种子很易散落。

2. 成熟程序　豆类作物荚果和种子的成熟程序也是从主茎到分枝。在每一个分枝上或一个花序上是从基部依次向上成熟。大豆成熟程序因结荚习性不同而分为两种类型：无限结荚习性类型的成熟程序是主茎基部首先成熟，依次向上，顶端最迟成熟，在同一分枝或花序上则由内到外、由下部到上部成熟；有限结荚习性类型成熟程序是顶端首先成熟，依次向下，基部成熟最迟，同一分枝或花序上也由内到外、由下部到上部成熟。

（三）十字花科及锦葵科作物种子成熟阶段和成熟程序

1. 成熟阶段　十字花科及锦葵科作物种子的成熟阶段和程序基本相似，成熟期分白熟、绿熟、褐熟、完熟和枯熟五个时期。

（1）白熟期。白熟期（white ripe）种子很小，种皮近白色，里面充满汁液，轻轻一挤即破裂而流出，植株和果实均呈绿色。

（2）绿熟期。果实及种皮均呈绿色，种子丰满，含水量高，易被指甲划破，下部叶片开始发黄。

（3）褐熟期。褐熟期（brown ripe）果实褪绿，种皮呈品种固有色泽（一般为褐色），内部充实变硬，中下部叶色变黄。

（4）完熟期。果实呈褐色，种皮和种子内含物都比较硬，不易用手压破，茎叶干枯，部分开始脱落。

（5）枯熟期。果壳呈现固有颜色，易开裂，种子容易脱落，全株茎叶干枯发脆。

2. 成熟程序　十字花科以油菜为代表，其成熟程序，就全株而言，主轴先熟，其次第一分枝，再次第二分枝，各分枝间的程序是由上而下；就每一花序而言，无论主轴或分枝，均由下向上、由内向外成熟。

锦葵科以棉花为代表，其成熟程序就全株而言是从基部到顶端，下部果枝上的蒴果最先成熟；就每一果枝而言，则由内向外，即越靠近主茎的蒴果，成熟越早。

某些作物种子完熟时，常具有一些特殊的形态指标，如玉米、高粱籽粒中乳线消失，黑色层出现，可以此判断成熟时期。

完成形态成熟是种子收获的指标，而是否完成生理成熟则是能否作种用（播种）的必需条件。掌握好种子的成熟指标及特征，确定好适宜的收获时期，可提高种子的产量和品质。有些种子易落粒，遇雨易穗发芽，一旦成熟必须立即抢收，如麦类、豆类及十字花科种子；有的作物晚收还会导致籽粒颜色变暗、胚乳角质程度降低，更应及早收获，如高粱。但也有些作物如玉米，不存在落粒和穗发芽，却常因籽粒成熟和苞叶成熟不一致而导致早收减产。玉米收获多在苞叶全白甚至不全白时，这时籽粒含水量在40%以上，离完熟相差10～15d，而据研究，每早收1d，产量约减少1%，早收造成的产量损失高达10%～15%，因而玉米晚收应达成共识。玉米完熟有两个特征，即乳线消失和基部黑色层出现（表4-1），应予以重视。

表 4-1　玉米籽粒乳线移动与含水量、粒重关系（"掖单4号"，1992）

授粉后天数（d）	0	10	20	30	35	40	45	50	54
千粒重（g）	2.0	13.8	108.9	196.7	235.0	270.3	307.9	317.1	337.6
含水量（%）	80.9	89.3	70.5	54.7	47.0	40.3	36.3	33.7	31.4
乳线*	无	无	无	1/10	2/10	4/10	5/10	8/10	消失
苞叶状况	绿	绿	绿	褪绿	开始变白	完全变白	开始蓬松	蓬松	干枯

*　乳线系指从籽粒顶部出现往下移动所占整个籽粒长度的比值。

第二节　种子发育、成熟过程中的变化

从种子形成到发育成熟是胚珠细胞不断分裂、分化以及干物质在细胞中不断合成、转化、累积的过程。在这一过程中，明显的变化主要有三个方面，即外形及物理性变化、贮藏物质的合成与积累和发芽力的变化。这三个方面互为依存、密切配合、协调发展，种子方能正常发育，达到真正成熟。

一、种子外形及物理性变化

种子发育过程中，其外形的变化最明显。随着受精后天数的增加，种子的体积和鲜重迅速提高，一般禾谷类在乳熟末期，而豆类、十字花科种子在绿熟期达最大，再继续发育到后期阶段，由于水分的减少又有所降低，呈现由小到大再由大到小的变化趋势。种子干重和比重的变化较有规律，一般是随种子发育而逐渐提高，到完熟期达最大（图 4 - 1）；但油质种子例外，由于成熟后期糖分大多转化为脂肪，种子比重反而有所降低，如甘蓝型油菜种子绿熟期相对密度为 1.35，完熟期降至 1.13。

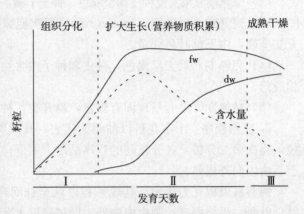

图 4 - 1　种子发育过程中鲜重（fw）和
干重（dw）的变化

种子生长一般是先长度生长再宽度和厚度生长，完熟期达到本品种的固有形状，所以未充分成熟的种子干燥后多呈线头状或扁片状。种子发育之初多为白色或淡绿色，随其发育绿色渐深，进入成熟后期，种子中的叶绿体逐渐解体而有色素不断增加，种子开始呈现出黄、红、黑、紫、花斑等固有颜色，有的种皮外还积累角质层，使种子富有光泽。

表 4 - 2、表 4 - 3、表 4 - 4 分别为玉米种子、甘蓝种子、小麦种子发育过程中外形与物理性变化。

表 4 - 2　玉米颖果发育过程中质量与体积的变化（"掖单 4 号"）

授粉后天数（d）	鲜重（mg/粒）	干重（mg/粒）	鲜体积（mm³/粒）	干体积（mm³/粒）
0（当天）	7.63	1.45	20.1	—
10	66.1	7.27	85.2	—
20	313.0	93.9	236.3	100.2
30	443.0	200.7	326.5	153.3
40	451.6	271.4	390.6	313.3
50	511.0	338.8	450.5	246.4
54	509.9	344.7	442.5	253.3

表 4 - 3　甘蓝种子发育过程中形态与重量的变化

成熟期	种子色泽	直径（mm）	鲜重（mg/粒）	干重（mg/粒）	含水率（%）	发芽率（%）
白熟期	白	1.70	2.54	0.36	86	0
绿熟期	绿	2.17	5.20	1.42	67	56
褐熟期	褐	1.99	4.40	2.20	54	86
完熟期	褐	1.54	2.75	2.24	18	84

表 4 - 4　小麦籽粒发育过程中体积的变化（"郑引 1 号"）

开花后天数（d）	6	10	13	16	19	21	23	25	27	29	31	33	35	37
粒长（mm）	4.84	6.42	7.00	7.37	7.42	7.40	7.35	7.35	7.37	7.32	7.33	7.22	7.17	6.82
粒宽（mm）	3.30	3.33	3.60	3.63	3.95	4.08	4.18	4.22	4.22	4.37	4.32	4.32	4.30	3.78
粒厚（mm）	2.60	2.75	3.15	3.25	3.37	3.35	3.42	3.55	3.47	3.45	3.42	3.50	3.18
百粒体积（ml）	1.96	3.10	3.97	4.47	4.80	5.15	5.31	5.33	5.40	5.70	5.57	5.63	5.17	4.37
干重（mg/粒）	2.69	5.22	8.68	13.24	17.87	21.38	25.67	28.07	31.29	33.23	34.43	36.13	36.63	37.17

二、种子成熟过程中物质的合成、转化与积累

种子中营养物质的合成与积累是种子充分发育的物质基础，与种子产量和品质密切相关。

（一）种子中营养物质的来源与合成

种子中的营养物质，绝大多数是从植株中流入的，只有极少量是种子自身制造的。植株中的养分以溶解状态通过维管组织运入种子，流入过程中一般先流入果皮，在果皮中短暂停留，然后再从果皮流向种子，在种子中合成为不溶性的高分子化合物，如淀粉、蛋白质、脂肪等加以贮存。但大量的研究表明，大多数禾本科植物如玉米、小麦、水稻、大麦等，母株的维管组织与种子并不相连，在这些不连续部位起运输作用的是一些具强烈壁内突的传递细胞，它们调节物质进入种子的过程。传递细胞在种子中分布的范围很广，如种柄、胚乳外层（或糊粉层）及果柄、种柄组织维管束的末端。玉米、薏苡颖果胚乳传递细胞（图 4-2）尤其发达，其分布与黑色层、果柄维管组织紧密吻合。

植株中的可溶性糖主要以蔗糖形式运入种子，而进入种子的蔗糖只有极少数以可溶状态存在，绝大多数要合成淀粉。蔗糖先通过淀粉合成酶或淀粉磷酸化酶催化合成为直链淀粉，然后再在 Q 酶作用下形成支链淀粉。这一过程可用简图表示（图 4-3）。

一般认为，在淀粉合成的初期，形成的多是直链淀粉，而在较后期则主要形成支链淀粉，也即随着种子的充分发育，种子中的支链淀粉比例逐渐增加。

油质种子在形成过程中，一般先是糖分积累，然后是脂肪和蛋白质的积累，且随含油量的迅速提高，淀粉、可溶性糖的含量相应下降，因此认为脂肪是从碳水化合物转化来的。由糖转化为脂肪酸的图示如图 4-4。

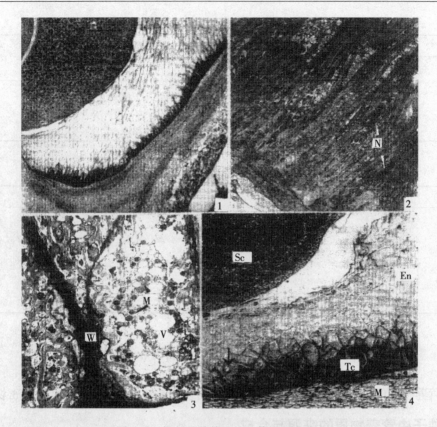

图 4-2 颖果的维管组织及传递细胞分布
1. 玉米颖果的维管组织及胚乳传递细胞（显微照片）
2、3. 玉米胚乳传递细胞（电镜照片）：M. 线粒体 N. 细胞核 W. 细胞壁 V. 液泡
4. 薏苡胚乳传递细胞（显微照片）：En. 胚乳 M. 母体组织 Sc. 盾片 Tc. 传递细胞

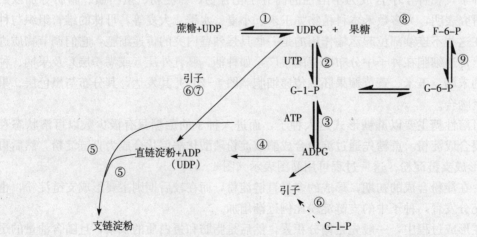

图 4-3 植株中进入种子的蔗糖的转化过程
①蔗糖合成酶 ②UDPG 焦磷酸化酶 ③ADPG 焦磷酸化酶 ④ADPG 淀粉合成酶
⑤Q 酶 ⑥淀粉磷酸化酶 ⑦UDPG 淀粉合成酶 ⑧果糖激酶 ⑨己糖磷酸异构酶、葡糖磷酸变位酶

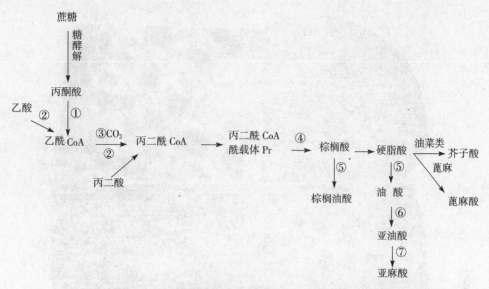

图 4-4　油质种子形成过程中糖转化为脂肪酸的图解
①脱氢酶　②硫激酶　③乙酰 CoA 羧化酶　④脂肪酸合成酶
⑤Δ9 去饱和酶　⑥Δ12 去饱和酶　⑦Δ15 去饱和酶

　　种子中的蛋白质是植株中的氨基酸或酰胺流入种子再合成的。种子蛋白质合成有直接和间接两种方式，直接方式是由流入的氨基酸直接合成蛋白质，间接方式则是氨基酸进入种子后与种子中的 α-酮酸在转氨酶的作用下形成新氨基酸后合成蛋白质。

　　植株中的酰胺流入种子后，一般先分解成氨基酸和氨基，再直接或间接合成蛋白质。随着种子的发育，种子中非蛋白质态氮逐渐减少，蛋白质态氮逐渐增多，且蛋白质绝对量（mg/粒）的增加远远超过相对量（％）的增加。豆类种子在发育过程的初期，合成的主要是清蛋白，其后才相继合成球蛋白；而禾谷类种子则随其发育，水溶性和盐溶性蛋白降低，醇溶性和碱溶性蛋白增高，其中后两种蛋白是面筋的主要组成成分，因而种子越充分发育，加工品质越好。

　　综上所述可以看出，种子在发育、成熟过程中，其生理生化变化是以合成作用为主，这是种子中营养物质得以不断积累的生理基础。

（二）种子成熟过程中物质的积累

　　随着种子发育过程中高分子不溶性物质的不断合成和转化，干物质逐渐在种子中累积，使种子的体积和重量不断增加。然而，干物质在种子不同部位中累积的速度、顺序，则因物质种类和作物类型而不同。就物质种类而言，积累的先后顺序一般是结构蛋白质→淀粉→脂肪→贮藏蛋白质，种子发育到后期，随着贮藏蛋白质（蛋白体）的迅速增多，淀粉粒有解体现象，表明淀粉解体后的物质作为合成蛋白质的碳架。就种子的不同部位而言，营养物质一般先在果种皮处暂时积累，然后再转移到胚乳和胚中。

　　禾本科作物胚本体组织细胞体积较小，细胞质浓稠，细胞核较大，可溶性糖、氨基酸等可溶性物质和结构蛋白质含量高；而不溶性营养物质的积累主要集中在盾片中。胚器官分化开始后，

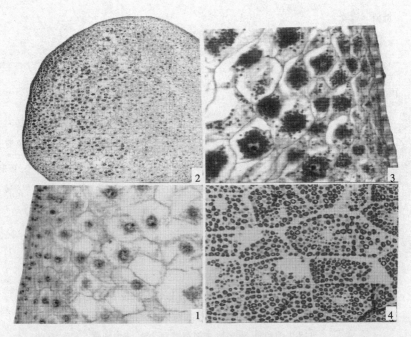

表 4-5　玉米胚乳中淀粉粒的形成

1. 授粉后 15d 的胚乳，示淀粉粒刚开始形成　2. 授粉后 20d 的胚乳，示淀粉粒的分布
3. 2 图的部分放大，示淀粉粒的增多增大　4. 蜡熟期的胚乳，示成熟淀粉粒的形态构造

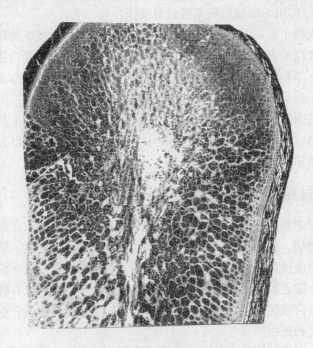

图 4-6　玉米籽粒纵切面上的胚乳细胞及营养物质积累

在刚分化出的盾片中上部胚芽生长点内侧出现小颗粒淀粉，随着分化进程，盾片中自上而下淀粉粒逐渐增多、增大；成熟期的籽粒中，盾片中除了含有大量淀粉粒外，还形成大量脂肪体，蛋白体的数目亦是随成熟而增加，且呈现出越向上淀粉粒越小越少、蛋白体越多的趋势。胚乳中营养物质积累的顺序一般是由外及内、由上及下（图 4-5），有腹沟的则先在腹沟处积累然后逐渐向内，靠近胚的部位积累最迟。因此，籽粒胚乳的中央部位如玉米或胚部上方如水稻常软而疏松，呈粉质不透明状（图 4-6），未充分发育成熟的种子尤甚，而胚乳的上部周边为角质。

谷类种子中氮素总量的 60% 是植株抽穗开花以前从土壤中吸收的，这些氮素以有机氮的形式贮存植株中，种子形成后再从植株转输到种子。如果植株处于缺氮的环境中，则几乎100% 的氮素是开花前吸收的。因此，氮肥的施用应以植株生长前期为主，而糖类的积累则主要是植株抽穗开花后茎叶制造的光合产物，一般占穗粒重的 2/3，只有少部分是从茎和叶片中抽运出来。因此，开花后去叶，会显著降低籽粒重量，同时也表明了加强种子田间后期管理的重要性。

三、种子发育过程中发芽力的变化

种子发芽力一般是以发芽势和发芽率来表示。在种子发育过程中，发芽力的变化可分为三种情况：①随种子发育而逐渐提高，即越成熟的种子，发芽势越强、发芽率越高，一般农作物中无休眠期的品种都表现出这样的趋势。②在种子发育过程中，发芽力虽也随成熟而提高，但其最高的时期却不是完熟期而是在此以前，发芽力呈现由低到高，再由高到低的趋势。这种情况出现在有后熟休眠的作物种子如水稻、小麦、大麦等的某些品种，这些种子在形态成熟以前，胚就基本发育完全，而在胚的发育过程中，发芽力是由低到高的，但到了种子成熟的后期，胚虽然分化更趋完善，但由于种子可溶性养分减少，酶活性降低，某些萌发抑制物质积累，同时还有色素物质在种被细胞中沉积导致透气性变差，种子的发芽力反而降低。这样的种子在收获后需经一段时间的干藏，发芽率才能逐渐增加直至最高，也即打破了休眠。玉米种子在胚刚完成形态建成时（15d）种子无发芽能力，20d 时形成微弱的发芽能力，授粉 20d 后发芽能力迅速形成，至授粉40d 后，才能形成达到良种标准的发芽率；但这是指收获干燥后的种子，而鲜种子，即便是成熟期收获的，不脱水前发芽率也极低，但其一旦干燥，休眠便即刻打破（表 4-5、表 4-6），而其离体种胚的发芽力则在乳熟期就达最高，表明鲜种子发芽力低可能是胚乳或种被中积累了抑制物质，且干燥能使这些物质挥发。对小麦种子发育成熟过程中发芽力的测定（图 4-7）表明，取样晒干后的结果是发芽率在受精后 7d 迅速升高，至受精后 14d 已升至近 80%，随后缓慢上升，28d 时最高；但未晾晒的鲜种子却要到受精后 21d 发芽率才迅速升高，直至成熟；接近成熟的种子鲜、干之间无差异，这与玉米有所不同。棉花种子也是在脱水前很难发芽，随着收获后干燥过程中水分的不断降低，发芽力迅速提高。③种子在整个母株上的生长阶段都不具有发芽力，甚至成熟收获后也不能发芽。所以产生这种情况，是因为某些植物如银杏、毛茛、冬青、香榧、人参、兰花等的种子在外形成熟并收获时，其内部的胚并未发育成熟，有的没有分化，有的没有长到足够大小，甚至有的仅为一团分生细胞，必须在收获后置一定条件下数周或数月，胚发育完全后方能发芽。

種子生物学

表4-5 玉米种子发育过程中发芽率（%）的变化

品种	材料	14	15	16	17	20	25	30	33	38	43
"泰单75"（杂交种）	种胚	—	—	95	95	95	100	100	100	100	100
	鲜种子	—	—	0	0	3	46	85	85	54	74
	干种子	—	—	0	14	48	52	60	80	88	—
"泰单72"（杂交种）	种胚	30	60	90	90	94.7	100	100	100	100	100
	鲜种子	0	0	0	0	6	14	22	19.6	—	—
	干种子	0	6.7	7.1	50	67	82	90	95	95	100
"关岭花山"（杂交种）	种胚	40	82.5	90	95	100	100	100	100	100	—
	鲜种子	6.7	0	3	7	0	24	11.6	9.6	—	21
	干种子	37.5	—	—	70	97	98	98	93	90	—

授粉后天数（d）

表4-6 夏玉米种子干燥前后的萌发率（%）

品种	测定项目	15	17	20	25	30	35	40	45	50
"郑单958"	鲜种子	0	0	0	0	9	14	20	8	26
	鲜胚	64	78	100	100	100	100	100	100	100
	干种子	2	2	24	90	78	99	97	100	100
"泰玉2号"	鲜种子	0	7	32	9	1	23	5	12	37
	鲜胚	85	100	100	100	100	100	100	100	100
	干种子	3	46	59	92	94	94	96	—	100
"鲁单50"	鲜种子	0	0	17	57	55	49	15	17	68
	鲜胚	80	100	100	100	100	100	100	100	100
	干种子	0	0	5	74	98	96	100	100	100

授粉后天数（d）

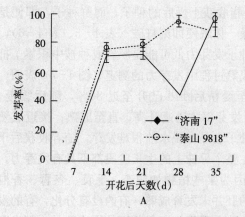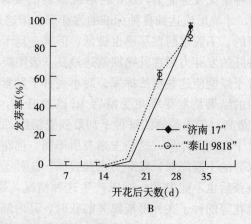

图4-7 小麦种子发育成熟过程中发芽率的变化
A. 干种子　B. 鲜种子

第三节 环境条件对种子发育、成熟的影响

种子植物从开花受精到种子完全成熟所需时间，因作物不同而有很大差异。一般禾谷类作物需 30～50d，豆类 30～70d，油菜 40～60d。林木种子所需时间更长，如茶树约需一年，松柏则需两年以上。同一作物的不同品种也有明显差异，一般早熟品种所需时间较短，晚熟品种则长。这种不同作物、不同品种间种子成熟期的差异，主要是由植物的遗传性所决定。然而，同一品种的作物种子，其成熟期也常存在显著差异，这主要是种子发育、成熟过程中不同环境条件的影响所引起。同时，种子发育、成熟过程中环境条件的差异，对种子产量及品质也有很大影响。

从茎叶流入种子的营养物质主要是光合产物，其产生的数量、输入种子的多少及在种子中转化、累积的情况，在很大程度上受光照度、温度和大气湿度的影响。一般说来，天气晴朗，空气湿度较低，温度适当高，光合作用强度大，有利于养分的合成和运输，对提高种子产量和正常早熟都是有利的。若种子发育期间尤其是灌浆期阴雨连绵，空气湿度大且温度偏低，蒸腾作用进行缓慢，水分向外扩散受阻，会影响种子中物质的合成，且光线不足，光合强度小，干物质来源不足，会使种子延迟成熟并减产。当然，大气的湿度也不能过低，如果过低并且土壤缺水，就会出现干旱，使种子过分早熟，导致籽粒瘦小、产量降低。因为养分的合成和运转必须要在活细胞尤其是叶肉细胞充分膨胀的情况下才能进行，干旱的条件使植株萎蔫，不但养分的合成和运输受阻，且养分积累的时间短，种子多达不到正常的饱满度就过早成熟。在盐碱地区，由于土壤溶液浓度大，渗透压高，植株吸水困难，往往造成与干旱类似的结果。

种子发育、成熟期间温度过高亦会明显降低种子产量。干热风造成小麦种子减产，就是高温和大气干旱综合影响的结果。对于麦类作物，强光配合适当低温是籽粒发育的理想条件。我国青藏高原地区麦类产量较高，北方地区小麦千粒重也往往高于南方，除了高原地区光照强以外，最主要的原因就是昼夜温差大的缘故。在麦类种子灌浆期，南方温度高，昼夜温差小，容易引起叶

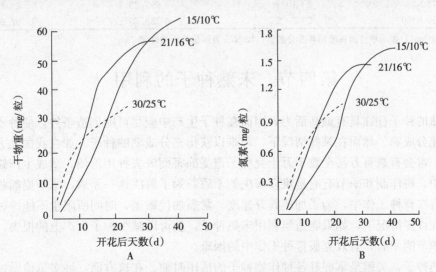

图 4-8 不同昼夜温度对小麦籽粒干重（A）及氮素（B）积累的影响

片早衰，灌浆期缩短，且呼吸强度大，干物质积累少，因而千粒重降低，种子产量低（图4-8、表4-7）。

土壤的营养条件对种子产量和成熟期也有很大影响。一般氮素缺乏，会使植株矮小且早衰，种子虽可提前成熟，但籽粒小且活力低；相反，如果氮素过多，又会导致茎叶徒长，营养生长和生殖生长失调，种子会明显晚熟，亦不饱满。磷、钾肥能增加粒重，促进成熟。因此制种田应氮、磷、钾合理搭配使用（表4-8）。

表4-7 不同地区小麦灌浆期的温度日变化和千粒重

地 区	海 拔（m）	平均温度（℃）	平均最高温度（℃）	平均最低温度（℃）	平均温差（℃）	千粒重（g）
上 海	0～50	15.8～19.6	20.7～24.9	12.0～16.2	8.5～8.7	28～32
河南辉县	0～50	17.6～18.1	24.4～26.0	10.7～12.7	11.7～13.3	32～38
青海德令哈	2 200～3 100	6.4～14.1	22.9～25.9	3.9～11.8	14.1～18.0	38～40

表4-8 N、P、K肥配合对玉米籽粒产量的影响

养分（kg/hm²）	N：P₂O₅：K₂O	产量（kg/hm²）	增产（%）
N75	1：0：0	3 288.75	—
N75 P75	1：1：0	3 593.25	9.3
N75K75	1：0：1	4 778.25	45.3
N75 P75 K75	1：1：1	5 027.25	52.3
N112.5	1.5：0：0	3 826.50	16.4
N112.5 P75	1.5：1：0	3 976.50	20.9
N112.5 K75	1.5：0：1	5 284.50	60.6
N112.5 P75 K75	1.5：1：1	5 383.50	63.7
N150	2：0：0	3 888.00	18.2
N150 P75	2：1：0	4 439.25	34.8
N150 K75	2：0：1	5 505.00	67.4
N150 P75 K75	2：1：1	5 693.25	73.1
N150 P150 K150	2：2：2	6 333.75	92.6

注：养分（kg/hm²）表示单位面积施用各养分的量，如N75表示每公顷施纯氮75kg。

第四节　未熟种子的利用

充分成熟的种子往往具有最高活力，因而在种子生产中应尽可能创造条件，使种子得以充分发育并达到充分成熟。然而在某些情况下，却难以获得充分成熟的种子。如在我国北方地区，若遇秋季低温，常会有数百万甚至数千万千克种子遭受冻害而失去种用价值，造成生产缺种；在耕作制度改革中，耕作制和季节有时是难以解决的矛盾，为了解决这一矛盾，常需提前收获前季作物种子；还有在育种工作中，为了加速繁育速度，常需加代繁殖，时间所限也不能等种子充分成熟再收获。在许多情况下，如果能适当利用未熟种子，就可以减少种子生产上的损失，较好地解决耕作制与季节的矛盾，有效克服育种工作中的困难。

利用未熟种子，关键是掌握好各种作物种子的适用时期。在这方面，许多单位做过较详细的研究。据浙江农业大学种子教研室试验，早稻到了黄熟后期，种子提早3～5d收获，立即脱粒或留株后熟 5～7d，对千粒重无显著影响。晚稻种子比正常收获期提早 10～20d，如立即脱粒，对千粒重影响较大，发芽率也较低；但如果收获后 10d 或 20d 再脱粒，可提高种子的饱满度和发芽率（表 4-9）。另据沈阳农业大学研究，玉米、高粱种子开花授粉后 15～20d，即种子发育期，种子干重占正常种子的 1/5 时，种胚已具有一定发芽能力，可能出苗乃至正常结实，只是幼苗细弱、成株率低，产量不高；开花授粉后 29～34d，即乳熟末期种子千粒重约占正常种子 2/3 时，不仅胚具有了正常发芽能力，而且产量与完熟期差异缩小，因此可以作为低温冻害提前收获的临界期；蜡熟至完熟期的种子在发芽、出苗、发育等方面都几乎没有显著差异，可以作为种子田提前收获的安全期（表 4-10、表 4-11）。豆类及十字花科作物种子提前 1～2 周收获，经留株后熟再脱粒，使植株中的养分在后熟期尽可能多地输送给种子，既可以早腾茬，又能使种子的产量和品质少受影响，还可以减少成熟后期田间落粒的损失。牧草种子也很易落粒，必须在完熟以前收获。秋季收获的苜蓿种子，如果体积已经达到种子正常大小一半以上，即使大部分荚果还呈青绿色，也可采收，其品质和发芽率并不很低，只是在清选时要注意将过轻过小的种子除去。

表 4-9　不同收获期对晚稻种子千粒重和发芽率的影响

处　　理		千粒重（g）	发芽率（%）
提早 20d 采收	立即脱粒	24.7	75.2
	留株后熟 10d 脱粒	24.8	70.4
	留株后熟 20d 脱粒	27.4	76.2
提早 10d 采收	立即脱粒	25.2	70.3
	留株后熟 10d 脱粒	27.2	79.9
	留株后熟 20d 脱粒	26.8	80.5
适期采收	立即脱粒	28.1	85.0
	留株后熟 10d 脱粒	27.3	89.9
	留株后熟 20d 脱粒	28.4	92.0

表 4-10　玉米种子不同成熟度的含水量、千粒重、发芽率和田间出苗率

（王景升，1982）

授粉后天数（d）	成熟度	含水量（%）	千粒重（g）	发芽率（%）	田间出苗率（%）
15～20	种子形成期	80.59	68	80	44
22～27	乳熟期	60.83	144	93	70
29～34	乳熟末期	52.77	210	97	80
36～41	蜡熟期	41.57	256	99	92
43～48	蜡熟末期	41.83	299	98	90
50	完熟期	32.00	329	98	91

表 4-11　高粱种子不同成熟度的含水量、千粒重、发芽率和田间出苗率

（王景升，1982）

授粉后天数（d）	成熟度	含水量（%）	千粒重（g）	发芽率（%）	田间出苗率（%）
15～20	种子形成期	65.5	8.7	79	62
22～27	乳熟期	55.1	15.6	97	91
29～34	乳熟末期	53.8	24.4	98	99
36～41	蜡熟期	43.2	30.8	97	98
43～48	蜡熟末期	32.8	35.1	98	92

在未熟种子的利用中应注意两点，一是未熟种子的耐贮性较差，收获后应充分干燥、妥善贮存，且贮藏时间不宜过久；二是与正常成熟的种子相比，未熟种子活力较低，因而需要较好的播种条件。即使播种前在适温下测定的发芽率较高，播后若遇不良的环境条件，也多不能达到较高的田间出苗率。因此，在用未熟种子播种时，应精细整地造墒，选择好适宜温度，还要适当加大播种量，以求获得全苗。在选择种子提前收获的时期时，亦应因时、因地、因种子用途而定。如果是育种中作加代繁殖的少量用种，且播种条件良好，可提前较长时间收获，像玉米可在乳熟末期收获；但若是作大田用种，则不宜提前过早收获，应在保证发芽率达到国家规定的良种标准的前提下适当提前，否则会成为不合格种子。

第五节　与种子成熟有关的基因表达

种子发育的最后阶段是成熟脱水。在这一阶段，种子细胞中的代谢逐渐趋于静止状态，整个种子也进入休眠期；与种子发育有关的基因进入暂时停顿状态，而与种子成熟有关的基因开始活跃表达，也就是说，种子的脱水如同一个开关，它关闭了种子发育过程中相关基因的表达，打开了种子萌发或休眠所需基因的开关。

种子在成熟后期自主脱水，即使种子周围环境中有大量的水分来源，种子细胞内的水分仍然逆水势运行，并且种子细胞可以在非常干燥的状态下存活。成熟种子沉积的一些糖类物质可能是种子忍受干燥的关键。糖类所含的羟基结构可以代替细胞周围的水膜来保护细胞膜免受脱水干燥造成的损伤。

进一步研究认为，胚胎发育后期高丰度表达的蛋白质（late embryo abundant protein）即Lea蛋白与种子抗脱水过程密切相关。Lea蛋白是所有在种子成熟过程中表达的蛋白质的总称。它可能具有保护细胞质的功能，调节细胞水势，或调节细胞内离子的实际浓度，或调节下一步有关基因的表达。目前的工作主要还在寻找在胚胎发育后期表达的Lea蛋白的基因，进而研究其功能。总的看来，大多数Lea蛋白是亲水性的，富含某种氨基酸，但不含半胱氨酸和色氨酸，它们通常位于细胞质中。不同的Lea蛋白可能具有不同的功能。根据氨基酸序列的相似程度，Dure（1993）曾把已克隆的Lea蛋白基因分成6组。第一组Lea蛋白可能具有增加与水分子相结合的能力。棉花Lea4（D19）、LeaA$_2$（D132）和大麦B19都属于该组，它们都含有1至多个由20个氨基酸组成的基元，含有较高百分比的带电氨基酸残基和甘氨酸，其中一个蛋白质有将近70%的氨基酸序列可以任意盘绕，这可能有助于更多地与水分结合。第二组Lea蛋白具有一个很保守的由15个氨基酸残基组成的C-末端EEKKGIMDKIKELPG，且至少重复1次，这组蛋白质可能是伴侣蛋白或与保持脱水后的蛋白质结构有关。第三组Lea蛋白中有一个蛋白质含有一个由11个氨基酸残基组成的基元TAOAAKEKAGE，且在整个蛋白质中重复达13次之多。这段氨基酸可以形成带电量不对称的双性形α螺旋，带电量少的一面有助于形成同源二聚体，可以螯合离子。这组蛋白质的功能可能是通过螯合细胞内离子来减少由于失水而造成的离子浓度过高。第四组Lea蛋白缺乏重复序列单元，在N端保守，对膜结构可能有保护作用。第五组Lea蛋白也有一个由11个氨基酸残基组成的重复结构，也可能具螯合离子的作用。第六组Lea蛋白只有在高水平表达并与其他Lea蛋白相关联时才发生作用，防止脱水伤害。

在没有经过脱水之前，大豆体细胞胚和玉米天然种子的萌发率都很低，然而经过脱水处理后，萌发率大大增加。脱水过程可能诱导了某些蛋白质的合成，这些蛋白质分别在胚的不同部位表达，其功能及作用位点可能不同。大豆种子中与成熟有关的蛋白质经诱导在子叶和下胚轴及胚根中表达，其表达程度与胚丧失水分直接相关。授粉后 4d，大豆 Lea 蛋白开始在种子中增加，而当种子吸胀 18h 后，Lea 蛋白减少。在这期间，大豆种子忍受胚细胞脱水的能力与 Lea 蛋白的消长有直接关系。如果在吸胀过程中用脱落酸或聚乙二醇（PEG‐6000）处理种子，可以减缓 Lea 蛋白消失速度，延长种子抗脱水时间，但种子萌发也会变缓。这些研究结果表明，大豆 Lea 蛋白与种子抗脱水能力有关。

Lea 蛋白中有一种物质称为脱水素（dehydrin），它具有一个富含赖氨酸的区域，高度亲水，即使在 100℃沸水中煮过仍能溶于水中。依据脱水素的结构，人们认为其可能与干燥脱水时种子忍受低含水量有关，也可能与种子休眠有关。当水稻种子含水量降低到 75％时，种子中开始合成一个分子质量为 20kD 的脱水素蛋白。这个蛋白可在成熟的胚轴中测到，也存在于失水的茎尖中。进一步研究表明，脱水素基因的表达在时间上先于种子获得抗失水能力的时间，但其大量积累却是在种子获得抗失水能力之后，并且在抗失水能力较强的水稻品种（含水量 2％）和抗失水能力较差的野生稻（含水量小于 6％即失活）之间，脱水素的表达没有区别，然而在对失水敏感的银杏种子中也可找到脱水素，大豆种子的抗失水能力与脱水素的相关性也未得到证明，表明脱水素与种子抗失水之间的关系很复杂，需要更多的研究。

进一步深入开展对 Lea 蛋白基因的研究，将有助于对种子成熟、休眠、萌发的有效调控，促进种子生物学的发展。

第五章　种子的无性繁殖

  天然种子一般可归纳为真种子、果实和营养器官三大类型。按种子生产方式分类，真种子和果实的繁殖多为有性繁殖，营养器官的繁殖为无性繁殖。由于植物细胞具有全能性，有性繁殖的植物也可以通过无性繁殖方式加速繁殖和保持种性，低等植物的孢子繁殖和少数高等植物具有的无融合生殖也属于无性繁殖。高等植物以营养器官进行繁殖的方式称为营养繁殖，由单株通过无性繁殖产生的群体称为无性繁殖系，简称无性系，因此也叫无性系繁殖。

  有的植物无性繁殖需在试验室条件下进行，就是在无菌条件下将离体的植物器官、组织、细胞或原生质体培养在人工配制的培养基上，给予适当的培养条件，以达到植株增殖的目的，所以称为植物组织培养。由于培养是在脱离母体的条件下进行，也称离体培养，在微体快速繁殖、脱毒苗生产及人工种子生产中具有重要作用。

第一节　种子无性繁殖基础

  多数种子无性繁殖的基础工作是组织培养。植物组织培养又称离体培养，按外植体的不同可分为组织培养和器官培养。另外根据培养目的，又可分为微体快速繁殖、试管育种（单倍体育种、多倍体育种）、试管授精、试管加倍及试管嫁接等。根据培养方法又可分为固体培养、液体培养、浅层培养、平板培养、微室培养、悬浮培养、振荡培养、转动培养及发酵罐培养等。

  植物组织培养应用的范围很广，如快速繁殖、脱毒苗生产、育种、次生代谢物质的生产和植物种质资源的保存。其中快速繁殖是组织培养应用最为广泛和普及的技术，因为繁殖的外植体很小，又叫微体繁殖或试管繁殖。

一、植物组织培养的原理

  植物是由细胞构成的，细胞是生命活动的基本单位，无数不同功能的细胞，构成了不同生理生化特性的组织和器官以及不同的形态。组织培养要使具有特化功能的细胞恢复分裂能力，如同合子胚一样，能形成完整植物，其理论基础是植物细胞的全能性。

（一）植物细胞的全能性

  植物体的每一个细胞，在一定条件下都具有产生一株完整植株的潜在能力，称为细胞的全能性。植物受精卵是全能性细胞，能分裂发育成种子胚，种子萌发后形成完整的植株。新形成的植物体细胞不断分裂、分化，形成根、茎、叶等各种器官，而植物体各器官的所有细胞，在一定条件下也具有和受精卵一样的全能性，且每个细胞的遗传基因都一样。但是已经分化的细胞具有特定的结构和功能，往往只能表达其特有的功能，例如叶肉细胞有光合作用的功能，根毛细胞有吸收水分和矿质营养的功能，而使叶肉细胞不具有吸收水分的功能，根毛细胞也没有光合作用的功能。

由于生物体各部分细胞都具有特定的结构和功能，因此，离体培养最早产生的变化就是细胞的脱分化。细胞脱分化是指已有特定结构和功能的植物细胞，在一定的条件下被诱导后，改变了原来的发育途径，失去原有的分化状态，转变为具有分生能力细胞的过程。

细胞的脱分化实际上是在植物界中很容易见到的一种自然现象，如当植物受到创伤后，在伤口表面的细胞因受创伤激素的刺激而恢复分生能力，形成没有分化的细胞——愈伤组织。落叶树种的叶柄基部在遇低温刺激下而分化出的薄壁细胞恢复分生能力，从而形成离层细胞。脱分化过程的难易与植物种类、组织和细胞状态有关，一般单子叶植物和裸子植物比双子叶植物难；成年树细胞和组织比年幼植株的细胞和组织难；单倍体细胞、三倍体细胞都比二倍体细胞难。

将脱分化的细胞经脱分化培养后再促进分化，产生分生组织继续分化至完成形态建成，这种现象叫再分化。组织培养最主要的工作就是要促进再分化，产生分生组织细胞，这些细胞进一步分化形成许多生长点，在合适的培养条件下，逐渐形成顶芽、茎、叶、根或胚状体、原球茎，最后培养成小植株。

另外在组织培养快速繁殖中，也可以不经过脱分化而是通过诱导使腋芽萌发形成植株。

（二）植物组织培养的物质基础

组织培养是在人工配制的培养基上，给予适当的培养条件，以达到植株增殖的目的，所需的物质条件均由培养基供应。目前，无论液体培养还是固体培养，大多数植物组织培养中所用的培养基都是由无机营养物、碳源、维生素、生长调节物质和有机附加物等几大类物质组成。

1. **无机营养物质** 无机营养物质指植物生命活动所必需的各种矿质元素（盐），主要包括大量元素和微量元素。大量营养元素包括氮（N）、磷（P）、钾（K）、钙（Ca）、镁（Mg）、硫（S），它们以无机盐的形式存在于各种培养基中，对植物细胞和组织生长都是必不可少的，需要量大于 0.5mmol/L。微量元素需要量少，在 0.5mmol/L 以下，但对植物细胞和组织生长仍是必不可少的，包括铁（Fe）、硼（B）、锰（Mn）、锌（Zn）、钼（Mo）、铜（Cu）。某些培养基含钠（Na）、钴（Co）、碘（I），但严格地说，细胞生长是否需要这些元素尚无定论。

2. **有机物质** 植物合成的内源维生素，在各种代谢过程中起着调节作用。当植物细胞和组织离体生长时，也能合成一些必需的维生素，但不能达到植物生长的最佳需要量。因此，必须在培养基中添加必需的维生素和氨基酸，使植物组织健壮生长。常用的维生素有硫胺素、烟酸、吡哆醇、泛酸钙和肌醇。其他的维生素如生物素、叶酸、抗坏血酸、泛酸、维生素 E、核黄素和氨基甲苯酸也常被使用。

植物组织一般能合成各种代谢过程必需的氨基酸，但在培养基中加入氨基酸对刺激细胞生长和建立细胞无性系十分重要。酪蛋白水解物、L-谷氨酸、L-天冬氨酸、L-甘氨酸、L-精氨酸和 L-半胱氨酸是培养基中常用的含氮有机化合物。实验证明，培养基中加入单一的氨基酸对细胞生长有抑制作用，而几种氨基酸混合使用常有益于细胞生长。添加腺嘌呤硫酸盐，能刺激细胞生长和促进茎芽的形成。

培养基中经常添加各种成分不确定的天然有机提取物，如蛋白质（酪蛋白）提取物、椰子汁、酵母和麦芽提取物等。但因有效成分种类和含量的变化较大，常导致实验结果的重复性差，人们逐渐用确定的有机物质代替天然提取物。

另外，可用添加活性炭吸附抑制生长的化合物的方法刺激兰花、胡萝卜的生长和分化。为抑制侵染微生物的生长常添加利福平、潮霉素等抗生素，使用浓度取决于载体和遗传转化的筛选要求。

3. 碳源和能量　植物细胞和组织在培养基中缺乏自养能力，需要外源碳源提供能量。糖是组织培养能量的来源，同时又起到调节渗透压的作用。糖的种类包括葡萄糖、果糖和蔗糖，相比之下蔗糖价格比较便宜，多选用。培养基高压灭菌时蔗糖转变为葡萄糖和果糖，在培养过程中先利用葡萄糖，然后利用果糖。红杉和玉米胚乳的组织培养甚至能分解淀粉，可将其作为唯一的碳源。

4. 生长调节物质　虽然植物细胞内具有该种植物的整套遗传基因，而实际上"完整的遗传信息"不可能都表达出来。在植物组织培养过程中，植物激素在控制基因表达过程中起重要的调控作用。

一般在培养基中附加较高浓度的生长素，就能引起细胞脱分化形成愈伤组织，附加较低浓度的生长素时，则容易诱导生根。细胞分裂素能引起芽的分化，从而抑制根的形成。细胞分裂素浓度过高时芽分化过多，会抑制组培苗的正常生长。当附加的生长素与细胞分裂素二者浓度比例合适时，组培苗既分化又生长，所产生的有效苗多，使组培苗增殖速度加快。不同种类的生长素和细胞分裂素及不同浓度的配比对不同植物与不同品种的形态建成作用是不同的，而且可以直接影响到组培苗形成的途径。

5. 凝固剂　由于在静止液体培养中，组织和细胞浸没在培养基中，发生缺氧而死亡。一般使用凝胶和凝固剂来配制半凝固和凝固的组织培养基。凝固剂具有支撑培养组织生长的作用。琼脂常被用作凝固剂，它不会被植物细胞分泌的各种酶降解，且不与培养基成分反应。

二、离体繁殖再生植株的途径

外植体接种到培养基上后，植株的再生有如下几条途径。

1. 切段增殖型　切段增殖型又称无菌短枝型或微型扦插法。这种方法不必经过脱分化和再分化，外植体一般采用茎尖，在培养液中附加低浓度的生长素和细胞分裂素，使茎尖生长形成无根绿苗；而后将其剪成带 1 叶的单芽茎段，或者带 2 节的茎段，转入成苗培养基，一定时间后腋芽萌发，茎伸长，下端生根或不生根，一般生根后上部生长更好；而后再将茎切成小段，再利用腋芽萌发成植株，这样周而复始的继代培养成苗。该方法与扦插繁殖一样，只是在试管内进行，故又叫微型扦插法。该方法一次成苗，遗传性状稳定，培养过程简单，移栽容易成活。缺点是增殖速度较慢，一般葡萄、枣以及脱毒马铃薯等常用这种方法。

2. 腋芽丛生增殖型　外植体一般采用茎尖。在材料生长的同时，基部形成愈伤组织，在适宜的培养基上顶芽及腋芽不断地分化、生长，特别是基部的芽萌生，形成了很多丛生芽。继代培养时，可将芽切分成小块，将愈伤组织和芽一起转接。这种方法繁殖速度快，一般培养1个月左右芽团繁殖又可长满培养瓶，每次转接可增加5～6倍。值得注意的是，在繁殖过程中一定要降低培养基中生长素和细胞分裂素浓度，使组培苗长高、粗壮后再转入生根培养基，待根长好后再移苗。樱桃砧木考特、紫叶矮樱、草莓以及火鹤、白鹤芋、菊花、月季等常采用该方法繁殖。

3. **不定芽增殖型** 利用植物的茎段、叶片、叶柄、花药、花托、花瓣、子房、胚珠、鳞茎盘等器官，先在培养基中诱导产生愈伤组织，再从愈伤组织上诱导出不定芽，一般也能形成丛生芽，而后进行分割繁殖，这种方法只要是各发育阶段所需的培养基和条件都能满足，芽的分化繁殖速度很快。成苗时必须先转入壮苗培养基培养1～2代后，再转移到生根培养基中诱导生根，这样诱导出的苗非常粗壮，根系好，苗的移栽成活率高。

4. **胚状体增殖型** 将植物的茎、叶、花药、子房或未成熟的胚、子叶、上胚轴、下胚轴等器官或组织培养在适宜的培养基上，在适当浓度配比的生长素与细胞分裂素作用下，使这些组织、器官的部分细胞启动，直接分化成为胚状体或先分化出愈伤组织，而后再由愈伤组织细胞分化出胚状体。其发生和成苗过程类似合子胚，这些开始分化的细胞经过多次分裂分化出球形胚，进一步再分化成心形胚、鱼雷形胚，至子叶期即成为一个完整的胚，因而这些愈伤组织又称为胚性细胞团。这些细胞团经过振荡或转动培养，可更快地分化生长成为完整的胚，在适宜的条件下形成小植株。这种胚状体发生型具有数量多、结构完整、易成苗和繁殖速度快的特点，是植物离体无性繁殖最快的方法。但是能够成功诱导胚状体的植物种类还不多，各种植物诱导胚状体发生的条件及机理尚不明确，并且诱导过程中还会产生一定的变异，有待进一步探索。

5. **原球茎增殖型** 大部分兰花快速繁殖都采用原球茎增殖的方法。将兰花的顶芽、侧芽或腋芽培养在兰花培养基上，可以直接产生原球茎，通过固体继代培养后使原球茎增多。为了加快繁殖也可以采用固体培养与液体振荡培养交替的方式，可在培养基中加入10%椰乳。所加入的原球茎密度较大时，可以加快原球茎的繁殖。原球茎呈荸荠状圆球形，是一种类似胚的组织，1个原球茎可分化成1株植株。这也是一种繁殖速度较快的方式，但目前还只局限于少数植物。

三、植物组织培养的基本操作技术

（一）培养基的类型及成分

植物组织培养所用的培养基，主要成分包括大量元素（由N、P、K、Ca、Mg、S元素组成的各种化合物）、铁盐（一般为螯合铁）、微量元素（由B、Mn、Zn、Mo、Cu、Co、I元素组成的各种化合物）、有机成分（甘氨酸、维生素B_1、维生素B_6、肌醇、叶酸、生物素、酪蛋白水解物等），以及糖和琼脂组成。另外，在培养基中需附加植物生长调节物质，所附加的种类及浓度因试验材料和目的的不同而异。

从不同培养基成分的比较来看，有的培养基中无机盐成分含量较高，例如MS培养基目前应用最广泛，其钾盐、铵盐及硝酸盐含量均比较高，微量元素种类齐全，有机成分也较多，各种营养成分的比例也较合适，适用于多种植物的快速繁殖。有的培养基如White、Tukey，无机盐含量较低，主要用于胚胎培养和诱导生根。有的培养基中无机盐含量比较适中，如H、Miller、

Nitsth 等，适合于花药培养和愈伤组织培养等。由于不同种类植物对培养基的要求不同，近几年又研究了一些专用培养基，如杜鹃花、卡特利亚兰、马铃薯、无籽西瓜等的专用培养基。

（二）培养基的配制与保存

在植物组培工厂化生产时，为了工作方便，一般先配成高浓度母液，用时再按比例吸取。下面以 MS 培养基为例，列出母液的配制表（表 5 - 1）。

表 5 - 1　MS 培养基母液配制

类别	成　分	终浓度 (mg/L)	扩大倍数	称取量 (mg)	母液体积 (ml)	配 1L 培养基母液吸取量 （ml）
大量元素	KNO_3	1 900		19 000		
	NH_4NO_3	1 650		16 500		
	$MgSO_4 \cdot 7H_2O$	370	20	3 700	500	50
	KH_2PO_4	170		1 700		
	$CaCl_2 \cdot 2H_2O$	440		4 400		
微量元素	$MnSO_4 \cdot 4H_2O$	22.30		2 230		
	$ZnSO_4 \cdot 7H_2O$	8.6		860		
	H_3BO_3	6.2		620		
	KI	0.83	200	83	500	5
	$Na_2MoO_4 \cdot 2H_2O$	0.25		25		
	$CuSO_4 \cdot 5H_2O$	0.025		2.5		
	$CoCl_2 \cdot 6H_2O$	0.025		2.5		
	$EDTA-Na_2$	37.25	200	3 725	500	5
	$FeSO_4 \cdot 7H_2O$	27.85		2 785		
有机物质	甘氨酸	2.0		100		
	盐酸硫胺素	0.4		20		
	盐酸吡哆醇	0.5	200	25	250	5
	烟酸	0.5		25		
	肌醇	100		5 000		

母液配制时要注意不能产生沉淀，易沉淀的化合物有磷酸钙、硫酸钙和磷酸锰等。在配制母液时要避免 Ca^{2+} 和 PO_4^{3-}、Mn^{2+} 和 PO_4^{3-}、Ca^{2+} 和 SO_4^{2-} 在高浓度情况下相遇，因此各种试剂要单独溶解后才能混合，且混合时要注意先后次序，把易产生沉淀的试剂互相错开，而且一定在浓度较低的情况下混合，混合时多加搅拌。

铁盐必须单独配制，因为铁盐与其他母液混合后易产生沉淀。多采用螯合铁，即 $FeSO_4$ 和 $EDTA-Na_2$（乙二胺四乙酸二钠）的螯合物 $EDTA-Fe$ 不产生沉淀，易被植物吸收。

组培中常用的生长调节剂有生长素如 IAA、NAA、IBA、2,4-D 等；细胞分裂素如 KT、6-BA、ZT 和 GA_3。这些植物生长调节剂都不能直接溶解于水中。配制生长素时先用少量酒精溶解，而后加入热蒸馏水定容；配制细胞分裂素时先溶于少量 1mol/L 的盐酸中，而后再用热蒸馏水定容。

培养基的酸碱度直接影响植物对离子的吸收，过酸过碱都不利于植物的生长，消毒杀菌前将大多数培养基的 pH 调节到 5.0～6.0 较适宜。此外培养基的 pH 也影响琼脂的凝固程度，过酸时凝固不好，因此当培养基 pH 要求为弱酸性时，相应地要多加一些琼脂。注意琼脂本身也能引起 pH 的变化。高压灭菌后通常酸度会增加 0.2 左右，在调节 pH 时也应考虑在内。

培养基配好后必须经高压灭菌。将分装好、加塞、捆紧后的培养瓶装入消毒锅内高压灭菌，注意不要使培养瓶倒置或过分倾斜，以免培养基流出。

（三）培养材料的选择和消毒灭菌

健康无病植物体的任何组织、器官，甚至细胞都有组织培养成功的报道，如茎尖、茎段、块茎、鳞茎、表皮、皮层、维管束、髓细胞、树木的形成层及生殖器官中的花托、花瓣、花药、子房、胚珠、胚、胚乳、胚柄、子叶、上胚轴、下胚轴、叶片、叶柄及根等都可以作为外植体来培养。但是，由于不同植物甚至同一植物的发育阶段和时期不同，所取的材料在组织培养过程中脱分化和再分化的难易程度会不同，其诱导成植株的成功率也不同；即使同一株植物不同部位的器官组织，它的脱分化与再分化的潜能也不同；另外，诱导成植株后的繁殖速度也有差别。因此，在生产中应根据实际情况选用外植体，充分考虑选择的部位、取材季节、器官的发育年龄、材料的大小等。

取好的培养材料必须经消毒灭菌。不同外植体的消毒灭菌方法不同，基本要求有两个方面，一方面是要把外植体所带的一切微生物包括真菌、细菌及其他病菌杀死，这样才能进行无菌培养；另一方面要求不损伤或基本不损伤组织材料，不影响它的生命活性，使外植体在良好的培养条件下很快恢复生机，正常生长和繁殖。

（四）组培苗的培养与增殖

外植体消毒灭菌后，接种到培养基上，一般先放在培养室内进行弱光培养，首先要得到无菌材料，然后逐渐促其分化和生长，这是组培苗的第一代，称为初代培养。以后通过不断转接组培苗，使试管苗很快扩大数量，这种不断培养转苗的过程称为继代培养。

外植体接种后通常 2～3d 内如果被污染即可表现出来。一般有几种污染情况，一种是在插入培养基中的材料周围形成细菌膜，并逐渐产生黏液或浑浊的水迹，在培养基与材料接触处产生气泡，时间长会出现乳白色或橙黄色的菌落，形状呈圆形并很快扩大，这类污染大多数是细菌污染；另一种主要是真菌污染，首先在有真菌孢子存在的地方产生白色的菌丝，经常可以在外植体和培养基表面看到。

在外植体接种后几天内不发生污染，并不能肯定已获得无菌材料。因为外植体及培养环境内所残留的微生物中，有的细菌及真菌生长很缓慢，需要一定的条件和时间才表现出污染现象，一定要注意观察，及时清除污染材料。一般 20 余天后没有污染，材料已启动，开始有新芽或新叶生长，才算基本获得成功。

组培苗经过初代培养后，在继代过程中通过培养基调整，可以控制增殖速率，使工厂化育苗有计划地进行。

组培苗的增殖会受到生长调节物质、培养基营养成分、pH 以及湿度、温度、光和通气等因素的影响。从初代培养到继代培养的增殖过程中，增殖速度常出现两种情况，一种是增殖代数越高，驯化现象越稳定，即组培苗在开始培养时，芽的分化、生长都比较慢，以后随着继代代数的增加，逐步适应了培养的环境，使分化、生长都比较快并且逐步能进入稳定增长，这种现象叫驯化现象；另一种是组织器官及植株再生能力降低和丧失，可通过培养基和培养条件的调整加以缓解。

（五）组培苗的生根

组培苗生根是组织培养快速繁殖的重要环节，有了很好的根系，才能保证移栽成活。组培苗生根大多属于不定根，产生的部位不同。有的从茎的表皮细胞长出；有的是由内部髓细胞发生，通过皮孔长出来；也有的是从愈伤组织表面产生；还有的由愈伤组织内部长出来。长出的根一般有1～6条，有的短粗，有的细长，可产生侧根和根毛，有的形成须根。

组培苗生根与扦插苗生根一样，不同种类的植物生根的难易程度不同，一般扦插生根困难的种类，组培苗也难以生根，如核桃、柿子、板栗等扦插极难生根，组培苗诱导生根也很难。但是组培苗比较幼嫩，且人工可以控制培养基和满足各方面条件，所以有些扦插不易生根的植物，组织培养能诱导生根。

组培苗一般都在培养容器内培养生根后再进行移栽。通过试验，对一些容易生根的组培苗如杨树、菊花、香石竹、月季、山楂、樱桃矮化砧、无籽西瓜等，也可从培养容器中取出进行嫩枝扦插，扦插后促进生根。另一种是有些植物在培养容器内生根质量差，根和茎之间的维管束连接不好，或者没有须根和根毛等，直接影响移栽成活率和成活后的生长，这类植物也可以采用培养容器外扦插的方法再促使生根。

（六）组培苗的移栽

组织培养快速繁殖过程的最后一关是组培苗的移栽，应该说是最重要的一个环节。在工厂化生产中，往往前面几个环节都能很好完成，但是最后生产的成品苗数量并不多。因为组培苗与一般幼苗相比，不但早期比较细弱，而且根、茎、叶的发育也较差，且叶片容易失水萎蔫，机械组织发育较差，茎秆嫩而不坚挺，在缺水时易萎蔫和倒伏，造成移栽成活较难。为此，必须要根据组培苗的特性，创造条件，改进技术，提高组培苗质量和移栽成活率。

影响移栽成活的因素很多，其中关键是培养健壮的生根组培苗。首先在转入生根培养之前就要培养好无根的壮苗，同时在生根培养时，要求兼顾苗的生长，使生根的过程也是培育壮苗的过程。培养时温度要降低而光照要加强，起到"蹲苗"的作用，使组培苗矮壮。

根的质量亦非常重要，培养时要注意兼顾根的数量和质量，控制好所用生长素的浓度。对有些比较容易生根的植物，在无激素培养基中也可以生根，就不必加生长素。总之，要根据所产生根的数量和质量来调节生根培养基。

为了使组培苗能适应外界环境，需要进行炼苗。通过炼苗，组培苗的叶片角质层和蜡质层开始形成或加厚，气孔可以适当的关闭和开放，叶肉栅栏组织细胞排列逐渐紧密，茎秆的机械组织逐渐产生和加强，为移苗的成功打下基础。

组培苗的生长不受季节的限制，如果温室条件很好，能达到四季如春，则移苗没有季节性。但是组培苗移栽温室仅仅是一个过渡阶段，要从温室再移到大田苗圃，一定要考虑组培苗在大田适宜的生长期。除了一些长年在温室栽培的花卉外，其他植物从温室移到室外的时期以春季为最好。组培苗移入温室以冬季和早春为最好，经过冬季和早春的移苗和生长，到春暖花开的季节移苗到大田，再经过田间较长时间的生长而成为理想的壮苗。

第二节 营养繁殖的应用

许多高等植物的根、茎、叶和芽等营养器官可以自身完成繁殖过程，有的则需要人工改变其生理状态和环境以实现增殖并提高繁殖效率。营养繁殖有不同的分类方法，根据人工处理方法的不同可分为扦插、分株及嫁接等。

一、扦 插

扦插繁殖是将植物的根、茎、叶等营养器官，离体插入沙土、蛭石或其他基质中，在一定条件下使这部分营养器官在脱离母体的情况下，再生长出所缺少的其他部分，成为一个完整的新植株。

扦插繁殖的种类有枝插、根插和叶插等，在育苗生产实践中以枝插应用最广，所以常把扦插叫插条。根插和叶插应用较少，一般在花卉繁殖中应用。扦插方法一般比较简单，繁殖速度快，可以多季节大量繁殖，并保持母体的遗传特性。

（一）扦插的生物学基础

不同种类的植物由于遗传性的差异，其形态结构、生理特性、生长发育规律、器官的再生能力有很大差异。扦插过程中生根难易是影响成活的主要因素，而不同植物扦插后生根成活的难易程度差别明显，但在分类学上又有一定规律。例如木本植物中杨柳科的植物比较容易生根，而胡桃科植物极难生根；草本植物中菊科、茄科、葫芦科容易生根，而兰科则较难生根。但同一科或同一属的植物生根难易差别也很大，不能完全从植物学分类来判断。

通过解剖学观察，根据生根组织的不同可将扦插生根分为根原体生根、皮层内产生不定根、愈伤组织生根。一般容易生根的植物常有潜伏的根原体或在适宜的条件下能在皮层内部产生新的根原体。不易生根的植物只能从愈伤组织分化出根，一般需要时间长，生根缓慢，且这些根大都没有与枝条的微管束相连通，往往扦插难以成活。而不定根的发生和生长，很大程度上取决于插条皮层的解剖构造，如果皮层中有纤维细胞构成的环状厚壁组织，则生根困难，即根很难从内部生长出来；如果没有环状厚壁组织或只有不连续的厚壁组织，则生根就容易。在实践中常采用割破皮层的方法，破坏其环状厚壁组织，以促进生根。

植物体中含有多种激素，其中生长素对生根有明显的诱导作用，一般内源生长素含量高的植物比较容易生根，含量低的则不容易生根。同一种植物，嫩枝比休眠枝及老枝生长素含量高，则嫩枝比老枝扦插容易生根；植物体内生活着的本质部细胞可以合成生长素，如在形成层和髓射线交界处的细胞，生活力强，能合成生长素，所以这个区域容易诱导生根。在扦插生根时，特别对内源生长素低的植物使用一定浓度的生长素可促进生根，但一般只需要很低浓度，如果浓度过高反而对生根有抑制作用。

植物激素中除生长素外，细胞分裂素、赤霉素、脱落酸等对生根也有很大影响，细胞分裂素、赤霉素能促进生根，而脱落酸则抑制生根。

（二）影响扦插生根的因素

1. **扦插营养体的影响** 插条的年龄对扦插生根影响很大。年龄包括两个方面，一是采条母树的年龄，二是所采枝条本身的年龄。从母树年龄来讲，树木的新陈代谢、生理活动随着树龄增加而逐渐减弱，其生活力和适应能力也逐渐降低。在采集插条时，如果从已经开花结果、生长旺盛的树上采集可提早开花结果，而自年幼的母树采集枝条可提高扦插成活率。

采集的插条以1年生枝为好，最好采用树根茎部位的1年生萌蘖条，其木质化程度低，再生能力强。有的植物如月季扦插时，用嫩枝在秋季扦插比1年生枝春季扦插成活率明显提高。插条保留叶片数和枝条生理状态等因素也影响扦插成活。

2. **环境条件的影响** 影响扦插成活的环境条件主要有温度、湿度、空气和光照、扦插基质等。扦插生根的适宜温度因树种不同而异，一般地上部分发芽早的树种，根系的活动也早，生根所需温度比较低；而发芽比较晚的树种，根系活动也比较晚，所需的温度也比较高。杨、柳树发芽比较早，土壤温度在10℃左右即能生长；枣树发芽晚，25℃为生根的合适温度。扦插时土温高于气温有利于促进生根，避免芽先萌发而未生根引起叶片萎蔫。但是春季的气温往往高于土温，特别是我国北方地区，春季气温上升快而土温上升慢，所以早春提高土温是扦插成败的关键之一。但扦插时温度过高也不适宜，高温时水分蒸发量大，影响扦插的成活率。

插条生根与水分密切相关，不仅供应生长代谢，而且能刺激根原体的形成和生长。带叶嫩枝扦插除了保持基质的湿度外，还要保持空气的湿度，以保证生根前叶片不萎蔫，这是扦插能否成活的关键。

扦插生根时枝条进行着强烈的呼吸作用，需要足够的氧气。对于大多数植物来说，插条必须在通气良好的条件下才能生根。水插生根对于极易生根的植物是可以的，但也必须经常换水，以补足氧气。在扦插繁殖过程中，必须正确解决水分和通气二者的关系，才能收到良好的效果。

光照对于一般的插条繁殖不是必要的。对于带叶嫩枝扦插以及常绿树种的扦插，由于光照有利于叶片进行光合作用制造营养，同时在光合作用过程中所产生的生长激素有助于生根。但强烈的光照会使枝条灼伤，或引起水分蒸发过快，或温度升得过高，对扦插成活不利。要求扦插环境"见天不见日"，即保持适当的光照。

扦插基质即插条周围的介质，基质的选择主要考虑保水性和通气性两个方面。生产上主要用普通土壤作基质，也常用河沙、草炭、蛭石、珍珠岩等作为基质。土壤以沙壤土为好，符合保水通气的要求，在大面积扦插时常采用。河沙通气性好，排水力强，但保水力差，在地上部分有保湿措施或具有间歇喷雾的条件下，常可采用作基质。

3. **扦插时期和方法的影响** 扦插的时期因各地气候、植物种类和扦插方法的不同而异。落叶树的扦插一般多在春秋两季，以春季为主。春季扦插在芽萌动之前及早进行，北方一般在3月中下旬至4月上旬土壤开始化冻时即可进行；秋插在土壤冻结之前、枝条落叶后进行。为了防止插条受寒风侵害，扦插后应进行覆土，待春季萌芽时再把覆土扒开。南方常绿树的扦插多在梅雨季节进行，一般常绿树的发根需要较高温度，故扦插的时间可选在两次生长高峰之间，即春梢生长后秋梢长出之前，此时在南方正值梅雨季节的5~7月份，雨水多湿度大，插条易于成活。嫩枝扦插多在春季第一生长高峰后开始，整个生长期都可以进行，但最好避开高温季节，秋季扦插效果比较好。北方地区的长绿树，可以在秋后及冬季扦插，但需要在保护设施中进行。

扦插方法按扦插器官不同可分枝插、根插和叶插三类。枝插又分为生长期扦插和休眠期扦插。生长期扦插由于选取材料的不同有嫩枝插、叶芽插之分。嫩枝插适合落叶树也适合常绿树，可在5～8月份进行。叶芽插所选取的材料为带木质部的芽并带较少叶片，随取随插，一般都在室内进行，材料比较缺乏的贵重树种可以采用此法繁殖，特别要注意温度、湿度的管理。休眠期枝插即硬枝扦插，有长枝插和短枝插两种。短枝插又叫单芽插，采用具有1个芽的枝条，此法选用枝条短，节省材料。长枝插选用有2个以上芽的枝条。根插在园林树木育苗中也常应用，适用于根部能生芽的树种，如泡桐、枣树、紫藤、玫瑰、凌霄、香椿、漆树、山核桃等。叶插常应用于秋海棠类、非洲紫罗兰、橡皮树、虎尾兰等的繁殖。

二、分　　株

植物无性繁殖中，分株繁殖是最简单易行的繁殖方法之一。很多植物具有分株繁殖的特性，这些植物能够在茎的基部长出许多萌蘖（茎蘖），形成许多形体相连的小植株，这些小植株在一起形成大的灌木丛，可以用分株的方法，分别切割成若干小植株；有些乔木树种容易产生根蘖苗，如枣树、火炬树、臭椿、刺槐等，可以利用这些根蘖苗来分株繁殖；草莓、蛇莓和一些禾本科草本植物能产生匍匐茎，在这些茎上能产生匍匐茎苗，可用来作分株繁殖；一些热带植物如香蕉可在根茎部位产生萌蘖芽，菠萝甚至可在果实基部、果柄和果实顶部产生小芽，用于分株繁殖。

分株繁殖的方法虽然较简单，但由于不同植物具有不同形式的繁殖特性，因此分株繁殖的方法也不同。分株时可将母株周围的根蘖苗挖出，要从深处切断与母株的连接，同时保持分株根系的完整，也可将母株挖出，分割成若干小丛枝。

分株法易掌握，成活率高，但是苗木大小不整齐，繁殖系数也较低。对于自生根蘖苗数量较少的植物，可采用断根和压条等方法刺激根蘖苗的大量形成。

压条处理是利用母株上的枝条埋入土中或用其他湿润的材料包裹，促使枝条在被压埋（或包裹）的部分生根，形成独立的新植株，再进行分株的繁殖方法。常用于花卉、灌木及某些果树及砧木的繁殖。

高等植物的主要营养器官是根、茎、叶，但有些植物还具有一些特殊的营养器官如特化茎和特化根。这类器官通常生长在地下，包括鳞茎、球茎、块茎、块根、根茎以及假鳞茎等。特化茎或根有两种功能，其一是贮存营养，将生长期叶片光合作用产生的有机营养转运到地下部分，形成膨大的肉质器官，贮存大量的养分，以度过寒冷、干旱等不良气候，到合适的环境再利用贮存的养分发芽生长；其二是用于营养繁殖，有些植物能利用这些特化茎、特化根自身进行繁殖，有的需用人工将这些器官分离和切割进行繁殖。

特化茎是茎的变态，生长在特化茎上的芽都有一定的排列规律。特化根如甘薯，没有节与节间，因此在块根上芽的分布无规则，只有须根从块根上长出，同时能产生不定芽，须根主要形成于远离根颈的一端，不定芽形成于近根颈的一端，其极性与块茎相反。

三、嫁　接

嫁接是将两个植株部分结合起来，使两部分形成一个整体、两个植株成为一株植株的生物技术。在嫁接中，下面的部分通常形成根系，叫砧木；上面的部分通常形成茎叶，称为接穗。在嫁接时，接穗是枝条的称为枝接，接穗是一个芽片即称为芽接。

植物嫁接技术是一种非常重要的无性繁殖手段。该方法可以保持优良种性，实现早期丰产，改换树形，提高抗性。20 世纪以来，随着科学技术的发展，嫁接技术和手段不断提高，特别是塑料薄膜和蜡封接穗的应用，使嫁接技术既省工又大大提高了成活率。从嫁接植物的种类来看，已从果树、观赏植物、经济林木扩大到瓜类蔬菜、药用植物及其他经济作物。以前许多用种子繁殖的植物，现在已用嫁接繁殖来发展优良品种。

应用嫁接技术的植物非常广泛，包括裸子植物和被子植物，被子植物中不但用于双子叶植物，而且单子叶植物也可以成功地嫁接，且已经用于育种工作。就嫁接的部位来看，已由普通的枝接、芽接发展到叶接、胚芽接、根接、柱头接、子房接、鳞茎和块茎的芽眼接、果实接等。几乎所有的植物组织器官都可以嫁接。

嫁接还在植物生理学和遗传育种学研究中得到应用，如物质在植物体内的吸收、合成和转移，开花激素的合成和输导，根的生理活动，植物血清学、病毒学、组织极性等问题，都可以通过嫁接的手段进行深入研究。在遗传育种方面，将杂交种嫁接到成年树上可缩短育种的年限。对于树体高大的林木，在选种、育种工作中也广泛采用了嫁接技术，以便于杂交工作。林木种子园、采穗圃实际上就是良种集中的嫁接园。

（一）嫁接的生物学原理

为了掌握植物嫁接技术，必须了解植物嫁接成活的原理，这样才能灵活掌握各种嫁接技术，达到省工、省料、嫁接成活率和保存率高的目的，且嫁接植株能良好地生长和结果。

1. 形成层的部位和特性　根据植物解剖学，高等植物生长部位主要有三个，一是根尖，使根伸长，向地下生长；二是茎尖，使枝条伸长，向空中生长；三是形成层，使植株横向生长。形成层是外皮与木质部之间一层很薄的细胞组织，这层细胞具有很强的生活能力，也是高等植物生长活跃的部分。形成层细胞在温度适宜的生长时期不断地进行分裂，向外形成韧皮部，向内形成木质部，使树木加粗生长。

2. 愈伤组织的形成　嫁接时期选在果树的生长季节，接穗和砧木形成层细胞正在不断分裂，而且伤口处能产生创伤激素，促进愈伤组织的生长。另外，伤口能刺激生长素的转移，特别是在黑暗的情况下，使伤口生长素的浓度增加，促进细胞的分裂和生长。

3. 愈伤组织的特性　愈伤组织是由伤口表面细胞分裂而形成的一团没有分化的细胞团，表面看是一团疏松的白色物质，表面不平滑，呈菜花状，在显微镜下观察是一团球形的薄壁细胞团，细胞处于活跃的分裂状态，对伤口起保护和愈合作用。在木本植物中，伤口附近形成层处产生愈伤组织最多，活的韧皮部薄壁细胞和髓射线薄壁细胞也可以产生愈伤组织。木质部在靠近形成层处也有一些活细胞，但离形成层稍远处已没有活的薄壁细胞，这些细胞不能形成愈伤组织。

草本植物的薄壁组织大部分都能形成愈伤组织。愈伤组织可能由已经丧失分裂作用的薄壁细胞重新恢复分裂能力而形成，那些本来具有分生能力的形成层细胞自然更容易产生愈伤组织。

（二）愈伤组织的愈合作用

观察果树嫁接后伤口的变化，可以看到在开始的 2～3d 内，由于切削表面的细胞被破坏或死亡而形成一层薄薄的浅褐色隔膜，有些单宁含量高的植物，褐色隔离膜更为明显。嫁接后 4～5d 褐色层逐渐消失，7d 后产生少量的愈伤组织，10d 后接穗愈伤组织可达到最高数量。如果此时砧木没有产生愈伤组织相接应，那么接穗所产生的愈伤组织就会因养分耗尽而逐渐萎缩死亡。砧木愈伤组织前期并不比接穗生长快，但 10d 后，由于根系和叶片能不断供应水分和营养，因此砧木伤口形成的愈伤组织数量要比接穗多。

嫁接时，双方接触处总会有空隙，但是愈伤组织可以把空隙填满。当砧木愈伤组织和接穗愈伤组织连接后，由于细胞之间有胞间连丝连接，使水分和营养物质可以初步得到沟通。此后，双方进一步分化出新的形成层，新的形成层和砧木、接穗的形成层互相连接，并能形成新的木质部和韧皮部，使砧木和接穗之间运输水分和营养物质的导管和筛管组织互相连接起来，这样砧木的根系和接穗的枝芽便形成了一个新整体。

因此无论采用哪种嫁接方式都必须使砧木和接穗形成层互相接触。草本植物需使活的伤口互相接触，接触面越大，接触越紧密，双方愈伤组织形成越多，嫁接成活率就越高。所以要提高嫁接成活率，就必须了解愈伤组织形成的条件。嫁接操作时只要满足这些条件，嫁接就能成功。

（三）愈伤组织形成的条件

愈伤组织的形成要有内部条件和外部条件。

1. 内部条件　内部条件是砧木和接穗生长势强，生长充实，枝条内积累的养分充足。例如落叶树种在落叶前无病虫危害，叶片完好并且落叶较晚，越冬前有充足的养分回收到根系和枝条内，保证在春季嫁接时形成较多愈伤组织。生长期嫁接的砧木和接穗同样要生长健壮、无病虫害，特别要求接穗生长充实，皮层较厚，能离皮。这说明形成层细胞活跃，愈伤组织容易形成。相反，砧木、接穗过于细弱，或受病虫危害，早期落叶，则形成愈伤组织很少。特别是接穗在长途运输过程中失水过多或已抽干，或接穗在高温高湿条件下贮藏，枝条上的芽已经膨大或萌发，树皮已变色发褐，则不能形成愈伤组织，嫁接也不能成活。

2. 外部条件　形成愈伤组织的外部条件，包括温度、湿度、空气和黑暗四个方面。

（1）温度。一般温度在 10℃ 以下时愈伤组织基本不生长；在 15～20℃ 时愈伤组织开始生长，但比较缓慢；20～25℃ 时愈伤组织生长最快；30～40℃ 时愈伤组织生长受阻；40℃ 以上则愈伤组织停止生长。

愈伤组织生长最适宜的温度，不同的树种间亦有差异。落叶果树春季芽萌发早的树种，其愈伤组织生长所需的温度低一些；萌发晚的树种，其愈伤组织生长需温度高一些。在果树生长期芽接的温度一般是合适的，但是夏季高温达 30℃ 以上（在阳光直射下温度更高）也不利于愈合，所以不要高温嫁接。以秋季嫁接为最好，嫁接后要避免嫁接部位被太阳直射。

（2）湿度。湿度对愈伤组织的形成影响很大。当接口周围干燥时，伤口水分大量蒸发，细胞干枯死亡，不能形成愈伤组织，这往往是嫁接失败的主要原因。为了保持伤口的湿度，可用塑料薄膜包扎接口。

（3）空气。空气是植物组织细胞生活的必要条件，任何细胞都要进行呼吸作用，呼吸作用必须要有氧气。在做愈伤组织试验时，如果将接穗削成马耳形后，插入绝对含水量在22%以上的泥土中，由于湿度过大，隔绝了空气，则伤口处不能形成愈伤组织，说明空气也是生长愈伤组织必要的条件。植物接口需要的空气量并不多，一般用塑料袋或塑料条捆绑，不会完全隔绝空气，愈伤组织能正常生长。

有些树种如核桃、葡萄等，春季嫁接时伤口会流很多伤流液，使伤口湿度过大而影响通气，进而影响成活。因此应采取措施控制伤流液，以保证愈伤组织的形成。

（4）黑暗。黑暗不是愈伤组织形成的必要条件，但也是影响愈伤组织生长的因素之一。据观察，愈伤组织在黑暗中生长比在光照下生长要快3倍以上，愈伤组织白而嫩，愈合能力强。在光照下生长的愈伤组织易老化，在强光下还能形成绿色组织，愈合能力没有前者好。

嫁接时，砧木和接穗的愈合主要不在表面。如果嫁接技术较好，双方伤口接合严密，连接部位一般都处于黑暗的条件下。芽接时，芽片内侧和砧木紧贴；枝接时，接穗插入部分也基本上处于黑暗的条件下。如果在接口涂些湿土再缠塑料条，或者抹泥后捆绑再套袋（最好用黑色塑料包扎），这样效果更好。

温度、湿度、空气、黑暗四个外界条件中，温度在合适的嫁接时期就能满足，如果春季嫁接过早，气温低，但只要能保证接穗的生活力，待气温升高后愈伤组织即能生长出来；空气一般都能满足，因为砧木与接穗之间总有一定的空隙，只要防止水分进入或者被伤流液堵塞空隙即可；黑暗条件只要能使双方接合面处于较暗的环境下；湿度条件的满足往往比较困难，以前春季枝接常用堆土法，气候干燥或者下雨都影响湿度。

（四）砧木和接穗的愈合过程

树木嫁接后10余天，如果打开包扎物观察，可以看出伤口形成层处首先长出白色疏松的愈伤组织。伤口的其他活细胞，主要是韧皮部薄壁细胞也能形成少量的愈伤组织。同时把砧木与接穗之间的空隙填满，使双方的愈伤组织连接起来。草本植物嫁接1周的时间伤口处可以被愈伤组织充满。

愈伤组织主要由活的薄壁细胞在创伤激素的激活下形成。木本植物嫁接后，愈合过程可分为四个步骤：首先砧木和接穗形成层细胞及活的薄壁细胞向伤口外分裂和生长，形成愈伤组织；愈伤组织薄壁细胞之间互相连接和混合；愈伤组织中靠近砧木和接穗形成层处的细胞分化形成新的形成层细胞，并且和砧木、接穗的形成层连接起来；最后，新的形成层产生新的维管组织，形成新的韧皮部和新的木质部，并产生新的导管、筛管，使双方运输系统相连通。砧木可以供给接穗水分和无机盐，使接穗生长和展叶，叶片进行光合作用，供给砧木根系所需要的有机营养。

（五）嫁接的亲和力

嫁接后，在合适的条件下砧木和接穗双方都能长出愈伤组织。从表面看已经连接起来，但是否嫁接成活还需看其是否有亲和力。嫁接亲和力是指砧木和接穗通过嫁接能够愈合、生长和结果的能力。

根据砧木和接穗的亲和情况，可以将嫁接亲和力分成强亲和、半亲和、后期不亲和及不亲和四种类型。亲和力强的组合嫁接后接口愈合良好，比较平滑整齐，寿命长，能正常生长、开花、结果。半亲和是指嫁接能成活，并且能正常生长和结果，但往往生长势较差，树冠矮小，接口不平滑整齐，有明显的大脚或小脚现象。有些嫁接组合虽然能愈合生长，但经过一段时期，就会逐渐死去。由于砧木和接穗在新陈代谢生理活动上不协调，会引起后期不亲和。砧木和接穗的亲缘关系太远，嫁接不能成活叫不亲和。一般在植物分类学上不同科之间的植物，其染色体数不同，遗传基因有明显差异都不能嫁接成活。如果亲缘关系比较近而不亲和，往往与生理活动不协调有关。

一般来说，植物分类上亲缘关系近者亲和力强，有性杂交能形成杂交种子的，一般嫁接也能成功，说明有性繁殖和无性繁殖在亲缘关系上的统一。同一个种内不同品种之间嫁接一般都能成功，而且亲和力强。但嫁接亲和力的强弱与植物亲缘关系的近疏也有不一致，例如西洋梨与不同属的山楂，甚至花椒都具有亲和力；温州蜜柑和同属的酸橘不亲和，而与异属的枸橘能亲和。这些现象很难解释，也可能是分类学上的错误，没有能反映真正的亲缘关系。目前分类学已经从以前形态观察的宏观水平进入到细胞、染色体、DNA 的水平，使植物的亲缘关系更为明确，也将有利于对嫁接亲和力的分析。

综上所述，影响嫁接成活的因素很多，它们之间的关系和在嫁接过程中的相互影响正在被人们解析。

第三节　种子发育中的离体培养

有关种子发育过程中的离体培养包括胚的离体培养、胚乳的离体培养、胚珠和子房的离体培养，作为生物技术的一个重要方面，近年来研究进展较快。

一、胚的离体培养

胚的离体培养不仅是研究植物胚胎早期发育生理、分化生理、休眠生理的有效手段，而且能够解决远缘杂交中种子败育问题而获得珍贵的杂交种，同时还能缩短育种周期，加快良种选育速度。如上海的庄恩及等在 1989 年曾应用胚培养技术育成了果实发育期仅 56d 的特早熟软核型水蜜桃"沪 005"。另外，离体胚的培养若加入生长物质还能增殖形成愈伤组织并进一步形成胚状体，可制成人工种子。因此，胚的离体培养不仅具有重要的理论意义，亦具有重要的实践意义。

胚的离体培养工作始于 20 世纪初，但前期发展较慢，直到最近几年才有了较多的研究和应用。植物离体胚的培养通常可分为两类，即幼胚的培养和成熟胚的培养。大量试验表明，离体的胚越成熟，越易培养成功。成熟胚培养时，只要在含有大量元素的无机盐及糖的培养基上，一般即能正常萌发生长；而幼胚特别是发育早期的幼胚，离体培养不易成功。绝大多数的植物胚要在器官分化开始后才能培养成功，且在培养基中除加入无机盐和糖外，还要加入一些氨基酸、维生素、植物激素、椰乳或其他植物组织提取物、酵母提取物等。禾本科胚离体培养时，最好带有盾片，而兰科植物的种子成熟时，由于胚大多未分化，培养时除了各种营养成分外，还需加入共生菌类以代为吸收养分。

离体胚培养和一般组织培养一样，首先根据不同植物种和胚的大小筛选、配制培养基，然后将材料（成熟或未成熟种子）用70％酒精进行表面消毒，再放在漂白粉饱和水溶液或0.1％氯化汞溶液中消毒5～15min，之后用无菌蒸馏水冲洗3～4次。所用工具、用品、培养基都要经过高压灭菌，种子解剖取胚要在无菌操作室或接种箱中的显微镜下进行。取幼胚时，需将种子浸在3％～5％的蔗糖溶液中进行。影响胚培养的外界条件主要有pH、温度、光照、气体、湿度，亦应认真试验、筛选。

二、胚乳的离体培养

被子植物的胚乳由受精极核发育而成，虽在少数情况下有多倍体细胞，但一般情况下是三倍体。三倍体胚乳的离体培养，不仅能探讨胚乳细胞的全能性、胚和胚乳的关系及其相互作用，而且在植物育种中有重要价值。

目前，三倍体植物如三倍体甜菜、西瓜、柑橘、葡萄等，其果实大、品质好，特别是无籽，商品价值高；三倍体杨树则生长迅速，商品价值亦高，因而在生产上大受欢迎。以往生产三倍体的方法是用二倍体与四倍体植株杂交，操作过程很复杂。自从利用胚乳离体培养获得三倍体植株以来，为三倍体育种开辟了新的前景。如果把具有杂种优势的杂种胚乳培养成植株，再用无性繁殖方法进行繁殖，可以固定杂种优势，这在果树、林木生产上很有价值。另外，获得三倍体植株后，还可以加倍成六倍体植物，进行更高倍体的育种。

自1993年首次发现玉米胚乳在马铃薯提取液或幼小玉米种子提取液上生长以来，科学家一直试图在胚乳离体培养上有所突破，但此研究一度进展很慢，直到近年来才有了较快发展。到目前为止，已有玉米、水稻、小麦、大麦、黑麦、苹果、桃、马铃薯、巴豆、麻疯树、核实木及变叶木等多种自养植物和印度五蕊寄生等5种寄生植物在胚乳离体培养中获得了根和芽。综合前人的经验，胚乳离体培养一般要用细胞化以后即细胞时期的胚乳，可以是未成熟的，也可以是成熟但具生活力的；有些用White培养基也有用MS培养基，另外加入一些生理活性物质，如酵母提取液、椰乳、2,4-D、赤霉素、细胞分裂素等，还有人认为胚乳愈伤组织的产生和苗的分化需要胚的参与，称为胚因子，并认为GA可部分代替胚因子的作用。

三、胚珠和子房的离体培养

受精后的胚珠和子房培养在研究种子和果实的发育生理上具有重要意义，而且在远缘杂交中进行胚离体培养的操作上发生困难时，亦可采用受精后的胚珠或子房培养。

胚珠培养是印度德里大学自1958年以来广泛进行的研究项目，最初将罂粟的胚珠培养成功，所用的为Nitsch培养基，另添加0.4mg/L激动素。Chopra（1963）曾用IAA加酪蛋白氨基酸的培养基培养百花菜的具有球状胚和少量胚乳核的胚珠，获得了一直达到成熟的种子，此种子不休眠，可以立即开始发芽。中岛（1969）曾研究过白三叶草的胚珠培养，发现其开花后5d具有球状胚的胚珠在 Nitsch 培养基加酵母提取液加 NAA 的培养基上，可以同自然状态下的胚珠一样发育成种子，而开花后 3d 以内的胚珠不能培养成良好的种子。若在培养基中添加 GA，可提高获得完熟种子的比例。许多研究表明，刚受精不久的胚珠培养起来比较困难，授粉后时间越长的胚珠培养起来越容易，所需培养基也越简单，若胚珠带有胎座一起培养亦较容易。现已进行胚珠培养获得成功的还有洋葱、小油菜、四季橘、棉花、烟草、柑、矮牵牛等。

当在试管内生长出漂亮的红色番茄时，宣告了子房离体培养的成功。将幼小子房涂以酒精，然后用蒸馏水清洗，再用 1％次氯酸钠消毒 4min，最后进行接种。另一种方法是将带有花梗的花用浸以 5％次氯酸钙的纱布包裹，然后用无菌水清洗，再移到试管内的培养基上。Guha（1962）在基本培养基上培养授粉后 2d 的洋葱花，获得了 6％～7％的种子，加上吲哚乙酸或 GA_3，培养成功的种子数达 20％，若再加上色氨酸，则成功率增加到 30％。对屈曲花（Maheshwari 等，1958、1961）的培养表明，带有花萼的花培养容易成功，而禾本科离体培养花时最好带有内外颖，这种"被复因子"是激动素也不能替代的。

第四节　人工种子

农业上传统的种植方式大多是用天然种子播种来进行繁殖与栽培，但是天然种子的获得和萌发受时间和季节的影响，有的种子甚至十几年才繁殖一次。随着细胞工程、基因工程、组织培养等现代生物科学技术的飞速发展，世界范围内的许多生物学家正致力于可进行工厂化生产的人工种子（artificial seed）的研究。

一、人工种子的概念和研究进展

（一）人工种子的概念

所谓人工种子是指将植物离体培养中产生的体细胞胚或能发育成完整植株的分生组织（芽、愈伤组织、胚状体等）包埋在含有营养物质和具有保护功能的外壳内，所形成在适宜条件下能够发芽出苗的颗粒体。人工种子又称人造种子、合成种子（synthetic seed）或无性种子。

人工种子的概念是 1978 年由美国生物学家 Murashige 在加拿大第四届国际园艺植物学术会议上首次提出的，是指通过组织培养技术，将植物的体细胞诱导成在形态上和生理上均与合子胚相似的体细胞胚，然后将它包埋于有一定营养成分和保护功能的介质中，组成便于播种的类似种子的单位。

人工种子首先应该具备一个发育良好的体细胞胚或称胚状体。为了使体细胞胚能够存在并发芽，需要有人工胚乳，内含胚状体健康发芽时所需的营养成分、防病虫物质、植物激素，还需要能起保护作用以保护水分不致丧失和防止外部物理冲击的人工种皮。通过人工的方法把以上 3 个部分组装起来，便创造出一种与天然种子相类似的结构——人工种子。

最初，人工种子主要指包被在含有养分和具有保护功能的物质中形成的，并在适宜条件下能够萌发出苗的体细胞胚颗粒体。近年来，其概念已从狭义的体细胞胚的包被发展到对任何合适的植物繁殖体的包被，如不定芽、块茎、腋芽、芽尖、原球体、愈伤组织和毛状根等繁殖体的包被。

（二）人工种子的研究进展

人工种子的概念一经提出，立刻吸引了很多生物学家的注意。人工种子研究始于 20 世纪 70 年代后期，80 年代研究逐步深化。20 世纪 80 年代初，美、日、法相继开展了植物人工种子的研究。美国加利福尼亚州的植物遗传公司已研制了胡萝卜、苜蓿、芹菜、花椰菜、莴苣、花旗松等多种植物的人工种子，并在人工种皮的研究上申请了两项专利。除苜蓿和胡萝卜外，法国还研制了天竺葵、山茶、番茄的人工种子。日本麒麟啤酒公司等也在加紧植物人工种子的研制，重点选择蔬菜和水稻等作物。欧洲共同体的尤里卡计划也把人工种子放在显著地位。

1981 年 Kitto 等用聚氧乙烯包裹胡萝卜胚状体，首次制成了人工种子。作为一种新的生物技术，1983 年由美国植物遗传公司申请制造人造种子的专利而震动全球。1985 年 Kitto 认为包裹着一个能发育成植株的培养物，含有营养成分的胶囊均可称为人工种子，从而把人工种子培养物的概念扩充到胚状体、不定芽、腋芽、小鳞茎等。1986 年，日本狮子股份有限公司申请了制作胡萝卜、石刁柏人工种子的专利。人工种子研究受到许多国家的重视，近年来已相继有美国、日本、加拿大、芬兰、印度、韩国等开展了人工种子的研究工作，参与欧洲共同体尤里卡计划的法国、瑞士、西班牙等国也制成了胡萝卜、甜菜、苜蓿等植物的人工种子。

经过 30 余年的工作，人工种子的研究在世界范围内取得了很大进展。人工种子技术在农作物、园艺植物、药用植物、畜牧草料和林木等方面都获得了很大成功。有 200 多种植物上培养出了胚状体，除胡萝卜、苜蓿、芹菜、水稻、玉米、甘薯、棉花、西洋参、小麦、烟草、大麦、油菜、百合、莴苣、马铃薯等农作物种子外，花卉和林木人工种子如长寿花、水塔花、白云杉、黄连、刺五加、橡胶树、柑橘、云杉、檀香、黑云杉、桑树、杨树等都有成功生产的报道。

我国自 1985 年以来，在国家科学技术委员会及其专家委员会的领导和支持下，人工种子的研究也取得了可喜进展。1987 年我国正式将人工种子研制纳入国家"863"高技术发展计划。在体细胞胚胎的诱导方面先后对胡萝卜、黄连、芹菜、苜蓿、西洋参、橡胶树、松树等十几种植物材料进行了系统研究，已成功地在烟草、水稻、小麦、玉米、甘蔗、棉花等作物上诱导出了胚状体，在胡萝卜、苜蓿、芹菜、黄连、云杉、桉树、番木瓜等十几种植物上得到人工种子，其中胡萝卜、番木瓜等人工种子在土中播种后，已成长为植株并可开花结果。

二、人工种子的结构和研制意义

（一）人工种子的形态结构

目前所研制的人工种子，是由体细胞胚（somatic embryo）或称胚状体（embryoid）加上保护性的人工种皮（artificial seed coat）及为胚提供营养的人工胚乳（artificial endosperm）三部分组成（图 5-1）。

体细胞胚是由茎、叶等植物营养器官经组织培养产生的一种类似于自然种子胚（合子胚）的结构，具有胚根和胚芽的双极性，也经原胚、心形胚、球胚、鱼雷形胚及子叶期胚等不同阶段发育而成，通常又称为胚状体，实为幼小的植物体。在某些情况下，亦可用芽或带芽茎段来执行这一功能。

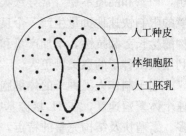

图 5-1　人工种子的结构

　　人工胚乳是人工配制的保证胚状体生长发育需要的营养物质，一般以生成胚状体的培养基为主，外加一定量的植物激素、抗生素等物质。人工胚乳为胚状体进一步发育和萌发提供营养物质，相当于天然种子的胚乳，其成分主要为各种培养基的基本成分，只是根据使用者的目的，可自由地向内加入一些抗菌素、植物激素、有益微生物或除草剂等物质，赋予人工种子比自然种子更加优越的特性。

　　人工种皮指包裹在人工种子最外层的胶质化合物薄膜。人工种皮既要能保持人工种子内的水分和营养免于丧失，又要能保证通气且具有一定强度以防止外来机械冲击的压力，还要无毒且在田间条件下能使胚状体破封发芽。经过多年研究，发现只有琼脂、褐藻酸盐、白明胶、角叉菜胶和槐豆胶六种物质比较好，其中最理想的是褐藻酸钙，它是一种从海藻中提取出来的多糖类化合物，具有凝聚作用好、使用方便、无毒及价格低廉等特点。

（二）人工种子研制的意义

　　人工种子一经问世便引起了世界各国的广泛重视，是因为人工种子较自然种子具有更多的优越性。

　　1. 固定杂种优势，缩短育种周期　体细胞胚或芽（胚状体或芽）是无性繁殖体系产生的，可以固定杂种优势。在新品种选育过程中，一旦获得优良基因型，利用人工种子技术，只要有优良单株便可大量繁殖，可多代利用 F_1 代杂交种，使优良的株系能快速形成无性繁殖系而得以推广利用，不需要三系配套等复杂的育种过程和多代选择，从而大大缩短了育种时间，简化了育种过程。

　　2. 加速种子繁殖速度，便于远缘杂交等突变体的利用　人工种子可以快速地繁殖优良品种或杂种。由于人工种子内的培养物（不定芽、胚状体等）是通过组织培养方式产生的，故能以很快的速度繁殖，且生产周期短，能人工控制，特别是对于一些通过遗传工程创造出的新型物种，如转基因植物或杂种，可以用人工种子技术进行繁殖和保持。

　　某些对控制体细胞变异要求不十分严格的植物，如某些珍贵、稀有植物及某些必须通过无性繁殖才能保持优良特性的植物，人工种子技术更易得到应用。对于自然条件下结实率低或难以用种子繁殖、育性欠佳的植物，可以用人工种子快速、大量地繁殖。

　　人工种子的用途与组培苗一样，除了用于快速繁殖外，对于避免杂交后代的严重分离，克服如无籽西瓜这样的三倍体不育良种的复杂制种技术所带来的困难，解决许多繁殖能力差的植物种子发芽率低的问题，都有很强的实用价值。在多数情况下，远缘杂交、孤雌（雄）生殖等的突变体后代多不育，很难产生后代，若将其突变体制成人工种子，就可世代延续、连年种植，有利于远缘杂交、孤雌（雄）生殖等突变体的利用。

　　3. 便于工业化生产，提高农业的自动化程度　天然种子生产在很大程度上受自然气候的影响，产量和品质不稳，常导致大余大缺。而人工种子制作主要在实验室中进行，可不受季节、环境的限制快速地批量生产一个良种，且可选用无病毒的材料进行培养、制作，从而明显的提高作物的生长势和抗性，增加产量和改善品质。对于木本植物来说，因其自然有性繁殖的时间很长，利用人工种子的意义则更大。

用于制作人工种子的体细胞胚（胚状体），可以通过细胞悬浮培养和发酵罐生产，而大大加速个体繁殖速度，在1L培养基中就可以产生10万个体细胞胚。这就使体细胞胚生产具有数量多、繁殖快及结构完整的特点，为建立人工种子生产程序化、自动化的工艺流程提供了可能，比现在采用的组培苗繁殖更能降低成本和节省劳力，所以人工种子也是开辟种苗生产的又一途径。

由于人工种子是通过无性繁殖产生的，与天然种子相比较，人工种子可以工厂化生产和贮存；另外，可以将所有的农作物种子都制作成统一的规格，有利于农业机械的通用化；大量人工种子来源于同一植株的体细胞，不存在任何遗传变异问题，易获得整齐一致的幼苗。有利于农业生产的规范化、标准化和机械化管理。

4. 有针对性添加活性物质，促进壮苗　人工种子的胚乳和种皮构成了胚状体胶囊。在人工胚乳配制中，使用者可以根据不同植物对生长的要求来配制，也可以加入植物激素、菌肥或某些农药，以便更好促进体细胞胚的生长发育，提高作物生长势及抗逆能力，增加产品的产量，改进产品的质量。随着包膜技术的改进，人造种皮中可以添加各种附加成分，如固氮细菌防病虫药剂、除草剂和肥料等，有利于培育壮苗、健苗，使作物稳产高产。

5. 便于贮藏运输，适合机械化播种　人工种子是通过人工的方法制造的，它的体积小（通常仅几毫米），故占用空间小，操作方便，非常便于贮藏和运输。通过组织培养产生胚状体具有繁殖快、数量多（1L培养基可产生10万个胚状体）、结构完整等特点，胶囊化后形成的人工种子规则、均匀，便于机械化播种且节约种子、省工高效。

6. 节约天然种源，保证种子质量　农业生产上若能利用工厂化生产的人工种子，可以节约大量天然种源，节省土地进行粮食生产，确保粮食。且工厂化生产的人工种子质量有保证，避免了假、冒、伪、劣种子给农业生产带来的危害。

三、人工种子的制作技术

从广义范围讲，人工种子制作技术包括胚状体生产、胚状体包裹、人工种皮的制备、人工种子贮藏、人工种子制造机械等众多技术内容。从狭义范围讲，人工种子的制作包括三大环节，即高质量胚状体的诱导、人工胚乳的配制和人工种皮的包裹。

（一）胚状体的诱导与同步化

获得体细胞胚是生产人工种子的基础，其发生频率的高低、胚的质量和体细胞胚发生的同步控制是生产人工种子的关键。体细胞胚必须是高频率诱导，不仅要求数量多，而且要求质量高。高质量的体细胞胚必须是发育正常，生活力旺盛，能完成全发育过程，再生频率高，可以单个剥离，在长期继代培养中不丧失其发生和发育的能力。体细胞胚发生可以通过激素或其他理化因子进行同步控制，只有这样，人工种子才可达到出苗速度整齐一致。在组织培养中，很多植物都可诱导产生胚状体，但由于培养条件或植物激素的不适宜影响，常使诱导出的胚状体出现子叶不对称、子叶连合、多子叶、畸形子叶、胚轴肉质肥大及胚状体发育受抑而中途停顿等现象，导致低的转换率。制作人工种子对胚状体的要求是：形态与天然胚相似，发育需达子叶形成时期，萌发后能生长成具有完整茎、叶的正常幼苗；基因型等同于亲本；耐干燥且能长期保存。

胚状体可从悬浮培养的单细胞得到，也可通过试管培养的愈伤组织、花粉或胚囊获得。胚状体一般在培养物的表面产生，其形状与合子胚类似，但胚状体却是无性繁殖的产物。实际操作中，一般在试管中诱导出愈伤组织，并在含生长素的培养液中悬浮培养，然后置于含生长素的发酵罐中，使细胞迅速扩增，再将细胞移入无生长素的发酵罐中诱导出大量胚状体。

诱导高质量的胚状体，可从以下几方面入手。

（1）选择理想的培养基。注重植物激素的影响，合理搭配激素的种类、施用时期及用量。

（2）根据植物类型不同，选择氮源的类型和用量。氮源包括无机氮和有机氮，不但影响胚状体的发生，对胚胎发生的同步化也有作用。常用的无机氮为硝酸铵和氯化铵，有机氮主要为氨基酸类如二丙氨酸、谷氨酰胺等。

（3）注重碳源的作用。碳源对维持外植体的渗透压和胚状体的发育、转换成苗起很大作用。常用的碳源为麦芽糖、蔗糖、葡萄糖。许多情况下，在培养基中加入活性炭对胚状体的发育亦有较大好处。

从理论上讲，任何植物都可诱导胚状体，从而制成人工种子。但从目前的研究结果看，并不是所有的植物种子都开发出了胚状体培养发生技术。不同植物的体细胞培养亦有难易。在已报道的人工种子中，很大一部分都是以胚状体为培养物进行包裹的。事实上，许多重要的植物不容易诱导出体细胞胚或因体细胞胚质量不高，包裹后畸形胚多，这种胚发育不正常，成苗率低。而其他培养物如腋芽、顶芽和鳞茎等的发生量小，不适于大批量生产。不定芽、胚状体可通过愈伤组织大量发生，是人工种子研制中最具前途的两类培养物。

从人工种子技术的成本、价值及组培技术考虑，常选择的植物有两类，一是已具备能生产高质量和高数量胚状体的植物如苜蓿、胡萝卜、香菜、稷、鸭茅等；二是有强大商业基础和经济价值的植物如芹菜、莴苣、花椰菜、番茄、玉米、棉花、人参等。自 1958 年 Reinert 诱导出胡萝卜胚状体以来，至 1990 年可以产生胚状体的植物已约有 43 科 92 属 100 余种。

胚状体的同步化是指促使所有培养的细胞或发育中的细胞团进入同一个分裂时期。体细胞胚发生一般是不同步的，而制作人工种子又必须要求发育正常、形态上一致的鱼雷形胚或子叶胚，因为它们比心形胚或盾片胚活力高，发芽率高，耐包裹，做成人工种子后转换率也高。所谓转换，是指人工种子在一定条件下，萌发、生长、形成完整植株的过程。

胚状体大小对人工种子发芽速度和整齐度有很大的影响，只有进行同步化才可能成批地产出成熟胚胎。因此用于制种的胚状体必须经过同步化处理，处理方法主要有化学方法和物理方法。

（1）化学方法。化学方法包括激素调节法、饥饿法、阻断法等。

①激素调节法：激素调节法是通过调节培养基中的激素来控制。如胡萝卜胚状体，将 2,4-D 从培养基中去掉，便可获得成熟胚状体，也有人发现使用脱落酸有利于胚状体的发育。

②饥饿法：饥饿法是除去悬浮细胞生长所需的基本成分，导致细胞处于静止生长期；而补加省去的营养成分或继代培养到营养成分完全的培养基上，促进生长或产生细胞生长的同步化。

③阻断法：阻断法是在细胞循环进程中进行适当阻断，可使细胞产生同步化，作用在于使物质在细胞循环的一个特定阶段内积累，当阻断解除，细胞将同步地进入下一个阶段。在培养初期加入 DNA 合成抑制剂（如 5-氨基脲嘧啶），阻断细胞分裂的 G_1 期；加入 5-氟脱氧尿苷（FUdR）、过量的胸苷（TdR）和羟基尿（HU）可积累于细胞 G_1/S 阶段界面，从而控制体细胞胚发育的同步化；还可通过加入秋水仙碱阻止细胞的有丝分裂。

（2）物理方法。物理方法包括手工选择、过滤筛选法、温度冲击法（低温处理法）、渗透压分选法、密度梯度离心法、植物胚性细胞分级仪淘选等。

①手工选择：手工选择是当实验室小规模试验时，可在无菌操作条件下人工对材料进行逐个筛选。

②过滤筛选法：过滤分选法是选用不同孔径的滤网来过滤悬浮培养液中的胚状体，可获得所需发育阶段大小一致的胚状体。由于同步化分选需要时间以及操作复杂，会增大胚状体的变异，所以胚胎发生的同步化与制种前的分选可以结合起来，只要制作的人工种子发芽基本均匀便可。胡萝卜胚状体以 0.9～2.0mm 大小最适于制种。

③温度冲击法：温度冲击法是采用低温处理，抑制细胞分裂，然后再把温度提高到正常的培养温度，也能达到增加细胞同步化的目的。

④渗透压分选法：渗透压分选法是依据不同发育阶段的胚状体具有不同的渗透压，通过调节渗透压来控制胚的发育，使其停留于某个阶段。

⑤密度梯度离心法：密度梯度离心法依据的是体细胞胚在不同的发育阶段密度有差异，使用 Ficoll 的不同浓度产生不同的密度梯度溶液，在 Ficoll 溶液中进行密度梯度离心，对不同相对密度的细胞进行分馏筛选，选择胚性细胞团，然后转移到无生长素的培养基上培养。

⑥植物胚性细胞分级仪淘选：植物胚性细胞分级仪淘选所用的分级仪原理是根据体细胞胚的不同发育阶段在溶液中不同浮力而设计的，淘选液一般用 2% 的蔗糖，进样的速度为 15ml/min，分选液流速为 20ml/min，经几分钟的淘选，体细胞胚分为几级，由此可获得纯化的成熟胚，其转化率在 75% 以上。

在众多方法中，以过滤筛选法较实用、有效和快速。

（二）人工胚乳的配制

在自然种子中，胚乳为合子胚发育的营养仓库。人工胚乳的目的也是通过组合各种植物生长发育所必需的物质，为植物繁殖体创造一个适宜的营养环境，以保证繁殖体转化成苗。大量研究表明，无论是有胚乳植物还是无胚乳植物，在制作人工种子时添加人工胚乳都能有效地提高人工种子的成苗率，说明大量元素对人工种子播种成苗十分重要。为了满足包裹要求，要有针对性地在包裹剂中加入大量养分、无机盐、有机碳源、植物生长调节剂，以及抗菌素和有益菌类。Gardi 等（1999）为寻找最好的营养组合，研究了 10 种林木的人工种子包被技术，通过研究 7 种溶液发现，人工胚乳一般由基本培养基成分、生长调节剂和碳源组成。

不同的植物种类、不同的繁殖体对培养基的要求不同。MS、N6、B5 和 SH 等培养基都曾被用作人工种子包被的基本培养基，其中以 MS 培养基最为常用。糖类既可以作为繁殖体生长的碳源物质，又可以改变包被体系中的渗透势，防止营养成分外渗，还能在人工种子低温储藏过程中起保护作用。目前用于人工胚乳中的糖类主要有蔗糖、麦芽糖、果糖和淀粉等。其中以蔗糖应用最为广泛，促进人工种子转化成苗的效果也相对较好。不同蔗糖浓度对人工种子萌发的影响不同。

淀粉在人工种子包被中应用也比较广泛。淀粉可以在胶囊中分解，为植物繁殖体的发育提供碳源支持。美国植物遗传公司试验在 SH 培养基中加入其他淀粉，其中认为水解的马铃薯淀粉效果最好。同时他们还指出，将粗制藻酸盐与淀粉合用可能对人工种子的萌发、生长有好处。选用无毒、透气和吸水性强的木薯淀粉与 1.5% 海藻酸钠（1/2MS 培养基配制）混合制作的胚乳可改善单一海藻酸钠人工胚乳的透气性、吸水性和发芽率。在实际操作中，几种碳源成分配合使用也可以达到很好的效果。

在人工胚乳中加入 BA、IAA、GA_3、NAA、ABA 等植物生长调节物质，可以促进体细胞胚胚根、胚芽的分化与生长，还可以促进非体细胞胚繁殖体转化成苗。人工胚乳中加入 GA_3 有利于人工种子的发芽。

人工胚乳中加入 $CaCl_2$ 有利于向培养物供氧，提高人工种子发芽率和耐贮藏性；加入活性炭可改善营养固定和缓释，提高人工种子在土壤中的成苗率。薛建平等（2004）在用海藻酸钠包被半夏的块茎时，附加 0.05% $CuCl_2$、0.05% $CoCl_2$ 和 0.05% $NiCl_2$ 明显提高其转化成苗率。

美国植物遗传公司是采用 1/2 SH（Schenk 和 Hildebrandt）培养基同时加入抗菌素。人工种子的优势之一是可以在胶囊中添加杀菌剂、防腐剂、农药、抗生素、除草剂等，人为地影响和控制植物的发育与抗逆性。

（三）人工种皮的包裹

1. 人工种皮的材料　胚状体产生和人工胚乳配制好后，就要进行人工种皮的包裹。对胚状体包裹要求做到：①不影响胚状体萌发，并提供其萌发与成苗所需的养分和能量，即起到胚乳的作用；②使胚状体经得起生产、贮存、运输及种植过程中的碰撞，并利于播种，即起到种皮的保护作用；③针对植物种类和土壤等条件，满足对人工种子的特殊需要。为了满足上述要求，要有针对性地在包裹剂中加入大量养分、无机盐、有机碳源、植物生长调节剂，以及农药、抗菌素和有益菌类。

人工种皮既要求内外气体交换畅通，以保持胚状体的活力，又要能防止水分及营养成分的渗漏和起保护作用。一般采取双层种皮结构，内种皮通透性较高，外种皮硬，透性小，起保护作用，能保护胚状体顺利萌发生长，免遭机械损伤，且有利于机械化播种。现已筛选出海藻酸钠、明胶、果胶酸钠、琼脂、树胶等作内种皮应用，某些纤维素衍生物与海藻酸钠制成复合改性的包埋基质可明显改善人工种皮的透气性，海藻酸钠中加入多糖、树胶等可减慢凝胶的脱水速度，提高干化体细胞胚的活力。外层种皮可选用半疏水性聚合膜，以降低海藻酸钙的亲水性，对人工胚乳起固定作用。另外可在膜上添加毒性小的防腐剂或溶菌酶，以防止微生物的侵入。Ling-Fong Tay 用壳聚糖作为外种皮制作的油菜人工种子萌发率达 100%，但在有菌条件下萌发率仍不高。美国杜邦公司生产的由乙烯、乙酸和丙烯酸三种物质聚合的 Elvax 材料是目前认为较好的一种人工种皮材料。人们仍在积极寻找其他的包埋方式和包埋材料，以完善现有人工种皮的制作技术。

以海藻酸钠作为包埋剂，它具有对胚状体无毒害作用、价格低廉等优点。海藻酸钠也存在很大的缺点：①水溶性营养成分及助剂易渗漏，由于固化成球的胶体具有对水溶液有较大的通透性，使得包埋其中的营养物质、激素、抗生素等（即人工胚乳成分）容易渗漏；②胶囊在空气中易失水干缩、失水后吸水不能复涨；③胶囊表面潮湿易粘连，不利于播种；④易霉变、不利于贮藏等。由于没有真正意义上的"人工种皮"的包裹保护，一些病原微生物容易侵入胚状体，对种子造成破坏，因而目前绝大多数人工种子都只能在无菌条件下才能达到较高萌发率。为了解决这些问题，目前采取的措施主要有两种：一是添加助剂，如添加纤维素衍生物、活性炭和一些高分子化合物等；二是涂抹其他材料形成外膜。有人提出，由海藻酸钠构成的人工种皮只能称为内种皮，必须在此之外再涂上一层保护层以克服上述缺点，这层结构称为人工种皮外皮（外膜）。

在外膜材料筛选中，1987 年 Redenbaugh 试验了 7 种外膜物质，发现疏水性物质 Elvax-4260（乙烯、乙烯基乙酸和丙烯酸的共聚物）能在一定程度上减少人工种子间的粘连，并明显减轻水分蒸发，抑制干缩和使海藻酸钠硬化，涂膜后首蓿人工种子仍可发芽。但由于 Elvax4260 价格较为昂贵、操作复杂、包被效果不尽如人意等原因，并没有得到广泛应用。随后许多研究者对脱乙酰壳聚糖、脱乙烯壳聚糖、丙烯酸树脂、石蜡等进行研究，认为可用作海藻酸钠包被的人工种子的外膜。在海藻酸钠胶囊外面再包被一层海藻酸钠的方法也能达到与其他涂膜相同的效果。

另外，海藻酸钠包被的人工种子经低温贮藏后，易在表面形成坚硬的外壳而妨碍人工种子的萌发。KNO_3 可用作海藻酸钠包被人工种子的软化剂，K^+ 置换海藻酸钙中的 Ca^{2+} 以达到软化的效果。

可见，人工种皮既要求允许内外气体交换畅通，以保持胚状体的活力，又要能防止水分及营养成分的渗漏和起保护作用。一般采取双层种皮结构，内种皮通透性较高，外种皮硬，通透性小，起保护作用。内种皮选用海藻酸钠外，还可选用几丁质作原料。从海洋贝类甲壳中提取的几丁质制成的人工膜具有良好的透气性，此外，几丁质对水分的蒸发散失保持作用（类似昆虫几丁质外壳），可起到一定的防渗漏作用。外层种皮可选用半疏水性聚合膜，以降低海藻酸钙的亲水性，对人工胚乳起固定作用。另外，可在膜上添加毒性小的防腐剂或溶菌酶，以防止微生物的侵入。

2. 人工种皮的包被　人工种皮的材料不同，其制作方式一般也不同。人工种子的包埋关系到人工种子萌发、贮藏和生产应用等重要环节。人工种子的包埋方法主要有液胶包埋法、干燥包埋法和水凝胶法。早期的人工种子包被技术主要是液胶包埋法和干燥包埋法。液胶包埋法是将胚状体或小植株悬浮在一种黏滞的流体胶中直接播入土壤。干燥法是将胚状体经干燥后再用聚氧乙烯等聚合物进行包埋的方法，虽然干燥包埋法成株率较低，但它证明了胚状体干燥包埋的有效性。水凝胶法是指通过离子交换或温度突变形成的凝胶包裹材料的方法。组合包埋法以及流体播种、液胶包埋、琼脂、铝胶囊等新型包埋法也开始被应用，George 等用硅胶包埋谷子体细胞胚，萌发率达 82%，且 4℃贮藏 14d 后仍能自行裂开、顺利萌发。另外，对固形包被体系也进行了研究。一些黏性的固体物质通过一定处理形成颗粒，也可以用来包被植物繁殖体。

目前研究中的人工种子普遍采用水凝胶法，此法中以海藻酸钠最为常用，被认为是较为理想的人工种皮材料。1984 年，Redenbaugh 首次筛选出透水性好的海藻酸钠作为胚状体和不定芽的包埋剂。Redenbaugh 等用水凝胶法包裹单个首蓿体细胞胚制成了人工种子，离体成株率达 86%。1987 年，Redenbaugh 等试验了多种水溶性胶，认为海藻酸钠、明胶、树胶和 Gelrite（靠冷却剂固化）为佳。海藻酸钠无毒性，具有生物活性，做成的胶囊强度较好、成本较低，制作工艺简单，使其在以后近 30 年的人工种子包被方面有了广泛的应用和很大的发展。

以海藻酸钠来包埋的离子交换法制种操作如下：在 MS 液体培养基（含营养物质和激素等）中加入 0.5%～5.0% 的海藻酸钠制成胶状，加入胚状体，用滴管将胚状体连同凝胶吸起，再滴到 2%CaCl₂ 溶液中停留 5～10min，其表面即可完全结合，形成一种持久的凝胶球。固化剂 $CaCl_2$ 溶液的浓度影响成球快慢，一般 1% 的质量浓度足以成球，质量浓度升高到 3% 成球速度快。在 $CaCl_2$ 溶液中的络合时间以 30min 为宜，再增加浸泡时间，人工种子的硬度也不会明显增加。形成胶囊的效果可以通过控制海藻酸钠的浓度和发生离子交换的时间来实现。一般情况下，海藻酸钠的使用浓度在 2%～5% 之间，离子交换时间为 5～30min。海藻酸钠的浓度和与 $CaCl_2$ 溶液离子交换的时间对人工种子的萌发有一定的影响。

Patel 等（2000）提出了一种新的海藻酸钠包被体系：将植物材料悬浮于 $CaCl_2$ 和羟甲基纤维素混合液中，滴入到摇动的海藻酸钠溶液中进行离子交换形成空心胶囊，这种包被技术可以在繁殖体周围形成液体被膜，以更好地保护植物繁殖体（图 5-2）。

人工种子手工包裹的方法很多，最常用的有滴注和装模两种。滴注是将胚状体与一定浓度的藻酸钠溶液混合，然后用吸管吸进含胚状体的藻酸钠溶液再滴入氯化钙溶液中，经离子交换后形成一定硬度的胶丸（图 5-3）。装模法是把胚状体混入到一个有较高温度的胶液中，如 Gelrite 或琼脂等，然后滴注到一个有小坑的微滴板上，待温度降低即变为凝胶形成胶丸。

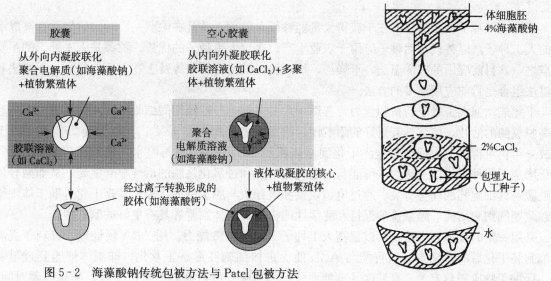

图 5-2　海藻酸钠传统包被方法与 Patel 包被方法

(Patel, 2000)

图 5-3　人工种子包裹示意图

用海藻酸钠制作人工种子工艺简单灵活，既可实验室小规模制作，又可机械化生产。早在 1987 年 Redenbaugh 等就用机械制作苜蓿（*Medicago sativa*）人工种子。付晓棣等（1990）研制出一种人工种子滴制仪，用电磁控制滴制缸中的空气量，控制滴制速度，每小时可制种 10 万粒。但与 Redenbaugh 等所用的机器一样都不能保证一粒人工种子中只含一个繁殖体。

Brandenberger 和 Widmer（1998）设计了一个多喷头自动包被体系，这一体系有 13 个类似于滴管的喷头，改变其喷头的直径和脉动膜孔径即可用于不同大小的繁殖体以及细胞的包被，从喷头滴下的液滴在反应池中固化。其生产能力可达 5 000ml/h，直径误差小于 0.3%，产生双倍繁殖体胶囊的误差只有 4%。

日本研制成功的包埋机与人工鱼子制作机相似，内具双重管，最中心滴出的为胚状体和人工胚乳（培养液）混合成的悬浮液，外层滴出的为藻酸钠溶液，滴入氯化钙溶液中形成珠状胶丸即人工种子。

包埋成功的人工种子，在外形上像一颗乳白色半透明的鱼卵或圆珠状的鱼肝油胶丸。藻酸钙胶囊很湿，容易黏在一块，且直接暴露在空气中几小时就会干燥成小硬球，不易处置也不易于机械播种。为了解决这些问题，需要在包埋好的胶囊外再包上一层胶质化薄膜。美国植物遗传所在经多次试验后，发现 Elvax4260 不仅能在胶囊表面结成良好的膜，疏水、不黏，还可以防止胶囊受干变硬。它的制作过程是将 0.1g 葡萄糖和 0.2ml 甘油放入 2ml 的氢氧化钙溶液中，再加入 4g 藻酸钙胶囊，搅拌 1min，使胶囊表面变得稍疏水性；然后将其浸入热的 Elvax 聚合液中 1～6 次，每次浸 10s，暖风吹干再浸；最后，用石油醚清洗胶囊并吹干。Elvax 聚合液制备是先备好含 10%Elvax4260 的环乙烷，再加入 5g 硬脂酸、10g 鲸蜡醇、25g 鲸蜡替代物，在 40℃下混合，然后将这种混合液与含有 Elvax 的石油醚 295ml 和二氯甲烷 155ml 混合即可。

四、人工种子的贮藏技术

研究人工种子技术的目的在于获得大量能够长久贮藏，并且在贮藏一段时间后仍具有高成活率的人工种子，以替代自然种子应用于农业生产，实现人工种子的优势。贮藏是人工种子的主要难点之一，目前应用的有低温法、干燥法、抑制法、液体石蜡法等及上述方法的组合，干燥法和低温法组合是目前应用最多的方法。

干化能增强人工种子幼苗的活力，有助于芹菜体细胞胚贮藏期间细胞结构及膜系统的保持和提高脱氢酶的活性，使其具有更好的耐贮性。胡萝卜愈伤组织在 15℃、相对湿度 25% 的条件下存放一年仍可再生。大豆体细胞胚干化到原体积的 40%～50% 后再吸水，萌发率仍达到 31%。干化增强人工种子幼苗的活力，可能与其超氧化物酶和过氧化物酶的活性显著提高，从而减轻低温贮藏对体细胞胚的伤害有关。通过电镜观察和电导值与脱氢酶的比较，发现干化有助于体细胞胚贮藏期间细胞结构、膜系统的保持和酶活性的提高，使体细胞胚具有更好的耐贮性。

采用一定的预处理方法，可以提高人工种子干化和贮藏能力。用 ABA 预处理，有利于提高体细胞胚干化后的存活率，这可能与 ABA 能促进体细胞胚形态正常化，抑制体细胞胚过早萌发，促进干物质积累有关。高浓度的蔗糖预处理体细胞胚能提高其干化耐受性，延长贮藏时间，提高贮藏后的萌发率。研究表明，脯氨酸也能提高胡萝卜体细胞胚干化耐受性。

低温贮藏是指在不伤害植物繁殖体的前提下，通过降低温度来降低繁殖体的呼吸作用，使之进入休眠状态。常用的温度一般是 4℃，在此温度下体细胞胚人工种子可以贮存 1～2 个月。如茶枝柑的人工种子，贮存 1 个月仍具很高转化率。泡桐的人工种子在贮藏 30d 或 60d 后体细胞胚的存活率分别是 67.8% 和 53.5%，萌发率分别是 43.2% 和 32.4%。非体细胞胚人工种子可以在

4℃下贮藏更长时间。但由于人工种子没有像自然种子一样在贮藏前进入休眠状态，随着低温贮存时间的加长，包被体系内的含氧量降低，人工种子萌发率会下降。

超低温保存技术在人工种子保存方面的应用日渐成熟。超低温一般是指—80℃以下的低温，如超低温冰箱（—80～—150℃）、液氮（—196℃）等。在此温度下，植物活细胞内的物质代谢和生命活动几乎完全停止。所以，植物繁殖体在超低温过程中不会引起遗传性状的改变，也不会丢失形态发生的潜能。目前应用于人工种子超低温保存的方法主要是预培养—干燥法，即人工种子经一定的预处理，并进行干燥，然后浸入液氮保存。人工种子经液氮贮藏后，可直接在室温下自然解冻。Martinez 等（1999）将蛇麻草（*Humulus lupulus*）离体培养获得的芽尖干燥脱水液氮贮藏后，室温下解冻 5min，恢复率可达 80%，且无表型变异现象。

液体石蜡作为经济、无毒、稳定的液体物质，常被用来贮藏细菌、真菌和植物愈伤组织。美国已有报道，把人工种子放在液体石蜡中，保存时间可达 6 个月以上。但李修庆等（1990）研究胡萝卜人工种子的结果表明：人工种子在液体石蜡中短时间保存（1 个月）能较正常的生长，但时间一长（79d），人工种子苗的生长则明显比对照组差；并发现液体石蜡对幼苗的呼吸和光合作用有一定的阻碍作用。所以，在常温下液体石蜡不能通过抑制发芽来贮藏人工种子。干燥后的人工种子，在 2℃的液体石蜡中，2 个月后只有 2%萌发。陈德富等（1990）对根芹体细胞胚人工种子的研究也得到同样结果。说明用液体石蜡来贮藏人工种子并不能达到较好的效果。

防腐是人工种子贮藏和大面积田间应用的关键技术之一。早在 1986 年 Redenbaugh 就意识到防止微生物污染的重要性。美国加利福尼亚州植物遗传公司（PGl）与 Ciba-Geigy 公司合作，专门开展研究人工种子防腐剂添加问题。Castillo 制得的人工种子虽有较高的萌发率，但未能在有菌条件下成苗，其主要原因是人工种子易感染病菌而腐烂。在人工种皮中加入防腐剂 CH、CD、WH831 - D，明显地提高了黄连人工种子有菌条件下的萌发率和成苗率（柯善强等，1990）。在人工种皮中加入 400～500mg/L 的先锋霉素、多菌灵、氨苄青霉素和羟基苯甲酸丙酯，均有不同程度的抑菌作用，使甘薯人工种子在有菌的 MS 琼脂培养基上萌发率提高了 4%～10%。

五、人工种子研制存在的问题与展望

人工种子自提出后的十几年间，由于其巨大的研究价值和广阔的利用前景，发展速度惊人，成绩卓有成效。尽管目前人工种子技术的实验室研究工作已取得较大进展，并且已在遗传工程植物、减数分裂不稳定植物、稀有及珍贵植物的繁殖过程中显示出超常的优势，但从总体来看，目前的人工种子还远不能像天然种子那样方便、实用和稳定，主要障碍在于人工种子的质量和成本。

1. **优良体细胞胚胎发生体系的建立和高质量胚状体的诱导** 许多重要的植物目前还不能靠组织培养快速产生大量出苗整齐一致、高质量的胚状体或不定芽，目前胚状体的培养还仅限于少数植物，且培养周期长，发芽率和转换率很低。较好的黄连人工种子在消毒土壤中的转换率为15.3%～18.5%，而在未消毒土壤中仅为 4.4%～5.2%。

2. **人工种皮材料的筛选** 现有的人工种皮和人工胚乳也不够理想，尤其是不能有效抵御微生物的侵袭。仅就目前所用作为人工种皮的最佳材料褐藻酸钙，仍具有保水性差、做成的人工种子易粘连、萌发常受阻等缺点。为了改变这种胶囊丸的表面特性，美国植物遗传所曾发明用Elvax聚合体在胶囊丸表面做成一层疏水界面，使这种状况得到了一定改善，但问题仍没有真正解决。

3. **人工种子的包被技术**　植物人工种子包被技术研究的重要突破发生在20世纪80年代中后期，在此期间海藻酸钠的作用被发现，使人工种子的研制有了很大的发展。但进入20世纪90年代后，人工种子的研究主要是在原来的方法基础上在不同的植物、不同的繁殖体的包被上进行一定的调整，以解决海藻酸钠存在的缺陷。在此期间，对人工种子涂膜材料上有一定的发展，但总的来说，人工种子在包被材料和技术上所存在的问题仍没有解决。要想彻底解决人工种子的包被材料问题，不仅要在海藻酸钠的基础上进行必要的改进，更要寻找新材料，采用新的包被技术，以达到加工运输方便、防干、防腐、耐贮藏的目的。包被与贮藏技术仍是人工种子实现产业化的关键技术。

4. **人工种子干燥和贮藏方法的研究和改进**　人工种子贮藏技术的发展与包被材料的发展密切相关，随着新包被技术的应用，贮藏技术也将会面对新的问题。干燥、贮藏条件和方法是人工种子研究中又一个难题，目前还没有一套较为完善的方法，多数情况下是将人工种子置一定条件下干燥后放在4℃低温条件下保存，但随着保存时间的延长，其萌发率显著下降。首先要解决植物繁殖体的脱水干燥问题，由于成本和技术等原因，人工种子经干燥低温贮藏后的发芽率还远未达到理想的水平。植物繁殖体的前处理和冷冻贮藏技术也将是需突破的关键技术。目前已有大量文献对人工种子的包被材料和贮藏技术进行报道，但仍不能有效地使人工种子在较长的时间贮藏后获得较高的转化成苗率。

5. **人工种子的制种和播种技术尚需进一步研究**　如何进行大量制种和大田播种，实现机械化操作等方面配套技术尚需进一步研究。由于人工种子是由组织培养产生的，需要一定时间才能很好地适应外界环境，因此人工种子在播种到长成自养植株之前的管理非常重要，在推广之前必须经过农业试验，并对栽培技术及农艺性状进行研究。

6. **制作成本的降低**　目前多数人工种子的成本仍然高于组培苗和天然种子。虽然一些研究机构已经建立起大规模自动化生产线，能够生产出高质量、大小一致、发育同步的人工种子，但是它的成本仍高于天然种子。在当前条件下，人工种子的生产成本相对来说是昂贵的，以苜蓿为例，目前生产1粒人工种子所需成本是0.026美分，而1粒天然苜蓿种子的成本是0.0006美分，二者相差40余倍。因此，人工种子要真正进入商业市场并与自然种子竞争，必须降低生产成本。

由此可见，人工种子要想成为种植业的主导繁殖体，目前仍有相当的困难。以上问题均是涉及人工种子能否与自然种子竞争而用于生产的重大问题。尽管如此，鉴于人工种子在简化快速繁殖技术程序、降低成本、方便贮运和机械化播种等诸方面的优越性，前景仍然看好。人们普遍认为，它是优于组培苗繁殖的，十分理想的快速繁殖新方法，它的应用预示着农业繁殖体系的一场革命。

人工种子技术在我国有着广阔的市场。根据我国种子部门的统计，我国每年农作物的用种量多达150多亿千克。如果用人工种子替代，等于增加600多万公顷耕地。以胡萝卜为例，一个12L的发酵罐在20d内生产的体细胞胚可以制成1000万粒人工种子，可供在几千公顷土地上种植使用。可以预言，在国际社会的广泛关注和多学科技术人员的联合攻关下，人工种子的研究会更加深入，制作工艺会日趋完善，人工种子作为一项高新技术而广泛应用于植物育种和良种的快速繁育指日可待。

第六章　种子休眠

休眠（dormancy）是生物界普遍存在的现象。植物的休眠有多种形式，有的为芽休眠，有的为茎、根茎、球茎、鳞茎休眠，而种子休眠最常见也最典型，对植物生产具有重大意义。

第一节　种子休眠的概念

Harper（1959）把不发芽的种子称为休眠种子。但一般认为，有生活力的种子在适宜发芽的条件下不能萌发的现象称为休眠。种子休眠又分为原初休眠（primary dormancy 或 innate dormancy）和次生休眠（secondary dormancy），原初休眠指种子在成熟中后期自然形成的在一定时期内不萌发的特性，又称自发休眠；次生休眠又称二次休眠，指原无休眠或已通过了休眠的种子，因遇到不良环境因素重新陷入休眠，为环境胁迫导致的生理抑制。Khan（1996）认为以上这种分类没有生理基础，应当分为胚休眠（embryo dormancy）和种被休眠（coat imposed dormancy）。胚休眠是由于胚未完成形态成熟或生理成熟以及胚内存在抑制物质或缺乏促进萌发的激素等引起的；种被休眠是由于种皮的透性、种皮的机械抑制和化学抑制以及胚的覆盖物引起的休眠。由于引起休眠的原因复杂，休眠的类型多样，因此对休眠分类也多种多样。也有将种子休眠分为自然休眠（或称生理休眠，physiological dormancy）和强迫休眠（stressful dormancy），但真正意义上的种子休眠应该是自然休眠。

种子休眠的深浅是以休眠期的长短来表示的。种子的休眠期（dormant period）是指一个种子群体，从收获至发芽率达 80% 所经历的时间。具体的测定方法是，从收获开始，每隔一定时间做一次普通发芽试验，直到发芽率达到 80% 为止，然后计算从收获至最后一次发芽试验的置床时间。种子休眠期的长短是种子植物重要的品种特性。

第二节　种子休眠的意义

种子休眠是植物在长期进化过程中抵抗不良环境所形成的一种生态适应性，对植物本身是一种有益的生物特性，利于种族的延续。一般而言，在温暖多湿的热带地区系统发育形成的植物，种子休眠期很短或没有休眠期，因为这些地区常年具有利于种子发芽和幼苗生长的环境条件；相反，在干湿冷热交替的地区，气候条件多变，种子往往需要经过一段时间的休眠才能萌发，否则，脆嫩幼苗遇到恶劣条件必将招致死亡，例如植物在秋季形成种子后，常到翌春才萌发，从而避免了冬季严寒的伤害。有些植物在不同部位生长的种子，其休眠期有长有短，在全年的各个月份中均有一部分种子萌发，甚至在若干年内可以陆续发芽，这样便使种子可以利用某一时期较适宜的条件进行萌发和生长，从而保证种族延续。可见休眠是种子植物抵抗外界不良条件的一种适应性。

种子休眠是调节萌发的最佳时间和空间分布的一种方法，具有极其重要的生态学意义。不同植物种子休眠程度不同，即使是同一种植物的不同个体、同一母株的不同花序或相同花序内的不同位置的种子，或是不同年份收获的种子，皆可能有不同的休眠特点，这些种子萌发所需要的时间长短不同，萌发时间的分散有利于种子的生存和传播。在不同的生境中，种子的休眠特性不同，造成了空间萌发的差异。例如需低温打破休眠的种子，在气候温暖的热带地区是很难自然萌发的，因此种子的休眠性调整了植株的空间分布。这种萌发的时间和空间分布与作物生态类型的分化是密不可分的。

在农业生产上种子休眠既有有利的一面，也有不利的一面。首先，种子休眠可防止在植株上发芽。休眠期极短或没有休眠期的禾谷类种子，在成熟时如果遇到高温阴雨天气，很容易造成穗发芽，或收获后在场里发芽，影响种子的品质和产量，从而使农业生产遭受损失。据报道，蔬菜种子也有果实内发芽的现象，研究表明，番茄果汁具有抑制萌发的作用，其原因一是与果汁内含有抑制物质有关，二是与果汁具有一定的渗透压有关。因此在果实成熟之后，休眠减弱，果腔内产生空腔改善了氧供给，果实成分发生变化而抑制物质消失，此时常出现果实内发芽现象。在茄子、辣椒或瓜类中看到的果实内发芽也是由以上几种原因综合引起的。从这一意义上说，人们希望种子有一定的休眠期。其次，种子休眠还有利于贮藏。处于休眠状态的种子在自然条件下贮藏比已通过休眠的种子更安全，如我国辽宁普兰店泡子村附近的河谷中，发掘出的莲花种子其寿命在一千年以上；豆科硬实种子可长期保存；还有马铃薯、大蒜类种子（块茎、鳞茎）的休眠在贮藏期间可长期保持不发芽，从而保证了播种品质和食用品质。

种子休眠也会给生产带来一些困难，主要表现在：①降低了种子的利用价值。如作物已经到了播种期而种子还处于休眠状态，或还没有完全通过休眠，播种后就会使得田间出苗率降低，出苗速度慢且不整齐，既影响生产又浪费种子，因此需要采取播前处理以打破休眠。再有，许多果树、林木、蔬菜、药材、花卉种子有很长的休眠期，如山楂、苹果等种子都需特殊处理，无疑会给育苗工作带来很多麻烦。②影响发芽试验结果的正确性。处于休眠状态的种子，在做发芽试验时，若不经特殊处理，测得的发芽率会很低，从而不能客观地评价种子质量。③造成除草困难。田间杂草种子同样具有复杂的休眠特性，由于种子所处的土壤环境不同而休眠期参差不齐，造成陆续萌发给根除杂草造成很大困难。对杂草种子休眠特性的深入研究，有助于防除杂草，提高作物产量。④芽菜类具有很高的营养价值，而在芽菜生产中，若遇种子休眠，会造成生产加工困难，麦芽糖的生产亦是如此。

具有长期驯化历史的植物一般比野生或近期驯化的植物有更少的种子休眠。

第三节　种子休眠的原因

种子休眠的原因多种多样，有的是单一因素造成，有的是多种因素的综合影响；有的是属于结构方面的原因，有的则是生理方面的原因，但都是由遗传和环境共同作用的结果。

一、种被不透性或机械障碍引起的休眠

这一类休眠又可分为种被不透水、种被不透气、种被及胚覆盖物的机械抑制三类。

（一）种被不透水

有些种子的种被非常坚韧致密，其中存在疏水性物质，阻碍水分透入种子，硬实种子就是这样。硬实种子是由于种被不透水而不能吸胀的种子，寿命特别长，如千年莲子。硬实种子种被不透水的原因有以下三点：①种被细胞结构造成不透水。其一，种被外表有一层比较厚的角质层或蜡质层，从而导致种子不能吸胀；其二，种皮细胞层中有一列排列紧密的栅栏细胞，栅栏细胞外壁及径向壁次生加厚，内还有一层石细胞，从而造成种皮不透水，如豆类（图 6-1）、草木樨、莲子等；其三，有些种子的种皮细胞层中有一单宁层而造成不透水，如苕子的种皮，试验用小针刺入种皮的不同深度，以观察不同层次的种皮对水分的阻力，结果发现当小针刺穿栅状细胞层时，仅极少数种子能吸水，针刺深度超过单宁层时才有大量种子能吸水萌发，说明单宁层是苕子种皮不透水的原因。②果胶变性。硬实的种皮细胞里含有大量果胶，当种皮细胞水分一旦迅速失去时，会使果胶变性，种皮硬化，从而失去再吸水的能力，成为硬实。③种脐特性（图 6-2）。许多豆科种子种皮的不透水主要取决于脐部特性，珠柄的残留物"脐疤"就像控制水分的活闩，水分子只能出去而不能进来。当外界空气干燥时，脐缝两侧的栅栏细胞迅速失水收缩，脐缝开启，种子内部水分从脐缝处散出，种子水分下降；当外界空气湿度增大时，栅栏组织吸水膨大，脐缝闭合水分不能进入种子内部，从而使种子一直处于低水分状态而休眠。可以想象，这类种子的含水量就是种子所处环境中相对湿度最低时种子的平衡水分。用浓硫酸处理腐蚀种子脐缝周围的栅栏细胞，就会除去这种控制作用，可提高种子的吸水能力，增加发芽率。

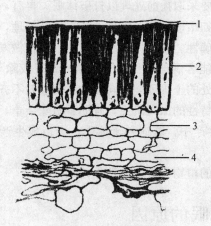

图 6-1 长豇豆种皮构造
1. 角质层 2. 栅状细胞
3. 骨状石细胞 4. 薄壁细胞

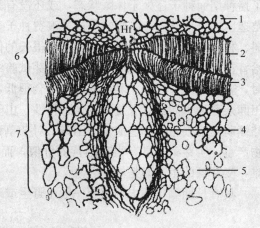

图 6-2 长豇豆种脐构造
1. 薄壁细胞 2. 重栅栏层 3. 栅栏层
4. 管胞群 5. 海绵组织
6. 由珠柄发育的部分 7. 由珠被发育的部分 Hf. 脐缝

影响种子形成硬实的因素有遗传因素、环境因素及成熟度等。

1. 遗传因素　遗传因素的影响表现在：①不同植物种类硬实率不同。有些植物种子全部硬实，如牛尾菜；有些植物种子只有部分硬实，如紫云英、绿豆等；有的植物种子完全不产生硬实，如小麦、玉米等。②同一植物的不同品种之间，硬实率存在差异，如紫云英早熟品种种子硬实多，而晚熟品种种子硬实少。硬实普遍存在于豆科、锦葵科、藜科、旋花科、茄科、美人蕉科植物中。

2. 环境条件　环境条件的影响表现在：①种子成熟时高温、干燥，易造成硬实率提高。如洋槐在干旱气候中成熟时会产生 100％硬实，在较湿润情况下成熟则只有中等数量的硬实。②光照对种子硬实也有一定影响，如苋色藜在长日照下形成硬实较多。③纬度对硬实有一定影响，如在低纬度生长的苜蓿硬实率较低，而高纬度地区则较高。④干燥程度和干燥方法对种子硬实有较大影响，菜豆种子当含水量从 16％降至 10％时硬实率从 0 上升到 50％，含水量继续下降，硬实率会继续上升。Esdorn（1928）试验表明，6℃低温高湿条件下贮藏的黄羽扇豆种子没有硬实产生，18℃干燥条件下贮藏则会生成许多硬实。⑤土壤中高浓度钙会有利于硬实形成，高浓度钾则降低其百分率。

3. 成熟度　种子本身的成熟度对硬实也有较大影响。月见草、芥菜、草木樨种子越老熟，硬实率越高；紫云英植株不同结实部位硬实率差异很大，基部种子成熟度最高，硬实率也最高，中部次之，上部最低。

（二）种被不透气

氧气是种子萌发的条件之一，种子缺氧或空气含氧过低都严重影响萌发。种子缺氧往往是由于种被不透气而使种子内外气体交换难以进行，种子便处于休眠状态。种被不透气的原因有多种，研究发现田芥菜的种皮可以透水，但氧气的透过率低。菜豆、豌豆、白芥、莴苣、梨和苍耳等干种子的种被透气性好，而当种子吸水时种被透性急剧下降。

白芥、菠菜等种皮的黏胶对透气性有明显的影响，透气性障碍实际上可能是黏胶吸胀的作用。此外，有人发现红甜菜和糖甜菜的休眠与合点帽（ovary cap）的存在有关。总之，包裹着胚或种子的某些结构是许多植物种子透气性低而休眠的原因。

苹果、大麦、小麦、豌豆、黄瓜等种子的果种皮含有很多的酚类物质及酚氧化酶，进入果种皮的氧气参与了酚的氧化反应，氧被消耗，而进不到胚部，致使缺氧而休眠。

苍耳每果中有两粒种子，其一成熟后即能发芽，另一粒则不发芽。据测定二者种皮透气性能有所不同，前者强而后者很弱，因而发芽需氧条件也不同，易发芽种子只要求有 1.5％含氧量的空气即可萌发，而不易萌发的种子则要求纯氧。如剥去二者种皮，则发芽情况迅速而整齐。进一步研究证明，需要高氧发芽的种子也含有抑制剂，经氧化破坏之后，胚才能生长。咖啡的内果皮是严重限制氧气渗透的障碍物。

椴树（Tilia）与美洲艾（Ambrosia）的种皮内都有一层珠心周膜，它是限制气体交换的主要障碍，去掉它后，种子的萌发率显著提高。这种现象与差别可以通过测呼吸强度的方法加以证实。萱草（Hemerocallis）的种子也属于这一类型，去皮后发芽率很高，未去皮的种子只有少量（4％）发芽。一些葫芦科的瓜菜植物种子也有珠心周膜，其透气性能也与其他种子不同。用剥下的膜进行实验，表明对二氧化碳的透过率大于氧气。前者折合为每小时单位面积的透过量为 15.5ml/cm², 而氧气的透过量只有 4.3ml/cm²。以上结果表明，透气性是一个复杂的现象，除自身的组织成分等特点外，还受气、温、湿等所制约。

（三）种被的机械障碍

一些种子的种被既透水又透气，只是因为种被对胚的发育和生长起着物理的阻碍作用，坚硬的种被形成了一种强大的机械约束力量，阻止了种子萌发。这在木本植物的蔷薇科、山龙眼科和苦槛蓝科等许多种子中普遍存在，在禾本科、苋科和十字花科等许多杂草种子也相当普遍。例如一种野苋（*Amaranthus retroflexus*），其种皮的透性良好，由于具有强韧的机械束缚力，从而迫使其胚不能伸长生长。据报道，种子吸足水后，一直保持吸胀状态，可维持其休眠期达数年之久。但一旦干燥后，种皮细胞壁的胶体性质发生变化，再行吸胀，则削弱以至丧失其机械束缚力。

种胚生长的机械阻力除来自果、种皮部分外，胚乳也常是不可忽略的因素，如莴苣种子的胚乳细胞壁富含甘露聚糖类物质，吸水性能虽佳，但对胚的生长有强韧的束缚作用。经穿刺试验表明，至少需外加 0.6N 的力才能使吸胀的胚乳破裂。某些丁香属的种子如垂丝丁香（*Syringa reflexa*）也明显存在有胚乳束缚力的问题。

二、种胚未成熟引起的休眠

种胚未成熟有两种情况，一种是形态未成熟，另一种是生理未成熟。

（一）形态未成熟

有些植物种子脱离母株后，从外表上看是一个完整的种子，实际上内部的种胚尚未成熟。一些植物种子的胚芽、胚轴、胚根和子叶未分化，一些种子种胚虽已分化好，但未完全长足，需从胚乳或其他组织中吸收养分，在适宜的条件下进一步发育，直到完成生理成熟。如南天竹、椤子、银杏、白蜡树、香榧、人参等植物的种子（果实）。刚收获的人参种子，胚的长度只有0.3～0.4mm，在自然条件下经 8～22 个月或人工控温 18～20℃中 3～4 个月，胚完成器官分化，长度可达 3mm。完成器官分化之后的人参种子尚需要在 4℃中经 3～4 个月进行生理后熟，通过物质代谢调节激素间的量与质的关系才能发芽成苗。其他如野蔷薇（*Rosa muliflora*）、卫矛（*Euonymus alatus*）、香蒲（*Typha*）等植物的种子也均有此特性。草本植物如伞形科白芷属野草（*Heracleum spondylium*）种子成熟时胚尚未分化，需在 2～3 个月的冬季低温中完成分化，胚长度增长 5 倍，干重增加 25 倍。兰花的种胚也发育不全，可用人工培养法加速其生长。不同植物种子胚完成分化需要的条件差异很大，据报道，西洋参种子采收后如不进行人工催芽即行播种，则要到第二年完成胚的分化、生长，第三年才能发芽出土；白蜡树种子收获后需在湿润、20～30℃条件下保持 130d，使种胚长度增加 1～2 倍，再在 5～10℃低温下处理 60～120d，才能完全解除休眠。而独活种子收获后未成熟胚的进一步发育最好在 2～3℃下进行，80～100d 后，胚长度增加 4～5 倍。同时，胚干重由占种子质量的 0.4% 提高到 3.5%。此外，光也有利于某些植物种子胚的进一步生长发育，如杜鹃等种子在连续光照或长日照的光周期下可促进胚的生长及以后种子出苗。此类休眠也称形态休眠。

（二）生理未成熟

有些植物种子的种胚虽已充分发育，种子各器官在形态上也已完善，但细胞内还未通过一系列复杂的生物化学变化，胚部还缺少萌发所需的营养物质，各种植物激素还不平衡，许多抑制物质依然存在，ATP含量极低等，使得种子在适宜的条件下仍不能萌发。如苹果、梨、桃、杏、李等种子一般需要在低温与潮湿的条件下经过几周到数月之后才能完成生理后熟，萌发生长，这一过程称为层积。层积可以使激素平衡与消长，贮存物质分解，提高酶的活性，从而使种子完成后熟萌发生长。研究表明，不同植物种子层积要求的条件不同（表6-1）。

在低温下层积后熟的种子可分为全胚休眠（山楂、樱桃）、上胚轴休眠（百合、牡丹）、下胚轴休眠（苹果、梨）、胚根和上胚轴双重休眠（铃兰）。具有双重休眠的种子，第一次低温可解除胚根的休眠，而胚要求在高温下继续生长，直至胚茎伸出子叶鞘；此时种子要求第二次低温以解除上胚轴休眠，而上胚轴的生长和第一片绿叶的出土则需要高温条件。属这一类型的种子还有大花延龄草、直立延龄草等。

表6-1 常见植物种子低温层积的有效温度和时间

植物	有效温度范围（℃）	适宜温度（℃）	在适温下所需时间（d）
山核桃	3～10	5	30～120
胡桃	1～10	3	60～120
桃	5～10	5	60～90
杏	1～5	5	150
梨属	1～10	1～10	60～90
苹果	1～5	5	60
蔷薇	5～8	5	60
杨梅	1～10	5	90
夏葡萄	1～10	5	90
山楂属	5	5	135～180
凤仙花	1～5	5	60～90
松属	1～10	1～10	30～90

除层积外，许多植物要求干藏后熟。干藏后熟就是在种子含水量较低时（5%～15%）进行的后熟过程。通常种子在干燥贮藏中需经历一个较长的时期，然后才能萌发。如莴苣种子萌发需光照与低温，但只要经过12～18个月的干藏，这种休眠特性可以消失。凤仙花种子萌发需要经过一段干藏期，且随着干藏天数的增加，萌发加速，发芽率提高，而未经干藏者发芽率很低。

后熟速率依赖于温度的高低。对于禾谷类种子，30～40℃干藏能使其迅速（在几天内）完成后熟，而低温却能阻止或延迟后熟过程。如水稻种子在27℃时干藏80余天，才能通过休眠，而32℃时需要20d左右，42℃时不足10d即可通过休眠。水稻等作物种子在采收后晒种有利于萌发。这个措施与升温能加速后熟过程的通过有关。

后熟还与含氧量有关，含氧量高可促进后熟，缺氧可延迟这一过程。例如水稻种子在100%氧中，后熟过程的速率比在氮中几乎增加一倍。

一些需低温湿润后熟的种子也能用常温干藏来解除休眠,如三裂豚草需在低温 5℃中经过 3个月时间完成后熟,如在常温下干藏则需经数月至 1～2 年才能完成后熟。至于苹果、桃、玫瑰、蓼科及阿魏属、槭属的种子,虽然干藏可以减少种子对低温的要求,但不能完全代替低温。

三、抑制物质的存在引起休眠

早在 1922 年,Molisch 便提出肉质果汁液中存在发芽抑制物能阻止种子萌发的概念。随后人们进一步发现,非肉质果中也存在发芽抑制物,并先后从果皮、种皮及胚中分离出某些抑制物。从甜菜果球中至少分离出 10 种具有抑制萌发的物质。最近有人从画眉草种子中分离出 32 种具有抑制萌发的化合物。因此,在同一种植物种子中会有很多抑制剂,可促使种子休眠。一旦这些抑制物质的浓度降低或消失,种子也随之解除休眠。以下从抑制物质的存在部位、种类、性质和作用机理四方面加以阐述。

(一) 抑制物质的存在部位

发芽抑制物质广泛存在于植物界中,据报道,约有 100 多种植物分离出了抑制物质,其中60 多种植物的抑制物质存在于种子或果实中(表 6-2),而且抑制物质的分布也因植物种类而不同。例如,白蜡树、池杉、红松、蔷薇等种子存在于果种皮中;野燕麦、大麦、水稻、狼尾草等存在于稃壳中;忍冬、杏、野茄、欧洲花楸、番茄、葡萄等存在于果汁中;梨、苹果、无花果、普通葫芦等存在于果肉中;棉花存在于棉铃中;桃、欧洲榛、苜蓿、牛蒡等存在于胚中;鸢尾属植物中的抑制物质仅存在于胚中;有的植物可能在种子或果实的各个部位都有。此外,发芽抑制物质还存在于其他营养器官中,如芦苇、小齿天竺葵的抑制物质存在于叶汁中,葱的抑制物质存在于磷茎中,胡萝卜、山蒿菜、红萝卜的抑制物质存在于根中。总之,抑制物质的存在部位似乎没有规律可循。

表 6-2 存在抑制物质的常见植物

植物种类	存在部位	植物种类	存在部位
葱	球茎汁	西葫芦	种皮、胚、果汁
蒜	球茎汁	枇杷	果皮
蟠桃	种子	荞麦	果皮
芹	种子	茴香	果实
糖甜菜	果皮	向日葵	果皮、种子
根甜菜	果实	大麦	果实
结球甘蓝	种皮	莴苣	种子
番木瓜	果汁	南美羽扇豆	种子
鹰嘴豆	种子	罂粟	果实
小果咖啡	种子	胡椒	果实
芫荽	果实	苹果	果肉、胚乳
黄瓜	果汁	欧白芥	果皮、种子
番茄	果汁、种子	可可	种子
菠菜	种子	红三叶草	种子
酸橙	果皮	小麦	果实
桃	种子	玫瑰	果种皮

（二）抑制物质的种类

存在于自然界植物种子中抑制物质的种类很多，目前人类已认识的主要有七类。

1. 简单的小分子物质　如氯化钠、氯化钙、硫酸镁等无机盐，以及氰化氢、氨等。蔷薇科种子中存在苦杏仁苷，水解后可转变成氰化氢起抑制作用，0.1％的 HCN 就可完全抑制番茄种子发芽。据研究，在任何条件下含有 HCN（或含有产生 HCN 的化合物），发芽均会受抑制。但如果种子附近有活性炭，HCN 就会被吸附在上面而减弱抑制作用。氨与其他发芽抑制物质不同，它是种子发芽过程中形成的，发芽时从许多植物种子的提取液中可以观察到氨，其含量为每毫升提取液 0.3～0.4mg。据实验，这一含量足以抑制发芽，并发现在 40mg/L 浓度下氨就能抑制蚕豆发芽，50mg/L 浓度就能明显降低玉米种子的发芽率。

2. 醇醛类物质　如乙醛、苯甲醛、胡萝卜醇、水杨醛、柠檬醛、玉桂醛、巴豆醛等。苯甲醛可由苦杏仁苷水解生成，0.03％浓度就可完全抑制种子萌发。据分析，每 20g 未熟玉米种子中约有 0.1mg 乙醛，种子成熟时完全消失，将成熟种子用未熟种子提取液处理则难以发芽。另外，从柠檬芽中提取的柠檬草油中，含有 75％左右的柠檬醛（$C_9H_{15}CHO$），这种物质 0.2％的浓度就可完全阻碍种子萌发。玉桂醛是一种比玉桂酸作用更强的抑制物质，可见，醛基具有发芽抑制特性。一般说来，醛型化合物比酸型化合物的抑制作用更大。

3. 有机酸类物质　如水杨酸、阿魏酸、咖啡酸、苹果酸、巴豆酸、酒石酸、柠檬酸等。此外，有些氨基酸如色氨酸等也对种子萌发有抑制作用。在有机酸中最重要、存在最为普遍的 ABA（脱落酸），是当前人们所公认的存在于植物种子内最主要的生长抑制物质。有机酸类物质最初是在柑橘类，其后是在蔷薇科、葡萄以及其他酸性多汁果实中发现的，它们都能不同程度地抑制发芽。试验发现，有机酸混合物比单一有机酸的抑制作用强，如 0.05％的单一柠檬酸或苹果酸溶液几乎不表现抑制效应，但将这两种溶液等量混合其抑制作用更大。研究表明，有机酸的发芽抑制作用不只取决于降低 pH，还取决于酸的固有特性。

4. 生物碱类　如咖啡碱、可可碱、烟碱（尼古丁）、毒扁豆碱、辛可宁、奎宁等。这些生物碱确实对发芽有抑制作用，但在极低浓度下可促进发芽。

5. 芥籽油类　此类是欧白芥、黑芥等十字花科植物种子中榨出的半干性油脂。将黑芥种子和小麦种子各 50 粒同时放在培养皿中培养，结果小麦发芽指数下降了 23％。丙烯异硫氰酸（$CH_2=CH-CH_2-N=C=S$）常存在于白芥及芸薹属种子中，抑制其萌发。

6. 香豆素类　香豆素是一种广泛分布于自然界，仅次于 ABA 的另一种发芽抑制物质，其分子结构是一个芳香族环和一个不饱和内酯。研究表明，香豆素分子结构的变化与抑制效应有密切关系，用羟基（—OH）、甲基（—CH_3）、亚硝基（NO_2^-）或其他基团在环内进行取代，都可降低香豆素的抑制作用。在高浓度条件下，内酯环的开启似乎还有阻碍细胞纺锤丝形成的作用。用香豆素处理未休眠的莴苣种子，会使种子休眠，而且用香豆素处理过的种子与自然休眠的种子一样，可用硫脲化合物来打破。

7. 酚类物质　许多酚类化合物能抑制种子萌发，如儿茶酚、间苯二酚、苯酚等，但各种酚类物质的作用浓度各不相同（表 6-3），一般认为，酚类化合物是广泛存在的天然发芽抑制物。

表 6 - 3　酚类物质对莴苣种子萌发的抑制效应

化 合 物	引起 50% 抑制的浓度 （mol/L）
儿 茶 酚	10^{-2}
间苯二酚	5×10^{-2}
没食子酸	5×10^{-3}
香豆素酸	5×10^{-3}
邻苯三酚 （焦性没食子酸）	10^{-2}

（三）抑制物质的性质

1. **挥发性**　乙烯、氰化氢、芳香油等许多抑制物质均具挥发性。例如，将 100 粒小麦种子与 20cm² 大小的橘皮放在同一个培养皿中做发芽试验，结果小麦种子的发芽率比对照降低 18%。这是因为在某些橘、柠檬等果皮中含有挥发性较强的对种子萌发有抑制作用的芳香植物油。一般说来，挥发性很强的抑制物质在种子贮藏时很容易消失，加温干燥也利于抑制物质的挥发。

2. **水溶性**　大多数抑制物质能溶于水中，因此，通过浸种或流水冲洗可以逐渐除去这些抑制物质，使休眠解除。如根甜菜种子，播种前用水清洗就容易发芽，这是由于洗去了抑制物质之故，如用种子浸出液浸种，则将阻碍种子发芽。

3. **非专性**　非专性是指许多抑制物质对种子萌发的作用无专一性。例如，女贞、刺槐、皂荚等林木种子的浸种液对小麦种子的萌发有显著的抑制作用；再如，苦扁桃通常含有 1%～3% 的苦杏仁苷，若将两个苦扁桃和 20 粒小麦同时装在一个密封容器中，小麦发芽就将受到完全抑制。因此，抑制物质的这一性质也使抑制物质的生物鉴定成为可能。

4. **抑制效应的转化**　某些抑制物质的浓度不同，所引起的作用也截然相反。如乙烯在高浓度时抑制某些种子萌发，为抑制物质，而在低浓度时又刺激某些种子萌发，故为萌发刺激物质。许多生物碱在极低浓度下可促进发芽，因此有人认为某些生物碱具有植物激素的作用。还有许多抑制物质在种子的不同生理阶段可以转化为促进物质，如：

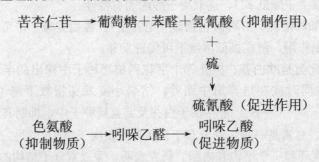

（四）抑制物质的作用机理

目前研究发现，抑制物质的作用机理在于影响酶活性和贮藏物质的代谢，影响种子的吸水和呼吸。

种子萌发过程中，贮藏的养分被分解，供给生长的幼苗作为呼吸基质。抑制剂本身不能直接影响呼吸过程，而是通过阻碍产生呼吸作用所需要的物质，间接抑制萌发。在大多数种子中，淀粉是最丰富的贮藏物质，萌发中淀粉在淀粉酶的催化作用下发生降解。因此，抑制了淀粉酶的有效性或活性，也就抑制了萌发。甜菜果皮和果壳中存在一种抑制剂，能抑制催化淀粉分解的α-淀粉酶活性，从而抑制甜菜种子的萌发。这类抑制剂包括咖啡因酸、阿魏酸、五倍子酸和除草剂氯苯胺灵、燕麦灵、二苯胺，都可抑制大麦种子形成淀粉酶。在大麦和南瓜种子中也发现相似的抑制剂，有草多素、二氯苯晴、二氯安息香酸。

　　贮藏的蛋白质在蛋白酶的作用下，分解产生可溶性的氨基酸和氨基化合物，这个过程受到香豆素的抑制，可溶性氮不能产生，从而种子萌发受到抑制。

　　油质种子的萌发需要类脂物在类脂酶的作用下分解成甘油和脂肪酸。莴苣种子中香豆素可以抑制脂酶的活性。

　　植酸钙镁的新陈代谢在种子萌发和幼苗发育过程中起很大作用。种子中植酸钙镁在植酸酶的作用下，分解释放出无机磷。富含能量的磷酸键中需要无机磷，这种磷酸键可为萌发提供能量。香豆素可抑制植酸酶的活性，也可以抑制莴苣线粒体的氧化磷酸化作用。

　　抑制物质除对酶活性和贮藏物质的代谢产生影响外，还影响种子的吸水和呼吸。过去一致认为抑制物质对种子吸水没有影响，也就是说种子的吸水障碍很少是发芽抑制物的作用。但石川试验，将谷子种子浸在分布广泛的香豆素溶液中，然后测定吸水率，发现30℃条件下，最初24h香豆素对吸水几乎没有影响，24h以后香豆素浓度越高吸水障碍越大，这是大于1mg/L时的情况。当浓度为0.1～0.01mg/L时，则促进种子吸水，以至达到与对照相当的水平，有时甚至超过对照，表明香豆素也影响种子吸水。此外，在多数情况下，抑制物质也使呼吸发生障碍，特别是用氢氰酸处理时，影响更为明显。抑制呼吸无疑是抑制发芽最为重要的原因，用番茄汁处理番茄种子，其呼吸强度下降10%。但有人用香豆素处理豌豆种子时，发现虽然抑制了萌发，对呼吸却没有多大影响。总之，不同的抑制物质阻碍发芽的机理不同，探讨抑制物质阻碍发芽的哪一过程，以及不同抑制物质的作用机理是今后种子生物学的研究重点。

四、不适宜外界条件引起的二次休眠

　　不适宜萌发的外界条件可使种子产生二次休眠，即非休眠种子重新进入休眠，浅休眠种子的休眠加深，即使再将种子移置正常条件，种子仍不能萌发，如厌氧条件、水分过多、大气低氧、种皮透性差、光照不适宜、温度不适宜等都是极有效的诱导因子（表6-4）。

　　莴苣种子是喜光种子，是研究种子休眠的理想材料。在发芽时不给予光照，即使其他条件满足也不会发芽而进入二次休眠，此时便失去了对光和赤霉素的敏感性。由于莴苣种子的最适发芽温度是20℃，试验用30℃以上温度也会诱导二次休眠。Khan指出，在某些有机与无机溶液（如蔗糖、甘露醇、氯化钠、氯化钾、二氯化钙等）中长期浸泡，可使非休眠的莴苣种子进入休眠状态，移入水中仍不能萌发，说明除去外界抑制因子后二次休眠仍然可以维持相当时间。同样，苍耳种子在30℃的湿黏土或在低氧的环境中亦可导致二次休眠。野燕麦在氮气环境中吸胀会导致二次休眠，转入空气中仍不萌发。

　　美洲艾种子完成生理后熟后，20℃中可萌发，但在30℃条件下大部分种子却不萌发，必须用低温处理100d才能再发芽。其原因仍为胚周膜透性的变化，因为把完成了后熟的种子剥出胚，即使在30℃中也能生长。高温能诱导苹果种子二次休眠，而低温（5～15℃）则能诱导酸模

（*Rumex*）种子二次休眠，野燕麦经缺氧处理和幽芥菜高 CO_2 短期处理均可导致二次休眠，解除休眠后又二次休眠的种子一般都是潮湿状态，而非干种子，遇低水势的高渗溶液也会诱导二次休眠。野生植物的种子多数有二次休眠的特性，在田间土层内存活的时间比农作物种子长久。种子埋藏实验表明，埋藏在土层中的农作物种子经过 2 年即失去发芽力，但有 34 种野生植物种子维持寿命到试验结束（39 年），一般认为与二次休眠有关。

表 6-4　诱导二次休眠的因子及实例

诱导因素	植物种类	诱导因素		植物种类
过高温度 （热休眠）	三裂叶豚草 旱芹 藜 莴苣 蒲公英	二氧化碳		欧白芥
		水分胁迫		旱芹 莴苣 藜
		γ 射线		莴苣
过低温度	蓼 蒲公英 小窃衣 婆婆纳	化学 物质	香豆素 4,5,7-三羟 黄烷酮 ABA	莴苣 莴苣 莴苣
过长日光照射 （光休眠）	莴苣 黑种草	干燥		藜
过长远红光照射	硬毛南芥 尾穗苋 莴苣 欧夏枯草	黑暗（暗休眠）		豚草 柳叶菜 莴苣 酸模 梯牧草
厌氧条件	苍耳			藜

　　二次休眠的机制，同原初休眠一样尚有待研究，目前公认的机制有两种，一种认为二次休眠是由种被部位发生了某些变化所致，因为除去种被后，二次休眠解除，胚能正常生长，如豆类作物通过干燥进入二次休眠就是由于种皮干燥而硬化的缘故。另一种认为胚部发生了一系列生理变化所致，但这方面的深入研究工作较少。总之，不同作物二次休眠的发生并不遵循同一机制；另外，由于自然生态环境中条件的变化会导致二次休眠的发生，引起种子形成循环休眠。有关种子的循环休眠，详见第十章。

　　种子休眠的原因很复杂，许多种子休眠是由于上述一种因素引起的，但多数情况下由两种或两种以上因素引起的休眠更为普遍。如椴树种子具有坚硬果皮，对种胚生长有一定的机械束缚力，同时种皮内有一层膜限制气体交换，胚要求在供水和气体交换良好的条件下，经过一段时间的低温生理后熟过程。山楂、枸子、山茱萸和桧柏等都是种皮无透性而胚又休眠的种子。人参子既是胚形态未发育成熟，又需要一个生理后熟的例子。藤萝和紫荆种子除硬实外，其胚尚需低温后熟过程，属双休眠。

　　依据不同类型种子休眠原因的差异和休眠程度的不同，Marianna G. Nikolaeva 提出一个休眠分类系统，该分类系统表明休眠是由种子形态和生理两方面特征决定的。在此基础上，C. Baskin 和 J. Baskin（1998，2004）进一步提出了综合分类法，将种子休眠分为五种类型。

　　1. 生理休眠（physiological dormancy）　　生理休眠是最丰富的休眠形式，存在于裸子植物（gymnosperm）和所有的主要被子植物中，它是恒温种子库中最常见的休眠形式，也是田间最丰富多样的休眠类型，更是实验室中大多数模式植物种子的主要休眠形式，包括拟南芥、向日葵、莴苣、番茄、烟草属、野燕麦（乌麦）和几种谷物。

生理休眠可被分为深度、中度、浅度三个水平。深度生理休眠是指种子的离体胚不能生长或者将产生不正常的幼苗，GA 处理不能解除其休眠，需要几个月的冷层积（亚型 a）或暖层积（亚型 b）才能萌发，如挪威槭（又称挪威枫，深度生理休眠）和欧亚槭（中度生理休眠）。大量的种子有轻度生理休眠，这些种子的离体胚能产生正常幼苗，GA 处理能打破这种休眠，并且根据植物种类的不同也可通过切割、刺破、干藏后熟、冷层积或暖层积等破除休眠。根据对温度的生理反应变化模式可以区分五种类型的轻度生理休眠。随着轻度生理休眠的逐步解除，种子对光和 GA 的敏感性增加。

2. 形态休眠（morphological dormancy）　形态休眠存在于种胚已分化（分化出子叶、胚轴、胚根），但种胚仍处于发育状态（以胚大小描述）的种子中。这些种胚并没有在生理上休眠，仅仅是需要时间进行生长和萌发，如芹菜。

3. 形态生理休眠（morphophysiological dormancy）　形态生理休眠是在种胚处于发育状态的种子中最明显，此外它们还存在导致休眠的生理因素。这些种子需要暖层积或冷层积解除休眠，在一些种子中施加 GA 也能解除休眠，如金莲花属（毛茛科）、欧洲白蜡树（木犀科）。

4. 物理休眠（physical dormancy）　物理休眠是由于种皮或果皮中控制水分运动的栅栏细胞的不透水层而引起的，机械法或化学法破坏种皮能解除休眠，如草木樨属和胡卢巴属（均为豆科）。

5. 综合休眠（combinational dormancy）　综合休眠指同时具有物理休眠和生理休眠，在具有不透水层与生理性胚休眠相结合的种子中明显，如天竺葵（牻牛儿苗科）和三叶草属（豆科）。

第四节　种子休眠的调控机理

种子的休眠与萌发是种子内外多种因素综合作用的结果，其调控机理很复杂，很难用一种学说来概括自然界种类繁多、特性不同的植物，下面介绍几种主要因素对种子休眠的调控。

一、光与种子休眠调控

（一）种子的感光性

根据种子在萌发过程中对光的需求，可分为感光性种子和非感光性种子。感光性种子包括喜光种子和忌光种子，喜光种子是指因光的存在而缩短或解除休眠的种子，忌光种子是指因光的存在延长或诱导休眠的种子。光对种子萌发没有影响的种子为光不敏感种子。很多植物种子具有感光性，而非感光性种子多属于长期栽培的植物种子。常见的喜光种子有莴苣、芹菜、胡萝卜、茴香、茄子、芥菜、烟草、黄麻、水浮莲、月见草、千屈菜等；忌光种子有苋属、鸡冠花属、黑种草属、葱属、百合科中的若干种。

种子的感光性还受母株所处的生长条件与种子采收后的处理、萌发时的吸水状况、光照的质与量及温度等因素的影响。一些种子在光中或黑暗中原本可以顺利萌发，但是当它们在吸水时遇

種 子 生 物 学

到萌发的非适温，就会产生感光性。对于感光性种子，非适温可提高其感光程度。G. Hacisalihouglu 等（1997）研究发现，莴苣 Mesa 659 种子在 35℃水中黑暗条件下浸一定时间将诱导休眠，感光程度增强。

柔毛桦木种子在 15℃萌发时要求长日照，但当温度超过 20℃时，在暗处也可顺利萌发。又如，老枪谷种子在高温下表现为喜光性，而在较低温度下却为忌光性。有些需光种子具有光周期性，如柳叶菜种子属于短日性类型，在长光期中插入暗期要比连续光照对萌发的促进更为有效。桦树种子则属于长日性类型，随着光周期的延长直至 20h，发芽率继续增加。

（二）光敏素对植物种子休眠的调控

早在 1940 年就已发现不同波长的自然光对种子休眠与萌发有影响，红光（660nm）促进发芽，远红光（730nm）则起抑制作用，如莴苣、拟南芥、鬼针草、独行菜、黍落芒草、杜鹃花种子都存在这种现象。

1959 年对这种光可逆的物质进行了提纯分离，表明光敏素是一个由蛋白质与色素基团组成的物质，相对分子质量在 36 000～42 000 之间。色素基团是感光部分，它由 4 个并列的吡咯环构成，有两种分子结构形式 Pr 与 Pfr。Pr 型对红光的吸收峰在 660nm 处，故又称为 P_{660}，吸收红光后，分子结构变成 Pfr 型。Pfr 型对远红（外）光的吸收峰在 730nm，故又称为 P_{730}。Pr 是不起催化作用的形式，为钝化型；Pfr 是起作用的形式，为活化型。Pfr 经远红光照射时可以转变成 Pr，因此抑制需光种子的萌发。Pfr 在暗中也会通过非光化学的反应而缓慢地转变成 Pr（图 6-3）。现已知有 200 多种植物的种子休眠与 Pfr 有关，有的需要一次照光，有的则需反复照光。许多实验证明，种子是否萌发取决于最后一次照射的光谱成分（表 6-5）。

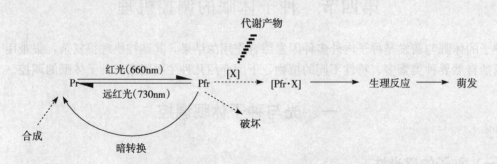

图 6-3 光敏素的转换作用过程

表 6-5 光对莴苣种子的萌发调控

光处理	发芽率（%）
R	98
FR	3
R+FR	2
R+FR+R	97
R+FR+R+FR	0
R+FR+R+FR+R	95

目前已确认光敏素存在于膜上，其诱导作用也在膜上进行。光敏素能解除需光种子休眠，主要有三个学说，一是 Pfr 使基因活化和表达；二是 Pfr 调节某些酶的活性，从而调节了整个代谢系统；三是 Pfr 改变了膜的透性。

但关于 Pfr 的作用机理实质仍不明确。Smith（1975）提出了光敏素与膜结合的作用机理模式（图 6-4），在这个模式里，膜起着极为重要而关键的作用。光敏素与膜结合在一起，物质 W 变成 X′后与光敏素结合，经红光照射后形成高能态的 Pr*X′继而分解成 X°和 Pfr，X°即作为某种信息的传带者，它与 A 结合之后，即可诱导种子萌发或形态建成等反应。Pfr 逆转为 Pr 也需经 Pfr 的中间状态。至于 X°、X′和 A 究竟是什么，目前尚不清楚，一般认为可能是固定在膜上的 ATP 酶或其他代谢产物。这一模式也提示了 Pfr 与 Pr 的比例在调控感光种子的萌发中起着关键作用，

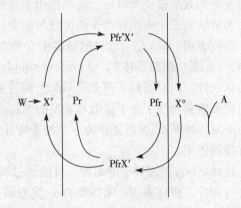

图 6-4　光敏素与膜结合的作用机理（模式）
（Smith, 1975）

尤其是激发态即活化型的 Pfr 水平与种子萌发所要求的 Pfr 的阈值是决定萌发是否需要光照的依据，当 Pfr 大于阈值时，种子可能在暗处萌发。反之，如果 Pfr 小于阈值则需加光（红光）。种子 Pfr 阈值可能因植物的种或品种的基因型不同而异，而种子所含 Pfr 的量又受各种环境因素的影响，如基质、种子含水量等，这已为大量的试验所证实。

由于赤霉素浸种可以促进光敏感种子在暗处发芽，所以也有人认为 Pfr 可能对合成赤霉素或使其解脱束缚状态起作用。另有试验表明，照射红光还能增加芹菜种子激动素的活性，提高细胞分裂素的水平。综上所述，可以得到一种启示，即光解除休眠是通过光敏素的转变，改变细胞膜的状态，从而导致 GA 和细胞分裂素的合成，调节内源激素平衡。同时基因活化，调节核酸代谢，促进蛋白质和酶的合成，从而导致种子萌发生长。

种子的光敏感特性对植物的生态分布起着重要作用。许多野生植物的种子一旦埋入土中，就长期保持休眠状态。当翻耕土地时，种子达到表层，受到光照之后即萌发生长。研究证明，土壤埋藏种子维持休眠状态的主导因素是缺光，高二氧化碳气体与低氧作用次之。在茂密的森林中，特别是热带雨林，许多草本植物的种子要求一定的光照度才萌发生长；与此相反，许多沙漠植物以暗发芽种子为主，照光反而抑制萌发。据测定，在沙漠表面下 10cm 处的种子不受光的干扰，能发芽生长，研究结果表明这类种子有足够的 Pfr 供其应用，照光反而破坏它的平衡，不能萌发。

二、植物激素对种子休眠的调控

种子中的五类植物激素即生长素类、赤霉素类、脱落酸、乙烯、细胞分裂素都对种子的休眠与萌发起调控作用。另外，人工合成的调节物质对种子休眠也有相似的调节作用。

（一）赤霉素（GA）解除休眠的机理

赤霉素（GA）并不参与对休眠本身的调控，而是对促进和维持发芽起作用，即作用于 ABA 抑制发芽的效应被克服以后。这类作用主要包括两个途径，即对种胚的直接调控效应和通过诱导相关水解酶的表达来调控种子的休眠与萌发。

研究表明，GA 信号途径的很多中介物参与了种子休眠与萌发的调节，如 GCR1、CTS 等。GCR1（G 蛋白偶联受体 1，G-protein-coupled receptor 1）的过量表达可以有效地解除拟南芥种子的休眠性，同时增强了两个受 GA 上调的基因 MYB65 和 PP2A，说明 GCR1 作为 GA 信号分子间接和直接参与了种子休眠和萌发的调控。拟南芥 COMATOSE（CTS）位点的突变减弱了种子的萌发，推断 CTS 可能作为一个种子特异的 GA 信号因子促进了种子萌发，同时对种子休眠具有抑制作用。

此外，GA 促进种子的萌发，可能通过转录水平和转录后水平对 α-淀粉酶基因的表达和分泌进行调控。研究表明，禾谷类的 α-淀粉酶基因启动子中存在几个高度保守的短序列元件，具有 GA 响应的功能。响应元件 GARE 是一个高度保守的 TAACAYANTCYGG 基序，GARE 和 TATCCAC 基序对于受 GA 和 ABA 调控的大麦高等电点 α-淀粉酶 pHV19 基因启动子的表达有重要作用。这些核心序列在其他 α-淀粉酶基因 GA 响应启动子中以同样的基序或近似的位置存在。

（二）脱落酸（ABA）诱发休眠的机理

ABA 是种子休眠诱导、建立与保持的重要化合物，大量试验证明，许多植物种子在成熟过程中随着 ABA 量的增加，种子便进入休眠状态。Karssen 等从拟南芥中发现了一个 ABA 缺失突变体 aba，该突变体种子在成熟过程中其 ABA 含量一直非常低，但正常野生型种子在成熟中期有一 ABA 的合成高峰，所以突变体种子成熟期间及成熟后发芽率高达 100%，而野生型种子正好相反。此外有报道指出，用 0.2mg/LABA 就可降低后熟花生种子的乙烯生成量和种子发芽率，用 0.006mg/L 的 ABA 处理马铃薯幼芽可长期维持其休眠。

关于 ABA 诱发休眠的机理，有人用放射自显影技术研究白蜡树种子，发现用 ^{3}H 标记的核苷酸掺入核酸的合成过程被 ABA 强烈抑制，但 ABA 却不抑制用 ^{14}C 标记的亮氨酸掺入蛋白质的合成过程。表明 ABA 诱导休眠在于抑制特定 mRNA 的生成，进而抑制蛋白质（酶）的合成，并非直接抑制蛋白质的合成。

另有人认为，ABA 在休眠上的作用是通过调节某些基因的表达实现的。休眠性不同的小麦离体胚对外源 ABA 反应后，在蛋白质合成上有明显差异。在深休眠的胚中，ABA 反应型基因更利于表达，某些 mRNAs 的含量丰富，并产生一系列"休眠蛋白"。20 世纪 90 年代初，有人发现休眠小麦的胚轴在吸胀最初 4h 内源 ABA 增加 2.5 倍，并合成一系列热稳定蛋白。不休眠的胚没有表现出类似的反应，但将其浸在 100～1 000 倍生理浓度的 ABA 溶液中也可诱导这些蛋白合成。之后，又发现 ABA 可以诱导 LEA 蛋白、促进 VP1 基因的表达等。由于 ABA 参与多种生理反应，可以推测其作用位点可能有多个，每个位点是通过何种方式参与休眠的，还有待进一步研究。

（三）细胞分裂素（CK）解除休眠的机理

细胞分裂素（CK）解除休眠的作用方式是通过 CK 与 ABA 相互作用，以调控膜的透性水平和促使 GA 的释放来实现的。富含 ABA 抑制物的种子休眠可借外源 CK 得以解除，GA 与 CK 同时使用的效果更佳。外源的 ABA 也可由外源的 CK 消除，补加 CK 于休眠种子能提高原有 GA 的作用水平。因而 CK 能在解除 ABA 的同时，调动 GA 的作用。Thomas（1977）提出了 CK 调控种子休眠的机理：CK 和 ABA 存在于胚外层部位，GA 存在于胚细胞中的特定部位。结合态的 CK 在外界光、温条件刺激下变为游离态 CK，当 CK 大于 ABA 时，由于 CK 的作用膜透性增强，GA 从胚部释放出来，进入胚乳带动了萌发前的系列生理生化过程而导致萌发。

（四）乙烯对种子休眠的作用机理

乙烯对种子休眠与萌发的调控已被许多试验证实，如结束休眠的种子萌发时放出乙烯，如果把未解除休眠的种子与之放在同一玻璃瓶中密闭，则可使其休眠解除。傅家瑞（1984）研究表明，水浮莲种子经光照可产生乙烯促进萌发，对不光照的种子用乙烯处理，可使发芽率由 0 增到 80%。试验已证明，乙烯不仅可以起到 CK 的作用，而且又可提高 GA 的效应。用乙烯与 GA 及细胞分裂素（CK）综合处理人参种子可以完全取代低温层积，但任何单一因子处理对此都是无效的。说明乙烯与 CK 的作用还不完全一致，需进一步研究。

（五）激素相互作用的三因子假说

大量实验表明，GA、CK、ABA 在种子休眠与萌发中分别起着各自的作用。1969 年，Khan 和 Waters 提出控制种子休眠与萌发的三因子模式（图 6-5），指出 GA、CK 和 ABA 是种子休眠萌发的调节者，它们之间的相互作用决定着种子的休眠与萌发。三因子假说模式图提出 8 个组合，反映着不同植物激素状况与种子生理状况之间的关系。由图 6-5 看出，在种子萌发中 GA 起着原初作用，ABA 起抑制作用，而 CK 起着解抑作用，即：

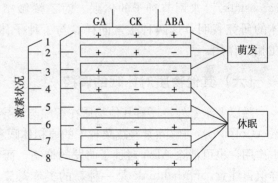

图 6-5　三因子假说模式图

＋　指激素含量达到发挥生理作用的水平

－　指激素含量未达到发挥生理作用的水平

$$CK \xrightarrow{抵消} ABA \xrightarrow{抑制} GA \xrightarrow{解除} 休眠$$

三因子假说的基本点，一是 GA 是种子萌发的必需激素，没有 GA 种子就处于休眠状态；二是 ABA 起抑制 GA 的作用，从而引起种子休眠；三是 CK 起抵消 ABA 的作用，它并不是萌发所必需的，如果 ABA 不存在，CK 亦不是必要的。

三因子假说清晰地揭示了调控种子休眠与萌发的激素之间的相互作用，使一些看似矛盾的现象得到了科学的回答。如大麦种子的休眠由于加入 GA 而解除，但加入 CK 则无效，当种子预先经 ABA 处理则必须同时加入 GA 和 CK 才能解除休眠。苍耳的上位种子，其休眠不能用 GA 解除，而只能用 CK 解除。

尽管如此，三因子假说至少还存在两个缺陷，一是 Khan 认为，自然界所有种子都受这三种植物激素的相互作用而调控其休眠和萌发，但实际上并不绝对普遍，许多植物种子并非如此；二是它只涉及三种植物激素，完全忽视了乙烯等对休眠的调控作用。

另外，植物激素对种子休眠的调控十分复杂。大量资料表明，种子发育中 ABA 的缺乏与成熟种子中原初休眠的缺少有关，而 ABA 生物合成基因的过量表达能增加种子的 ABA 含量，并增强种子休眠或延迟种子萌发。在拟南芥中，AtNCED 基因家族的成员编码的酶催化 ABA 生物合成中的关键调节步骤。胚和胚乳中 ABA 合成都可能有助于种子休眠的诱导。高 ABA 含量存在于强烈休眠的拟南芥生态型 Cape Verde Island（CVI）吸胀种子中，而当失去休眠时，ABA 含量降低。近年来，用该生态型所做的转录物组分析强烈支持这个观点：增加 ABA 的生物合成与休眠状态有关。

用强休眠的拟南芥生态型 Cvi 的工作表明休眠可能依赖于 GA 和 ABA 生物合成和分解代谢的内在平衡，它将决定某一激素的优势。而 Cvi 种子的 PD 能通过后熟、层积、ABA 生物合成的抑制等有效地解除，GA 的添加似乎有很小的效应。用 GA 处理休眠的 Cvi 种子引起 ABA 水平的瞬时增加，表明在休眠的种子中存在一个反馈机制，它能保持一个高的 ABA 与 GA 比值。因此，休眠状态的净结果具有 ABA 生物合成增加、GA 合成降低的特征。所以控制萌发是 ABA 与 GA 比值，而不是绝对激素含量。

对 GA 和 ABA 缺失突变体的研究表明，GA 和 ABA 对种子休眠的调控作用相反，GA 缺陷型突变体休眠性增强并需要外源 GA 来解除，而 ABA 缺陷型突变体休眠性减弱；GA/ABA 双缺陷型突变体中两种激素或者通过互作，或者通过两种信号的"交叉交流（crosstalk）"来调节种子的休眠。对乙烯敏感型突变体及 BR（油菜素类固醇）缺陷型突变体的研究表明，这两种激素同样参与了种子休眠的调控，且可能与 GA 和 ABA 传导途径存在相互作用。

（六）其他物质对休眠的调控

除以上激素外，还有其他物质在解除与诱导休眠上起着重要作用，如壳梭孢素（FC）、子叶素（Cotyl. E）对解除某些蔬菜种子的原初休眠和阻止二次休眠非常有效。FC 兼有 GA 和 CK 双重作用，也可消除 ABA 对种子萌发的抑制，而作为第二信使的 c-AMP 对萌发的特殊作用也同样值得注意。Phthalimide 是一种新的类赤霉素物质，其中以 Phthalimide AC94377 最为活跃。曾广义和 Khan（1984）发现 Phthalimide AC94377 能像 GA 一样有效地阻止非适温（昼温 30℃，夜温 20℃）对生菜（Grand Rapids、Mesa659）二次休眠的诱发。当 Phthalimide 与激动素和乙烯混合使用时，效果更佳。研究表明，BR（油菜素类固醇）与 GA 一样能够解除 ABA 诱导的种子休眠，同时能部分促进 GA 缺陷或不敏感突变体种子的萌发。

三、温度对种子休眠的调控

种子成熟期间的温度影响小麦等作物种子休眠。收获后不适宜的温度会导致种子的二次休眠。此处重点介绍层积和干热处理解除休眠的机理。

（一）层积处理解除休眠的机理

层积解除种子休眠主要在于：①部分酶活性提高，大分子的贮藏物质降解，转化为各种可溶性的可为胚代谢、生长所利用的物质。②抑制激素的降低和促进激素的增多，如糖槭的胚休眠需要 6 周低温才能解除，当种子吸胀后分别置于 5℃ 及 20℃ 中，经过 0、20、40、50d 后，用有机溶剂提取并进行纸色谱分析，洗脱物以大豆愈伤组织法（生物测定法之一）测定细胞分裂素活性，在 5℃ 中预冷的种子，细胞分裂性随预冷时间延长而提高，在处理 20d 后，细胞分裂素活性达到高峰，然后又随低温期延长而下降，在萌发的种子中已检测不出细胞分裂素的活性（图 6-6）。另外，用莴苣下胚轴法（生物测定法之一）测定色谱洗脱物中赤霉素活性，用气相色谱法测定脱落酸活性，在 5℃ 中的种子，游离型赤霉素活性增加，低温处理 40d 达高峰，而在 50d 却降至很低水平；脱落酸含量则迅速下降。而放置于 20℃ 中的种子，相应的变化甚少。可见在预冷解除休眠期间，种子内含的植物激素活性发生相应的变化。

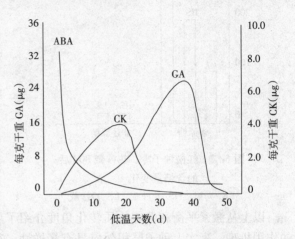

图 6-6　预冷（5℃）对糖槭种子中的细胞分裂素、赤霉素和脱落酸含量变化的影响

红松种子中脂肪（72%）、蛋白（17%）的含量较高，碳水化合物的含量极少（0.7%），可溶性糖的含量更少，还原糖全缺，也就是说未经层积处理的红松种子缺少可直接作为呼吸代谢的原料——己糖，即使存有微量的蔗糖等非还原糖（0.5%），但蔗糖转化酶可能不具备可供迅速转化为单分子己糖的活性。因此，若用干种子直接破壳处理或剥胚进行高温发芽试验，因种胚本身缺少呼吸原料而无法快速萌发，在此低水平呼吸代谢情况下，低活力的种子易遭微生物的侵染而霉烂。由此，采取快速催芽时，必须先将种子浸泡 4～8d 后再破壳处理。在常温特别是通气良好的情况下，种子才不易霉烂而能得到较高的发芽率。但快速催芽出苗不齐，长势弱且有较多的畸形苗。研究证明，红松种子必须要有 100d 以上 1～5℃ 的低温沙藏或越冬层积处理才能得到齐苗和健苗，其间种子内含物的最大变化就是还原糖的大量积累（图 6-7）和脂肪（图 6-8）的显著减少。这一转化过程在低、高温同步沙藏的对比试验中表现出明显的差别，这与发芽试验的结果相一致（图 6-9）。在发芽试验的前期，明显看出两者的差距甚大，而热沙藏者需推迟两个月以后才能陆续达到较高的发芽率。说明热沙藏的条件不利其后熟过程，但可以缓慢地进行。油脂种子的呼吸代谢主要依赖于脂肪的降解与转化，但至为关键的脂肪酶活性则要求偏低的温度。已知多数要求低温层积的植物种子其脂肪酶活动的最适温度为 5℃ 左右。

当然，还有其他一些代谢过程与低温相适应。如呼吸作用，多数带种壳的种子，其覆盖物对气体交换均有不同程度的障碍。在低温条件下，呼吸过程相对较为缓慢，这与其气体的内外交换相协调；相反，若在高温条件下，呼吸作用势必加强，而气体交换与其不相适应，结果会导致无氧呼吸，积累酒精及其他中间产物，有碍代谢的正常运转，因而种子休眠得不到解除。

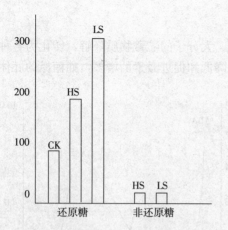

图 6-7 红松种子冷、热沙藏 80d 后
的含糖量变化

CK. 对照 HS. 热沙藏 LS. 冷沙藏

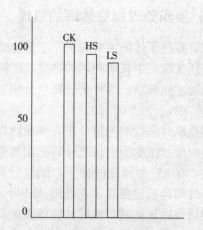

图 6-8 红松种子冷、热沙藏 80d 后
的脂肪含量变化

CK. 对照 HS. 热沙藏 LS. 冷沙藏

以上从激素平衡和营养物质转化角度介绍了层积的作用机理，事实上种子层积效应具有多样性。很多植物种子在低温层积前需要一个高温层积阶段，否则低温层积不能解除休眠，如秋水仙和风铃草种子；另一种是层积过程需以变温形式，如红松种子；第三种是在低温层积的全过程忌高温，即使短暂或稍偏离其有效上限温度，都会导致严重扰乱与障碍，出现明显的二次休眠现象，如欧洲卫矛在低温（3℃）期间插入一个短暂的高温（20℃），就会消除低温效应，必须从头开始低温层积；第四种是在一定条件下层积一定时间可解除休眠，但再延长层积时间就会减少层积效应，甚至消除，如酸模种子。这些现象用激素平衡和营养转化都难以解释，可能与膜的相变，导致膜透性变化和代谢紊乱有关，需进行大量研究。

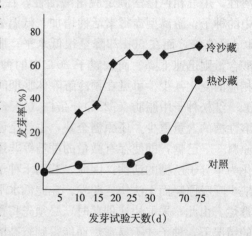

图 6-9 红松种子冷、热沙藏
（130d）发芽试验结果

（二）干热处理解除休眠的机理

禾谷类种子如小麦、水稻等在低水分（5%～10%）、高温（45℃左右）下可以很快解除休眠。干藏或干热处理解除种子休眠的机理，虽有种种说法，但目前比较趋向一致的认识是在干燥和偏高的温度条件下，有利于氧气渗入种子和内外气体交换，促使 NADPH 氧化，以保证 PPP 途径的顺利进行。这就是 PPP 途径调控种子休眠与萌发的呼吸代谢均衡论理论。

Roberts（1961，1962）先是发现，在贮藏环境中增加氧分压可以缩短水稻种子的平均休眠期，贮藏温度与休眠期成反比，其关系可用公式 $\log d = K_d - C_d \cdot t$ 表示，其中 d 为平均休眠期，t 为贮藏温度，K_d、C_d 均为常数，并求得在 27～47℃之间，种子休眠特性消失的 Q_{10} 规律：在

$20\sim35℃$时，Q_{10}在$2.0\sim2.5$之间，随着温度上升，Q_{10}下降。据此，Roberts认为解除休眠所需的氧化反应不是一般的呼吸作用。应用对EMP、TCA途径和氧化磷酸化反应的抑制剂，如NaF、CH_3F、$HCOOH$等处理水稻种子，其结果无抑制效应，若用细胞色素氧化酶抑制剂，如CO、CN^-、N_3^-、H_2S等不仅不延迟休眠，反而促进萌发，这种抗CN^-呼吸现象在其他禾谷类种子、牧草和蔬菜种子中均有存在。根据休眠与非休眠种子C_6/C_1比值的变化规律，Roberts于1969年提出调控种子休眠与萌发的PPP途径假说，并于1975年再加以系统阐明（图6-10）。种子发芽的顺利与否必须以PPP途径运转的情况而定，休眠种子的呼吸代谢以一般的EMP-TCA途径为主，PPP途径进行不力。要使休眠转为非休眠，则必须使EMP-TCA途径转为PPP途径。施加一般呼吸抑制剂或增加种子内氧分压等处理，均可促进NADPH的氧化，使PPP途径顺利运转，从而解除休眠。

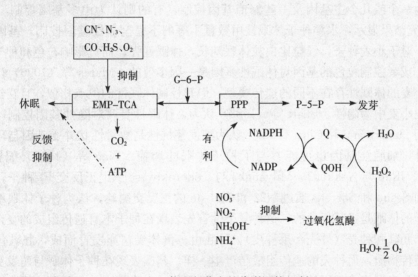

图6-10　休眠与萌发的代谢调控机制

Simmond等（1972）以野燕麦种子为材料的研究结果也支持PPP途径的假说，从能荷的角度阐明种子如何调节EMP-TCA与PPP两条途径的消长过程，认为当休眠种子内ATP的含量逐渐提高到某一程度时，可以对EMP产生反馈抑制，使用足够的氧可以使PPP途径氧化系统顺利进行，保证NADP的再生，或以增加氧分压抑制EMP（Paster效应），使PPP途径更能利用G-6-P，从而有利于休眠解除。

Hendricks等（1974—1975）又从另一角度提出PPP途径调控的机制。他们利用各种含氮化合物如NO_3^-、NO_2^-、NH_2OH、NH_4^+、N_3^-等处理莴苣、野苋种子，结果发现，凡能促进发芽的含氮化合物可以抑制种子内H_2O_2酶的活性，但不影响过氧化物酶的活性。据此认为，种子代谢过程产生的H_2O_2在休眠种子中被H_2O_2酶分解成H_2O和O_2，而在非休眠的种子中H_2O_2则由过氧化物酶及苯醌氧化还原酶的连锁氧化还原反应，将NADPH氧化，使NADP再生而保证PPP途径的顺利运行，以利萌发。研究发现，在种子遇吸胀冷害时，常有适应性的保卫反应，其中之一也是通过增强过氧化物酶活性而相对减弱H_2O_2酶的活性来促使PPP途径的运行，以利种子活力的保持。

通过呼吸代谢途径的变化来调控种子休眠与萌发是种子植物在漫长的自然演化过程中自然选择的结果。种子萌发初始阶段之所以以 PPP 途径为主导，在于 PPP 途径会导致戊糖的生物合成。R-5-P 是合成各种核苷酸后产生核酸和很多辅酶，如 NAD、ATP 和辅酶 A 等的基本原料，这类物质对种子的萌发与生长必不可少。很多的研究资料证实，在低温层积处理过程中，种子呼吸转为 PPP 途径。

第五节　种子休眠特性的遗传与环境调控

与其他性状一样，种子的休眠也由遗传物质决定并受环境条件的影响。前人研究表明，种子的休眠对不休眠为显性，但对控制该性状的基因数目存在不同看法，对于水稻种子，有的研究者认为休眠性由一个或几个主基因及一些修饰基因控制，有的则认为由多基因控制，而 Chang 等（1973）的研究结果显示，水稻种子休眠性由数量不等的不完全显性基因控制，基因间的效应不等且可累加。对于小麦种子，红粒比白粒休眠期长，休眠性强，而且影响粒色和种子休眠性的基因紧密连锁，或者控制粒色的基因对休眠性基因是一因多效的。Mares 等（1990）认为尽管红皮小麦和白皮小麦的休眠性存在不同的遗传模型，但其控制休眠性的位点相似，且在红皮小麦中为显性，在白皮小麦中为隐性。Bhatt 等（1983）认为，休眠性受两对隐性基因控制，无休眠对休眠为显性。而 Hagermann 和 Ciha（1987）认为穗发芽抗性是数量性状并受基因与环境互作的影响。除此之外，细胞质基因也可能参与了种子休眠的调控。Wan 等（1997）配置了 IR36 与 Miyukimochi、IR36 与 Nekken2、Milyang23 与 Todorokiwase 三组正反交 F_1 种子，发现休眠性存在差异，而 Seshu 和 Sorrells 通过 N22 和 Mahsui 的正反交测验，认为种子休眠不受细胞质影响。可见种子的休眠是极其复杂的，这种复杂性首先表现在种子本身遗传组成的复杂性。完整种子包括种胚、胚乳和种壳（外壳、果种皮），种胚由二倍体受精卵发育而成，胚乳包含一套父本和两套母本遗传物质，而种壳的遗传组成与母本一样。其次表现在种子休眠与萌发受多种环境因素的影响，而且表现为多基因控制的数量性状。随着分子生物技术的成熟和应用，对种子休眠这类复杂性状进行数量性状基因座的定位和分析成为可能。在拟南芥、小麦、大麦、水稻等作物上已有大量报道。如 Laura oberthar 等（1999）对来自六棱啤酒大麦 Morex 和六棱饲用大麦 Steptoe 一组双二倍体系，利用 RFLP 分析表明：①控制大麦休眠的主基因位于第 7 染色体的长臂上，在第 1 和第 4 染色体上有两个微效基因。主效基因在 PSR128 标记附近，具有明显的上位性，调节第 1 和第 7 染色体上的 Amy2 和 ABG390 标记附近的基因的表达。②大麦休眠和环境、休眠和成熟期之间有着明显的互作。第 1 染色体上 Amy2 标记附近的基因在干旱环境下表现主要作用，在第 4 染色体上 BCD402B 标记附近的基因在干旱环境下表现较小的作用。Kato 等（2001）以 DH 群体为材料，研究发现在小麦第 4 染色体上存在 3 个控制种子休眠性的位点，其中一个主效 QTL 位于染色体的长臂，另两个微效 QTL 分别位于染色体 4B 和 4D 长臂的末端，这 3 个位点解释遗传变异的 80%。Lin 等（1998）首先利用 Nipponbare/Kasalath//Nipponbare 的 BIL 群体，在第 3、5、7、8 染色体上定位了 5 个休眠性 QTL，然后利用回交和标记辅助选择将其中一个基因定位到第 3 染色体短臂 RFLP 标记 R10842 和 C2045 之间，且与 C1488 共分离。

虽然种子休眠表现为数量遗传，但也可通过遗传育种的方法选育不同休眠程度的品种。以小麦为选育材料的实验证明，种子休眠期长的品种与短的品种杂交，其后代趋向于短的一方面或中间型。据毛伯韧与吴兆苏（1983）研究证明，小麦 F_1 的种子休眠期常随母本。例如，"玉皮麦"为母本、"江东门"为父本的杂交种子，黄熟期发芽率为 62%，反交的 F_1 种子则只有 6% 的种子发芽，"2419"与"2905"的杂交也是如此。F_2 则分离出现不同皮色与休眠期的种子，通过分离选择可以得到品质好而且休眠期长的品种。稻谷的休眠似为显性，以休眠期长的国际稻或非洲稻为亲本的后代，如"科辐早"、"蜀丰1号"和"蜀丰2号"都有明显的休眠期。用我国各地区有代表性的 380 个小麦品种进行休眠期测定的结果表明，白皮小麦中休眠期短的多（60%以上），长的很少（2%），红皮小麦休眠期过短与较长的各占约 20%，中间长度的居多（60%以上）。红皮麦主要栽培于南方各省，麦收时多雨潮湿；白皮麦主要分布于华北各省，这是长期人工选择的结果。

除上面介绍的通过遗传育种调控休眠外，成熟期间的环境条件，如日照、温度、降水、空气湿度等对种子休眠都有很大影响。这可能是同一作物品种在不同年份或不同地区种植休眠期不同的原因。如 20 世纪 70 年代在江苏种植的"杨麦一号"小麦，1973 年收获的种子休眠期长达 3.5 个月，1974 年收获的却只有 1.5 个月；水稻则常表现为早稻休眠明显，晚稻休眠不明显，主要是早稻成熟期间的气候不同所致。有人试验，小麦在黄熟期采用 25℃ 和 12～18℃ 变温分别处理 6d，结果 25℃ 处理的休眠期比 12～18℃ 变温处理的缩短 25～58d。进一步研究表明，黄熟早期的温度对小麦休眠期的长短起决定作用，此时期温度越高，休眠期越短，反之则长。

第六节　种子休眠的分子生物学研究

在分子生物学方面，除对控制休眠的位点进行定位分析研究外，利用突变体对种子休眠信号转导、种子休眠基因的表达以及基因组学和蛋白质组学方面也做了探讨。

植物激素的信号转导是一个复杂的网络，目前主要是利用拟南芥突变体进行研究。Jacobsen J V 等研究发现 ABA 信号转导可能在通过 ABA 调节的蛋白激酶催化的蛋白质磷酸化过程中起作用，其作用方式是受体蛋白与激素结合后使受体激活，激活了的受体引起特定的生理反应。糖作为信号分子在植物体内调节多种生理活动。拟南芥突变体的研究表明，糖也能调节胚对 ABA 的敏感性，如 ABA 不敏感突变体 abi3 的发育种子中积累的蔗糖是野生型种子的 3 倍。已经发现，在高浓度的葡萄糖溶液（388mmol/L）中，aba2 和 abi4 突变体表现对葡萄糖不敏感，其表现分别与葡萄糖不敏感突变体 gin1 和 gin6 相似。有人推测 gin1 和 gin6 能分别通过信号途径，影响 aba2 和 abi4 的基因表达。Loreti L 等和 Beaudoin N 等的研究表明，在拟南芥种子萌发过程中，ABA、乙烯和糖在信号转导途径上存在互作。糖能调节 ABA 对贮藏物代谢的抑制作用，而乙烯又可调节糖对 ABA 的作用。由于信号转导是一个复杂的网络，仅通过突变体对激素的表型反应和基因表达来确定是不准确的，突变体的激素生理反应与其遗传差异常常不一致。克隆各种信号的受体将是今后细胞信号转导研究的重要目标。

对于休眠与萌发过程中相关基因的表达，Nambara 等利用 mRNA 差异显示技术比较了 abi3fus3 双突变体和野生型种子中 mRNAs 的表达情况，发现在胚发育后期和萌发过程中表达活性高的基因编码多种与代谢相关的酶、调节蛋白和核糖蛋白，这些产物涉及了胚生长过程中的细胞分化、保卫机制激活和贮藏物代谢等多种与萌发相关的反应。研究发现调控种子由发育向萌发转变的转录因子有两类，一是抑制种子的萌发，包括，ABI3、VP1、ABI4、ABI1、ABI2、ABI5、LEC1、FUSC3；二是促进种子萌发，包括 ERAI、GAI、PKL、SPY、GA$_{1.2.3.}$等。在拟南芥种子发育的早期，母体产生的 ABA 可以抑制胎萌，而 ABI3、LEC1、FUSC3 等转录因子的表达可以促进这种抑制作用。

关于种子休眠与萌发的蛋白质组学研究也有报道，Finnie 等用蛋白质组学方法首次研究了大麦籽粒灌浆和成熟过程中的蛋白变化，发现不同时期蛋白出现规律和人们以前的认识一致，同时也观察到一些新的蛋白点。Gallardo 等采用双向电泳技术研究拟南芥种子在吸胀和胚根突出过程中的蛋白质表达谱，在被检测的 1 300 个蛋白质中，有 74 个蛋白质的丰度发生了变化，并且研究了野生型和 GA 缺失突变体的拟南芥种子萌发过程中的蛋白质变化情况，发现 GAs 并没有参与胚根突出前的萌发过程。GAs 可能通过调节几个与胚根突出有关的蛋白（β-葡聚糖酶）丰度，起着促进细胞延长和胚根延伸所需的松弛胚细胞壁的作用。

第七节　主要作物种子的休眠

不同作物或同一作物的不同品种和类型种子的休眠特性有很大差异，下面分别介绍禾谷类、棉花、油菜、向日葵、甜菜和蔬菜类种子的休眠特性。

一、禾谷类种子的休眠

禾谷类作物种子的休眠属于生理浅休眠，只需经过生理后熟就可解除休眠，通常是将种子收获干燥后再贮藏一段时间休眠即可解除。禾谷类种子中休眠现象是普遍存在的，但不同品种的休眠期长短不一，大麦中皮大麦的休眠期长于裸大麦，小麦中红皮小麦的休眠期一般长于白皮小麦，春小麦的休眠期长于冬小麦。水稻不同类型的休眠期差异明显，通常早粳稻休眠期长，晚粳稻次之，籼稻几乎不存在休眠，收获干燥后就能立即发芽。

禾谷类种子的休眠原因主要是种被的不透气性，磨破或刺破种被即能打破休眠可作为证据，但不排除种子中含有某些抑制性物质，如麦类种子中就有多种石炭酸类物质。小麦种子的种皮细胞中含有较多色素，使种皮细胞加厚，麦粒呈现出不同颜色，从而阻止了种子内外的气体交换，使种子处于休眠状态。此外，种被细胞中含有很多酚类物质及酚氧化酶，进入果种皮的氧气参与了酚的氧化反应，氧被消耗而无法进入胚部，致使种胚缺氧而休眠。水稻和大麦种子的休眠不仅因为稃壳阻碍了氧气进入胚部，而且与果种皮有关。破除种被也可能使抑制物质溢出而解除抑制作用。除此之外，大麦种子还存在水敏感性问题，发芽时应注意。

进一步研究发现，氧气不仅参与了种胚内一系列的代谢活动，而且对 GA 的产生和释放十分必要，而 GA 又可通过以下过程解除种子的休眠：胚中释放 GA→进入糊粉层细胞→与糊粉层细胞核外的特异蛋白结合→形成复合物→进入核内→促进形成专一的 mRNA→产生 α-淀粉酶等→贮藏物质水解→休眠解除。

二、棉花种子的休眠

不同类型和品种的棉花种子休眠期存在很大差异。一般来说，陆地棉种子休眠明显，而海岛棉、亚洲棉、非洲棉几乎没有休眠或休眠很浅。成熟度低的种子休眠期长于充分成熟的种子，未开铃的棉铃种子休眠期长于开铃的种子。此外，成熟和贮藏期间的环境条件也影响棉籽休眠期的长短，成熟时处于低温种子休眠较深，高温干燥贮藏可大大缩短休眠期。

棉花种子的休眠主要是由于种皮透气不良造成的。对于野生棉来说，种皮的机械约束作用也抑制胚的生长。其次，棉籽中存在一定数量的硬实，不同品种和类型硬实率不同。总之，棉花种子的休眠均与种皮有关，因此，剥去或切破种皮都能使种子迅速萌发。

三、油菜种子的休眠

不同类型的油菜种子休眠期差异悬殊，芥菜型油菜的休眠期最长，可长达数月，而成熟的甘蓝型油菜种子几乎不存在休眠，白菜型油菜种子的休眠期介于两者之间。油菜种子的休眠期与种子成熟度密切相关，一般绿熟种子的休眠远深于褐熟和完熟种子。

成熟和贮藏期间的环境因素都会影响油菜种子的休眠，油菜果壳中存在的抑制物质和果壳开裂前的透性不良都能阻止种子萌发，成熟期间的高温促进果壳开裂并使抑制物质的含量降低，从而缩短休眠期。高温条件下贮藏的种子休眠期明显缩短，如芥菜型品种"红叶芥"贮藏于10℃的休眠期是40d，但在20℃、30℃和40℃条件下贮藏的种子休眠期可缩短到20d以下。

白菜型油菜种子的休眠期与种皮颜色有关，黑籽品种较黄籽品种休眠期长，因为单宁等酚类物质的含量和状况影响种皮的透性，挑破种皮可使种子萌发。

四、向日葵种子的休眠

新收获的向日葵种子的果种皮中含有萌发抑制物质，这是向日葵种子休眠的原因。F. Corbineau等（1990）报道，向日葵种子也存在胚休眠。在种子成熟过程中休眠不断加深，待种子开始脱水，脱水期间休眠逐渐变浅，收获后，干燥贮藏一段时间，休眠即可解除。但贮藏温度不同，解除休眠的速率也不一样，Wallace等（1958）认为休眠解除的速率从快到慢依次是0℃、24℃、35℃、15℃。低温预措不能使休眠种子发芽，但吸胀2d后用乙烯处理，可以破除种子休眠。

不良条件可以诱导向日葵种子产生二次休眠，发芽时，温度超过40℃，不休眠的种子进入休眠状态，被称为高温休眠，此时即使给予适宜的发芽条件，种子也不能萌发。

五、甜菜种子的休眠

甜菜果球的果皮和花萼中存在萌发抑制物质，其种类很多，最重要的是草酸盐和酚类物质，这些物质直接抑制种子发芽，或通过对氧气的掠夺影响萌发。适宜浸种和流水处理可以有效提高休眠种子的发芽率和发芽速率，揭取果盖（子房帽）亦能促进休眠种子萌发。

六、蔬菜种子的休眠

许多蔬菜种子在成熟之后，都要经过一定的休眠期才能萌发，但不同种类的蔬菜种子休眠原因不尽相同（表 6-6）。

表 6-6　主要蔬菜种子的休眠原因

类　型	种	休 眠 原 因
瓜果类	西瓜、黄瓜、甜瓜等	种皮透气性差
	冬瓜	种皮透水性差
	印度南瓜（*Cucurbita maxima*）	光的抑制或促进作用（同一波长的光只有一种作用）
	番茄	存在抑制物质
根菜类（包括块茎）	甘薯（真种子）	种皮透水性差
	马铃薯（块茎）	激素不平衡（休眠块茎内仅含极少量的生长促进物质，同时存在抑制物质）；种皮透气性差
	胡萝卜	胚未发育完成
	萝卜	种皮透气性差
叶菜类	芹菜	发芽需光
	苋菜	发芽忌光
	莴苣（生菜）	发芽需光；种皮和胚乳的障碍；种子中存在抑制物质
	白菜、芥菜	种皮透气性差；发芽需光
	菠菜	吸胀种子（果实）表面的胶液影响透气；果皮中有草酸

第八节　打破种子休眠的措施

对于急需做发芽试验或生产上急于播种的休眠种子，必须采取适当的措施进行处理打破种子休眠，常称为预措。预处理的方法因植物类型、种子休眠的原因、种子用途、用量等因素而定。表 6-7 是主要作物种子休眠的破除方法。

表 6-7　主要作物种子休眠的破除方法

作物	休 眠 破 除 方 法
水稻	播前晒种 2~3d；40~50℃处理 7~10d；机械去壳；1%NH$_4$NO$_3$ 浸 16~24h；3%H$_2$O$_2$ 浸 24h；赤霉素处理
大麦	播前晒种 2~3d；39℃处理 4d；低温预措；针刺胚轴（先撕去胚部稃壳）；1.5%H$_2$O$_2$ 浸 24h；赤霉素处理
小麦	播前晒种 2~3d；40~50℃处理数天；低温预措；针刺胚轴；1%H$_2$O$_2$ 浸 24h；赤霉素处理
玉米	播前晒种；35℃发芽
棉花	播前晒种 3~5d；去壳或破损种皮；硫酸脱绒（92.5%的工业用硫酸）；赤霉素处理
花生	40~50℃下处理 3~7d；乙烯处理
油菜	挑破种皮；低温预措；变温发芽（15~25℃，每昼夜在 15℃保持 16h，25℃ 8h）
各种硬实	日晒夜露；通过碾米机；温汤浸种或开水烫种（如田菁用 96℃处理 3s）；切破种皮；浓硫酸处理（如甘薯用 98%H$_2$SO$_4$ 处理 4~8h；苕子用 95%处理 5~9min）；红外线处理
马铃薯（块茎）	切块或切块后在 0.5%硫脲中浸 4h；1%氯乙醇中浸 30min；赤霉素处理
甜菜	20~25℃浸种 16h；25℃浸 3h 后略使干燥，在潮湿状态下于 25℃中保持 33h；剥去果帽（果盖）
菠菜	0.1%KNO$_3$ 浸种 24h
莴苣	赤霉素处理

一、温度处理

1. 低温处理　低温处理法主要适用于因种被不透气而处于休眠的种子，这类种子因种被不透气，胚细胞得不到萌发所需要的氧气而不能萌发。低温条件下，水中氧的溶解度加大，水中的氧可随水分进入种子内部，满足胚细胞生长分化所需的氧，促进种子发芽。

此法是将种子放在湿润的发芽床上，开始在低温下保持一段时间。麦类种子可在5～10℃的条件下处理3d，然后置适宜温度下进行发芽。有些休眠种子在规定的温度下发芽，效果往往不好，可置较低的温度下发芽，如新收获的大麦、小麦、菠菜和洋葱等种子在15℃条件下即可发芽良好。

2. 加温干燥处理　此法用于新收获的因种被透气不良引起休眠的种子，经加温干燥处理以后，可使种被疏松多孔，改善其通气状况，促进种子萌发。不同植物种子干燥的温度和时间如表6-8。

表6-8　不同作物种子加热干燥的温度和时间

作物名称	温度（℃）	时间（d）	作物名称	温度（℃）	时间（d）
大麦、小麦	30～35	3～5	向日葵	30	7
高粱	30	2	棉花	40	1
水稻	40	5～7	烟草	30～40	7～10
花生	40	14	胡萝卜、芹菜、菠菜	30	3～5
大豆	30	0.5	洋葱、黄瓜、甜瓜、西瓜	30	3～5

3. 急剧变温处理　此法适用于种被透性差的种子。此类种子经急剧变温处理，种被因热胀冷缩作用会产生轻微的机械损伤，从而改善其通透性，促进种子发芽。一些牧草种子常采用10～30℃的急剧变温，均可破除休眠，促进发芽。

二、机械损伤处理

该法是用解剖针或锋利的刀片，通过刺种胚、切破种皮或胚乳（子叶）或砂纸摩擦损伤种皮等处理，破除因种被透性差而引起的种子休眠。为避免损伤胚部和影响以后幼苗的正常生长，机械处理时，应注意找准最适宜的位置，即应切去紧靠子叶顶端的种皮部分。

试验表明，麦类种子浸种1h后，用针刺入胚中轴的1/2处为宜。小粒豆科种子以切去部分种皮为佳。水稻种子经出糙机除去稻壳比手剥效果好，大麦种子除去稃壳后再针刺种胚，破除休眠效果极好，原因是水稻和大麦种子的休眠都是由稃壳和果种皮不透气造成的，出糙机去稃同时能损伤水稻种子的果种皮，大麦去稃后加针刺种胚，同样改善了果种皮的通气状况，故可破除其休眠，促进发芽。新收的菠菜种子去掉果皮后置纸床于20℃条件下发芽良好。向日葵种子剥去果皮也能促进发芽，如再在子叶端切去少部分子叶则效果更佳。对小粒硬实种子则可用砂擦处理，使种皮产生机械损伤，促进透水而解除休眠。机械损伤的方法可有摩擦、研磨、碾磨等，但要注意不要损伤种胚。

三、化学药剂处理

用化学试剂处理种子打破休眠的方法简单、快速，常用的化学试剂有赤霉素、过氧化氢、硝酸或硝酸钾、浓硫酸。

1. 赤霉素（GA）处理 赤霉素是一种生长刺激物质，多用于破除麦类种子休眠。其方法是用 0.05％的赤霉素溶液湿润发芽床，以后加水保持发芽床的湿度进行发芽；亦可浸种，休眠浅的种子可用 0.02％的赤霉素溶液，休眠深的可用 0.1％的溶液。芸薹属可用 0.01％或 0.02％溶液浸种。用 1mg/L 的赤霉素溶液浸泡马铃薯种薯切块 5～10min，然后催芽栽种，不但出苗快而齐，而且可减少种薯腐烂。

2. 过氧化氢（H_2O_2）处理 过氧化氢是一种强氧化剂，其处理种子可使种被轻微腐蚀，促进通气，提供较多的氧气。研究表明，H_2O_2 的作用可能与活化磷酸戊糖代谢有关，从而加快种子发芽。用其处理禾谷类、瓜类和林木种子，效果良好。若用 29％的过氧化氢原液浸种，其时间依作物种类不同而异，小麦为 5min，大麦 10～20min，水稻 2h。若用低浓度的过氧化氢，其浓度因作物种类而不同，小麦为 1％，大麦为 1.5％，水稻为 3％，浸种时间为 24h。

3. 硝酸（HNO_3）和硝酸钾（KNO_3）处理 硝酸是一种强氧化剂，也有腐蚀皮壳提供氧气的作用，可用 0.1mol/L 硝酸溶液浸泡水稻种子 16～24h，然后进行发芽。

硝酸钾处理多用于禾谷类和茄科的种子，浓硫酸对硬实的种皮有腐蚀作用，可改善种皮的透水性。采用此法处理种子，首先应测定硬实率，根据硬实率的高低确定浓硫酸的处理时间。

硬实率为 15％～20％时，浓硫酸处理 8min；硬实率为 30％～50％时，处理 10～12min；硬实率 50％以上时，处理 12～15min。处理后用清水洗至无酸性为止，在 30℃以下温度干燥后进行发芽或播种。国际种子检验规程规定，将种子浸在酸液里，直至种皮出现孔纹，酸蚀可快可慢，故应注意检查种子。

四、预先洗涤

当果皮或种皮含有一种自然存在的发芽抑制物质时，可在发芽试验前将种子放在 25℃的流水中洗涤，即可除去发芽抑制物质，洗涤后应放在低于 25℃的条件下干燥。打破甜菜种子休眠可采用此法，甜菜多胚种子在流水中洗涤 2h，遗传单胚种子需冲洗 4h。

五、温汤浸种

当种子因存在硬实而休眠时，可用温汤浸种打破，同时具有杀菌消毒作用。水温和时间因硬实率和硬实的顽固程度而异，一般棉花放入 70～75℃的热水中搅拌后，自然冷却约一昼夜。有些硬实率高的豆科绿肥和豆科木本种子，可用开水先烫 2min，冷却浸种后再行发芽或播种。

第七章　种子活力和劣变

种子活力（seed vigour）是种子播种质量的重要指标，也是种用价值的主要组成部分，它与种植业生产关系十分密切。人们在种子生产、贮藏和播种等系列实践中，因忽视种子活力而造成的无形损失是不可估量的。另外，种子活力与种子的发育、成熟、萌发及贮藏寿命和劣变等生理生化过程有着紧密的联系。因此，种子活力问题日益引起国内外种子工作者的普遍关注和高度重视。

成熟种子若遇不到适宜的萌发条件就会逐渐衰老（aging）或劣变（deterioration）。虽然无法使种子完全不产生劣变，但若能揭示种子劣变的生理生化及分子机制，控制引起种子劣变的内外因素，则可能减缓或抑制种子的衰老过程，保持甚至提高种子活力，延长种子寿命。

第一节　种子活力的概念和意义

一、种子活力的提出和发展过程

（一）种子活力的提出

播种成苗是关系种植业生产成败的首要环节。为了避免播种后出苗少甚至不出苗的状况，人们需要在播种前了解种子的质量。通常，在销售种子之前都要进行标准发芽试验，并依据发芽率（germination percentage）的高低来衡量种用质量的优劣。然而，在生产实践中，常常会出现发芽率很高而田间出苗率却很低的现象，有时甚至会遇到发芽率较低的一批种子出苗率反而较高的情况。发芽率相同的种子，田间出苗及生产能力可能会有很大差别，例如发芽率均为85％的三批大豆种子，其田间出苗率却有极大的差异（表7-1）。

表7-1　三批大豆种子的发芽率与田间出苗率

种子批号	发芽率（％）	田间出苗率（％）					
		平均	1	2	3	4	5
1	85	47	18	29	82	56	48
2	85	72	72	56	85	72	77
3	85	22	7	7	54	34	10

产生上述现象的原因主要在于标准发芽试验是在实验室最适宜条件下进行的，而田间的发芽条件往往存在某些逆境。另外，同一发芽率标记的种子，并不代表所有批号的种子质量

都是相同的,因为有的销售商为了使销售的种子达到法定的质量标准,往往将发芽率高的种子与发芽率低的种子(例如同品种的陈种子)混合后出售。由于标准发芽试验的局限性,种子工作者发现单用发芽率不足以表示种子播种品质的优劣,从而提出一个新的概念——种子活力。

种子活力一词及其概念出现于 20 世纪 50 年代初期,但是,种子活力问题在种子科学领域里的萌芽,应追溯到 19 世纪末 20 世纪初。早在 1876 年,种子学创始人德国的 Nobbe 在其《种子学手册》一书中已提及,在同一批种子中存在个体间发芽及幼苗生长速度的差异,不同批次种子的平均值通常也不同。Nobbe 将这种差异描述为来自种子的一种"生长力"(triebkraft)。过了近半个世纪,德国科学家们在研究谷类作物种子发芽时发现,带有镰刀菌的种子虽然能发芽,但幼苗的穿土能力大大减弱,如果在种子上放置一层碎砖粒,则只有不带病菌的种子才能成苗,带病菌种子的幼芽不能穿过砖粒层,于是确定以"生长力"一词来描述这一现象(Hiltner 和 Ihssen,1911),其原意是幼芽生长强度及推动力。1933 年,Goss 在进行发芽试验的评价时提出了一个发人深省的问题,即"假如我们对萌发率为 96% 的种子和萌发率为 62% 的种子进行比较是不合适的,因为难道导致三分之一种子劣变的贮藏条件或年限不会影响剩余的种子?……62%能发芽的种子的活力已下降。"Goss 的问题不但引起了早期检验界的共鸣,就是在现今的种子业也有很大影响。

此后,不少与"活力"相近的名词相继出现,如发芽势(germinating energy)、生命力(vitality)、发芽力(germination ability)及砖粒值(ziegelgrus value)等。但这些名词大多源于某一特定的试验,除生命力外,均未被广泛接受。1950 年"幼苗活力"(seedling vigour)的概念出现(后来德文的 triebkraft 被译成英文的 vigour 和法文的 vigueur),为避免混乱,目前国际上普遍采用"种子活力"(seed vigour 或 seed vigor)一词。

(二)种子活力的概念

种子活力不是单一的质量指标,而是综合若干特性的概念,不同学者对种子活力的定义认识有所不同。因而,长期以来对种子活力的定义难以统一,直到 1977 年 ISTA 才确定了种子活力的定义:"种子活力是决定种子或种子批在发芽和出苗期间的活性水平和行为的那些种子特性的综合表现。表现好的为高活力种子,表现差的为低活力种子"。

2004 年出版的《国际种子检验规程》将种子活力定义为:"种子活力是在广泛的环境下,衡量发芽率可接受的种子批的活性和表现的那些种子特性的综合表现"。并进一步阐明了与种子活力有关的种子批表现能力的各个方面:①种子发芽和幼苗生长的速率和整齐度;②在不良条件下种子的出苗能力(包括出苗率和幼苗生长的速率和整齐度);③贮藏后的表现(特别是发芽能力的保持)。

AOSA 于 1980 年采用了较为简单直接的定义:"种子活力是指在广泛的田间条件下,决定种子迅速整齐出苗和长成正常幼苗潜在能力的总称"。

在我国,郑光华(1980)将种子活力简单地概括为:"种子活力是指种子的健壮度,包括迅速整齐萌发的发芽潜力、生长潜势和生产潜力"。颜启传(2006)对种子活力的定义作了更为详细的描述,认为"种子活力是指充分成熟、充实饱满、健康无病虫、完整无损伤、耐贮性好的非休眠种子，在广泛环境条件下，表现出抗逆性强，发芽出苗快速整齐，苗壮生长，正常发育，能长成健壮、整齐、正常幼苗和植株，达到高产和优质的潜在能力"。

种子生命力（seed vitality）、种子生活力（seed viability）、种子发芽力（seed germinability）、种子活力（seed vigour）是容易混淆的几个名词概念。生命力是指种子生命的有无，即存活度，一般用于表示贮藏种子维持生命活动的能力；生活力是指种子发芽的潜在能力或种胚具有的生命力，通常是指一批种子中具有生命力（即活的）种子数占种子总数的百分率；发芽力是指种子在适宜条件下（实验室可控制的条件下）发芽并长成正常幼苗的能力，通常用发芽势和发芽率表示。广义的种子生活力应包括种子发芽力。习惯上，在用间接方法（如四唑染色）测定种子发芽力时称生活力，而在实验室进行发芽试验测定种子发芽率时称发芽力。种子活力是一个综合性概念，通常指田间条件下的出苗能力及与此有关的生产性能和指标。假若用四唑进行染色，着色部位说明种子是活的，但这些种子不一定都能发芽，即使能发芽的种子，活力还有高低之分。由于生活力是在标准条件下测得的发芽力，因此可以说生活力（发芽力）是活力在实验室特定条件下的具体表现。

《国际种子检验规程》指出，在下列六种情况下，如果鉴定正确，生活力测定和发芽率测定的结果基本是一致的，即种子生活力和发芽率没有明显的差异：①无休眠、无硬实或通过适宜的预处理破除了休眠和硬实。②没有感染或已经过适宜的清洁处理。③在加工时未受到不利条件或贮藏期间未用有害化学药品处理。④尚未发生萌芽。⑤在正常或延长的发芽试验中未发生劣变。⑥发芽试验是在适宜的条件下进行的。

Isely（1957）以图解的形式表示了种子活力与发芽力之间的关系（图7-1）。图中最长的横线是区别种子有无发芽力的界线，也是活力测定的分界线，在此线以上，表明种子具有发芽能力，即属于发芽试验的正常幼苗，可以应用活力测定，将这些具有发芽力的种子划分为高活力和低活力种子；在此横线以下是属于无发芽力的种子，其中部分种子虽能发芽，但发芽试验时属于不正常幼苗，不计入发芽率，当然也是缺乏活力的种子；至于那些种子检验时的死种子则更无活力可言。

种子活力与发芽力（生活力）对种子劣变的敏感性有很大差异（图7-2）。当种子劣变达 X 水平时，种子发芽力并未下降，而活力则有所下降；当劣变发展到 Y 水平时，发芽力开始下降，而活力则严重下降；当劣变至 Z 水平时，种子发芽力尚有 50%，而活力仅为 10%，此时种子已

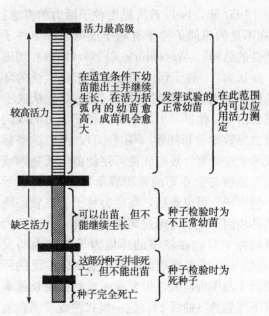

图7-1　种子活力与发芽力的相互关系图解
(Isely, 1957)

失去实际应用价值，说明活力对劣变的发生更为敏感，活力的变化先于生活力的变化，只有活力变化到一定程度时，生活力的变化才能表现出来。

（三）种子活力研究的发展过程

1931—1936 年间，种子活力的概念及测定指标已在孕育之中。1936 年，Stahl 提出采用发芽试验第一次幼苗数，即"初次计数"作为活力的指标。这一见解受到了当时种子学界的重视，初次计数被列入国际种子检验规程。至今，初次计数仍被用作衡量种子活力的指标之一。

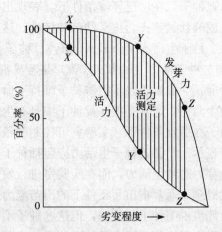

图 7-2　种子劣变过程中发芽力（生活力）
与活力的相互关系
（Delouche 和 Caldwell，1960）

进入 20 世纪 50 年代，种子活力的概念已初步形成，对种子活力测定方法的探索也更为广泛。1950 年，国际种子检验协会（ISTA）年会在美国华盛顿举行，会上首次讨论了种子活力测定这一概念。会议对发芽试验和幼苗活力取得了一致意见：发芽试验一般应选择无机发芽床并在适宜的条件下进行；而某些特殊试验，如美国的土壤发芽试验、欧洲的砖粒试验等则称为活力测定。这次会议决定成立生物化学及幼苗活力测定委员会，以确定幼苗活力的定义及寻找幼苗活力的测定方法，并使其标准化。另外，Isely（1950）提出的玉米种子活力的抗冷测定法（cold test），至今仍是公认最常用的种子活力测定方法之一。

1957 年，Isely 首次提出种子活力的概念："在不良的田间条件下有利于成苗的一切种子特性的总和"。Woodstock（1966，1969）则进一步认为："种子活力系健壮种子在广泛的环境因子范围内迅速萌发并出苗整齐"。从这一概念出发，他推导出一个有关种子活力的双向量二维数学分析图解（图 7-3），图中纵坐标表示效应强度（效应强度可用幼苗生长速率或发芽总数与发芽率的乘积表示），横坐标表示环境因子。可以看出，高活力种子能在较广泛的环境因子范围内迅速萌发（曲线 a）；而活力低的种子只能在较窄的环境因子范围内萌发（曲线 b）；或者表现为虽然也能在较广泛的环境因子范围内萌发，但发芽率或幼苗生长速率有下降趋势（曲线 c）。这一模式图既表明在适

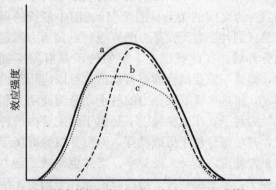

图 7-3　种子活力双向量分析的理论曲线
a. 活力最强者　b. 活力较弱，适应范围较小
c. 活力较弱，效应强度降低
（Woodstock，1973）

宜的环境条件下，种子本身的潜能是主要限制因子，又体现出在逆境胁迫条件下种子的适应程度，从而将种子活力的概念推进了一步。

1965 年以后，种子活力的研究发展较快，活力的重要性、活力的概念以及一些主要的种子活力测定方法获得了确认和发展，种子活力继而成为极为重要的种子科研课题。1971 年，由美

国农业部发起并资助与 ISTA 联合举办了首次种子品质研讨会，其中专题讨论了种子活力。1976 年，北美官方种子分析家协会（AOSA）举办了种子活力及种子老化研讨会，AOSA 种子活力委员会发表了《种子活力测定手册的进展报告》，美国农业部的国家种子标准化署增设了专门人员，主持种子活力测定的标准化研究。此后，科学家们展开了种子活力测定方法及其标准化的研究。而 ISTA 及 AOSA 的种子活力委员会均致力于开展仲裁试验，确定种子活力的定义及活力测定的方法。

然而，发展的道路往往是曲折的。在 1980 年前后，美国发生了数件与种子活力有关的诉讼案，其中有两个案件是种子公司败诉，需向农民赔偿，因而种子公司大为震惊，致使他们极力反对种子活力测定方法标准化和纳入种子检验法规，迫使美国农业部在 1980 年取消种子活力测定方法标准化的研究项目。种子公司的代表、种子商联合会（ASTA）虽然反对将种子活力检验纳入种子法规，但均认为确实有进行种子活力测定的必要，至少应是在种子公司内部进行。同时，ISTA 和 AOSA 的活动也不是种子商联合会完全可以操纵的，因而 ISTA 和 AOSA 仍在进行与种子活力有关的工作。

1981 年，ISTA 活力委员会出版了《种子活力测定方法手册》，该手册阐述了种子活力的概念，确定了种子活力的定义，并论述了 8 种种子活力测定方法。1983 年，AOSA 出版了《种子活力测定手册》，介绍了 7 种活力测定方法，其中大多数方法与 ISTA 的方法相同或类似。

20 世纪 80 年代以来，种子活力研究和应用的领域更加广泛，种子活力已被普遍认为是比发芽率更为可靠的种子质量指标。修订后于 2003 年 1 月 1 日起生效的豌豆种子浸出液电导率测定和大豆种子加速老化测定的标准化方法，已被列入国际种子检验规程。在此基础上，ISTA 还将发展小麦和玉米种子的加速老化测定、控制劣变测定、玉米种子四唑染色测定、大豆种子浸出液电导率测定等活力测定的标准化程序。我国于 1980 年首次提出种子活力。之后，许多高等农林院校和种子科研机构相继在种子活力的生理生化及分子机制、不同类型种子的活力测定方法、恢复和提高种子活力的措施等方面进行了大量和深入的研究工作，使我国的种子活力研究工作逐步接近国际水平，并已大量推广应用于种子工作实践。

二、种子活力的研究意义

（一）高活力种子在农业生产上的重要作用

种子是最重要的农业生产资料，种子活力是种子的重要品质，高活力种子具有明显的生长优势和生产潜力，在农业生产上具有非常重要的作用。

1. **提高田间成苗率**　高活力种子播种后出苗迅速且均匀一致，保证苗全、苗齐、苗壮，为增产打下良好基础。

2. **节省播种费用**　高活力种子成苗率高，适合精量点播，不仅可以减少播种量，而且节省了间苗的人工费用，以及因低活力种子播后缺苗断垄必须重播而增加的种子及人力物力等费用。这一点在农业耕作高度机械化的发达国家尤为重要。另外，免耕法、无土栽培等新的耕作方法，均需要高活力的优质种子。

3. 抵抗不良环境条件　高活力种子对田间逆境的抵抗能力较强，如在干旱地区，高活力种子可以深播，以便吸收足够的水分而萌发，并有足够力量顶出土面，而低活力种子在此情况下则无力顶出土面。又如在多雨或土壤黏重的地区，土壤容易板结，高活力种子有足够力量顶出土面，而低活力种子则难以出苗。

4. 抗低温能力强，适于早播　某些作物生长季节较短，要求提早播种才能保证一定的产量。高活力种子一般对早春低温条件具有抵抗能力，因此可适当提早播种，并达到适当早收和提高产量的目的。对于蔬菜来说，则意味着可以提早上市，能明显提高市场价格和经济效益。

5. 增强对病虫害的抗争能力　高活力种子由于发芽迅速、出苗整齐，可以避开或抵抗病虫为害。同时由于幼苗健壮、生长旺盛，增强了与杂草竞争的能力。

6. 增加作物产量　高活力种子不仅可以达到全苗壮苗，且可提早和增加分蘖及分枝，增加有效穗数和果枝，因而增产作用很明显。据美国对大豆、玉米、大麦、小麦、燕麦、莴苣、萝卜、黄瓜、南瓜、青椒、番茄、芦笋、蚕豆等13种作物的统计资料表明，高活力种子可以增产20%～40%。对于叶菜类和根菜类等蔬菜作物及牧草，因为收获的是营养器官，高活力种子的增产作用更为明显。

7. 提高种子耐贮性　高活力种子能较好地抵抗高温高湿等不良贮藏条件。因此，需要进行较长期贮藏的种子或作为种质资源保存的种子，应选择高活力的种子。

（二）种子活力测定的必要性

1. 保证田间出苗率及生产潜力的必要手段　种子生产者和使用者逐渐认识到种子对农业生产的重要性，在播种前，他们不仅要了解种子发芽力，而且更关心田间出苗率。因为有些开始劣变的种子，其发芽力尚未表现降低，但活力已经下降，影响田间出苗率，往往两批发芽率相同或相近的种子，其活力和田间出苗率有较大的差异，在此情况下进行活力测定，选用高活力种子播种，确保田间苗全苗壮，防止采用发芽率高而活力低的种子给生产带来损失。

2. 种子产业中质量控制的必要环节　种子收获后，需要进行清选、干燥、精选、贮藏和处理等过程，如某些条件不适宜，均有可能使种子遭受机械损伤和生理劣变，降低种子活力，及时进行活力测定，可以及时改善种子加工贮藏和处理条件，保证和提高种子质量。

3. 帮助育种者选育新品种的必要方式　育种工作者在选育抗寒、抗病、抗逆、早熟、丰产的植物新品种时，都应进行活力测定，因为这些特性与活力密切相关。此外，通过活力测定，可选择某些有利于出苗的形态特征，如大豆下胚轴的坚实性有利于幼苗顶出土面，而玉米芽鞘的开裂性则不利于幼苗出土。

4. 研究种子劣变机理的必要方法　种子从形成发育、成熟收获、加工贮藏直至播种的过程中，无时无刻不在进行变化，种子生理工作者可采用生理生化及细胞学等方面的种子活力测定方法，研究种子劣变机理及改善和提高种子活力的技术。

总之，种子活力测定不仅是官方种子检验的必要项目，而且也可为种子选育者、生产者、经营者、使用者提供种子活力信息，同时也是种子科学研究的重要手段。

第二节 种子活力的生物学基础

一、影响种子活力的因素

影响种子活力的因素很多，归纳起来主要有遗传因素（内因）和环境因素（外因）两大方面。

（一）遗传因素

种子活力首先是由基因型决定的。不同作物及品种由于其种子结构、大小、形态和发芽等遗传特性不同，其活力水平有较大的差异。由遗传基因控制的与种子活力有关的一些种子特性主要有以下几个方面。

1. 不同作物和品种 不同作物和品种由于其种子大小、发芽特性受基因型控制，当其发芽率相同时，田间出苗率或成苗率往往不同。一般而言，大粒种子具有丰富的营养物质，萌发期间具有较高的能量，幼苗顶土能力较强，活力较高（表 7-2）。Kubka 等（1974）研究发现，萝卜种籽粒大的特性有很高的遗传价值，大粒品种比小粒品种成苗力强，且植株大、根粗；大豆种子则没有这种关系，大粒品种与小粒品种的活力没有显著差异，而且大粒品种种子在收获加工过程中比较容易受到损伤而影响活力。

表 7-2 不同作物种子的发芽率与成苗率

（邹德曼，1982）

作 物	种子大小	发芽率（%）	成苗率（%）
玉米、豌豆	大粒	95	85～95
大豆、松、柏	中粒	95	60～80
烟草、苜蓿	小粒	95	30～50

2. 杂种优势 杂种优势在种子活力方面也有明显表现。通常杂种的活力具有超亲优势，杂交玉米、杂交水稻、杂交小麦、杂交白菜等作物均有相似表现。表 7-3 为杂交玉米 F_1 及其亲本在活力方面的差异。分析其原因主要是由于种子萌发和幼苗生长过程中线粒体的互补作用，促进蛋白质、DNA 和 RNA 的迅速合成；同时，也有人认为是由于杂种具有更为经济合理的呼吸代谢效率。

表 7-3 杂交玉米 F_1 及其亲本品系活力的差异

（Mino 和 Inoue，1980）

种 子	发芽率（%）	幼苗鲜重（mg）	DNA（μg）	RNA（μg）
杂种 F_1	100	103	54	443
亲本 1	85	79	45	310
亲本 2	80	78	45	299

3. 种皮开裂性及颜色 种皮对种子具有保护作用，大豆、菜豆等豆科作物的某些品种，当种子成熟后有种皮自然开裂的特性，导致种子易老化变质而降低活力。与此相关的另一性状是种

皮颜色，通常白色种皮与种皮开裂性有连锁遗传关系，如白色菜豆有种皮自然开裂特性，而深色菜豆种皮则不易开裂。Carter（1973）研究证明，种皮颜色深的花生，抗土壤真菌侵害的能力较强，活力较高。

4. 子叶出土类型 通常种子发芽时子叶出土型与留土型受两对基因控制。双子叶植物子叶出土型的种子如大豆、菜豆等，具有两片肥大的子叶，遇黏重、板结土壤难以顶出土面或子叶易被折断，降低了出苗率，因此这类种子不宜深播。子叶留土型的种子如蚕豆、豌豆，虽然也有两片肥大子叶，但由于子叶不出土而是由针矛状的幼芽顶出土面，受黏重、板结土壤影响较小，故出苗率高。从表 7-2 可见，豌豆与大豆种子粒形相差不大，而出苗率相差很大，其原因之一是子叶出土类型不同所致。

5. 硬实 通常硬实性是由多基因控制的。在许多情况下硬实并不是人们所需要的特性，因为硬实种皮不透水会影响发芽整齐度，并且降低出苗率。但是具有形成硬实能力的种子，对成熟期间和贮藏期间不良条件的抵抗能力较强，因而易于保持较高的活力。因此，近年来育种工作者将硬实基因引入某些品种，以增强种皮保护作用，延缓种子老化，并防止种子吸胀时营养物质的渗出。硬实性极容易从某些品种中消除，可以选择硬实性较低的品种或者具有一定硬实性的品种。

6. 对机械损伤的敏感性 不同作物和品种采用机械收获、加工及运输时，种子对机械损伤的敏感性存在差异。机械损伤受种皮性质和种子形态的影响。例如，芝麻种皮薄而软，易受机械损伤；亚麻种皮厚而坚硬，能抵御机械损伤。从种子形态看，扁平形的种子（如芝麻、亚麻等）较圆形种子（如芸薹属种子）易受机械损伤。芸薹属种子圆形且子叶折叠，能保护胚根和胚轴，减少机械损伤。种子机械损伤降低了种子的耐贮性和田间出苗率。因此，有人建议通过育种途径选择具有抗损伤性能的品种。

7. 化学成分 为了改变玉米营养品质，培育高赖氨酸玉米品种是一种途径，但发现高赖氨酸品种的种子往往小而皱缩，活力降低。因此，育种工作者试图培育一种既能控制营养品质又不降低活力的基因型，以解决种子活力与营养品质之间的协调性问题。Nass 等（1970）研究发现，影响玉米种子在 15℃、20℃和 25℃下发芽特性有不同胚乳基因，凡带有 A_1 基因的种子比缺少这种基因的种子具有更高的活力。玉米种子的含糖量也会影响种子活力，甜玉米种子由于可溶性糖含量高，胚乳皱缩，因而不耐贮藏，活力较低。

糯稻种子因化学成分上的特殊性而不耐贮藏，活力较低。我国目前育成的转 Bt 基因抗虫棉种子，因其种仁小、蛋白质与脂肪比例失调，活力较常规棉花种子低。

8. 幼苗形态结构 某些作物及品种的幼苗形态特征影响到田间出苗率。如大豆幼苗下胚轴的坚实性，使子叶易于顶出土面，有利于出苗和成苗；而玉米幼苗的芽鞘开裂性，使幼芽难于出土，降低田间出苗率，并影响植株的生长发育。

9. 低温发芽特性 不同作物或品种对低温的适应能力不同，有的品种低温发芽时胚根易裂开而影响出苗；有些大豆、玉米、草坪草品种萌发期间抗寒力强，低温发芽特性好，田间出苗率高。对于春玉米、春大豆来说，萌发时的抗低温能力，也是决定种子活力的因素。

10. 作物成熟期 育种工作者在培育新品种时，常常注意一个影响种子产量和品质的遗传特性——作物成熟期。应选育适合当地气候条件、成熟期适当的品种。有的品种成熟期较迟，产量可能有所增加，但种子活力可能会降低。因为成熟期延长，受不良环境条件影响的几率增加，如成熟期间遇高温或低温、多雨或干旱，均会使种子发育成熟受到不利影响，或加速种子老化劣变而降低种子活力。

(二) 环境因素

种子发育、成熟期间或收获之前的环境因素，以及种子加工、贮藏措施等，对种子活力均有重要的影响。

1. 土壤肥力与母株营养　一般认为土壤肥力对种子活力影响不大，氮、磷、钾肥料三要素在土壤中含量主要影响作物产量，而对种子活力影响较小。小麦田土壤肥力对幼苗活力影响的研究表明，适当提高土壤中含氮量，可以提高种子蛋白质含量，增加种子大小和质量，提高种子活力和产量。微量矿质元素对种子活力也有明显影响，当土壤缺硼时，豌豆种子不正常幼苗增加；当土壤中钼的含量提高时，大豆种子活力降低；花生种子对一些微量元素特别敏感，当土壤中缺硼和钙时，其种子发育不正常，幼苗下胚轴肿胀，子叶发生缺绿现象；土壤缺锰会使豌豆胚芽损伤、子叶空心；土壤缺钙、缺锰条件下产生的种子，容易发生幼根破裂和种皮破裂现象，降低种子活力。总之，不同作物种子对土壤肥力的要求和反应不同。

母株缺乏营养会影响种子发芽力和活力。研究表明，当辣椒母株在明显缺氮、磷、钾、钙的培养液中生长时，除磷以外，缺乏其他元素则发芽率均明显降低；豌豆植株在低磷培养液中生长，其产生的种子含磷量低，活力也降低；来自低钙母株的大豆、菜豆、蚕豆种子，其幼苗易遭受茎腐病，认为这是由于胚部分生组织中不能动员足够钙的数量，使下胚轴和胚芽细胞缺钙所致。母株缺钼、缺镁均会使后代因缺素而降低种子活力。

2. 栽培条件　群体密度与种子品质密切相关。农业生产上采用密植增加株、穗数，从而增加作物产量，但密植对留种田块并不适宜，因为密植通常会降低种子大小和质量，降低种子活力；更为严重的是密植会影响田间通风透光，增加田间温湿度和病害蔓延，促使植株早衰，导致种子发芽不良而降低种子活力。

适当灌溉能促进作物生长发育和增加种子饱满度，提高种子活力。种子发育期间过分干旱缺乏灌溉，则使种子变轻和皱缩而影响种子活力。

3. 发育成熟期间的气候条件　凡是影响母株生长的外界条件对种子活力及后代均有影响。种子成熟期间的温度、水分、相对湿度是影响种子活力的重要因素。为了生产优质种子，必须选择环境适宜的地区建立专门种子生产基地。建立种子生产基地时，应选择土壤肥沃、排灌条件好、在种子成熟季节风雨少、天气晴朗的地区。

生长在平均温度 19.2℃ 地区的莴苣种子，其发芽率仅为 26.2%；而生长在平均温度 26.2℃ 下的种子，发芽率可达 81.3%。大麦植株当芒出现时给予高温处理可抑制种子萌发，但在出芒后给予处理则可提高种子萌发率。试验表明，中性或兼性长日植物，短日照有利于其种子的发育和萌发，如处于连续短日照下的西风古所形成的种子，其活力高于仅获得 1～3d 短日照诱导结实所形成的种子。

4. 种子成熟度　大量资料表明，种子成熟度与种子大小、质量、活力等密切相关。一般种子活力水平随着种子的发育而上升，至生理成熟达最高峰。如甜瓜种子开花后 22～47d 分期采收，种子发芽力随着成熟度提高而增加。种子成熟度与开花顺序有密切关系，因此植株不同部位的种子成熟度也有差异。芹菜、胡萝卜等属于伞形花序，通常低位花种子成熟度高，种子发育好，粒大，而高位花则相反。胡萝卜成熟种子较未成熟种子发芽迅速，具有较高的蛋白质、核酸含量和较高的 RNA、rRNA 和多聚腺苷-RNA 的比例。十字花科等无限花序植物，其种子不同部位的成熟度有差别，一般成熟度由高到低依次为下部、中部、上部，其种子活力的差别与成熟度相同。棉花不同部位采收的种子活力水平也不相同，通常下部果枝的棉铃成熟早，由于未及时采收，暴露于田间条件下为时过长，并受到田间温度、湿度剧烈变化的影响，使种子老化而降低了活力；中部棉铃则成熟充分，及时采收，种子质量好，活力高，适宜留种；植株上部棉铃则成熟度差，活力亦低，不宜留种。双季晚粳稻种子由于成熟度不够，种子活力降低，若留作种用，其产量不如单季晚粳稻种子高。

5. 种子机械损伤度　种子在收获后的清选、干燥、精选、包装、运输和贮藏过程中，难免会发生种子间或种子与金属等碰撞而造成机械损伤。种子机械损伤的程度往往与收获时的种子水分有关。据试验，玉米种子水分为 14% 时，机械损伤仅为 3%～4%；当水分为 8% 时损伤达 70%～80%。另一试验表明，玉米水分在 14%～18% 时损伤较轻，种子水分较低（8%～12%）和较高（20%）时损伤均较重。大豆亦有相似情况，种子水分为 12%～14% 时损伤较轻，水分为 8%～12% 及 18%～20% 时损伤较重。这是由于种子水分低，质地较脆易破损或折断，水分过高则种子质软易擦伤或碰伤。机械损伤重则损坏种胚，使种子不能发芽或幼苗畸形；损伤轻则破损种皮，降低种皮保护作用，加速种子老化劣变，并易遭受微生物和害虫危害，最终导致种子丧失活力。

6. 种子干燥措施　种子成熟收获后应及时进行干燥，延迟干燥和干燥温度过高将使种子活力降低。常用的干燥方法是升高温度，降低环境相对湿度，使种子水分下降。种质资源或少量的育种材料种子往往采用干燥剂吸湿干燥的方法降低种子水分。但干燥措施不当，如干燥温度过高或干燥剂比例过高等，会使种子脱水过快，导致种胚细胞损伤，降低种子活力。

7. 种子贮藏条件　种子贮藏的期限和方法、贮藏期间的环境条件（温度、湿度和氧气等的水平不同），以及种子微生物及仓库害虫的危害等，对种子活力均有影响。

综上所述，种子的活力状况是由众多影响因素相互作用而决定的，遗传因素决定活力的可能性，而环境因素则决定活力的现实性。

二、种子活力的生理生化基础

种子是活的有机体，它与其他生物一样有生长、发育和衰老过程。种子活力与种子老化劣变存在密切关系，即种子活力水平高则种子劣变程度低。因此，种子活力与种子劣变之间的关系是现代种子活力和活力测定的主要生物学基础。

(一) 种子老化与劣变的概念

Gove（1965）将种子老化、劣变定义为：种子的品质及其性能或生活力自一较高水平下降至较低的水平。种子老化一般是指种子的自然衰老，而人工加速老化则是有别于自然老化的另一种老化。种子劣变是指生理机能的恶化，包括化学成分的变质及细胞结构的受损。有老化就有劣变，二者相互依存不可分割，有时成为同义词。但劣变的范围较广，因为劣变不一定由老化而引起，例如突然性的高温或结冰，可能导致蛋白质变性或冰冻损坏细胞膜，会引起种子劣变。种子老化（劣变）与种子活力是相互作用的两个方面，当种子老化（劣变）程度增加时，种子活力就会下降。

一般来说，当种子的干重增至最大，种子已达到生理成熟时，种子的活力达到最高峰，种子的品质也处于最佳状态。由于种子本身遗传组成的差异，以及成熟度、染病程度、形成和发育过程中养分供应、休眠或硬实情况、受机械损伤的程度等存在差异，因而在种子群体中，种子老化与活力丧失是以个体为单位的。同时，种子干燥、贮藏的环境因子对每粒种子的影响也不完全一致，各粒种子的衰老程度会有所差异。种子老化是渐进有序的，通常是先产生生化变化，后产生生理变化，即可分为生化劣变和生理劣变两个阶段（图 7-4）。种子老化过程中能否进行修补作用与种子水分含量有关。研究表明，在临界水分以下，种子不能进行修补作用。在临界水分以上，并有氧气存在时，种子可以进行缓慢的修补作用，细胞及 DNA 的受损减少。种子在完全吸胀状态下，修

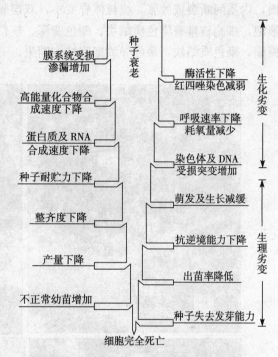

图 7-4　种子衰老各生化生理变化顺序图
（陶嘉龄，1986）

补作用效率最高，但弥补不了高水分造成代谢加速的损失。过去人们一直认为，当种子衰老的变化开始以后，其所产生的代谢变化是不可逆转的，即不能将已衰老的低活力种子恢复为高活力种子。随着种子科学研究的不断深入和种子处理技术的快速发展，已证明播前的各种处理（如种子引发、种子包衣等）能显著提高种子的活力水平。因此，种子衰老在一定程度上是具有可逆性的。

（二）种子老化劣变的形态特征

发生老化劣变的种子，往往在种子及幼苗形态和超显微结构上表现出劣变的特征。首先是果种皮颜色的变化，一般果种皮颜色会逐渐变深、变暗甚至变黑，无光泽，油质种子有"走油"现象。如三叶草种子变褐或变紫红，蚕豆、菜豆、大豆、花生等种皮颜色变深，独行菜、莴苣等种皮变褐。果种皮颜色的变化主要是由于氧化作用引起的，高温高湿条件会促进这一过程，但意外光线引起的种皮颜色变化与种子活力下降的关系不大。解剖劣变种子，会发现其种胚干涩，失去鲜嫩感，有的角质程度降低。发生劣变但仍能发芽的种子，往往畸形苗比例大，幼苗生长性能降

低，最终降低产量和品质。某些含有挥发性物质的种子如韭葱类，劣变后其挥发性物质的挥发量增加，使种子堆内异味变浓，有些种子可能产生霉酸味。

在超显微结构方面，随着种子衰老，细胞内各种细胞器均发生一系列变化（图7-5）。劣变种子最常见的变化是脂肪体的融合。在小麦、豌豆的胚、大葱的胚和胚乳、松的胚乳中均发现，劣变种子的脂肪体先是膜破裂、脂质溢出，随劣变加深则形成大的脂质团；其次是质膜收缩，进而破损，内质网断裂或肿胀，线粒体脊变小，双层膜破损，基质流出，蛋白体内含物变稀使其看似小液泡，细胞核常有染色质结块、颜色变深、核仁模糊等现象出现。严重劣变的种子，核仁及核膜模糊，染色质结块，最终导致细胞结构消失。

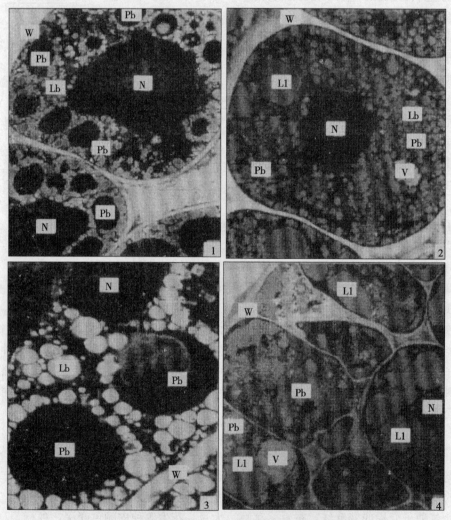

图7-5 大葱种子衰老过程中超微结构的变化
1. 高活力种子的胚轴细胞 2. 高活力种子胚轴细胞的放大
3. 中活力种子的胚轴细胞 4. 死种子的胚轴细胞
Lb. 脂肪体 L1. 脂质团 N. 细胞核 Pb. 蛋白质体 W. 细胞器 V. 液泡

（三）种子劣变中的生理生化变化

1. 膜系统的损伤及膜脂过氧化　当种子发生劣变时，细胞膜系统的损伤程度远比干燥种子严重，膜渗漏现象明显。严重劣变的种子对膜的修复重建能力变弱，修复过程缓慢，甚至不能建立起完整的膜结构，造成膜系统永久性损伤。结果造成大量可溶性营养物质及生理活性物质外渗，不仅严重影响正常代谢活动的进行，使种子难以正常萌发，而且外渗物会引起微生物大量繁殖，导致种子萌发时严重发霉、腐烂。进一步研究表明，种子劣变过程中膜的损伤主要是由于膜脂的过氧化引起的。细胞膜由膜脂（磷脂）和蛋白质所组成，组成膜脂的脂肪酸的性质直接影响膜的稳定性和对细胞的损伤程度。

脂肪酸的过氧化发生在不饱和脂肪酸的双键上，氧化的结果使双键断裂，会导致膜脂分解。氧化过程中伴随丙二醛的产生，丙二醛可与蛋白质结合使酶钝化，与核酸结合引起染色体变异。脂质的氧化可以产生有毒害作用的超氧自由基（$O_2^-·$），它又与过氧化氢作用产生单线态的氧和羟自由基（$OH·$）等高能量氧化剂。结果会进一步引起酶、核酸及膜的损伤，导致细胞分裂伸长受阻，幼苗生长缓慢或根本不生长。

种子水分过低、贮藏温度过高将使脂质的自动氧化作用增强，而维生素 E、维生素 C、谷胱甘肽等抗氧化剂可抑制或终止膜脂过氧化作用，超氧化物歧化酶（SOD）、过氧化氢酶（CAT）和过氧化物酶（POD）分别降低或消除 $O_2^-·$ 和 H_2O_2 对膜脂的攻击能力。许多研究表明，长寿命种子（如莲籽等）的种胚内不仅含有较高活性的 SOD、CAT、POD，而且许多此类酶的同工酶具有很高的耐热性。

2. 营养成分的变化　长期的呼吸消耗会导致种胚分生组织或胚轴中可利用的营养物质缺乏，使种子生活力和活力丧失。

种子在贮藏期间，其活细胞中的结构蛋白易受高温、脱水、射线或某些化学物质刺激，而使其空间结构变疏松、紊乱，最终变性。如构成染色体的组蛋白变性会阻碍 DNA 的功能，酶蛋白变性使酶失活，脂蛋白变性使细胞膜的选择透性丧失等。近年来的研究表明，种子的贮藏蛋白与种子活力关系密切。花生种子球蛋白含量与种子活力成显著正相关；花生种子吸胀 2d 后，高活力种子的蛋白质和花生球蛋白迅速降解，而中等活力种子的盐溶蛋白和花生球蛋白的降解速度较慢。种子贮藏蛋白亦随贮藏时间的延长而含量下降，能电泳分辨的蛋白组分随老化而减少。小麦种子萌发过程贮藏蛋白变化及降解速度的研究表明，高活力种子醇溶蛋白变化明显，降解较快；低活力种子醇溶蛋白变化不大，且降解迟缓。

种子（特别是油质种子）劣变过程中脂肪酸价和种子总酸度上升，这是由于脂肪水解产生大量游离脂肪酸，使酸价上升。另外，部分蛋白质水解产生游离氨基酸，植酸钙镁水解产生磷酸，使种子的总酸度明显上升。

3. 有毒物质积累　如缺氧呼吸产生的酒精和二氧化碳，脂肪氧化产生的醛、酮、酸类物质，蛋白质分解产生的多胺，脂质过氧化产生的丙二醛，以及微生物分泌的毒素（如黄曲霉素）等，这些物质积累过多会对种胚细胞产生毒害作用，甚至会导致种子死亡。

4. 合成能力下降　老化的种子，碳水化合物和蛋白质的合成能力明显下降，低活力种子中核酸的合成受阻。有分析表明，同一品种高活力的水稻种胚内 RNA 含量高于低活力种胚，老化的大豆种子中 DNA、RNA、叶绿素含量均较新种子为低，且老化越严重含量就越低。老化或低活力的种子新核酸的合成受阻，首先是衰老种子中 ATP 的生成量减少，致使 DNA、RNA 合成的能源不足，基质减少。

5. **生理活性物质的破坏和失衡**　种子老化时，许多酶的活性都不同程度地降低，如花生劣变后 ATP 酶活性消失，酸性磷酸酶活性变弱。种子劣变过程中易丧失活性的酶主要有 DNA 聚合酶、RNA 聚合酶、脱氢酶、苹果酸脱氢酶、细胞色素氧化酶、ATP 酶及 SOD 等，而某些水解酶如脂酶、蛋白酶活性反而增强。酶活性的降低主要是由于酶蛋白变性所致，也可能由于辅酶的缺乏所引起。麻浩等（2001）的研究表明，大豆种子脂肪氧化酶的缺失对种子劣变却没有明显影响。

胚中维生素 C 的氧化常使胚失去发育成为幼苗的功能。当种子活力下降时，维生素 B_1、维生素 B_2、维生素 B_6 及烟酸、泛酸、生物素的含量明显降低。

诱导种子萌发的激素，如 GA、CK 及乙烯等，产生能力的降低或丧失是种子衰老的基本过程。试验证明，老化种子类赤霉素物质减少，而类似 ABA 的抑制物质增加。另外，同生长素类物质一样，多胺（polyamine）含量的下降和产生能力的丧失也是种子活力丧失的原因之一。

还有人认为，谷胱甘肽（GSH）的氧化也是导致种子劣变的原因之一。谷胱甘肽是蛋白质合成中不可缺少的物质，但在种子贮藏过程中它极易被氧化形成双硫键（GSSG），成为无活性的钝化状态，使胚部的蛋白质合成受阻，活力下降。

（四）种子劣变中遗传基础的变异

遗传基础的变异如染色体畸变和基因突变，可能是种子劣变的实质。基因突变与老化的相关性研究始于 20 世纪 30 年代。众多的研究证明，衰老种子不仅染色体的异常现象增加，而且花粉败育的基因突变亦增加。染色体的畸变大多出现在分生组织特别是幼根的分生组织中，畸变包括缺失、重复、倒位、易位、联桥等十多种类型。染色体畸变的发生严重影响细胞的有丝分裂，使细胞周期延长。从图 7-6 中可以看出，老化的大麦种子，发芽率下降的同时，染色体畸变频率增加。种子贮藏过程中，种子含水量越高或者温度越高，在单位时间内染色体所受的损害也越大。就一个生物群体而言，种子细胞染色体畸变达到死亡之前，有其临界值。当畸变超过临界值时，种子就会死亡；在接近临界值时，种子中部分细胞仍然正常，能够进行细胞分裂并长出幼根幼芽，但分裂的细胞往往不会进一步增长，从而导致幼苗畸形，使幼苗极弱或无法存活。

种子老化后的基因突变大多数属于隐性，可被其显性等位基因掩盖，但在单倍体中，隐

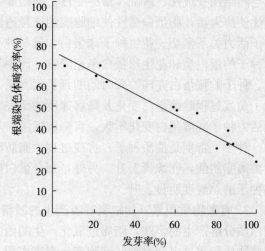

图 7-6　人工加速老化大麦种子发芽率与根端细胞
第一次分裂时染色体畸变率的关系

（Roos，1982）

性基因突变可能是致死的。一般的研究多集中于易于觉察的突变体，例如花粉败育、幼苗白化及叶绿素的异常等性状。当种子老化劣变时，这些突变均有显著增加。基因突变的频率与花粉败育率成显著正相关。进一步研究表明，劣变种子中DNA含量下降，片断变小，且不能在吸胀时得到修复。基因突变和DNA损伤导致种子萌发和幼苗生长延迟，从而增加微生物侵染的机会和不良环境条件的影响。从良种繁育角度来讲，由于突变的不断传递和积累，会引起品种退化、混杂。

种子老化劣变导致种子活力、生活力下降甚至生命力丧失，其机理是相当复杂的。国外的大量研究证实，种子细胞质以玻璃态存在，其玻璃化转变温度与种子衰老密切相关，而玻璃化温度

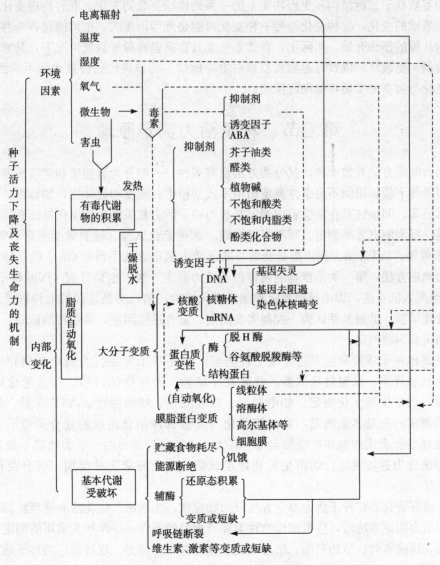

图 7-7 种子丧失生活力机制图

(郑光华，1986)

又与种子中的糖、蛋白质等物质有关。还有一些研究表明，种子中存在被称为美拉德反应（Maillard reactions）和阿马多瑞反应（Amadori reactions）的非酶促反应，这些反应可以在种子水分含量极低的条件下发生，其产物在种胚内的积累成为种子衰老的重要原因，其机理可能是通过降低抗氧化酶的活性、修饰蛋白质、核酸的结构和功能、影响种子中的糖代谢等途径，进而引起种子衰老。

郑光华（1986）参照 Roberts（1972）提出的设想图案并集中各方面的资料归纳为图 7 - 7。从图中可见种子活力的降低及生命力丧失的机制可概括为两方面：一是外因的直接作用或间接影响，二是内在的演变过程。两者有密切的联系，外因是内部变化的诱发因子和条件。归根到底，老化劣变的实质在于细胞结构和生理功能上的一系列错综复杂的变化，既有物理变化，又有生理生化及遗传基础的变化，一种变化与另一种变化可能是互为因果的，也可能是齐头并进的，不能一概归结为从膜的损伤开始。实际上，自然老化尤其在高温高湿和缺氧情况下，其原发初始阶段是以代谢失调、受破坏，以致有毒物质积累占主导地位。随着现代研究技术和手段的不断进步，相信种子老化与劣变的实质将被彻底探明。

第三节　种子活力测定原理

种子活力测定方法有数十种，其分类方法也有多种，一般分为直接法和间接法两类。直接法是在实验室条件下模拟田间不良条件测定出苗率或幼苗生长速度和健壮度，如低温处理试验、砖沙（砾）试验等；间接法是在实验室内测定某些与种子活力相关的生理生化指标和物理特性，如酶活性测定、浸泡液电导率测定、呼吸强度测定、加速老化试验、控制劣变测定、负电性测定、软 X 射线影像等。ISTA 活力测定委员会编写的《活力测定方法手册》（第 3 版，1995）列入两类种子活力测定方法，第一类是推荐的两种种子活力测定方法，也是目前《国际种子检验规程》（2004）已经列入的方法，即电导率测定和加速老化试验；第二类是建议的七种种子活力测定方法：低温处理试验、低温发芽试验、控制劣变测定、复合逆境测定、希尔特纳试验（砖沙试验）、幼苗生长测定和四唑测定。

另一种是将种子活力测定方法分成三种类型。一是基于发芽行为的单项测定，如发芽速率、幼苗生长和评定、低温处理试验、低温发芽试验、希尔特纳试验、加速老化试验和控制劣变测定等；二是生理生化测定，如电导率、四唑染色、呼吸强度、ATP 含量、谷氨酸脱羧酶活性等的测定；三是多重测定，如加速老化与低温处理结合而成的复合逆境活力测定，冷浸和低温处理结合而成的饱和抗冷测定等。AOSA（2000）颁布的《活力测定手册》则将种子活力测定方法分为逆境测定、幼苗生长和评定试验、生化测定三种类型。该分类体系被广泛接受。

此外，也有研究者将种子活力测定方法分为物理法、生理法、生化法和逆境法四种类型。

在选用活力测定方法时，应考虑作物种类和当地气候条件。一个较为实用的测定方法应当具备简单易行、快速省时、节约费用、结果准确和重演性好等特点。现将常用的种子活力测定方法分类介绍如下。

一、发芽测定法

(一) 标准发芽试验法测定

该法是一种普遍采用的简单方法，适用于各种作物种子的活力测定，通过测定种子的发芽速度和幼苗生长势来判断种子活力高低，通常测定的指标有发芽势、发芽指数、芽长或根长、干重或鲜重、活力指数、简化活力指数、平均发芽日数、高峰值、平均发芽率等。其中活力指数既能反映种子的发芽速度，又能反映幼苗的生长势，因而被广泛应用。高活力种子平均发芽日数较少，其余指标值均较高。

发芽法测定种子活力的具体方法是采用标准发芽试验（standard germination test），逐日记载正常发芽种子数（发芽缓慢的牧草、林木等种子，可隔一日或数日记载），发芽试验结束时（或在初次计数日）测定正常幼苗长度或重量。然后按公式计算各种活力指标，比较各样品种子活力的高低。

(1) 发芽势。即初次计数发芽率（%）。

(2) 发芽指数（GI）。

$$GI = \sum \frac{G_t}{D_t}$$

式中：D_t——发芽日数；

$\qquad G_t$——与 D_t 相对应的每天发芽种子数。

(3) 活力指数（VI）。

$$VI = GI \times S$$

式中：S——一定时期内正常幼苗长度（cm）或重量（g）。

(4) 简化活力指数（SVI）。

$$SVI = G \times S$$

式中：G——发芽率。

简化活力指数测定适用于油菜、红麻等发芽速度较快的种子。

(5) 平均发芽日数（$MLIT$）。

$$MLIT = \frac{\sum (G_t \times D_t)}{G}$$

平均发芽日数常用来表示发芽速率，平均发芽日数越少，发芽速度越快。

(6) 高峰值。高峰值（PV）$= \dfrac{\text{达峰值的累计发芽率}}{\text{达峰值的天数}}$

(7) 平均发芽率。平均发芽率（MDG）$= \dfrac{\text{总发芽率}}{\text{发芽结束时的天数}}$

(8) 发芽值。发芽值（GV）$= PV \times MDG$

高峰值、平均发芽率和发芽值均表示种子的相对发芽速率，其测定适用于发芽缓慢的林木或牧草种子。

（二）幼苗生长测定

幼苗生长测定（seedling growth test）适用于具有直立胚芽或胚根的禾谷类和蔬菜类种子。Germ（1949）首次提出以测定胚芽长度作为禾谷类和甜菜种子的活力测定方法，Perry（1977）将此法进一步完善用于大麦和小麦，Smith 等（1973）将此法用于莴苣根长的测量并获得成功。

幼苗生长测定方法是取 4 份试样，每份 25 粒。取发芽纸（30cm×45cm）3 张，在其中 1 张纸的长轴中心画一条横线，距顶端 15cm，并在中心线的上、下每隔 1cm 画一条平行线。在中心线上每隔 1cm 标一个点，共标 25 个点，在每点上放一粒种子（最好用无毒胶水将种子粘在点上），胚根端朝向纸卷底部，再盖两层湿润发芽纸，纸的基部向上折叠 2cm，将纸松卷成直径约 4cm 的圆筒状，两端用橡皮筋扎住，将纸卷竖放在容器内，上用塑料袋覆盖（或将纸卷直立于底部有水的烧杯中），置于规定温度的恒温箱内黑暗下培养 7d，然后统计苗长：计算每对平行线之间的胚芽或胚根尖端的数目，各对平行线之间的中点至中心线的距离依次为 0.5、1.5、2.5、3.5、4.5、5.5cm 等，按下列公式求出幼苗平均长度。

$$L = \frac{n_1 x_1 + n_2 x_2 + n_3 x_3 + \cdots + n_n x_n}{N}$$

式中：L——正常幼苗胚芽的平均长度（cm）；

n——每对平行线间的胚芽尖端数；

x——每对平行线之间的中点至中心线的距离（cm）；

N——正常幼苗总数。

此法在实际应用中也可不画线，而在发芽试验结束时，直接用直尺测量每株幼苗的胚芽或胚根的长度，最后求平均值。

由于幼苗生长速度在不同基因型间存在遗传差异，因而此法测定结果的比较应在基因型内进行。为防止杀虫剂和杀菌剂处理对种子在纸上萌发生长产生不利影响，测定前种子应尽可能不作任何处理。由于种子发芽速率受到原始水分的影响，因此测定前应将过湿或过干的种子平衡至相近的含水量。此外，使用此法测定种子活力必须严格控制环境条件的一致性。

直根作物（如莴苣）种子可用直立玻板法测定其幼根长度，其方法是：各重复取滤纸两张，其中一张画一条中心线，用水湿润贴在玻璃板上，将预先吸胀的 25 粒种子等距排在中心线上，盖上一张湿润滤纸，将玻板与水平呈 70°角斜放在水盘中，于 25℃黑暗下培养 3d，然后测量根的长度，计算平均值。据报道，莴苣种子用此法所测的根长与田间出苗率密切相关。此法还适应于胡萝卜、萝卜、甜菜等小粒根菜类种子。

（三）幼苗评定试验

对大粒豆类种子，因其细弱苗可达到相当的长度，不能用幼苗长度表示活力，可采用幼苗评定试验（seedling evaluation test）。此法是采用标准发芽试验方法，幼苗评定时分成不同等级。豌豆种子试验方法为：取 4 份试样，每份 50 粒，种子置于沙床中，深度 3cm，于 20℃、相对湿度 95%～98%、光照 12h、光照度 12 000lx 的条件下培养 6d，取出幼苗洗净进行幼苗评定，先将种子分成发芽和未发芽两类，再将幼苗分成三级：一级健壮幼苗：胚芽健壮，深绿色，初生根健壮或初生根少但有大量次生根；二级细弱幼苗：胚芽短或细长，初生根少或细弱；三级不正常幼苗：根或芽残缺或根芽破裂，苗色褪绿等。第一级为高活力种子，第二级为低活力但具有发芽力的种子，一、二级相加即为种子发芽率，活力测定结果以健壮幼苗百分率表示。

二、逆境试验测定

逆境试验是将种子置于不同的逆境条件下处理，由于高活力种子抗逆能力强，经逆境处理仍能保持较高发芽力，幼苗生长正常，而低活力种子则相反，借以鉴定种子活力水平，测定结果与田间出苗率相关较为密切。常用的方法有以下几种。

(一) 冷冻试验

冷冻试验（cold test）亦称抗冷测定或低温处理试验，主要适用于春播喜温作物，如玉米、棉花、大豆、豌豆等。该法是将种子置于低温潮湿的土壤中处理一定时间后，移至适宜温度下生长，模拟早春田间逆境条件，观察种子发芽成苗的能力。高活力种子经低温处理后仍能形成正常幼苗，而低活力种子则不能形成正常幼苗。

通常采用土壤卷法和土壤盒法，其中土壤盒法较为简单。土壤盒法取种子 50 粒，4 次重复，播于装有 3～4cm 厚潮湿土壤的盒内，覆土 2cm（土壤最好取自所测作物的田块），于 10℃ 黑暗条件下处理 7d，然后转入适宜温度下交替光照（12h 光照，12h 黑暗）培养，玉米、水稻于 30℃ 经 3d，大豆、豌豆于 25℃ 经 4d，届时计算发芽率，凡能形成正常幼苗的为高活力种子。冷冻试验发芽床也有采用沙或土壤掺沙。

(二) 低温发芽试验

低温发芽试验（cool germination test）主要适用于棉花，也可用于高粱、黄瓜、水稻等。棉花早春播种常遇低温，会引起胚根损伤，下胚轴生长速率降低。棉花发芽最低温度一般为 15℃，本法采用 18℃ 低温模拟田间低温条件。

试验方法与标准发芽试验基本相同。种子置沙床或纸卷床后，于 18℃ 黑暗条件下发芽 6d（硫酸脱绒）或 7d（未脱绒），检查幼苗生长情况，凡苗高（根尖至子叶着生点的距离）达 4cm 以上的即为高活力种子。

(三) 加速老化试验

ISTA 出版的《活力测定方法手册》推荐和建议一些种子的加速老化条件如表 7 - 4。加速老化试验（accelerated ageing test）简称 AA 测定。AA 测定最早是由 Delouche 等（1965）创立的，用来预测种子的相对耐贮性。经过多年的发展，目前加速老化试验主要用于两方面，一是预测田间出苗率；二是预测种子耐贮性。

加速老化试验是根据高温（40～45℃）和高湿（约 95％ 相对湿度）能导致种子快速劣变这一原理进行测定。高活力种子能忍受逆境条件处理，劣变较慢；而低活力种子劣变较快，长成较多的不正常幼苗或者完全死亡。

（四）希尔特纳试验

希尔特纳试验（Hiltner test）又称砖沙（砾）试验（brick grit test），此法是由 Hiltner 和 Ihssen（1911）创立，主要适用于谷类作物种子。模拟黏土或板结土壤的机械压力，受损伤、带病等低活力种子芽鞘顶出砖沙能力弱；高活力种子顶出砖沙能力强。

表 7 - 4 不同作物种子加速老化试验条件

(ISTA, 1995)

属或种名	内　箱		外　箱		老化后种子
	种子重量（g）	箱数目	老化温度（℃）	老化时间（h）	水分（%）
推荐:					
大豆	42	1	41	72	27～32
建议:					
苜蓿	3.5	1	41	72	40～44
菜豆（干）	42	1	41	72	28～30
菜豆（法国）	50	2	45	48	26～30
菜豆（菜园）	30	2	41	72	31～32
油菜	1	1	41	72	39～44
玉米（大田）	40	1	45	72	26～29
玉米（甜）	24	1	41	72	31～35
莴苣	0.5	1	41	72	38～41
绿豆	40	1	45	96	27～32
洋葱	1	1	41	72	40～45
辣椒属	2	1	41	72	40～45
红三叶草	1	1	41	72	39～44
黑麦草	1	1	41	48	36～38
高粱	15	1	43	72	28～30
苇状羊茅	1	1	41	72	47～53
烟草	0.2	1	43	72	40～50
番茄	1	1	41	72	44～46
小麦	20	1	41	72	28～30

大麦、小麦砖沙试验方法是先将砖块压碎磨成颗粒直径为 2～3mm 的砖砾（或用 2～3mm 的粗沙代替），清洗、烘干消毒后加水使砖沙湿润，每 1 100g 砖沙加水 250ml，搅匀放置 1h，然后放入容积为 10cm×10cm×8.5cm 的聚乙烯盒内，厚度 3cm。取种子 100 粒，2～4 次重复，均匀排放在砖沙上，并覆盖 3～4cm 厚的湿砖沙，加盖，于 20℃ 黑暗条件下培养 10～14d，统计顶出砖沙的正常幼苗数，并计算活力百分率。必要时可将顶出砖沙正常幼苗（%）、未顶出砖沙正常幼苗（%）、不正常幼苗（%）和感染真菌幼苗（%）分开计算。此法在检测因微生物等因素造成的低活力种子样品时，结果要比发芽试验更为可靠，但因砖沙供应较困难、手续烦琐和重演

性差等原因，应用有一定局限性。

（五）冷浸试验

冷浸试验（cold water soaking test）是将种子浸泡在低温水中，种子因此会受到冷害、快速吸胀伤害以及缺氧伤害，低活力种子经过一定时间的冷浸处理后，就会失去发芽能力，而高活力种子由于抗逆性强，仍能保持发芽力。冷浸处理后所测得的一些发芽指标能较好地反映种子活力水平。冷浸的温度一般较发芽的最低温度低 3～6℃。

测定方法是将试样用纱布松松包好，挂上标签，浸入冷水中，花生 8～10℃浸 2d，小麦 2～4℃、玉米 6℃浸 3d，然后取出种子按标准发芽试验法测定种子活力，计算发芽势、发芽率、发芽指数和活力指数等指标。

（六）复合逆境测定

复合逆境测定（complex stressing test）是将种子进行一种以上的逆境胁迫处理，然后转入适宜条件下进行发芽。此类方法评定活力的指标基于一种以上的活力测定原理，因而能更准确地反映种子活力水平，试验结果与田间出苗率相关极显著，且重演性较好。目前，此法主要用于玉米、小麦种子，如将加速老化处理的种子再进行低温处理，然后进行适温发芽，统计正常幼苗（％），即加速老化试验与低温处理试验相结合测定种子活力。玉米种子的饱和抗冷测定，是将种子置于水分饱和的土壤床中进行低温处理试验，属于冷浸试验和低温处理试验两种原理相结合的复合逆境测定。此外，还有高温浸种复合逆境，盐溶液浸种复合逆境，高、低温氯气水浸种复合逆境等测定方法的研究报道。

三、生理生化测定

（一）电导率测定

电导率测定（electrical conductivity test）是被列入《国际种子检验规程》（2004）的两种活力测定方法之一。

电导率测定的原理是种子吸胀初期，细胞膜重建和修复能力影响电解质（如氨基酸、有机酸、糖及其他离子）渗出程度，膜完整性修复速度越快，渗出物越少。高活力种子能够更加快速地重建膜，且最大程度修复任何损伤，而低活力种子则差。因此，高活力种子浸泡液的电导率低于低活力种子。电导率与田间出苗率成负相关。

《国际种子检验规程》所规范的电导率测定适用于豌豆种子；ISTA 活力手册指出该法也适用于许多其他种，如大粒豆科种子（特别是大豆、绿豆等）、棉花、玉米、番茄和洋葱等种子。AOSA 和 ISTA 活力测定委员会认为，菜豆和大豆的电导率测定结果具有重演性，与田间出苗率有较大的相关性，该测定已被种子产业用来评定菜豆种子出售前的出苗率。

根据电导率测定结果，可用活力水平对种子批进行排列。英国已在豌豆上应用多年（表 7-5）。

表 7-5　豌豆种子电导率值的解释

电导率 [μS/ (cm·g)]	结　果　解　释
<25	在不利条件下没有迹象表明种子不适合于早期播种或适时播种
25~29	种子可适用于早期播种，但在不利条件下可能有出苗率差的风险
30~43	种子不适用于早期播种，特别在不利条件下
>43	种子不适用于适时播种

（二）四唑定量法测定

四唑（TTC）定量法测定种子活力的原理与测定种子生活力的原理相同。种子经 TTC 染色后，用丙酮或乙醇将红色的三苯基甲膳（TTCH）提取出来，然后用分光光度计测定提取液的光密度值，或从标准曲线查出 TTCH 含量（μg/ml），以定量计算脱氢酶的活性，光密度值高或 TTCH 含量高，表明种子活力强。

（三）ATP 含量测定

ATP（腺苷三磷酸）是种子生命活动中的高能量物质。1973 年 Te May Ching 首先提出 ATP 测定法。国内外许多研究表明，吸胀种子中 ATP 含量与种子活力成显著正相关，因此认为测定 ATP 含量是种子活力测定较为理想的方法。该法适用于蔬菜、油料和蛋白质种子的活力测定。其测定原理为：

$$ATP+荧光素 \xrightarrow[Mg^{2+}，砷酸]{荧光素酶} ppi+AMP+氧化荧光素+光$$

根据上述反应式，当底物和酶均足量时，光产量与 ATP 含量成正比。因此，可用荧光光度计测得的发光强度计算出 ATP 含量。

1983 年顾增辉等提出改进方法，可先用丙酮或乙醇浸没种子，加热数分钟后倒去丙酮或乙醇，加 5ml 水，再加热 5min 提取，冷却后取样测定。

四、种子活力测定技术的发展趋向

（一）室内活力指标与田间生产性能的相关分析

《国际种子检验规程》（ISTA，2004）提出，种子活力测定的目的是"提供有关种子批在广泛环境下的播种价值和/或贮藏潜力的信息"。这一测定可提供标准发芽试验外的额外信息，以助于发芽率可接受的种子批间的区别。因此，研究室内活力测定指标与田间生产性能的关系具有现实意义。根据国内外一些研究认为，活力指数、电导率、抗冷测定发芽率、淀粉酶活性和过氧化物酶活性等指标能较好地预测田间生长性能。

（二）人工老化与自然老化本质差异的研究

人工加速老化是一种重要的种子活力测定方法，此法测定结果能否反映自然老化种子的活力水平？根据 Gauguli 等（1990）对小麦种子的研究和颜启传等（1992）对杂交水稻种子的研究，结果表明，人工老化和自然老化种子在苗期后的生长发育特性存在本质差异。自然老化种子的活力能持续地影响到田间整个生育过程的生产性能，最终影响到产量，而人工老化种子只影响植株早期生产性能，随着生长发育而逐渐修复，对后期生产性能几乎没有影响。但据 Z. Jiahua 等（1996）对大豆和玉米种子的 RAPD 分析，未发现自然老化和人工老化种子的 RAPD 存在差异。

（三）研究和开发活力测定的新方法

虽然种子活力可用的测定方法很多，但目前为止，只有电导率测定和加速老化试验被列入 ISTA 规程，且规定只能在特定种子上应用，如电导率测定适用于豌豆种子，加速老化测定法适用于大豆种子。对于其他种类种子，由于影响田间生产性能和潜力的因素复杂，目前尚缺少准确有效预测田间生产潜力的活力测定方法，因此，通过不断地努力和研究，希望今后研究和开发出更为准确，且能用数量关系表示的种子活力测定新方法。随着科技的不断进步，计算机技术在种子活力测定上的应用研究近年来已取得明显进展。美国俄亥俄州立大学 McDonald 等（1990）、Sako 等（2001）研究了生菜、大豆、棉花等种子活力测定的自动评价系统，该校的 Hoffimaster 等（2003）研究了大豆黑暗垂直发芽 3d 幼苗活力测定的自动评价系统；美国肯塔基大学（2004）研究了借助计算机图像分析幼苗大小和生长速率的凤仙花属种子活力测定系统。已有研究表明，这些新方法具有自动快速、正确和可靠地测定种子活力的特点，可望在生产上推广应用。

第八章　种子寿命

种子作为重要的繁殖器官，与植物的其他活有机体一样都要经历从发育、成熟到逐步衰老、死亡的寿命终结过程。种子的寿命因植物种类、贮藏条件的不同而有很大差异。延长种子寿命，有利于繁种次数的减少和降低种子生产费用，同时可以减少混杂退化的机会，以保持种子的典型性和纯度。所以，探讨种子寿命的差异性、影响因素以及延长种子寿命的方法措施是种子生物学研究的重要内容。

第一节　种子寿命及其差异性

一、种子寿命的概念

种子寿命（seed longevity）是指种子在一定环境条件下能够保持生活力的期限，即种子存活的时间。实际上，每一粒种子都有它一定的生存期限，但截至目前，尚无法测定每一粒种子的寿命。目前所指的种子寿命是一个群体概念，指一批种子从收获到发芽率降低至50％时所经历的天（月、年）数，又称为该批种子的平均寿命，或称为半活期。种子寿命的测定是从一批种子收获开始，每隔一定时间取样测定一次发芽率，直到发芽率降至50％，然后计算从收获到最后一次发芽的置床时间，即为该种子的平均寿命。将半活期作为种子寿命的指标，是因为一批种子死亡点的分布呈正态分布，半活期正是一批种子死亡的高峰。

在农业生产上，用半活期概念作为种子寿命的指标显然是不适宜的。大量研究表明，种子发芽率越高就越接近田间出苗率，当种子发芽率下降时，田间出苗率下降更快，而当一批种子发芽率下降严重时，是无法用加大播种量来弥补因衰老导致生产潜力下降所造成的损失。显然，这是因为某些衰老种子尽管能正常发芽，但在田间条件下却无法长成正常幼苗甚至不能出苗。处于半活期的种子，虽然还有50％种子能发芽，但这些种子的活力水平已很低，在田间条件下常常无法长成正常幼苗，已完全失去了种用价值。因此，农业生产上种子寿命的概念或称使用年限，应指在一定条件下种子生活力保持在国家颁布的质量标准以上的期限，即种子生活力在一定条件下能保持80％以上发芽率的期限。

农业种子寿命的长短与其在农业生产上的利用年限成正相关，就是说一批农业种子的寿命越长，其在农业生产上的利用年限也就越长。种子寿命长，可以减少繁种次数以降低种子生产费用，减少混杂退化的机会，不但提高了种子质量，还能较好地调节市场余缺，减少报废损失。对于种质资源来说，寿命长可以减少种植次数，不仅降低了保存费用，还有利于种子典型性和纯度的保持。长寿命的商品种子也具有易于保存、贮藏费用低等优点。但杂草种子寿命长，却给农业上带来麻烦。

二、种子寿命的差异性

种子的寿命因植物种类不同有很大的差异，短则数小时，长则可达千、万年。如柳树种子成熟后在 12h 以内有发芽能力，杨树种子的寿命一般不超过几个星期。一种沙漠植物梭梭树，一旦种子成熟，在自然条件下几小时之内就会死亡，不过如果遇上一点点水，它将很快发芽、生根，转入新一轮的生长循环之中。大多数农作物种子的寿命在一般贮藏条件下为 1～3 年，如花生种子的寿命为 1 年；小麦、水稻、玉米、大豆的种子寿命为 3～6 年。据加拿大人 1967 年的报道，在北美育肯河中心地区的旅鼠洞中曾找到 20 多粒北极羽扇豆种子，这批深埋冻土层中的种子经测定已有一万多年的历史，但经播种后，其中 6 粒种子发芽并长成正常植株。早在 1923 年，人们就在我国辽宁省普兰店河流域挖掘出千年莲子，Libby（1931）以 ^{14}C 确定其种龄为 1 040 年±210 年。1952 年，北京植物园再一次在辽宁省普兰店附近泡子屯村的泥炭层里挖掘出了一批古莲子，并拿回到北京植物园种植，居然能发芽、开花、结果。另据报道，我国科学家在辽宁岫岩县大房身乡的黄土层里，发现了近 400 粒狗尾草种子，经同位素测定，这些种子的埋藏年代已经有一万年以上。当然，极短命或极长命的种子是少数，大多数农作物种子的寿命常在几年至十几年。

种子的寿命不仅与其遗传特性有关，还受环境因素特别是贮藏因素的影响，所以在不同地区和不同条件下观察的结果差异很大，对种子寿命长短的划分也难有统一的标准。迄今为止，没有人能够对各种作物种子的寿命计算出一个稳定的、绝对不变的数值。尽管如此，由于生产活动的需要，人们还是依据种子在自然条件下的相对寿命进行分类。到目前为止，较有代表性的种子寿命划分方法有如下几种。

（一）依据种子寿命的长短分类

早在 1908 年，Ewart 根据他在实验室中给予"最适贮藏条件"观察到的 1 400 种植物种子寿命的长短将种子分为短命、中命和长命三大类。短命种子的寿命一般在 3 年以内。短命种子多是一些林木、果树类种子，如杨、柳、榆、板栗、扁柏、坡垒、可可及柑橘类种子等，农作物种子很少，只有甘蔗、花生、苎麻、辣椒、茶等。中命种子也称常命种子，其寿命在 3～15 年，主要有禾本科种子如水稻、裸大麦、小麦、玉米、高粱、粟，以及部分豆科种子如大豆、菜豆、豌豆等，另外还有中棉、向日葵、荞麦、油菜、番茄、菠菜、葱、洋葱、大蒜及胡萝卜等。长命种子的寿命在 15～100 年或更多。长命种子以豆科居多，如绿豆、蚕豆、紫云英、刺槐、皂荚等，其次还有陆地棉、埃及棉、南瓜、黄瓜、西瓜、烟草、茄子、芝麻、萝卜等。长命种子的种皮大多坚韧致密，有的还具有不透水性，通常含油分较低且多偏于小粒种；而短命种子通常含油分较高，种被薄而脆，保护性差，或者需要特殊的贮藏条件。

实际上，依据种子寿命长短划分的种子类型之间没有严格的界限，各种植物种子的寿命往往因贮藏条件的变化而发生改变。如花生种子，在充分干燥后贮藏在密封条件下，种子生活力可以保持 8 年以上不降低。短命的美国榆树种子，含水量降至 3％时置于－4℃密封保存，可成功地保存寿命达 15 年。

（二）依据种子贮藏的难易程度分类

J. C. Delouche 等根据亚热带和热带主要农作物种子寿命的差异把种子分为易藏、中藏、难藏类。易藏的种子有水稻、谷子；难藏的有大豆、花生；其他为中藏，包括棉花、珍珠粟、菜豆、高粱、小麦和玉米等。根据这种分类方法并结合生产实际不难看出，易藏类种子多是籽粒外包有稃壳，因而不易吸湿、生虫和发霉，种子寿命就较长，这一类中还包括大麦、燕麦等。我国过去农家长期藏粮多为谷子、稻谷，道理也在此。这种分类法比较确切地表示了种子寿命的相对性及其与贮藏条件的关系，随着科学技术的发展及贮藏设施的改进，许多短命和中命种子可贮藏几十年甚至上百年，种子寿命的长短将发生显著的变化。

（三）依据种子贮藏行为分类

Roberts 根据种子的贮藏行为即种子对脱水干燥的适应性和对贮藏环境的需求，于 20 世纪 70 年代初将种子分为传统型和顽拗型。近几年，Ellis 等又在此基础上进一步提出了中间型种子的概念，从而将种子分为三种类型，即传统型或称正常型、中间型和顽拗型。

1. 传统型种子（orthodox seed） 传统型种子耐干燥，在含水量降到较低水平时不会受到伤害，种子寿命一般随含水量和贮藏温度的下降而延长。大多数作物种子属正常型，在生理成熟时，它们的含水量多为 $30\%\sim50\%$，然后通过脱水，到收获时的含水量为 $15\%\sim20\%$，可被进一步干燥，直到含水量在 $1\%\sim5\%$ 范围内而生活力不受损伤。将此干种子置于 $-18℃$ 下贮藏，其寿命可达 100 年以上。

种子的耐干燥能力是植物适应生存环境的重要机制之一，能使有机体在遇到严酷的外界环境时暂停新陈代谢活动，待环境好转时再恢复旺盛的生命力，有利于植物的世代延续。但值得注意的是，种子发育早期并不耐干燥，其耐干燥能力是随种子的发育和成熟逐渐加强，最终达到最耐干燥的程度。而当种子发芽时，耐干燥能力下降。因此，短期吸湿包括对种子进行的任何吸湿处理都会降低种子的耐干燥能力和潜在贮藏寿命，即使这种处理不会导致明显的发芽现象。对贮藏在低温潮湿条件下的正常型种子进行干燥处理亦会使其耐干燥能力下降，寿命缩短。因此在将种子置于低温低湿条件下进行长期贮藏前，不能打破种子休眠或进行种子发芽前处理。

2. 顽拗型种子（recalcitrant seed） 顽拗型种子对脱水和低温高度敏感，在干燥时会受到损伤。新鲜的顽拗型种子的生活力会随种子干燥而降低，当含水量降低至某一相对临界水分或称最低安全水分以下时，种子的生活力全部丧失。顽拗型种子植物主要有两类，一类是水生植物如浮莲、菱、茭白等，另一类是热带大粒木本植物如椰子、芒果、面包树、可可、橡胶、荔枝、龙眼、枇杷、栎树、木菠萝等，并有少数温带植物如板栗、银杏等。这些种子在生理成熟时的含水量多为 $50\%\sim70\%$，脱落前不经历成熟脱水，成熟后也不能明显干燥，只能湿藏。如海榄雌种子，当脱水至 52% 时，生活力丧失；芒果种子含水量下降至 39% 时，生活力降为零。脱水引起顽拗型种子死亡的原因尚无定论，但许多研究表明，顽拗型种子脱水敏感的原因在于脱落时甚至在脱落前就已开始萌发，有的甚至胎萌。随着萌发过程的进行，水分成为限制因子，若脱水自然导致生活力丧失。也有专家提出，Lea 蛋白的缺乏是脱水敏感性的特征。

顽拗型种子的形成与这些植物所处的生态条件密切相关。热带地区四季温暖潮湿，生长于热带的顽拗型种子可以随时萌发长成植株，无需以较长的寿命度过不良环境延续后代，因而寿命较短，即使给予适宜的贮藏条件，一般也只能维持一季。

银杏种子就其贮藏行为来讲，也应属于顽拗型种子，但其不耐脱水的机制却与热带木本种子不同，它有较长的休眠期。银杏种子休眠的原因，一般认为主要是胚的分化、生长不足，而脱落后胚分化、生长的完成需要从胚乳中汲取水分、养分。若在收获后干燥脱水，不但使胚乳固化养分难被胚利用，还使胚体与胚乳脱离，胚得不到生长发育所需的水分、养分，只有走向死亡。

顽拗型种子在完全吸湿或几乎完全吸湿的条件下贮藏时，其寿命最长，但这却常会使不具休眠特性的种子在贮藏期间萌发。因此，湿境低温是顽拗型种子的最佳贮藏环境，这能尽可能减缓种子退化和发芽的速率。湿境应掌握在最低安全水分与完全吸湿之间的湿度，而低温则为该种子可能产生冻害之上的温度，即不危害种子生活力的最冷凉温度。低温的范围因种子产生的生态条件而异，一般热带、亚热带种子较高（15～20℃），而温带种子较低（0℃以上）。

3. 中间型种子（middle seed） 根据 Roberts 的定义，很容易区分植物种子的贮藏习性为

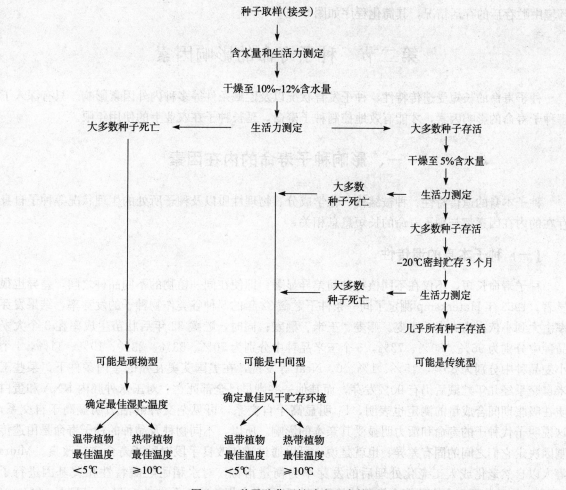

图 8-1 种子贮藏习性确定程序简图

传统型或顽拗型。但是越来越多的研究结果表明，用正常型和顽拗型两种类型不能完全区分所有种子的贮藏行为，如柱状南洋杉、小果咖啡、中果咖啡、番木瓜、油棕、印度楝、人心果和几种柑橘属种子，表现出介于传统型和顽拗型之间的贮藏习性。中间型种子的基本特征是：在风干贮藏条件下，种子寿命与种子含水量的负相关关系在种子含水量降低到一定程度（7%～12%）时会发生逆转，亦即此时种子生活力会发生损伤。因此，这些植物的种子都有一个最佳风干贮藏条件，如小果咖啡的最佳贮藏条件是 10℃，含水量 10%～11%。

中间型种子能够忍耐相对低的含水量（7%～9%），这个水分相当于相对湿度 40%～50%（20℃）的平衡含水量。但其最佳贮藏温度却因植物起源的生态条件而异，一般起源于热带的中间型种子贮藏温度在 10℃ 以上，而起源于温带的中间型种子则能在较低温度（5～－20℃）条件下得到很好保存。

4. 确定种子贮藏习性的方法　在实际的种子贮藏中，特别是遗传资源的保存中，正确区分正常型、中间型和顽拗型种子贮藏习性，能使人们明确知道哪些植物种子能成功地进行长期、中期或只能短期贮存。正确区分的方法一般分两步，第一步是耐性测定，第二步是研究种子在不同环境中贮存后的存活情况，其简化程序如图 8-1。

第二节　种子寿命的影响因素

种子寿命的长短受遗传特性、种子发育状况以及贮藏条件等多种内外因素影响。只有深入了解种子寿命的影响因素，才能有效地控制种子寿命，延长种子在农业上的使用年限。

一、影响种子寿命的内在因素

种子本身的遗传特性、种被结构、化学成分、物理性质以及种子所处的生理状况等种子自身存在的内在因素都与种子寿命的长短息息相关。

（一）种子本身的遗传性

种子寿命长短，不仅在不同植物种间差异显著，即使在同一植物的不同品种之间，差异也很显著。1953 年 Haterkamp 测定了同一条件下贮藏 32 年的 5 种谷类作物种子的发芽率，结果发芽率由大到小依次为大麦、小麦、燕麦、玉米、黑麦；同时，贮藏 32 年后壮苗生成率在 3 个大麦品种中分别为 96%、80%、72%，5 个玉米品种中分别为 70%、53%、23%、19%、11%，4 个小麦品种中分别为 85%、15%、1%、0。Neal 等发现，在美国艾奥瓦州的室内条件下，某些玉米自交系经几年贮藏后仍有 90% 发芽，而其他一些则早已全部死亡。对玉米种胚内 RNA 和蛋白质在吸胀期间合成量的测定也表明，F_1 明显高于自交系，可见杂交种的活力明显高于自交系，这说明子代种的寿命和活力明显受其亲本的影响。所以，不同物种及品种的种子寿命是由遗传基因决定它们之间的固有差异。也就是说，可以通过遗传改良手段对种子寿命进行改良。Miura等人以自然老化或人工老化处理后的发芽率为衡量指标，对水稻耐贮藏特性相关基因进行了QTL 定位及分析，在水稻第 9 染色体检测到与种子寿命相关的 4 个主效 QTL，分别是 qLG-9、 qAGR9 - 1、qAGR9 - 2 和 qSC9 - 2，贡献率分别达 59.15％、12.8％、16.8％和 6.12％。实际上，种子的种被结构、化学成分也主要受遗传所控制。

随着生物技术的快速发展，通过基因工程将长寿命的相关基因转入中寿命或短寿命的植物中，以获得长寿命植物种子的研究在不远的将来会有所突破。

（二）种被结构

种被是种子的保护组织，是种子内外气体、水分、营养物质交换的通道，也是微生物、害虫侵害种子的天然屏障。种被细胞结构的疏松与致密、坚硬与脆薄，对种子本身新陈代谢作用和抵抗外界环境条件有密切关系。凡种被结构坚韧、致密，具有蜡质、角质层的种子，特别是硬实，其寿命较长。种子中的"寿星"——睡莲科的莲子就是一个典型的例子。具有历史记载的长命种子，如古莲子、羽扁豆等都具有透水性、透气性不良的种皮。花生与黄瓜种子含油量都较高，但花生种子远不如黄瓜种子寿命长，这是因为花生种子种皮薄而脆，而黄瓜种子种皮相对比较坚硬的缘故。种被外附有保护性结构的种子，其寿命较长，如禾谷类中的水稻、谷子、皮大麦、燕麦等。花生种子以荚果的形式贮藏，寿命会明显延长。

种皮的保护性能也影响到种子收获、加工、干燥、运输过程中遭受机械损伤的程度，凡遭受严重机械损伤的种子，其寿命将明显下降。如种皮破裂的小麦种子比健全种子发芽率降低 4％，贮藏 9 年后，发芽率降低达 12％。

在大豆、菜豆等多种作物中，种皮的颜色影响到种皮的致密程度和保护性能，凡深色种皮的品种，其种子寿命较浅色品种为长。

（三）种子化学成分

种子化学成分的差异，亦是导致寿命长短的重要因素之一。种子三大类贮藏物质糖类、蛋白质和脂肪中，脂肪较其他两类物质容易水解和氧化，常因酸败产生许多有毒物质如丙二醛、游离脂肪酸等，对种子生活力造成很大威胁。脂肪酸败造成细胞膜的破坏，更是种子死亡的重要原因。有研究表明，棉花种子中游离脂肪酸的含量达到 5％，种子全部死亡，因此含油量高的脂肪类种子比淀粉和蛋白质类种子难贮藏、寿命短。如豆科植物中的绿豆、豇豆与花生、大豆相比，前者因其脂肪含量少，寿命明显长于后者。脂肪类种子中含油酸、亚油酸等不饱和脂肪酸较多的种子更难贮藏，因为不饱和脂肪酸较饱和脂肪酸更易氧化分解。据报道，脂肪氧化酶基因缺失的种子，由于种子中脂肪的氧化酸败不易发生，因而有利于种子寿命的保持，如日本农林水产省 Suzuki Y 发现水稻脂肪氧化酶（Lox - 3）缺失突变体能有效地延缓稻谷中的脂肪酸氧化，从而显著地改进了水稻谷物和种子的耐贮藏性，延长了稻谷的寿命。脂氧酶缺失的大豆种质，不但豆腥味降低甚至完全消失，种子耐贮藏性也明显增加。

种子中可溶性糖含量较高，有利于微生物的活动和蔓延，加速了生活力的降低，所以蔬菜豌豆和甜玉米比一般品种种子较难贮藏。

（四）种子的生理状态

籽粒的生理状态不同，也会引起种子寿命的差异。生理状态主要包括种子的成熟度、休眠状态及受冻受潮情况。通常种子的成熟度越好，活力就越高，且保持的时间越长，这是造成同批种子活力保持时间不完全相同的主要原因。种子不达到生理成熟难以获得较高的活力。据研究，在蜡熟、完熟期收获的小麦种子，其活力指数比乳熟期收获的高 1 倍，种胚内脱氢酶活性也高 1 倍左右，田间出苗速度明显快。只有当种子在形态上和生理上均达成熟时，才能达到活力顶峰。未熟种子不但难以达到高活力，而且活力降低快，寿命短，原因是它的可溶性养分多，水解酶活性强，且胚体较小，种皮致密度差等。休眠的种子耐贮性强，能够忍受不良的贮藏环境。

受潮受冻的种子，尤其是处于萌动状态的种子，或者发芽后又重新干燥的种子，均由于旺盛的呼吸作用而寿命大大缩短。据研究，受潮种子呼吸强度较干燥时增加 10 倍。这类种子往往由于含水量较高，提高了水解酶活性，种子中含有大量易被氧化的单糖、非蛋白氮、有机酸等，同时呼吸强度强，释放出大量的水和热量，进而又促进了寄附在种子上微生物的活动和繁衍，导致种子贮藏物质的大量消耗，加速了种子的死亡速度。值得注意的是，种子受冻受潮后立即测定其发芽力，往往无明显降低，但这样的种子不耐贮藏，会在短期内迅速降低活力，甚至很快导致寿命的终结。因此，选择好适宜的收获时期，加强贮藏期间的管理，尽量避免种子受冻受潮，是使种子活力长期保持的必要措施。

（五）种子的物理性质

种子的大小、硬度、完整性、吸湿性等因素均对种子寿命产生影响，因为这些因素最终影响着种子的呼吸强度。小粒种子、瘦瘪种子及破损种子，因其比表面积大，胚在整个籽粒所占比例较大或因种皮破损降低了对种胚的保护能力，因而呼吸强度明显高于大粒、饱满和完整种子，造成贮藏物质大量消耗而缩短了种子寿命。吸湿性强的种子，由于种子含水量相对较高，导致呼吸作用加强且易受微生物的侵染，从而易发生种子劣变。因此，要使种子较长期贮藏同时又保持较高活力，必须在贮藏前进行清选，以清除小粒、秕粒、破碎粒，并在加工、贮藏及运输等一系列环节中注意保护种子免受损伤。

（六）胚的性状

在相同条件下，一般大胚种子或者胚占整个籽粒比例较大的种子，其寿命较短。因为胚部含有大量可溶性营养物质、水分、有机酸和维生素，是种子呼吸的主要部位。如大麦胚的呼吸强度（以 CO_2 量计）为 $715mm^3 /$（$g \cdot h$），而胚乳（主要是糊粉层）的呼吸强度（以 CO_2 量计）为 $76mm^3 /$（$g \cdot h$），胚的呼吸强度几乎是胚乳的 10 倍。胚部结构疏松柔软，水分高，很容易遭受害虫和微生物的侵袭。在禾谷类作物中，玉米种子的胚较大，且含脂肪多，因此较其他禾谷类种子难以贮藏。

二、影响种子寿命的环境条件

种子贮藏的环境因子如湿度、温度、光、气体等均对种子寿命有很大的影响。种子在贮藏期间若处于适宜的环境中，种子寿命就可以长时间保持不降低，亦可使难贮藏的种子延长其寿命；

相反，若贮藏条件变劣，种子的活力会迅速下降，即使是长命种子，其活力也会迅速下降甚至死亡。

（一）湿度和水分

种子水分和贮藏环境中空气的相对湿度是影响种子寿命的关键因素。种子具有很强的吸湿性，所以，种子水分总是随着贮藏环境湿度的变化而变化。当贮藏环境湿度较高时，种子将会吸湿而使水分增加。种子水分的提高，使呼吸作用增强，贮藏物质水解作用加快，物质消耗加速，同时促进了微生物和害虫的活动，如果超过一定限度，还会使种子发热甚至萌动，活力迅速降低。因此，对于正常型种子来说，充分干燥并贮存于干燥密封条件下是延长种子寿命的基本条件。种子超干贮藏正是基于这一原理。

Ellis 等认为与相对湿度（RH）为 10%～11% 的空气相平衡时的含水量为种子在室温下贮藏的最适含水量。Vertucci 等从种子热力学的角度测得引起种子劣变的临界含水量是与相对湿度为17%～19% 的空气相平衡时的含水量。

据研究，对许多正常型植物种子来说，最适宜于延长种子寿命的种子水分为 1.5%～5.5%，因植物种类而不同。但这样低的水分容易引起种子吸胀损伤和增加硬实率，播种以前需要进行适当的处理以防止这些不良现象的发生。如大豆种子，当干燥到 5% 以下时就会受到损伤，但只要在萌发前预先进行湿度梯度平衡以防止吸胀损伤，水分可以降到 3%～4%。但小麦和水稻种子属于耐干燥的类型，据报道，水稻种子水分降至 1.0% 以下，经 5 年后仍能保持发芽率 92.3%；小麦种子水分只有 0.7%，贮藏 15 年 9 个月后，仍保持 82.9% 的发芽率。大量研究表明，大多数作物种子可以干燥到 2%～3% 而不会受到损伤。

顽拗型种子在贮藏期间需要有较高的水分才能保持其生命力，水分过少则会引起死亡。如某些林木果树种子需要较高水分贮藏，茶籽需保持水分在 25% 以上，如水分降到 15% 以下时，种子很快就死亡。橡的果实需保持水分在 30% 以上。

（二）温度

贮藏温度是影响种子寿命的另一个关键因素。在水分得到控制的情况下，贮藏温度越低，正常型种子的寿命就越长，即使进行 −196℃ 的液氮处理，种子也不会丧失生活力。低温状态下贮藏的种子呼吸作用非常微弱，物质代谢水平特别缓慢，能量消耗极少，细胞内部的衰老变化也降到最低程度，从而能较长时期保持种子生活力不衰而延长种子寿命。相反，若种子贮藏在高温状态下，呼吸作用强烈，尤其在种子含水量较高时，呼吸作用更加强烈，造成营养物质大量消耗，害虫和微生物活动加强，以及脂质的氧化和变质，严重时可引起蛋白质变性和胶体的凝聚，使种子的生活力迅速下降，导致种子寿命大大缩短。

同样，干燥时温度不能太高，温度过高种子失水太快，会给种胚细胞造成无形的内伤而导致活力的下降。据 Ragasits 报道，小麦种子在 60℃ 下干燥发芽率下降，80℃ 下干燥则发芽率仅为7%～14%，在 100℃ 下干燥种子将全部死亡。玉米种子在 50℃ 下干燥比在 35℃ 干燥活力有明显下降，种子中淀粉粒的数量也减少。

种子含水量和贮藏温度是影响种子寿命的最主要因素，Harrington（1959）研究温度、种子含水量与种子寿命关系时对传统种子提出如下准则：种子水分在 5%～14% 范围内，每降低 1%，种子寿命延长 1 倍；反之则缩短一半（后经 Robers 等人修正为水分每上升 2.5%，种子寿命缩短一半）。种子贮藏温度在 0～50℃ 范围内，每降低 5℃，种子寿命也延长 1 倍；反之种子寿命缩短一半（后经 Robers 等人修正为温度每上升 6℃，种子寿命缩短一半）。种子安全贮藏的指标是相对湿度（%）＋温度（℉*）不超过 100 的数值。一般认为相对湿度（%）＋温度（℉）≤ 100 时，种子安全贮藏 3～10 年；如果相对湿度（%）＋温度（℉）＝120 时，种子贮藏时间不超过 3 年。表 8-1 表明在各种温湿度条件下，不同作物种子的寿命变化趋势。显然，在高温高湿条件下，种子很快丧失生活力。

目前世界各国对于品种资源都采用干燥（相对湿度 30%）和低温（－5℃、－10℃、－12℃）的人工控制条件，达到延长种子寿命的目的。

表 8-1 不同温湿度条件下种子贮藏一年后的发芽率

(Barton, 1952)

作物	原始发芽率（%）	相对湿度（%）	5℃	10℃	20℃	30℃
莴苣	63	35	67	53	32	2
		55	50	22	3	0
		76	36	0	0	0
洋葱	66	35	55	35	29	15
		55	53	16	3	4
		76	27	13	1	0
番茄	93	35	94	91	90	91
		55	90	89	89	83
		76	88	76	45	10

（三）气体

除湿度和温度外，与种子呼吸作用关系密切的 CO_2 和 O_2 等气体对种子寿命也有一定的影响，特别是在温湿度不适宜的条件下，对种子寿命的影响就更加明显。据研究，氧气会促进种子的劣变和死亡，而氮气、氦气、氩气和二氧化碳则延缓低水分种子的劣变进程，但高水分种子则加速劣变和死亡。如将水稻种子贮于不同气体中，两年后发芽率的检验结果表明，在纯氧气中不足 1%，空气中为 21%，纯二氧化碳气体中为 84%，纯氮气中为 95%。因为氧气的存在促进了种子的呼吸作用，加速了种子内部物质消耗及有害物质的积累，所以不利于种子的安全贮藏。相反，增加 CO_2 浓度，降低 O_2 浓度，不但能抑制种子呼吸，还能有效地抑制害虫和微生物活动，从而增加种子的安全贮藏性。因此，在低温低湿条件下采取密闭贮存，可以使种子的呼吸代谢维持在最低水平，延长种子的贮藏寿命。对大葱种子所做的试验（图 8-2）表明，即使是不易贮藏的种子，若能较好的协调水分、温度、气体的关系，也能在较长时期内保持较高的活力，大大延长种子的贮藏寿命和生产使用期；但当种子水分和贮藏温度较高时，密闭会迫使种子转入缺氧呼

---

* ℉：非许用单位，华氏度。1℉＝1℃×9/5＋32。

吸而产生大量的有毒物质，使种子窒息死亡，遇到这种情况，应该立即采取通风摊凉，使种子水分和温度迅速下降。

（四）其他因素

强光、微生物和害虫的活动以及用于种子处理的一些化学物质对种子贮藏期间生活力保持也有一定的影响。强光对种子的危害主要发生在干燥过程中。夏日的强光暴晒会使小粒色深的种子胚部细胞受伤，大粒的豆类裂皮，另一些像水稻等则易爆腰，不但降低种子活力，且不耐贮藏，缩短寿命。所以强光高温时不宜在柏油路、水泥地等地方晒种。

贮藏期间微生物和害虫活动分泌的毒素及产生的呼吸热和水分都是促进种子呼吸作

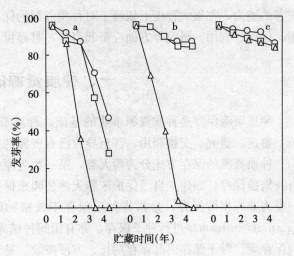

图 8-2 低水分的大葱种子（5.85%）贮藏在不同条件下的发芽率变化

a. 室温 b. 6℃ c. -6℃

○密封罐装 □铝箔袋装 △牛皮纸袋装

用、加强种子堆发热的重要原因。因此防治仓贮病虫对延长种子寿命具有重要意义。

利用化学物质处理种子，提高种子耐贮藏性研究，也是一个有发展前途的技术措施，特别是对油脂种子。有人曾用氯乙醇、氯丙醇等药剂处理亚麻种子和棉籽，以抑制游离脂肪酸的产生以及预防种子在大量贮藏期间的发热现象。

第三节 种质资源保存

植物种质资源（germplasm resources）也称遗传资源、品种资源或基因资源，包括地方品种、栽培品种、稀有种、野生种，以及育种品系、育种家材料、特殊遗传材料。种质资源是植物育种的物质基础，搜集并保存有丰富的种质资源供育种家随时调用，方能使育种工作取得突破性进展，同时也是进行植物生物学研究的重要材料。

我国是主要世界作物起源中心，种质资源十分丰富。但在 20 世纪 70 年代中期以前，种质资源的保存却非常落后，主要是分散在农民和地方农业机构手中。1978 年，我国成立了中国农业科学院作物品种资源研究所，成为全国作物种质资源的研究中心。1979 年召开了全国品种资源会议，种质资源工作得到了进一步加强和重视。许多专业研究所和省、自治区、直辖市农业科学研究所也相继成立品种资源研究机构，并在全国范围内开展了大规模植物遗传资源考察收集活动。到目前为止，全国已收集保存种质资源 35 万余份。但这与发达国家相比，还有很大差距，毕竟我国开展研究的时间短。例如美国，原本农作物资源非常贫乏，原产植物只有向日葵、荒漠蔬菜、一些果树和坚果树种，但从 1776 年独立起，就十分重视种质引进，仅 1989 年以来，其植物引种量已到 60 万份，早已成为植物资源大国。目前，全球进行作物种质资源收集并建库保存的单位有 700 余个，共保存种质 250 万份。我国是一个农业大国，农业的效益、发展及抵抗自然灾害的能力，在很大程度上依赖于对种质资源的保存与利用。因此，我国在种质资源的保护、搜集、保存、利用、研究等方面应奋起直追，赶超世界先进水平。

一、种质资源的保存方式

种质资源保存是种质资源事业的基础，种质资源得不到妥善保存就无法进行种质资源的评价、鉴定、研究、交换利用，甚至导致已有资源的丢失，可见种质资源保存十分重要。

种质资源的保存方式分为两大类，第一类为原生境保存，是指在原来的生态环境中就地进行自我繁殖保存，如建立自然保护区和天然公园来保护野生物种，顽拗型种子多采用此法保存；另一类为非原生境保存，是指将种质保存于该植物原产地以外的地方，主要方式是建立种质库（germplasm bank）进行种子保存，亦有田间种植库的植株保存或试管苗种质库的细胞组织培养物保存等。种子保存因其保存期长、方便高效、易于交换利用等优势，是目前世界上种质资源保存最主要的形式。

二、我国种质资源的保存利用体系

为了长期安全贮存丰富珍贵的植物种质资源材料，我国从 20 世纪 70 年代末以来，经过 20

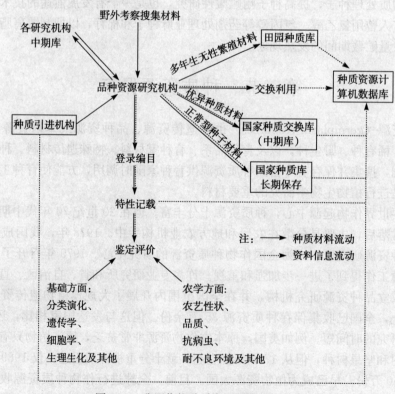

图 8-3　我国作物种质资源保存利用体系

余年的研究与实践，并借鉴国外先进经验，已逐步建立了一套较为科学的种质资源利用体系（图8-3）。在这一体系中，种质资源研究机构负责把收集到的种质进行基础的和农学的鉴定评价，然后登录、编目、繁种，送到各类种质库保存、交换和利用，鉴定评价信息输入种质资源计算机数据库；国家种质库负责全国种质资源的长期保存，国家种质交换库、地方中期库负责提供种质分发和交换利用；田园种质库负责多年生野生种、无性繁殖植物及果树作物的植株保存并提供交换利用。种质资源管理数据库则提供种质资料信息，以提高各植物遗传多样性的有效管理和利用。

三、种质资源长期保存技术

（一）低温保存

国家大量种质资源的保存主要采用低温技术，如我国的2号长期库贮藏温度为−18℃±2℃，相对湿度50％±7％，库内种子生活力可维持50年以上；中期库温度控制在0～10℃，种子生活力可维持10～30年。实际上，国家种质库长期贮存种质是综合低温、低湿、密闭等多项贮藏技术，有着一套科学的管理方法。国家种质库管理程序如图8-4。

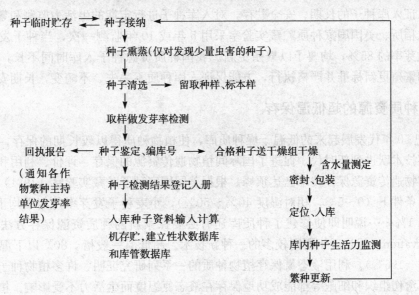

图8-4　国家种质管理程序

依图8-4的程序入库种子需经过初步清选鉴定、检测，并列入各作物全国统一编目的作物品种资源。编码分三级，第一级为作物大类别，如"Ⅰ"代表农作物，"Ⅱ"代表蔬菜，"Ⅲ"代表绿肥牧草，"Ⅳ"代表园林花卉；二级又把各大类作物分为若干小类，如农作物中的禾谷类为"I_1"，豆类为"I_2"；三级为具体作物编码，如水稻为"I_1A"，大豆为"I_2A"等以此类推。库内种子的排列也基本按此法，以便于取放。

入库种子的质量及数量要求也很严格。入库种子的质量要求是：必须经过检疫并有检疫证书；不能拌有药物；必须为具有原品种性状的当年繁殖种子，发芽率达到入库标准，破碎粒、虫蛀粒、霉粒、无胚粒、青瘪粒等杂质不得超过 2%；种子含水量不得超过规定标准（一般为12%）；易发生虫害的作物或地区送种应进行熏蒸处理。入库种子的数量要求是：小粒（千粒重＜5g）50g，中粒（千粒重 20～100g）6 000 粒，大粒（千粒重 100～400g）2 500 粒，特大粒（千粒重＞1 000g）1 000 粒，为了保证足够的入库量，还应另加 15% 的种子检验损耗。合格的种子，还应进一步核对并进行计算机查阅，去除重复，防止同一份材料重复入库。

为了保证种质的长期保存，质量合格的种子入库前还必须合理包装。包装材料和方法可根据贮藏条件和保存期长短不同而定。包装材料有纸袋、布袋、玻璃瓶、铝盒、铁罐、铝箔、塑胶复合袋等。目前多数种质库采用铝箔袋，因其具有价廉、防潮、占空间少等优点。中、长期保存的种质还必须采用不透气的密封包装，包装内最好放入少量干燥剂。

对种质库的档案材料进行科学管理也很重要。档案资料包括原始记录，内容有全国统编目录号、保存单位编号、品种名称及种子库编号、种子发芽势、发芽率等；种子检测结果，内容为种子的主要性状如粒色、壳色、类型、整齐度、饱满度，入库种子质量、含水量；另外还应有种子原产地、来源地、年代等。这些资料要汇总并登记、装订成册。然后将入库的每份种子留取种样1 份装袋编号，永久保存，必要时可供种子核对。近年来，国家种质库充分发挥计算机在资料管理中的作用，建立了库管数据库，大大提高了管理效率和水平。

为了保证入库种子的长期、安全贮存，对入库种子进行定期的生活力监测和繁殖更新十分必要。国际水稻所、美国国家种质贮藏实验室采用 5 年或 10 年监测一次，当种子发芽率或数量下降到初始发芽率的 85%，均要予以繁殖更新。我国种质资源种子入库时间不长，但制定科学的监测年限和繁殖更新标准并严格执行，方能保证入库种质不丢失、不畸变，长期安全保存。

（二）种质资源的超低温保存

20 世纪 50 年代发展起来的低温干燥种质库，使植物种质得以较长期的保存，从而使植物遗传资源保存技术跃进到新时代，促进了国际间植物遗传资源的保存、评价、利用和交换。但这并不意味着植物遗传资源保存技术已达顶峰。根据美国国家种子贮藏实验室（1981）报道，在美国国家种质库条件下（0～5℃，相对湿度 40%～50%），小麦种子发芽率每年平均下降 0.8%，高粱平均下降 1%……说明即使修建了种质库还有必要探索新的种质资源保存方法。超低温保存（cryopreservation）就是近年研究较多的一种新技术。超低温一般指－80℃以下温度，常用冷源为液态氮（－196℃）。利用液态氮保存植物种质的一系列研究证明，许多植物种子、花粉、分生组织、芽、愈伤组织和细胞等都能成功地保存在液态氮温度而生活力不受影响。植物材料一旦冷冻到这个温度，新陈代谢活动基本停止，这就有可能极大地延长贮存材料的贮存寿命，而不产生遗传变异，从而有效地、安全地长期保存那些珍贵稀有的种质。利用液态氮保存植物种质，除了1～2 个月补充一次液氮之外不需要机械空调设备及其他管理。修建机械空调的干燥低温种质库造价高，建成后每年的维持费用相当昂贵。Stanwood（1986）报道，以贮存一份洋葱种子为例，保存 100 年种质库平均每年花费 1.65 美元，如果用液态氮保存每年只需要 0.42 美元，是机械空调种质库保存费用的 1/4。同时，机械空调种质库保存的种子在入库之前要进行干燥使种子含水量达 5%±1%，这需要消耗大量的人力物力，而液态氮保存的种子无需特别干燥，一般收获后常规干燥的种子即可。种质库保存的种子需定期检查生活力，繁殖更新材料，而液态氮保存可以减少这一系列程序从而节省开支。目前在液态氮中成功保存的种子只限于传统型种子。美国国家种子贮藏实验室在这方面的研究较多，至 1986 年已经贮存 40 个属 90 个种 2 395 个品种，但仍属于试验性贮存。国际植物遗传委员会种子贮存咨询委员会提出，在推荐液态氮贮存法应用于某些品种之前，要先进行试验证实其可靠性。

超低温保存成功的关键在于种质能否在结冰和解冻时存活，而影响结冰时存活的主要因素是种子水分和结冰速度。液态氮保存种质虽然对水分要求不严，但若种质水分过高，细胞中的游离水会结成冰粒伤害细胞结构而使种子死亡。因此，超低温贮存前也必须使种子干燥至某一临界水分（不会结成冰粒）以下。种子超低温贮存的临界水和结冰时的致死温度因植物不同而异（表8-2）。但仅低于这一临界水分显然不够，一般认为种质水分降低到 8% 以下，种子细胞内结冰的可能性不大，易存活。种质冷冻一般应掌握在每分钟 200～400℃ 的速率为宜。另外，种质材料在浸入液态氮之前，应先用铝箔袋或塑胶管密封包装，以避免材料与液态氮接触，因为一旦接触，由于二者之间压差极大（1∶696.5），会使种质发生炸裂，这在材料浸入或提出时都有可能发生。解冰时应注意解冻速度，有些种子解冻过快也可能损害生活力。

表 8 - 2   超低温贮存的种子临界水分及结冰时的致死温度

作物	临界水分	低于临界水分的发芽率 (%)	致死温度 (℃)	高于临界水分的发芽率 (%)
大麦	20.8 (1.2)	98	-12；-13	18
菜豆	27.2 (1.2)	99	-25	84
甘蓝	13.8 (0.3)	90	-28	0
胡萝卜	21.7 (1.6)	83	-25	0
白花菜	14.2 (1.1)	97	-25	0
苜蓿	25.6 (0.5)	95	-15	2
黄瓜	16.4 (0.9)	98	-23；-26	1
羊茅	23.0 (3.8)	98	-25	2
洋葱	24.7 (0.7)	70	-18；-22	0
辣椒	18.6 (1.2)	99	-22；-25	0
小萝卜	16.8 (0.9)	99	-25	4
芝麻	9.3 (1.6)	97	-18；-26	0
番茄	18.5 (1.6)	93	-20；-25	0
小麦	26.8 (4.7)	96	-7	25

一般传统型种子和多数中间型种子都能在液态氮中进行超低温保存，对于顽拗型种子，则应特别小心，要通过试验寻找适宜的含水量范围，过高过低都会导致失败，但若水分适宜，如茶籽含水量为 13.83%，则液态氮保存是成功的。

（三）种质资源的超干贮藏

高标准的低温库是国家种质资源保存的较佳手段，但由于低温库建设投资大，技术要求高，电源要有充分保障，且常年运转，管理费用十分昂贵；而超低温保存，技术难度更大。特别是一些中小型育种单位、科研单位、种子公司，亦需要贮存部分种质材料以方便日常工作的需要，但建立低温库在技术上较难实现，经济上也不划算。进一步发展既能节约能源、经费，又方便高效的种质保存技术，为社会所急需，而种子超干贮藏被认为具有这样的功能。超干贮藏种质具有低温贮藏的效果，甚至比低温更能延长种子寿命，方便、低耗、环保。有关超干贮藏的理论与技术，本章第四节将有详细介绍。

第四节　种子超干贮藏的理论与技术

一、超干贮藏的提出与意义

种子贮藏过程中发生劣变导致活力降低甚至死亡在种子工作中常见，这不仅降低了种子质量，影响种子经营单位效益，而且还常导致播种作物缺苗、弱苗，影响农产品产量、品质。特别是许多高价值种子如大葱种、西瓜杂交种、大白菜等十字花科杂交种、辣椒等茄科作物杂交种、玉米自交系等，制种少了生产用种不足，不仅价格上涨，而且会使假冒伪劣种子充斥市场，严重危害农业生产和农民利益；制种多了又会使种子积压变质，给种子生产者和经营者造成重大经济损失。同时，许多育种单位在种质资源、育种材料和原种的长期保存中，也常发生发霉、生虫、生活力降低等情况，给科研工作造成无法弥补的损失。如何有效地延长种子的贮藏寿命，以往的途径主要是低温贮藏，如国家级种质资源库和许多种子部门建造的小型低温库。然而，建立和维持一座即便是小型低温库亦耗资巨大，对单个种子经营单位、育种单位或较难实现或低效高耗，经济上不划算。因此，生产上迫切需要一种既能最大限度地延长种子寿命，又简便易行的种子保存方法。

1986年，英国的Ellis将芝麻种子的含水量从5%降至2%，发现可使其贮藏寿命延长40倍，由此提出了超干贮藏（ultra‐dry storage）的设想，即将种子含水量降至5%以下置常温下贮藏，以干燥代替低温，既极大地延长种子寿命，又降低保管费用，简便易行，高效低耗且有利于环保。

二、种子超干贮藏的适应性

自种子超干贮藏的设想提出以来的十几年间，英国、美国、加拿大等国相继出现了超干贮藏的研究报道，国内的许多学者也先后对芸薹属、榆树、烟草、花生、菜豆、谷子、绿豆、水稻、小麦等多种种子进行了超干贮藏研究。但早期的研究结果不尽一致，有的报道认为超干贮藏有利于种子寿命的延长，也有的报道认为超干贮藏加剧了种子活组织的干燥损伤，对寿命的延长不利。近年来的研究多数已倾向于前一种观点，对超干贮藏基本上达成了共识。孙爱清等自1997年以来对有代表性的传统型种子的7种作物9种种子系统研究的结果（表8-3）表明，所有参试种子除棉花外都适宜于超干贮藏，只是不同作物种子的最佳超干含水量范围不同。进一步研究表明，棉花种子超干贮藏发芽率、活力指数降低并不是生活力降低，而是硬实率提高造成的，而硬实的形成更有利于寿命的延长。另据国家种质资源库研究资料表明，水稻种子含水量降到3.2%、大麦3.5%、小麦3.0%、燕麦2.8%、谷子3.0%、花生2%、绿豆4.9%、红麻2.2%、韭菜1.8%时，对种子生活力未见伤害。总的看来，油质种子较粉质种子和蛋白质种子更适宜于贮藏，其超干贮藏的最佳含水量范围也更低，主要原因可能是油质种子中亲水胶体占的比例低，紧密吸附的水分少。对种子分活度的测定表明，尽管不同类型种子超干贮藏的最佳含水量范围不同，但其水分活度却非常相近，即在 0.04~0.14 范围内（表 8-4）。当然，超干贮藏不能用于顽拗型种子和中间型种子。

表 8-3　主要作物种子超干贮藏过程中发芽力变化

作 物		原初种子	干燥后		贮藏 1 年		高温 45℃老化 120d		
			CK	超干*	CK	超干*	CK	含水 7%	含水 3.5%
小麦	发芽率	89.0%	76.9%	89.9%	69.1%	87.2%	0	87.7%	86.9%
（"鲁麦 21"）	VI	7.42	3.2	4.37	2.57	3.04	0	1.56	2.75
玉米	发芽率	99.3%	88.0%	92.9%	89.1%	96.6%	—	—	—
（"掖单 22"）	VI	13.26	12.9	12.77	9.21	11.25	—	—	—
玉米	发芽率	81.4%	75.2%	75.0%	77.7%	88.89%	—	—	—
（"自交系 488"）	VI	5.43	4.88	5.72	3.50	5.83	—	—	—
玉米	发芽率	89.7%	68.2%	84.7%	77.1%	87.0%	0	68.6%	75.3%
（"自交系 5237"）	VI	8.00	7.69	9.86	4.37	6.24	0	2.04	4.60
大豆	发芽率	87.4%	80.9%	79.3%	83.6%	91.1%	0	0	82.1%
（"鲁豆 11"）	VI	13.87	9.75	9.96	8.35	10.48	0	0	7.32
棉花	发芽率	74.6%	82.8%	82.2%	86.5%	72.3%	—	—	—
（"中棉所 12"）	VI	4.58	9.25	9.57	8.54	6.51	—	—	—
西瓜	发芽率	92.1%	94.5%	93.7%	88.6%	96.9%	—	—	—
（"京抗 3 号"）	VI	4.2	4.97	4.19	4.42	4.25	—	—	—
辣椒	发芽率	67.7%	61.8%	65.3%	55.3%	71.3%	—	—	—
（"牛角王"）	VI	0.62	0.39	0.46	0.27	0.50	—	—	—
大葱	发芽率	85.7%	69.4%	78.9%	64.5%	75.9%	0	0	69.5%
（"章丘大葱"）	VI	0.49	0.35	0.56	0.31	0.55	0	0	0.61

＊　超干水分：禾谷类 3.2%、大豆 3.5%、棉花 2.8%、辣椒 4.6%、西瓜 0.8%、大葱 1.9%。
CK 为常规水分。VI 为活力指数。

表 8-4　种子含水量与水分活度的对应关系

作物	含水量（%）	水分活度	作物	含水量（%）	水分活度
小麦	10.34	0.361	大葱	7.76	0.368
（"鲁麦 21"）	7.00	0.255	（"章丘大葱"）	6.00	0.276
	5.00	0.136		4.14	0.186
	3.18	0.050		3.50	0.141
	2.57	0.046		1.92	0.082
玉米	9.58	0.366	辣椒	6.23	0.370
（"掖单 22"）	3.24	0.042	（"牛角王"）	4.60	0.116
	2.18	<0.03		1.62	0.080
玉米	9.92	0.368	大豆	6.27	0.330
（"自交系 488"）	3.11	0.042	（"鲁豆 11"）	4.21	0.160
	1.94	<0.03		3.53	0.145
玉米	10.69	0.376	棉花	2.56	0.105
（"自交系 5237"）	3.14	0.047	（"中棉所 12"）	7.70	0.371
				2.80	0.120

三、种子超干贮藏的形态、生理机制

对种子超干贮藏过程中超显微结构的许多研究表明，与常规水分贮藏相比较，超干贮藏的种子活细胞膜系统受伤害轻，脂质团形成少，胚轴细胞的超显微结构清晰，细胞器完整（图8-5）。对生理生化指标的测定表明，超干贮藏的种子中许多酶如脱氢酶、过氧化物酶、SOD 的活性保持良好，浸种液的电导率低，有毒物质如丙二醛等积累少，萌动后的呼吸速率高，赤霉素、细胞分裂素含量多，而脱落酸含量少。这可能是超干种子耐贮藏，尤其是抗高温、寿命长的重要机制。而超干燥损伤，主要是原始水分较高又失水迅速造成的，只要干燥的条件适宜，干燥损伤是可以避免的。

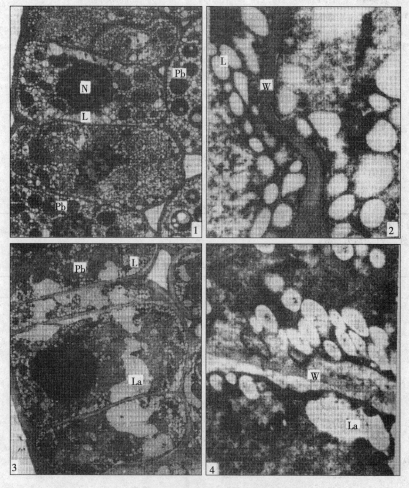

图 8-5　大葱种子胚轴细胞的超微结构

1、2. 超干贮藏1年　3、4. 常规贮藏1年

L. 脂肪体　La. 脂质团　N. 细胞核　Pb. 蛋白质　W. 细胞壁

四、种子超干贮藏的方法

普通含水量的种子进行超干干燥的方法很多，概括起来主要有以下几种。

1. 自然干燥　许多小粒种子如大葱、辣椒等，选择干燥、光强的晴天晾晒，便可使水分降到超干水平。但大粒种子用此法难降到超干水平。

2. 干燥剂干燥　常用的干燥剂主要有氧化钙（生石灰）、氯化钙、硅胶等，具体做法是将干燥剂连同种子（纱布包装）置于密闭容器中一定时间。干燥剂的数量、干燥时间因种子而异，一般原始水分较低、小粒、油质种子所用干燥剂量少、干燥时间短。其中硅胶吸湿性较弱，但可反复利用；而氧化钙吸水力强且价格低廉，是较理想的干燥剂。使用干燥剂进行超干干燥方便、安全，但应注意要经常检查测定种子水分以及时终止干燥，取出种子密闭贮藏，防止过度干燥损伤种子生活力。

3. 烘干干燥　烘箱干燥从理论上是可行的，但用普通烘箱进行烘干干燥，初期降水速度较快，后期又易受室内湿度影响，达不到超干目的，而超干干燥最好在常温或低于常温（15℃）下进行，因而普通烘箱不宜用于超干干燥，真空冷冻干燥箱效果可能好些，但这方面的资料甚少，应进一步试验。长期贮存的种质种子最好采用"双15"，即干燥温度15℃，相对湿度15％的干燥条件。

4. 相对湿度干燥　用不同浓度的硫酸或盐溶液置于密闭容器的底部，创造较低的相对湿度环境（一般相对湿度10％～20％），将种子置于液体上部的干燥空间。此法安全，不会导致过度超干，但干燥速度较慢，一般小粒、油质种子达到超干水分需40～50d，而大粒、非油质种子则约需100d。

种子超干过程中应及时进行含水量测定，以掌握干燥程度并及时终止超干过程。常用的含水量测定为计算法，即超干前准确测定种子含水量和重量（初始含水量和初始种子净重），届时仅准确称取种子重量即可计算出届时含水量，计算分式如下：

$$届时含水量＝100％－（100％－初始含水量）\times \frac{初始种子重量}{届时种子重量}$$

超干干燥好的种子可密封于聚乙烯塑料袋中置常温下贮藏，袋中最好放少量干燥剂，若置低温下保存寿命会更长。相对湿度条件干燥的种子亦可不取出，直接在超干燥时的密闭容器中存放。

五、快速吸胀伤害与缓湿处理

种子特别是超干种子，在干燥过程中活组织的细胞膜、细胞器会受到不同程度的损伤，但这种损伤在种子萌动初期的缓慢吸胀过程中会修复。然而若种子吸水过快，则细胞未来得及修复就已极度膨胀，使得修复不能正常进行，导致内含物外渗、霉菌滋生，即使发芽，苗也瘦弱易病，这称为快速吸胀伤害。为了减少这种伤害，对超干种子及一些种被疏松、内含物吸水力强的种子，要进行缓湿处理或渗透调节处理。缓湿即将种子置于相对潮湿的环境条件下一定时间，使其缓慢吸湿，以较好地完成萌发前的修复，然后再播种或发芽。渗透调节处理则是将种子置于水势低的渗调溶液中，迫使种子缓慢吸水，以提高种苗活性。

缓湿的效果与种子含水量和种子吸水力有关，种子含水量越低，种子吸水力越强，缓湿效果越明显。因此，对超干种子一般应在播种前进行缓湿处理。但研究结果表明，大葱、辣椒等小粒油质种子，超干贮藏后缓湿与不缓湿结果差异不明显，间接表明此类种子超干过程中损伤程度低，更适宜超干贮藏。缓湿处理的方法有自然湿度平衡、不同相对湿度平衡、饱和水汽平衡和聚乙二醇（PEG）渗调等。

第五节　陈种子的利用

一、陈种子利用的意义

贮藏 1 年或 1 年以上的种子常称为陈种。陈种子能否在生产上利用，首先取决于种子的衰老程度。种子的衰老程度可以从活力、发芽力或者生活力来判断。在最适宜条件下，经长期贮藏而仍然保持旺盛生活力（如 90% 以上）的种子，仍可作种用；反之，当种子发芽率显著下降，如种子发芽率降低到国家规定的发芽率以下时，虽然仍保有寿命，但这些能发芽种子的活力已衰退，播种后可能出苗不好或幼苗生长不良，影响产量和品质，最好不要作种用，尤其不能作留种田的种子。特别是当发芽率下降到 50% 以下时，表明该批种子已经严重衰老，其存活的部分即使出苗也可能含有一定频率的自然突变，因此不宜作种用，更不能作为育种材料和种质资源保存。

用贮藏良好、发芽率没有明显降低的陈种子播种，不仅对产量无影响，有些还能收到缩短生育期，提高经济产量的效果。如用作杂交稻制种的不育系和保持系，用活力高的陈种子播种可缩短生育期 4~6 d；莴苣的 13 年陈种植株结球大于新种植株；蚕豆的陈种子植株矮壮，节间缩短，每节结荚数和每荚粒数增加；贮存近 4 年的菜豆种子长出的植株发育迅速，开花早且产量高；隔年番茄陈种幼苗不但生长势强，且发病率低。还有资料指出，瓜类种子贮存 2~3 年后方具最高活力，其经济产量亦较高。当然，并不是所有的陈种都比新种好，要具体种子具体对待，最好要有可靠的试验依据。

有效地利用贮藏良好的陈种子，在生产上有着重要意义：一方面能提高种子的品质，即选择气候好的年份多制种，气候不好的年份少制种或不制种，既避开了不良气候的影响，又可减少种子繁育的代数，从而减少混杂退化和病虫危害的机会；另一方面有效地利用陈种子，可降低因繁育代数多人力物力的消耗，又可保证灾荒年份种子的供应，还可避免因种子积压而转商品粮造成的经济损失。

二、陈种子利用中应注意的问题

利用陈种子进行播种，一般应注意以下几方面的问题。

（1）在决定某批陈种子能否用于大田播种前，应进行活力测定。因为种子活力与发芽力对种子劣变的敏感性有很大差异，一些衰老程度较轻甚至中度的种子，其发芽率并不一定低，但其活力已明显下降。所以若活力无明显降低，可作大田用种，反之则不能。

（2）特殊情况下需要用衰老较严重的陈种子播种时，如稀有种质、育种材料、珍贵种子等，应精细整地，给予良好的播种条件。

（3）一些可勉强用于播种的陈种子，可尝试用某些能提高种苗活力的处理方法如渗透调节、电晕场处理等进行处理后再播种。

第六节　种子寿命的预测

种子寿命从几天、几年至上千年不等，传统的确定种子寿命的方法是将种子在一定条件下贮藏，一段时间后测其发芽力，这种方法简单、准确、直观，但对长寿种子却是一个难题，尤其是随着众多低温库的建立和仓贮条件的改善，许多短命和中命类种子的寿命也大大延长，对种子寿命的测算也就更显得重要。现代科学技术的发展，人们已经能用放射性同位素^{14}C较准确地估算古老种子的寿命，但对于贮藏中或待贮藏种子，特别是种质种子寿命的预测，却还是生产中亟待解决的问题。为此，Roberts 和 Ellis 从 20 世纪 60 年代起应用统计学方法对预测种子寿命进行了系统研究，推导出一个合理的方程式，然后再利用这个方程式来测算保存在稳定贮藏条件下的种子寿命。并于 1980 年提出了改进的预测种子寿命的方程式。下面介绍两种种子寿命的预测方程。

一、对数直线回归方程式及其列线图

（一）预测方程

一个种子群体中所有种子死亡期是呈正态分布的，如已探明前半期的变化规律，就可推测后半期的变化趋势。Roberts（1972）根据贮藏期间农作物种子在各种不同温度和水分条件下寿命的变化规律，应用数理统计的方法，推导出一个预测正常型种子寿命的对数直线回归方程式。

$$\lg P_{50}=K_V-C_1 m-C_2 T$$

式中：P_{50}——种子半活期，即平均寿命（d）；

　　　m ——贮藏期间的种子含水量（%）；

　　　T ——贮藏温度（℃）；

　　　K_V、C_1、C_2——常数，是随作物不同而改变的常数（表 8-5）。

表 8-5　几种作物种子的 K_V、C_1、C_2 常数值

（Roberts，1972）

作物名称	K_V	C_1	C_2
水　稻	6.531	0.159	0.069
小　麦	5.067	0.108	0.050
大　麦	6.745	0.172	0.075
蚕　豆	5.766	0.139	0.056
豌　豆	6.432	0.158	0.065

应用上述方程式，可由任何一种贮藏温度和水分组合求出种子保持 50％生活力的期限；或者根据预先所要求保持的生活力期限，求出所需的贮藏温度和种子含水量，以便选择适宜的贮藏方式或场所。例如，一批水稻种子，若将其含水量控制在 10％，贮藏于 10℃条件下，计算其寿命为：

$$\lg P_{50} = 6.531 - 0.159 \times 10 - 0.069 \times 10 = 4.251$$

计算反对数，$P_{50} \approx 17\ 824$（d），约为 48 年零 10 个月。

又如已知一批小麦种子的贮藏温度为 10℃，要保持寿命 5 年，种子含水量需要控制在多大水平上？其计算为：

$$\lg 1825\ (d) = 5.067 - 0.108m - 0.050 \times 10$$

$$3.261 = 4.567 - 0.108m$$

$$m = 12.09$$

结果是种子含水量要控制在 12.09％的水平上。同理，若已知种子含水量和保持寿命的时间，也可计算贮藏温度。

此方程简单明了，缺点是仅能求保持 50％发芽率的时间，而农业生产上要求的种子发芽率远高于此（常为 90％）。这就需要做大量的贮藏试验，根据试验结果进行进一步的统计分析，以推导出保持 90％的发芽率的方程式。表 8-6 是水稻种子在一定的水分、温度条件下生活力降低到 90％的年限。

表 8-6　水稻种子在一定温湿度条件下生活力降低到 90％的年限

(Roberts，1972)

种子水分（％）	贮藏温度（℃）								
	−10	−5	0	5	10	15	20	25	30
4	1 606	726	328	148	67	30	14	6	3
6	722	349	158	71	32	15	7	3	1
8	371	168	76	34	15	7	3	1	1
10	179	81	36	16	7	3	2	1	1
12	86	30	18	8	4	2	1	—	—
14	41	19	8	4	2	1	—	—	—
16	20	9	4	2	1	—	—	—	—
18	10	4	2	1	—	—	—	—	—

（二）预测列线图

根据上述方程式，可将各种作物种子的生活力与水分、贮藏温度的比例关系绘制成列线图（图 8-6、图 8-7）。利用这种生活力列线图，不仅查用方便，而且能从中求出保持任一发芽百分率的时间，查算的方法如下。

1. 查算在任一温度和含水量下，种子生活力降低到任一水平的时间　将一直尺斜放于 a 尺和 b 尺上的预定数值，并使尺子延伸过 c 尺，然后以 c 尺上的此点（平均寿命）为轴心，将尺子转到 e 尺上所要求的存活百分率值。此尺在 d 尺上所示的数值，就是生活力降低到所要求百分率的时间（d）。

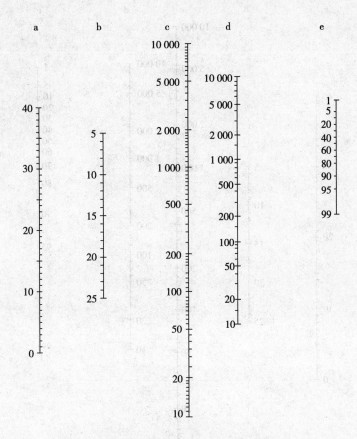

图 8-6　水稻种子生活力列线图
a. 温度（℃）　b. 含水量（湿重,%）　c. 平均存活期（d）
d. 生活力降低到指定百分率时期（d）　e. 存活百分率（%）

2. 查算一定贮藏时间内，保持预定生活力所要求的温度、含水量组合　直尺的移动与上面查算的方向正好相反，即先在 e 尺上选好所要求的存活百分率数值，在 d 尺上选好所要求的贮藏天数，将直尺通过这两点延伸至 c 尺，再以 c 尺上的数值为轴心，把直尺转到 a 尺和 b 尺上，直尺在 a 尺和 b 尺上所示数值就是所要求的温度（a 尺）和种子含水量（b 尺）组合。

二、新的种子寿命预测方程及其列线图

上述方程和列线图的最大缺陷是以假定入库时种子发芽率为 100% 为前提，而实际上一批种子入库时的原始发芽率很可能已经下降。原始发芽率不同，对种子贮藏期间的活力影响很大，因而是寿命预测中不可忽视的因素。为了解决这个问题以提高预测的可靠性，Ellis 和 Roberts（1980）提出修正后的种子寿命预测方程式。

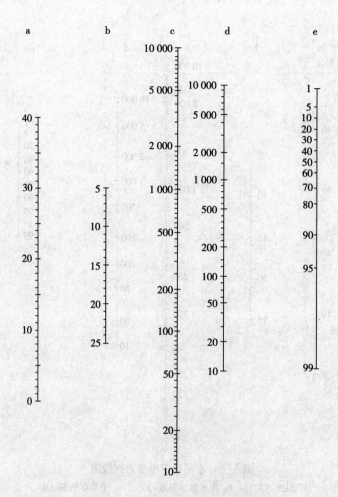

图 8 - 7　小麦种子生活力列线图

a. 温度（℃）　b. 含水量（湿重，%）　c. 平均存活期（d）

d. 生活力降低到指定百分率时期（d）　e. 存活百分率（%）

$$V = K_i - \frac{P}{10^{(K_E - C_w \lg m - C_H t - C_Q t^2)}} \quad 亦可变为 \quad K_i - V = \frac{P}{10^{(K_E - C_w \lg m - C_H t - C_Q t^2)}}$$

式中：V ——贮藏一段时间后的发芽率概率值（%）；

$\quad\quad K_i$ ——原始发芽率概率值（%）；

$\quad\quad P$ ——贮藏天数（d）；

$\quad\quad m$ ——种子含水量（%，湿基）；

$\quad\quad t$ ——贮藏温度（℃）；

$\quad\quad K_E$、C_w、C_H、C_Q ——常数。

已经证明，此方程具有普遍适用性。表 8 - 7 是目前已测定的作物和牧草种子的 4 个常数值。

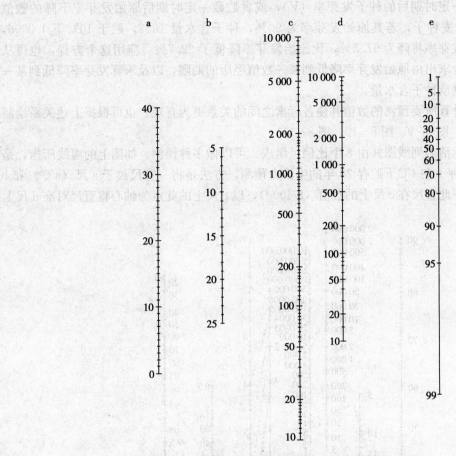

图 8-8　蚕豆种子生活力列线图

a. 温度（℃）　　b. 含水量（湿重,%）　　c. 平均存活期（d）
d. 生活力降低到指定百分率时期（d）　　e. 存活百分率（%）

表 8-7　几种作物种子生活力常数值

（Ellis 等，1982，1986，1989；Ellis 和 Robert，1981；Kraak 等，1987；Zewdie 和 Ellis，1991）

作　　物	K_E	C_W	C_H	C_Q
大麦（Hordeum vulgare）	9.983	5.896	0.040	0.000 428
鹰嘴豆（Cicer arietinum）	9.070	4.820	0.045	0.000 324
豇豆（Vigna sinensis）	8.690	4.715	0.026	0.000 498
洋葱（Allium cepa）	6.975	3.470	0.40	0.000 428
大豆（Glycine max）	7.748	3.979	0.053	0.000 228
埃塞俄比亚画眉草（Eragrostis tef）		5.185	0.030 9	0.000 540
油菊（Guizotia abyssinica）	7.494	4.257	0.037 2	0.000 480
莴苣（Lactuca sativa）	8.218	4.797	0.048 9	0.000 365
芝麻（Sesamum indicum）	7.190	4.020	0.040	0.000 428

　　该方程的突出特点是把种子贮藏过程看作是原始发芽率下降的过程，而下降幅度的大小与种子含水量及贮藏温度密切相关。应用这个方程，可以在已知原始发芽率、种子水分和贮藏温度的

情况下，计算贮藏一定时期后的种子发芽率（V），或者贮藏一定时期后原始发芽率下降的数值（K_i-V）。如一批大麦种子，若其原始发芽率为90％，种子含水量10％，贮于10℃下1 000d，按上述方程计算的发芽率将降为67.3％，比原始发芽率降低了22.7％。应用这个方程，也可从任一温度和水分组合求出由原始发芽率降低到某一数值经历的期限，以及求算发芽率降低到某一数值所需的贮藏温度或种子含水量。

为了更方便地计算所要预测的数值并使各因素之间的关系更为直观，也可根据上述关系绘制成列线图（图8-8、图8-9、图8-10、图8-11）。

这种新的种子生活力列线图共由8个比例尺组成。可以做多种预测。如图上的虚线所指，是含水量10％的大麦种子在4℃下贮存20年的生活力预测，方法是将一直尺放于a尺（4℃）和b尺（10％）上，记下此直尺在c尺上的数值（8 400d），以c尺上的此点为轴心将直尺对准d尺上

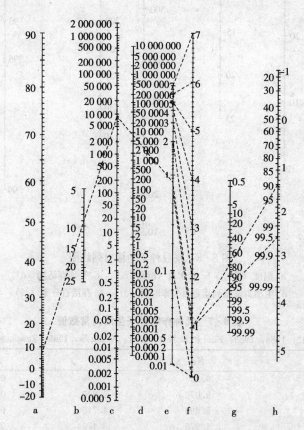

图8-9 大麦种子生活力预测列线图

a. 温度（℃） b. 水分（湿重，％） c. 平均寿命（d） d. 贮藏年限（d）
e. 标准值（对数尺） f. 偏离值（线性尺） g. 最终生活力（％） h. 原初生活力（％）（K_i）

的7 300d（20年），记下直尺在e尺上的数值（0.8）；把e尺上的此数值平行移到f尺上的对应点；最后，用直尺将f尺上的此点与h尺上的任意点（按预测要求选取）相连，就可在g尺上找出相应的生活力数值。如果原始发芽率（h尺）为90％，则此批大麦的发芽率降低到70％；但若原始发芽率为99.5％，则仅降低到96％。可见，同样条件下原始发芽率不同，贮藏期间下降

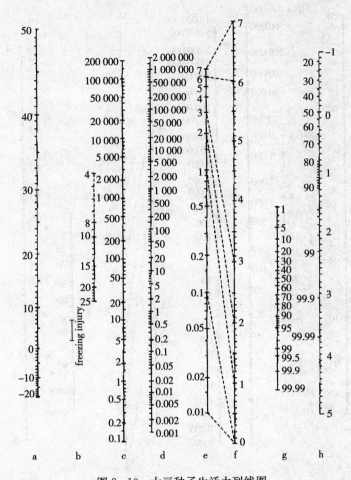

图 8-10　大豆种子生活力列线图

a. 温度（℃）　　b. 水分（湿重，%）　　c. 平均寿命（d）　　d. 贮藏年限（d）

e. 标准值（对数尺）　　f. 偏离值（线性尺）　　g. 最终生活力（%）　　h. 原初生活力（%）（K_i）

的幅度差异很大。

　　以上种子寿命计算公式及列线图中的水分和温度界限，近年来已有较多报道。种子含水量和种子寿命之间的负对数关系有上下两个极限，当种子含水量超出上限时，密封贮藏种子的寿命不再随种子含水量进一步增加而缩短，而非密封贮藏的种子寿命会随含水量增加而延长；当种子含水量低于下限时，密封贮藏种子寿命不再随含水量降低而延长。一般认为，公式中的水分上限相当于种子在 20℃、85%～90% 相对湿度下的平衡水分，其水势约为－14MPa，但其含水量因植物种而不同，如莴苣约为 15%，洋葱为 18%，榆树为 22%，油菜为 22%，硬粒小麦为 26%，画眉草为 24%～28%。不同植物种之间的含水量下限值也有很大差异，如 65℃、密封条件下的豌豆、绿豆约为 6%，水稻、画眉草约为 4.5%，向日葵为 2%。20℃ 条件下，这些含水量对应的水势约在－350MPa，所对应的平衡相对湿度在 10%～12% 范围内。

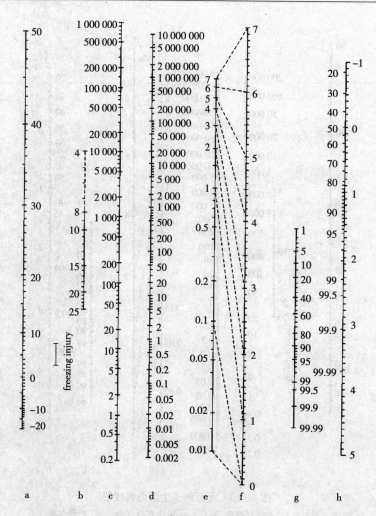

图 8-11　豇豆种子生活力列线图

a. 温度（℃）　　b. 水分（湿重,%）　　c. 平均寿命（d）　　d. 贮藏年限（d）

e. 标准值（对数尺）　f. 偏离值（线性尺）　g. 最终生活力（%）　h. 原初生活力（%）（K_i）

假如贮藏温度是变动的，可用下列公式进行修正。

$$T_e = \dfrac{\lg\left\{\dfrac{\sum\left[W \times \mathrm{anti}\ \lg(tC_2)\right]}{100}\right\}}{C_2}$$

式中：T_e——有效温度（℃）；

$\quad\quad t$——记录温度（℃）；

$\quad\quad W$——每种温度所处时间的百分率（%）；

$\quad\quad C_2$——常数。

常见作物 C_2（常数）值如下：水稻为 0.069，大麦为 0.075，小麦为 0.050，蚕豆为 0.056，豌豆为 0.065。

第九章　种子萌发

种子萌发实质上是幼胚从休眠状态恢复到活跃生长状态的生命活动历程，从形态上讲，则是指幼胚开始生长，胚根胚芽突破种皮向外伸长的现象。萌发过程中，种子不仅在形态结构上发生了多种变化，组织内部的生理代谢也变得旺盛，同时还表现出对外界环境条件的高度敏感。了解种子萌发过程中一系列的形态、生理变化，掌握种子萌发的外界条件，对准确确定种子的发芽、出苗能力，保证苗全、苗旺、苗齐十分重要。

第一节　种子萌发过程及其特点

种子从吸水膨胀到萌发长成幼苗，实际上是一个连续渐进的过程，但常根据其萌发特征将这一过程分为吸胀、萌动、发芽和形态建成四个阶段。

一、吸　　胀

吸胀（imbibition）是指种子吸水而体积膨胀的现象。吸胀是种子萌发的第一阶段，是种子萌发的开端。但从某种意义上讲，种子吸胀却是一种物理现象而非生理作用，原因在于死种子同样可以吸胀，而活种子有时反而不能吸胀，如硬实。

种子所以能吸水膨胀，是因为种子中含有大量亲水胶体如糖类、蛋白质等，种子成熟干燥后，这些物质成为凝胶状态。这种干燥的种子一旦接触到水，由于亲水胶体对水分子的吸附，水分很快进入种子，种子体积逐渐增大。种子吸水膨胀直到细胞内的水分达一定的饱和状态，此时种子体积也达最大。当种子的生活力丧失以后，种子中亲水胶体的含量和性质并没有显著变化，因而依然能够吸胀。因此，种子能否吸胀不能指示种子有无生活力。

但是，活种子的吸胀与死种子的吸胀不同，活种子伴随吸胀过程，种胚细胞内的蛋白质、酶、植物激素、细胞器等陆续发生水合活化，膜逐渐修复，一系列生理生化变化迅速由弱转强；而死种子虽能吸胀，但却失去了活化和修复能力。有的死种子，由于质膜的半透性丧失和亲水胶体的保水能力降低，使所吸收的水分充满于细胞间隙及胚和胚乳之间，呈现典型的水肿状态，体积明显大。

种子吸胀力的强弱，主要决定于种子水势，干种子水势可低至 $-1\,000Pa$，随着种子吸水，种子中的水势迅速上升，到吸胀完成时可升至 $-10Pa$ 左右。种子吸胀力的大小还受化学成分影响。蛋白质含量高的种子，其吸水量和体积膨大的比率都远大于淀粉含量高的种子；而油质种子的吸胀力则随含油量的不同而变化，其他成分相近时，含油分越多，吸胀力越弱。

种子吸胀的速度则主要因种被和内含物的致密度及吸胀温度而不同。一般种被和内含物致密，通透性差，吸胀速度就慢；吸胀期间温度低，吸胀速度也慢，甚至于会出现吸胀冷害（imbibitional chilling injury），即有些作物干种子短时间在0℃以上低温吸水，种胚就会受到伤害，再转移到正常条件下也无法正常发芽成苗的现象。若吸胀期间温度高，吸胀速度则快。如水稻，10℃时浸种90h才能完成吸胀，而30℃时浸种40h就能完成吸胀。但有些种子（如大豆）吸胀速度不宜过快，吸胀过速，细胞膜无法修复，且出现更多的损伤，使内含物外渗加剧，不利于种子发芽成苗，这种类型的损伤称为快速吸胀损伤。种子吸水膨胀，并不是从外向内均匀进行。种被构造的复杂性决定了种子吸水膨胀的顺序。禾本科作物的种子，虽无不透水性种皮，但其种被的表面也多具有加厚的角质化细胞壁，因而水分从种被表面浸入内部极少，大部分水分是从发芽口进入，胚首先吸水膨胀，然后向上部扩散引起胚乳吸胀；具有不透水性种皮的种子，水分进入种子的部位主要是种脐部位。豆科种子的脐部包括了脐缝、发芽口和脐条的外端口，以前认为发芽口是主要进水口，近年来研究者观察到，豆科种子浸入水中，最先膨胀的是内脐部位，此处先形成一个包，然后向四周扩展，以此推测，可能豆科种子脐部的脐条（维管束）外端口是水分进入种子的主要部位。

二、萌　动

种子吸胀后，胚部细胞开始分裂、伸长，胚的体积增大，胚根、胚芽向外生长达一定程度就会突破种皮，这种现象即称为萌动（protrusion），俗称"露白"，形象地表明了白色的胚部组织从种皮裂缝中开始呈现的状态。

萌动是种子萌发的第二阶段，此期种子吸水很少，但内部生理生化活动却开始变得异常旺盛。首先是酶的活性迅速提高，呼吸作用增强，营养物质的代谢也很强烈，大量的贮藏物质被水解成小分子的可溶性物质，被胚吸收后作为构成新细胞的原材料。

种子从吸胀到萌动的时间因植物种类不同而异，若外界条件适宜，有些种子如小麦、油菜等仅需一昼夜时间，而大豆、水稻等则需两昼夜，某些果种皮坚硬的林、果类种子，这一过程则往往需要几天乃至十几天。

种子萌动期间，对外界环境条件特别敏感，是植物一生中对不良环境条件抵抗力最弱的时期。此时若遇到异常条件如不良的温度、湿度、缺氧等，或各种理化刺激，就会引起幼苗生长发育失常或活力降低，严重时会导致死亡。因此要特别注意给予萌动中的种子提供良好的环境条件。但从育种角度讲，萌动期间是创造变异型的良好时机，较低强度的刺激诱导便会引起较大变异，可从中选择优良的变异类型。

三、发　芽

种子萌动以后，随着胚部细胞分裂、分化的明显加快，胚根、胚芽迅速生长，当胚根、胚芽伸长达一定长度时，就称为发芽（germination）。过去的传统习惯是把胚根与种子等长、胚芽达种子一半作为发芽的标准。国际种子检验协会（ISTA）认为，种子萌发长成正常幼苗称为发芽，我国颁布的《农作物种子检验规程》（1995年）亦接纳了国际规程的标准。

种子发芽期间，若处于适宜的水、气条件下，则首先突破种皮向外伸长的是胚根，胚芽随后伸长约达胚根长的1/2。若萌发期间水分过少，则胚芽生长明显缓慢，造成根长芽短的现象；若水分过多，则胚芽生长快于胚根，导致芽长根短，原因是胚根对水分多、氧气少的条件反应比胚芽敏感。因此，种子萌发期间的根芽比例是协调水、气矛盾的形态依据。

禾本科的植物种子初生胚根伸出后，很快会有1~7条次生胚根陆续长出（图9-1、图9-2），这些次生胚根出现的条数，主要体现种子发育过程中所形成的次生胚根原基数目，与种苗的活力密切相关，而与发芽条件有无相关性，有待进一步研究。

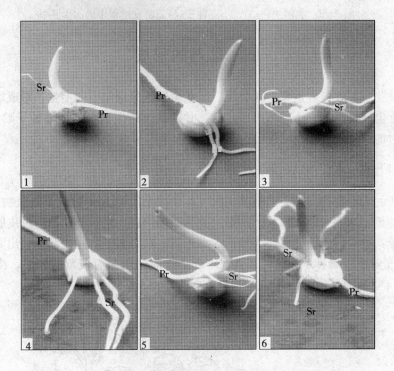

图9-1 玉米种子萌发过程中的次生胚根的生长

1~6. 分别表示生长出1条、2条、3条、4条、5条、6条次生胚根的种子

Pr. 初生胚根 Sr. 次生胚根

处于发芽期间的种子，内部新陈代谢极为旺盛，产生足够的能量和代谢产物供幼苗生长，因而需氧量很多，如果氧气供应不足，易引起缺氧呼吸，不但能量产生少，还会使种胚发生乙醇、CO_2中毒。农作物种子如催芽不当或播后遇到不良条件，如土质黏重、覆土过深或雨后表土板结等，萌动中的种子会因缺氧使呼吸受阻，生长停滞，或能发芽但幼苗无力顶出土面，导致烂种缺苗。这种情况多发生在大豆、花生、棉花等大粒种子或活力低的种子。

种子从吸胀到发芽所需的时间，因植物种类和种子活力不同而异，一般种被透性好的作物种子需时较少，而种被坚硬、吸胀缓慢的林、果种子需时较长；同种作物种子，活力高的萌发快、需时少，反之则多。

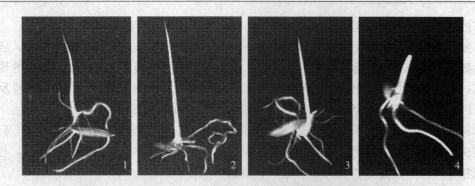

图 9-2　水稻（1～3）、小麦种子（4）萌发过程中的次生胚根

四、幼苗的形成

种子开始发芽后，若条件适宜，其胚根、胚芽会迅速分别向下向上生长形成幼苗出土。但从幼苗出土到独立生活要经过一个过渡时期，这一时期幼苗的生长仍需依靠种子贮藏组织的养分。根据幼苗形成时的子叶发展趋向，可分为子叶出土型和子叶留土型两类。

（一）子叶出土型

大豆、棉花、十字花科、瓜类、烟草、向日葵、甜菜等绝大多数双子叶植物的种子萌发时，其下胚轴显著伸长，初期弯曲成弧状，拱出土面后逐渐伸直，生长的幼苗与种皮脱离，子叶迅速展开并逐渐转绿，可进行光合作用，为双子叶出土型。随后两子叶间的胚芽长出真叶和主茎（图9-3）。少数双子叶出土型种子如蓖麻，其双子叶出土时还附带有残留的胚乳，待出土后不久再行脱落（图9-4）。出土的子叶营养耗尽后枯萎脱落。

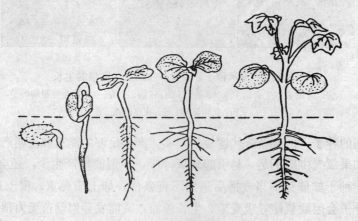

图 9-3　棉花种子萌发过程

少数单子叶植物如葱、洋葱、韭菜等也是子叶出土型，但其出土及幼苗形成的方式较为特殊。其种子萌发时，先是子叶的下部和中部伸长，将胚根推出种皮以外，随之胚轴长出种皮外，子叶的中下部很快也伸出种外，但子叶的先端却在较长时间内包被在胚乳内以吸收转运营养物

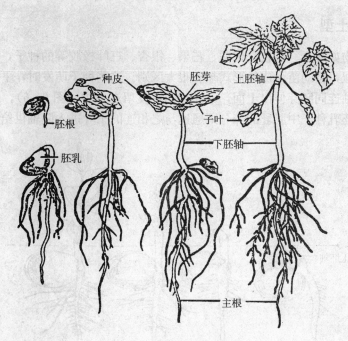

图 9-4　蓖麻种子萌发过程

质。子叶的外露部分最初呈弓形，进一步伸长生长时，将子叶先端拉出种皮以外，此时胚乳中营养物质已基本耗尽。子叶出土后变为绿色进行光合作用，幼苗逐渐由异养变为自养。不久，第一片真叶从子叶鞘的裂缝中长出。若土壤较松软，种皮常会被生长的子叶先端带出土面（图 9-5）。

　　子叶出土型幼苗的优点是幼苗出土时幼芽包被在两子叶间受到保护，子叶转绿后能进行光合作用，继续为生长提供营养，有的作物这种功能可保持数周，如棉花、萝卜、蓖麻等。若子叶受损，则对幼苗的生长乃至开花结实不利，因而在作物移栽、间苗过程中应注意对子叶的保护。但此类作物顶土力弱，对土壤的要求高，播种时应精细整地，防止土壤板结，且应适当浅播。

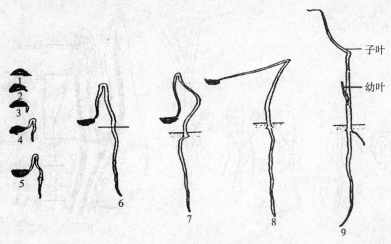

图 9-5　洋葱种子萌发过程

（二）子叶留土型

某些双子叶植物如豌豆、荔枝、柑橘、芒果、银杏、三叶橡胶等的种子，虽然种子结构与双子叶出土型种子相似，但幼苗形成的形式却有很大区别。这些种子萌发时，下胚轴并不伸长而是上胚轴伸长，上胚轴连同胚芽伸出土面，子叶连同种皮留在土中（图9-6），子叶中的养分通过胚轴输给幼苗，有胚乳种子中胚乳的养分则通过与之相连的子叶进入胚轴供给生长的幼苗。

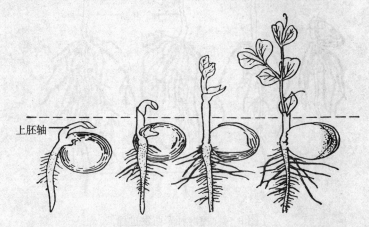

图9-6 豌豆种子萌发过程

单子叶植物中的禾本科作物及杂草种子萌发时，为中胚轴或中胚轴和上胚轴共同伸长，子叶不但不出土，而且不脱离胚乳和果种皮。中胚轴是指盾片节与胚芽鞘节之间的部分，以玉米最明显，麦类次之，而水稻则不如前两者容易区分。萌发时，玉米、水稻为中胚轴伸长（图9-7），而麦类是上胚轴（胚芽鞘节与真叶节之间）伸长。子叶留土型种子发芽时，幼苗的穿土力较强，播种时可较出土型略深，特别在干旱地区。禾本科作物出苗时最先顶出地面的为锥形的胚芽鞘，出土后在光照下开裂，内部的真叶陆续长出。没有胚芽鞘或胚芽鞘破裂、畸形的幼苗出土将受

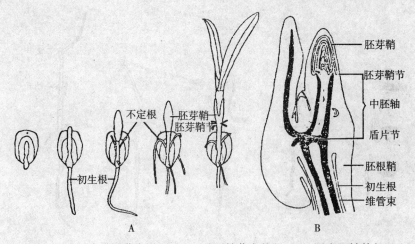

图9-7 玉米种子萌发过程（A）及开始萌发的胚（B，图为胚轴伸长）

阻，因而要注意保护胚芽鞘的完整性。又由于此类种子萌发时，营养组织和部分侧芽留在土中，一旦幼苗的地上部分受到损害，侧芽有可能出土长成幼苗。

另有少数作物如花生（图9-8），其下胚轴粗短且萌发时伸长缓慢，若覆土浅则子叶出土，覆土深则子叶掩留土中，故属子叶半留土类型。当然子叶出土与否还与品种有关，播种深度应视品种特性和土壤墒情而定。

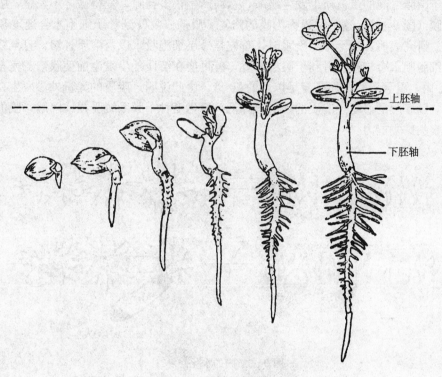

上胚轴

下胚轴

图9-8　花生种子萌发过程

第二节　种子萌发过程中的代谢

种子萌发过程中，伴随着由种胚到种苗的形态变化，种子内部也在进行着一系列生理生化变化，包括细胞的活化与修复、酶的产生与活化、物质与能量的转化等，使胚细胞得以生长、分裂和分化，这是种子萌发的物质与能量基础。

一、种子萌发早期的代谢与细胞修复

在成熟干燥的活种子内部存在着一系列与种子萌发、生长代谢有关的酶和生化系统，但由于缺水而使其处于钝化或损伤状态。当种子吸水后，细胞即开始活化和修复活动。小麦种子吸胀30min即可利用预存的RNA合成蛋白质。用放射性同位素示踪表明，种子吸水5min后氨基酸代谢已开始，在10~20min后糖酵解和呼吸作用也开始进行，很多酶开始活化，种子吸水至1h，种子内贮藏的植酸盐开始水解，为 ATP 的合成准备了无机磷酸盐。种子吸水后的修复，主要有膜、线粒体和 DNA 的修复。

（一）膜系统的修复

正常的生物膜由磷脂和蛋白质组成，具有很完整的构造。但在干燥脱水时，磷脂的亲水端挤在一起，位于磷脂之间的蛋白质也发生皱缩，从而产生很多孔隙，变得破碎不完整，吸水后修补变为完整的膜（图 9-9），这一过程称为膜的修复。膜的修复受到种子细胞水合速度和种子老化程度的影响。研究表明，当干种子吸水时，首先是外层细胞吸水以及溶质外渗，直至双层膜重新建立；内层细胞因水合较慢，有利于膜的修复，有可能在溶质外渗发生前使膜修复完整。大豆种子浸水 5min 内，电导率的增加速度是以后的 10 倍，由此说明，溶质的大量外渗发生在种子快速吸水的前期。随着膜的修复，溶质的外渗量降低。而劣变种子膜系统受损或降解，膜的修复能力下降或完全丧失修复能力。

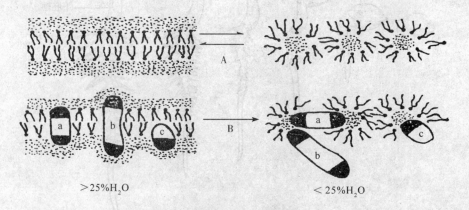

$>25\%H_2O$ $<25\%H_2O$

图 9-9 膜的水化修复

A. 膜中磷脂的变化 B. 膜中蛋白质的变化（a、b、c 为不同的蛋白质）

植物细胞中的线粒体是具有双层膜结构的细胞器。据电镜观察，干燥种子中的线粒体外膜已破裂，变为不完整，因而使许多存在于线粒体膜上的呼吸酶分解、失活，不能行使其正常功能。对干燥豌豆种子匀浆蔗糖梯度分离的线粒体细胞色素氧化酶活性鉴定表明，细胞色素氧化酶活性有三个高峰，第一高峰说明膜已破裂，其活性范围分散；但吸胀后，由于修复作用，酶活性出现一个主峰；第三高峰说明膜已修复。线粒体膜的修复直接关系到呼吸作用的进行，因而是种子吸水早期细胞内发生的重要活动。

（二）DNA 修复

在干燥种子中，细胞内 DNA 链上常出现裂口或断裂，在发芽早期由于酶如 DNA 连接酶被活化，当有底物供应时，就能将 DNA 修复，变为完整的 DNA 结构。Osborne（1982）将发芽率分别为 95% 和 52% 的两种黑麦种子，放在放射性胸腺嘧啶液中培养，从放射性胸腺嘧啶的渗入量测定 DNA 的损伤和修复数量，结果表明，高活力黑麦胚渗入量随着发芽时间的延长而增加，说明高活力的种子修复能力强，而低活力的种子则相反。

此外，干燥种子细胞内存在的一些复合体如酶蛋白复合体、核糖核蛋白复合体等，在种子吸胀后开始水解，以便参与生化过程。如大麦干种子中的β-淀粉酶是以二硫键和蛋白质结合在一起或以两个双硫键与蛋白质结合在一起形成酶原，种子吸水后经蛋白降解酶水解才能形成活化的β-淀粉酶。核糖核蛋白体经过蛋白水解酶的水解作用，才能成为自由的 mRNA，在蛋白质合成中发挥转译作用。对水稻干胚和吸胀胚中核糖体蔗糖梯度测定表明，水稻干胚中只发现一个峰，即干种子胚中只存在单核糖体；吸胀种胚中有三个峰，出现了 60S 大亚基和 40S 小亚基。

上述表明，种子在萌发早期已开始了复杂的代谢准备和代谢过程。

二、种子萌发过程中物质的分解与转化

在种子的吸胀萌动阶段，胚的生长先动用胚部或胚中轴的可溶性糖、氨基酸以及仅有的少量贮藏蛋白，如豌豆种子胚中轴的贮藏蛋白在发芽前的 2～3d 内即被分解利用。当种子萌动以后，贮藏物质便开始分解成可溶性的物质，运到胚部，供胚生长利用。因此，种子萌发期间物质代谢的特点是贮藏器官发生贮藏物质分解，转化成可溶性物质运到胚部，一部分作为呼吸基质，另一部分则在生长部位合成为构成新细胞的材料（表 9 - 1）。

表 9 - 1　在黑暗中萌发水稻种子化学组成的变化

（Palmiamno 和 Juliano，1972）

萌发天数 (d)	干重 (mg)	淀粉 (mg)	可溶性糖 (mg)	粗蛋白 (mg)	溶解性氨基酸 N（μg）	可溶性蛋白质 （μg）
0	18.4	16.2	0.15	1.36	2.18	258
3	17.0	13.9	0.37	0.82	9.79	268
4	17.0	12.4	0.77	0.70	14.25	296
5	12.6	10.8	1.14	0.64	15.80	304

下面介绍种子中主要贮藏物质的分解、转化途径。

（一）淀粉的分解与淀粉粒的解体

粉质种子及食用豆类等种子富含淀粉，淀粉的降解产物是种子萌发过程中主要的物质与能量来源。淀粉降解有水解和磷酸解两种途径。

①水解途径：淀粉 $\xrightarrow{\alpha\text{-淀粉酶}}$ 糊精 $\xrightarrow{\beta\text{-淀粉酶}}$ 麦芽糖 $\xrightarrow{\alpha\text{-葡萄糖苷酶}}$ 葡萄糖。

②磷酸解途径：淀粉＋Pi $\xrightarrow[\text{（无机酶）}]{\text{磷酸化酶}}$ 葡萄糖 - 1 - 磷酸（G - 1 - P）。

在种子萌发初期，淀粉磷酸化酶活性高，磷酸解途径是淀粉转化的主要途径，而在萌发后期，α-淀粉酶、β-淀粉酶活性增强，水解途径则成为淀粉降解的主要途径。90％的淀粉水解成葡萄糖，主要是由淀粉水解酶催化，α-淀粉酶的产生与 GA 的诱导有关，β-淀粉酶主要预存在胚乳中。然而近期资料表明，大、小麦种子中预存 α-淀粉酶。

据研究，禾谷类种子萌发时，首先在盾片及胚芽鞘中产生赤霉素，运到糊粉层后，诱导糊粉层细胞产生 α-淀粉酶，进入胚乳使胚乳水解，水解后的可溶性物质再经盾片输送进生长中的胚（图 9 - 10）。

种子中贮藏淀粉的水解需要多种酶相互作用，才能把淀粉彻底水解为葡萄糖。各种酶的作用特点各不相同，α-淀粉酶是全能的，作用于直链淀粉，能使其水解生成大量的麦芽糖及麦芽三糖；作用于支链淀粉，能切断直链而形成麦芽糖、麦芽三糖及 α-糊精。β-淀粉酶可使淀粉转化为麦芽糖，它作用在糖苷链上是从非还原性的末端开始的，并可作用于支链淀粉外围的直链部分，生成麦芽糖和 β-糊精。R-酶又叫脱支酶，可以水解支链淀粉的 α-1，6苷键，把支链切下，但该酶不能分解支链淀粉内部的分支。α-葡萄糖苷酶可将麦芽糖转化为葡萄糖。因此，将淀粉水解为葡萄糖需要 α-淀粉酶、β-淀粉酶、R-酶和 α-葡萄糖苷酶的共同作用。

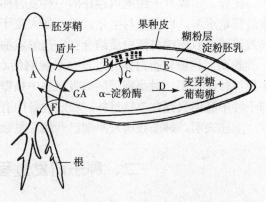

图 9-10　大麦种子中 α-淀粉酶产生的调控机理
A. 胚芽鞘和盾片产生 GA　B. GA 达糊粉层
C. GA 诱导糊粉层产生 α-淀粉酶进入胚乳
D. 在水解酶作用下，胚乳水解产生可溶性糖
E. 水解产物反馈调节水解酶的合成
F. 水解产物经盾片转输给胚的生长部位

随着淀粉粒中的淀粉不断被分解，淀粉粒开始被破坏，先是在表面出现缺痕和孔道，继而由于孔道增多变成网状，最后完全解体形成细碎小粒（图 9-11），进而分解为葡萄糖。

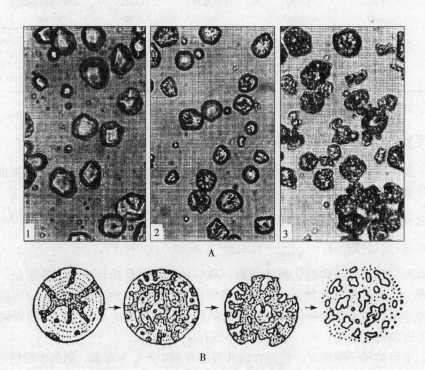

图 9-11　萌发过程中胚乳淀粉粒分解过程
A. 玉米（显微解剖照片，1. 发芽 1d　2. 发芽 5d　3. 发芽 7d）　B. 小麦（模式图）

(二) 脂肪的分解与脂肪体的解体

脂肪是种子中的三大贮藏物质之一，尤其是油质种子含量更为丰富，因而脂肪的顺利转化对油质种子萌发至关重要。种子萌发时，存在于细胞脂质体中的脂肪首先被脂肪水解酶水解为脂肪酸和甘油。产生的脂肪酸在乙醛酸体中进行 β-氧化，生成乙酰 CoA 进入乙醛酸循环。乙醛酸循环产生的琥珀酸转移到线粒体中通过三羧酸循环形成草酰乙酸，再通过糖酵解逆转化为蔗糖，输送到生长部位。在有些植物种子中脂肪酸也可通过 α-氧化途径，α-氧化的酶系统存在于线粒体中。脂肪水解的另一产物甘油能在细胞质中迅速磷酸化，即与 ATP 反应生成磷酸甘油，随后经脱氢作用生成磷酸二羟丙酮，磷酸二羟丙酮可循糖酵解进入三羧酸循环及呼吸链而被彻底氧化，另外也可循糖酵解的逆方向而合成糖。整个脂肪代谢所涉及的细胞器及相互关系如图 9-12。

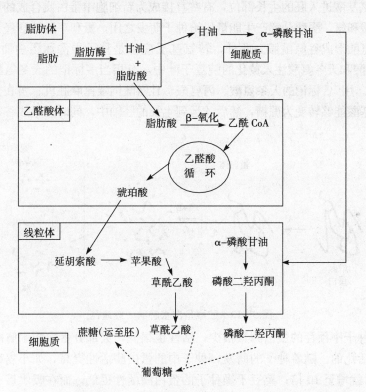

图 9-12　脂肪转化的主要途径示意图

在种子萌发过程中脂肪被分解为脂肪酸和甘油，使脂肪的含量迅速下降，脂肪酸和蔗糖含量增加，因此，萌发中随脂肪的水解，酸价逐渐上升；而随着不饱和脂肪酸不断分解为较小分子的饱和脂肪酸，脂肪碘价逐渐下降。脂肪酸由 β-氧化途径产生的乙酰 CoA 经三羧酸循环或乙醛酸循环可形成 12 个 ATP 供代谢之用，脂肪具有供给种子萌发大量能量的作用。

许多植物干种子中存有脂肪酶，当种子萌发时，脂肪酶活性明显上升，随着脂肪含量减少，脂肪酶活性降低。在萌发的不同阶段，脂肪酶适宜的 pH 范围发生相应的变化，如蓖麻种子萌发初始 3d 酸性脂酶（pH 5.0）活性高，而萌发后 3～5d 碱性脂酶（pH 9.0）出现最大活性。不同作物种子脂肪酶的性质存在差异，适宜的 pH 范围亦会有不同。随着贮藏脂肪的降解，脂肪体完全解体或剩下无代谢功能的残膜。

某些非油质种子如小麦的贮藏组织中也含有脂肪和脂肪酶。萌发初期的小麦胚乳中，脂肪代谢开始的同时脂肪酶活性升高，并可为羟胺和谷氨酸（1.0mM）所诱导。

（三）蛋白质的分解与转化

种子萌发过程中，蛋白体中的贮藏蛋白质可首先溶化，即先在蛋白酶 A 作用下被部分水解成分子质量较小的水溶性蛋白质，然后在蛋白酶 A 和蛋白酶 B 的作用下水解成多肽和氨基酸，由蛋白体进入细胞质；多肽再在肽酶（氨基肽酶、二肽酶、三肽酶）的作用下分解成氨基酸（图 9 - 13）。

水解产生的氨基酸进入胚的生长部位，有些直接成为新细胞中蛋白质合成的原料，有些则需被进一步分解成酮酸和氨。酮酸分解产生能量供给种子萌发之用，氨和草酰乙酸经天冬氨酸形成天冬酰胺，也能和谷氨酸形成谷氨酰胺。此外，转氨基反应也是种子中沟通蛋白质和糖代谢的桥梁，用 ^{14}C 标记的谷氨酸和天冬氨酸注入黄化的豌豆子叶中，有相当多标记的天冬氨酸和谷氨酸作为呼吸基质放出 $^{14}CO_2$。用 ^{14}C 标记的天冬氨酸、丙氨酸、甘氨酸饲喂蓖麻胚乳，可在其中找到标记的蔗糖，表明这些氨基酸能够转变为蔗糖，然后才运到生长的胚轴中，同时还生成谷氨酰。

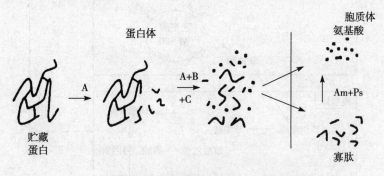

图 9 - 13 贮藏蛋白水解的一般途径

据测定，干种子中预存的蛋白酶量很少，活性也很低，大部分蛋白质水解酶是在种子吸水后萌发初期合成并活化的。随着种子的萌发，种子中的蛋白酶活性提高，如小麦种子蛋白酶在萌发 2d 后略增，7d 后就增至 10 倍；菜豆干燥种子的蛋白酶活性很低，而在吸水后 5d 活性迅速上升，但陈种子在萌发时产生蛋白酶的能力却显著降低。种子中不同部位蛋白酶的活化顺序是不同的，大豆子叶中酶活性首先显著提高，然后胚轴中酶活性才缓慢地略为增加。蛋白酶活性变化的顺序与贮藏蛋白的动员和供应相符合。种子中不同部位酶的活性也是不同的，经测定，禾谷类种子以胚本部蛋白酶的活性为 100，则子叶中蛋白酶活性为 29.6，胚乳中的仅为 11.4。电镜观察表明，蛋白酶进入蛋白体后才能进行水解过程，此酶是在内质网上合成，然后注入泡囊中，并移至蛋白体，当泡囊与蛋白体融合时，便将蛋白酶释放到蛋白体中，实现贮藏蛋白的水解，使不溶性的蛋白体成为片断、颗粒，最终溶解。

除上述三大贮藏物质外，种子萌发时的植酸代谢对贮藏物质的代谢与能量传递也有直接影响。植酸（肌醇六磷酸）是种子中主要磷酸贮藏物，占贮藏磷酸的 50％ 以上，并常与钾、镁、钙等结合以盐的形式存在。萌发时，肌醇六磷酸酶水解肌醇六磷酸镁钙，释放磷酸及肌醇。磷酸可供合成 ATP 之用，肌醇常与果胶及某些多糖结合构成细胞壁，因而对幼苗生长是必需的。

此外，种子萌发过程中还有许多物质参与代谢，如各种激素、维生素、同工酶、RNA 和 DNA、矿物质等，缺少任何一种物质或生化过程，种子都不可能完成萌发，形成健壮幼苗。

三、种子萌发过程中的能量代谢

胚的萌动及幼苗的生长不仅需要大量营养物质，同样也需要大量生物能量，因而种子能否萌发及幼苗生长的好坏，与能量产生的呼吸作用密切相关。

干燥种子的呼吸强度很低，随着种子的吸胀萌动而大大增加。例如，玉米种子从含水量 11％ 提高到 18％ 时，放出的 CO_2 量增加约 85 倍。吸胀种子在萌发过程中主要的呼吸途径是糖酵解、三羧酸循环和磷酸戊糖途径。许多研究资料表明，种子在吸水初期是糖酵解途径占优势，促进丙酮酸的生成，其后则以磷酸戊糖途径占优势，促进葡萄糖的氧化。随着深入研究发现，在一切幼苗的生长中，磷酸戊糖途径起着越来越重要的作用。

种子的呼吸基质在萌发初期主要是干种子中预存的可溶性蔗糖和一些棉籽糖的低聚糖。到种子萌动以后，呼吸作用才逐渐转向利用贮藏物质的水解产物。

目前认为种子（如豌豆）暗萌发过程中呼吸强度的变化分为四个阶段（图 9-14）。第一阶段，呼吸作用急剧上升，约持续 10h，主要是由于与 TCA 循环及电子传递链有关的酶系统活化，此时呼吸商（RQ）略高于 1.0，主要的呼吸基质为蔗糖，此阶段呼吸作用的增强与子叶组织的膨胀度呈线性关系。第二阶段，为呼吸滞缓期，持续约 15h，此时子叶已为水所饱和，种子中预存的呼吸酶系统均已活化，呼吸商（RQ）至 3.0 以上，表示发生了缺氧呼吸，此阶段呼吸的限制因子是 O_2，这种呼吸作用与种皮有关，剥去种皮后可增加吸水率，同时缩短滞缓期。第三阶段，出现第二次呼吸高峰，这一方面是由于胚根穿破种皮，增加了氧的供应；另一方面是由于胚轴生长

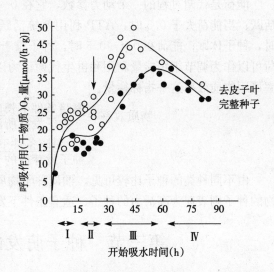

图 9-14　豌豆种子暗处吸胀时呼吸变化的四个阶段

时，在不断分裂的细胞中新合成了大量的线粒体与呼吸酶系统。此阶段呼吸商（RQ）下降至 1.0 左右，表明以碳水化合物的有氧呼吸占优势。第四阶段，呼吸作用显著下降，这与贮藏物质耗尽相一致，因为种子在暗处萌发，没有光合作用发生。

大多数植物种子表现出与豌豆相似的呼吸形式，但这四个阶段的长短因植物而异，如黑绿豆种子的这些阶段非常短，胚根的出现和第三阶段在吸胀 6h 后就开始；而赤松种子，仅第一阶段就需要 2d 才能完成。水稻、大麦、野燕麦、蓖麻、白菜等少数种子的呼吸进程无滞缓期存在，

一般认为，这种不必通过暂时的缺氧生活时期的种子，或者是不存在种皮的限制作用，或者是在初始时就具备了效率高的呼吸系统，不必经过转换的时期，这种种子一般萌发速度较快。当然，即使是同一作物，这些阶段的长短也会随着吸胀温度、水分的有效性和周围的氧气浓度而变化。

呼吸是在线粒体上进行的，吸胀种子呼吸作用的增强必有线粒体活性的提高。但未吸水的子叶或胚乳中的线粒体发育不全，往往缺脊，而种子吸水后贮藏物质降解时，线粒体具有较完整的结构，脊数较多。目前认为，线粒体的发育模式有两种，一种是在干燥种子中贮藏的线粒体，吸水后进行修复和活化；另一种是在细胞内重新合成线粒体，使线粒体数目增加。随着线粒体的发育，不同作物种子内 ATP 含量以一定相似的模式变化。干种子中 ATP 含量较低，吸胀后 ATP 含量迅速上升，之后到种子萌动前保持相对稳定（ATP 合成的速度和利用的速度达到平衡），种子萌动之后，ATP 含量迅速上升。

吸胀种子的 ATP 含量与种子代谢强度、活力和外界萌发条件有密切关系，一般老化的种子吸胀后 ATP 含量增加很缓慢，萌发条件不良时，ATP 的产生受阻或停止。此外，ATP 的含量亦受 ADP 和 AMP 含量的影响。自能荷的概念提出后，三者的关系得到明确，ATP 含两个高能磷酸键，具有能荷为 1；而 ADP 含一个高能磷酸键，能荷相应为 0.5。在生物系统中，能量生成和能量消耗之间的平衡关系可用腺苷酸库的能荷（EC, energy charge）来表示。

$$EC = \frac{[ATP] + 1/2 \, [ADP]}{[ATP] + [ADP] + [AMP]}$$

能荷是代谢过程的一个动力参数，它在 0~1 之间变动。当能荷小于 0.5 时，ATP 再生系统活跃；当能荷大于 0.5 时，ATP 利用系统活跃；当能荷小于 0.2 时，种子衰老；能荷大于 0.2 时，种子休眠；能荷在 0.4~0.5 时，种子难于萌发；能荷在 0.7~0.9 时，发芽良好。因此，能荷可以作为调节组织能量利用和再生代谢活力以及种苗生长的一个指标。在实践中，能量利用效率可用物质效率这一指标衡量。

$$\begin{aligned}物质效率 &= \frac{黑暗条件下长成的幼苗干物质质量}{种子发芽所消耗的干物质质量} \times 100\% \\ &= \frac{黑暗条件下长成的幼苗干物质质量}{种子发芽前的干重 - 种子发芽剩余物干重} \times 100\%\end{aligned}$$

由不同种类的种子比较可见，油质种子物质效率较高，而淀粉种子的物质效率较低。同一作物的种子则表现为高活力的种子、适宜条件下发芽的种子，其物质效率较高，反之则低。

第三节　种子萌发的外界条件及其调控

植物种子要萌发并在萌发后能迅速长成正常幼苗，必须具备内在条件和外界环境。内在条件就是种子自身要具有强的生活力并已通过休眠，这些已在前面进行了讲述。此处所要阐述的，是具备了萌发内在条件的种子，萌发需要具备的外界条件。种子萌发好，是作物高产、优质的基础。

一、水　分

水是植物种子萌发的先决条件，控制好水分对种子良好萌发极其重要。播种前的种子一般含水量很低，其生命活动非常微弱。一旦水分进入种子，会使种皮软化，内部的新陈代谢迅速加强，如呼吸升高、酶活性增强，进而贮藏物质水解，胚部细胞分裂、生长，表现为胚的萌动和发芽。

要使种子萌发必须满足其最低需水量，即萌动时最低限度的吸水量占种子原重量的百分率。不同作物种子萌发的最低需水量与作物特性、种子的化学成分及萌发速度密切相关（表 9 - 2）。一般情况下，蛋白质含量高、萌发速度慢的种子，其萌发的最低含水量高；而粉质种子、油质种子、萌发速度快的种子，其最低需水量低。但仅满足种子萌发的最低需水量，种子不可能萌发得既快又好，更不利于种子萌发后幼苗的形成。因此，要使种子萌发得好，必须供给足够的水分。但水分过多，又会导致氧气减少，轻则使胚根不伸长，重则会使种子腐烂。水分控制的适度，就是要使水、气协调，标志是幼苗的根、芽比例适当，根过长表明水少，芽过长则表明水多，一般芽为根长一半为宜。在做发芽试验时应根据种子的萌发情况提供适宜的水分。一般萌发最低需水量高的种子，其萌发的总需水量也高。在土壤中的种子可吸收周围直径约 1cm 范围内的土壤水分。当种子周围的土壤渗透压和吸水力上升时，种子吸水量就降低而影响发芽。所以，农业生产上应足墒播种，但土壤不宜过湿，一般 70％～80％的田间持水量利于种子萌发出苗。

表 9 - 2　几种作物种子发芽时的最低需水量（％）

种子名称	需水量	种子名称	需水量
水稻	26.0	油菜	48.3
小麦	60.0	亚麻	60.0
大麦	48.2	向日葵	56.3
黑麦	57.7	棉花	75.0
燕麦	57.7	豌豆	186.0
玉米	39.8	蚕豆	157.0
粟	25.0	大豆	126.0
荞麦	46.9	糖用甜菜	167.0
大麻	43.9	白三叶草	160

在适宜条件下，种子整个萌发过程的吸水表现为快—慢—快三个阶段，吸水曲线呈 S 形（图 9 - 15）。阶段 I 是迅速吸水期，即吸胀期，吸水的动力是种子中亲水胶体对水分的吸附力，这种吸水与种子的生活力无关，即死种子同样能吸水，活种子有时反而不能吸胀，如硬实；且吸水量与温度高低无关。阶段 II 实际是吸水的滞缓期或称平台期，出现在萌动阶段，因为在前期种子吸进了大量水分，细胞水势已很高，而此时胚的生长还很缓慢。阶段 III 发生在发芽阶段，此时胚的生长已明显加速，旺盛的生命活动使所需水分增多，因而此阶段的吸水属生命现象。死种子在完成了阶段 I 的吸水后就不再吸水。

ABA 抑制阶段 III 的吸水，以及从萌发到萌发后生长的转换。用体内 ^{1}H - NMR（核磁共振）显微成像和 ^{1}H - MAS NMR 光谱学研究了萌发的烟草种子在空间和时间上水分吸收的调节（图 9 - 16），显示在水分吸收阶段 II 和阶

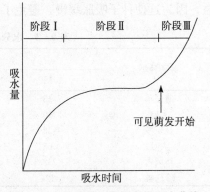

图 9 - 15　种子萌发过程中的吸水曲线

段Ⅲ的水分分布是不均一的。种子的珠孔端是主要的水分进入部位，珠孔端胚乳和胚根显示最高的水合（作用），种皮的破裂紧跟胚乳的破裂。ABA 特异性抑制胚乳的破裂和阶段Ⅲ的水分吸收，但不能改变阶段Ⅰ和阶段Ⅱ水分吸收的空间和时间模式。种皮破裂与初始种胚伸长导致的水分吸收增加相联系，它不能被ABA 抑制。在转基因烟草种子的覆盖层（包括胚乳）中葡聚糖酶（β-1,3-glucanase）的过量表达不能变更吸胀期间种子水分吸收的湿度吸附（作用）等温线和空间模式，但能部分逆转阶段Ⅲ水分吸收和胚乳破裂的 ABA 抑制作用。体内^{13}C-MAS NMR 光谱学显示种子油脂转移不受 ABA 抑制。因此，ABA 没有通过阻止油脂转移或通过降低珠孔端胚乳和胚根的水分保持能力而抑制萌发。结果说明，不同种子组织和器官在不同的水平上水合，烟草种子的珠孔胚乳区扮演了种胚的水分储存器的作用。

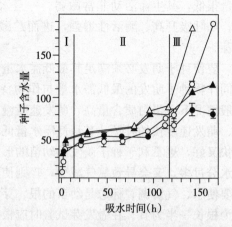

图 9-16 烟草种子萌发过程中的吸水量分析

○，●：用质量法测定的水分吸收值，单位：每粒种子吸收水分的微克数（μg/粒）

△，▲：用体内魔角旋转核磁共振法测得的水分吸收值，单位：每粒种子吸收水分的相对值。对照（白色符号），ABA（黑色符号）。

Ⅰ、Ⅱ、Ⅲ. 分别代表种子萌发中水分吸收的 3 个阶段。

（Manz 等，2005）

种子萌发期间若水分过多，如播前不适宜浸种或播种土壤过湿，会大大降低发芽率且使幼苗活力降低。浸种对种子和幼苗的伤害主要是快速吸胀损伤引起，即许多种皮较薄、吸水力较强的干种子，一旦浸入水中，会使细胞迅速吸水膨胀，细胞膜、细胞器未来得及修复良好，导致细胞内含物外渗，微生物滋生，轻者幼苗瘦弱，重者烂种、烂苗。当然，对一些种皮坚硬、吸水力弱的种子，浸种能软化种皮、促进发芽，使幼苗早出土早生长发育。一般水生植物种子和沼泽湿地植物种子也能忍耐浸种。

水分过低导致的干旱胁迫也会大大降低种子发芽率，但对水分胁迫的反应因作物不同而有很大差异（表9-3）。大豆一类的蛋白质种子非常敏感，而禾谷类种子有较强的抗性。对水分胁迫有较好抗性的种子在干旱地区播种可以出苗，而敏感的种子出苗则必须有较好的墒情。水分胁迫对种苗的伤害还与时间有关，若胁迫发生在萌发早期即吸胀阶段，对种苗的损伤极小有时甚至有益，因为这使种子吸胀缓慢，避免了快速吸胀伤害，这可能是种子渗透调节处理能提高种苗活力

表 9-3 水分胁迫对种子发芽力和次生根生长的影响*

种子种类	根长（mm）			
	0 MPa	−0.3 MPa	−0.6 MPa	−1 MPa
蒲公英	13	15	6	0
大麻	10	7	0	0
曼陀罗	33	22	13	0
大豆	68	12	0	0
西风古	32	38	33	16
珍珠粟	124	125	94	102

* 29℃下萌发96h。

的原理之一。试验表明，播前经过渗透调节处理的种子，一旦解除了水分胁迫，种子能迅速整齐发芽；但若胁迫发生在萌发过程的后期，就会出现干芽。因此，种子萌发过程中对水分的调控应因种、因时而宜。

二、温　度

要使种子萌发，还必须满足其对温度的需求。适宜的温度可以使种子萌发得既快又好；温度过低或不足，会直接影响萌发的生命过程。如酶活性降低、呼吸作用减弱、物质转化受阻等，最终表现为发芽缓慢或不发芽，严重的还会导致冷害；但若温度高，又会导致呼吸消耗过多，有毒物质积累，虽发芽快但苗弱，温度过高则导致不发芽甚至死亡。因此，每种种子发芽，必须高于其所要求的最低温度，低于最高温度，最好处于最适温度，此即种子萌发的温度三基点或称为三基点温度。最低温度和最高温度分别指种子至少有50%正常发芽的最低、最高温度界限，最适温度则指种子能迅速萌发并达到最高发芽率的温度范围。种子萌发的温度三基点因作物种类而异，一般耐寒性作物的最低、最适和最高温度分别为0~4℃、20~28℃和40℃，喜温性作物则分别为6~12℃、30~35℃和40~42℃。在同一类作物中，又因植物种类不同而有小的差异（表9-4）。种子发芽温度的差异是植物对生态环境的一种适应性。

表9-4　主要农作物种子发芽的温度三基点（℃）

作物种类	最低	最适	最高
水稻	8~14	30~35	38~42
高粱、粟、黍	6~7	30~33	40~45
玉米	5~10	32~35	40~45
麦类	0~4	20~28	38~45
荞麦	3~4	25~31	37~44
棉花	10~12	25~33	40
大豆	6~8	25~30	39~40
小豆	10~11	32~33	39~40
菜豆	10	32	37
蚕豆	3~4	25	30
豌豆	1~2	25~30	35~37
紫云英	1~2	15~30	39~40
黄花苜蓿	0~5	15~30	35~37
圆果黄麻	11~12	20~35	40~41
长果黄麻	16	20~35	40~41
烟草	10	24	30
亚麻	2~3	25	30~37
向日葵	5~7	30~31	37~40
油菜	0~3	15~35	40~41
黄瓜	12~15	30~35	40
西瓜	20	30~35	45
甜瓜	16~19	30~35	45
辣椒	15	25	35

（续）

作物种类	最低	最适	最高
葱蒜类	5～7	16～21	22～24
萝卜	4～6	15～35	35
番茄	12～15	25～30	35
芸薹属	3～6	15～28	35
芹菜	5～8	10～19	25～30
胡萝卜	5～7	15～25	30～35
菠菜	4～6	15～20	30～35
莴苣	0～4	15～20	30
茼蒿	10	15～20	35

有些植物种子在昼夜温差大的条件下发芽最好，表现出对变温的敏感性，如烟草、马齿苋、茄科蔬菜等。据报道，有些辣椒种子在恒温下经 45d 不发芽或发芽缓慢，但在变温下经 5d 就能很好发芽。大多数农作物种子恒温下也能正常萌发，但若变温能使幼苗更强壮。变温利于种子萌发的可能原因有如下几点：①变温促进了气体交换。首先，变温能使种被胀缩受损，从而有利于水气进入种子内部；其次，变温使得种子内外存有温差，促进气体交换；此外，低温下氧在水中的溶解度大，随水进入种子的氧气较多，有利于呼吸。②变温可减少贮藏物质的呼吸消耗。恒温发芽时，贮藏物质大部分用于呼吸作用，少量用于胚的生长。变温发芽时，在高温阶段，生化过程和呼吸代谢都旺盛，贮藏物质大量转化为可溶性物质，一部分用于呼吸，一部分用于胚生长；在低温阶段，呼吸消耗少，可溶性物质主要用于胚的生长。③变温有利于激活某些酶的活性，促进酶的活动。④变温能打破种子休眠，因为未完全通过休眠的种子在变温条件下可以较好萌发。

通常采用的是昼、夜 20℃、30℃或15℃、25℃变温，因植物种类而定，高温时间要少一些，一般为1/3昼夜，低温时间多一些，一般为2/3昼夜。

三、氧 气

氧气是种子萌发不可缺少的环境条件。种子萌发时，呼吸作用特别旺盛。呼吸作用是氧化有机物而释放能量的过程，因而有10％以上的氧气才能促进种子萌发。据研究，含水量在10％以下的油菜种子，呼吸很微弱，需氧量很少，一般只需 $24～63\mu l/$（g·h）（以鲜重计）。种子吸水 4h 后，其含水量达到干重的 60％左右时，需氧量增加到 $207.68\mu l/$（g·h）（以鲜重计）。当种子胚根、胚芽突破种皮后，氧的消耗量猛增到 $1\ 000\mu l/$（g·h）（以鲜重计）。

一般来说，提高氧分压可促进萌发。但各种植物种子萌发所需的氧分压也不一致，这与植物的系统发育有关。水稻种子在含氧0.3％的空气里萌发80％，而小麦种子在含氧5.2％的空气中才有同样的发芽率。油质种子萌发时需氧量比谷类作物种子大。这是因为蛋白质和脂肪分子中含碳、氢较多，氧较少，因此在氧化时需要吸收更多的氧，才能使物质彻底分解。在常见的蔬菜种子中，黄瓜、葱等种子在较低氧分压下也能萌发，而芹菜、萝卜等种子，对氧敏感，在5％氧分压下几乎不能萌发，常需要10％以上的氧气。

然而莲的种子在100％的氮、氢或二氧化碳中能够全部萌发。研究表明，这主要是由于氧气能够通过内腔从种子组织的细胞间隙有效地供给胚的缘故，故称为自身供氧种子。分析其种子组织内部气体成分发现，氧气占18.3％，二氧化碳占0.74％，氮气占80.9％。

此外，二氧化碳浓度也影响种子萌发。通常在大气中只含0.3％，对发芽无显著影响；当含量达17％～25％时就起阻碍作用；达37％时完全不发芽。

四、光

许多植物种子萌发受光的影响，根据植物种子发芽时对光线反应不同，可把种子分为以下四类：一是发芽时必须要光；二是光可促进发芽，三是对光反应不敏感；四是光抑制萌发。作物种子大多数属于第三类，烟草属于第二类，苋菜属于第四类。此外，光质、光量也影响种子萌发。

萌发时受光影响的种子称为感光性种子。感光性种子对光敏感主要是种子中存在光敏色素。感光性种子的形成亦是植物对环境条件的适应。

一般而言，植物种子处于干燥休眠状态几乎不表现感光性，只有吸水进入发芽过程时才开始对光有感受。感光性最高的时期是相当早的，研究表明，大多在吸水1～2d之内。浸种时间过长会钝化种子的感光性，如千屈菜浸种12h，烟草浸种20h，光促进发芽作用最大。宝盖草种子也是在吸水12h后感光性最强。莴苣种子在照光前浸种50min者发芽率62％，浸种100min者发芽率达90％。试验还发现，种子的感光性随着贮藏年限的增加而降低，如烟草种子越陈，感光性越差。太陈的种子，光反而会抑制发芽。此外，许多种子只有在一定温度下，光才有促进发芽的作用。如纤毛虎尾草种子，高温下光促进发芽，低温下反而抑制发芽；再如矮松种子红光可促进发芽，但在20～30℃处理时，发芽率很低，只有25℃下照光发芽率才提高。

暗发芽型黑麦草种子，仅3min光照就可降低发芽率。宝盖草种子甚至对弱光都很敏感，1lx的白光照射也能很快使发芽率从70％降为14％。总之，种子的感光性非常复杂，它受多种因素影响。

需要强调的是，当前我国施行的《农作物种子检验规程》（1995）规定，种子发芽的标准是能长成正常幼苗，而绿色是正常幼苗的一个指标。因此，无论什么类型的种子，发芽试验时必须置于光照下；对忌光种子，可在萌发前给予黑暗条件，到了幼苗形态建成阶段再置于光照下。

掌握种子萌发的外界条件，对指导农业生产具有重要意义。早春播种或育苗应考虑温度是否适宜种子正常萌发或出苗，以免导致冻害。在适宜温度下，协调水、气矛盾则成为种子萌发出苗的关键。生产上，播种后落干或土壤过湿引起种子不能萌发出苗现象极为常见，因此，干旱时要力争造墒播种，以满足种子萌发所需水分；在大雨过后或土壤过湿时也不要急于播种，以免发生闷种现象，特别是一些对氧气敏感、需氧量多的种子（如棉花）更应注意土壤的通气性。

以上主要从水、温、气、光四个方面对人为控制的作物种子萌发的外界条件进行了探讨，但植物种子尤其天然植物群落中种子的萌发，其影响因素要复杂得多。生态环境对种子萌发的影响，参见第十章。

第四节 特殊种子的萌发及调控

某些植物种子，由于特殊的种被结构，或为特殊的生态适应型，或是特殊的内部构造，其萌发常具特殊的方式或有特殊需要。

一、种被障碍类种子的萌发及层积处理

许多林果类种子或具有坚实的果皮如核果、坚果，或具有坚实的种皮如松、柏等，若直接将其播种，即使时间很长，发芽率也很低。为了使这些种子一播全苗，需要在播前进行层积处理。层积即将种子置湿润基质中在低温下放置，具体方法是：首先浸种，种子用水漂洗或浸泡 3～5min，去掉杂质和空粒并促进呼吸；随后将干净的细沙加水至最大持水量的 50%～60%，拌匀，外观上一般为手握成团、松手沙散为宜；将种子和湿沙按 1∶5～10 的比例混匀或分层堆放在背阴干燥处，外盖湿沙，湿沙上加盖麻袋或草席。层积处理时间因种子不同而异。层积处理期间要求沙子湿度为最大持水量的 50%～60%，一般每半月检查一次，以防止太干或湿度过大引起霉烂；温度为 0～5℃。但有些林木种子采用变温或较高温度处理，可缩短层积时间，如红松种子低温层积需 200d，变温需 90～120d，15℃处理 1～2 个月。因此，层积时应注意采用适宜的层积温度。

种子在层积处理期间，由于干湿冷热的微环境作用及微生物的腐蚀，其种被的机械约束力不断降低，通透性增强；同时使胚得以充分分化、生长，萌发所需的同化物质增加，幼苗的生长力提高。层积后的种子播种后将会很快萌发、出苗。可见，层积处理既促进了种子后熟的完成，解除了休眠，同时又是种子萌发过程的前延，是人类调控种子萌发的一个范例。

二、水生植物种子的萌发

植物种子的发芽特性是植物同自然生态环境相协调的表现。水生植物因其生存环境的特殊性，其种子的萌发与陆生植物有着明显差别。

水生植物种子可以在水中萌发，这是水生植物种子与陆生植物种子的最大区别，而这一差别的根本原因，是两类种子萌发对氧气的需求程度不同。有些水生植物种子如四角菱、禾状泽泻、野慈姑等，可以在缺氧条件下甚至在氮气和氢气中发芽，而含氧量增多时发芽率反而降低。进一步研究认为，这些植物必须在种子完成了后熟才能发芽，若成熟后将种子干燥不让其完成后熟，种子将转变成不发芽状态，保持潮湿可能是此类种子完成后熟的必要条件。另外，若将这些种子浸在清水中且常换水保持水清洁，则很难发芽，若将其置于腐水中就很容易发芽，原因在于水中发酵生成物有机酸的刺激作用，而这些植物种子具有在这样的酸性溶液中发芽的特性。

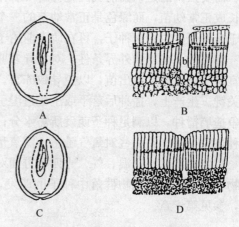

图 9-17　莲籽的结构（模式图）
A. 未充分成熟种子纵剖面　B. 与 A 同期的果皮横剖面
C. 充分成熟种子纵剖面　D. 与 C 同期的果皮横剖面
b. 气孔道

睡莲科植物种子也能在水中甚至在纯氮、纯氢、纯二氧化碳中发芽，并且能在泥水中保持极长的寿命。它们的这种特性主要依赖于其特殊的种子构造（图9-17）。从图中可以看出，莲籽具有栅栏组织的坚实果皮，栅栏细胞的细胞壁具有次生纤维素壁和次生软木质壁。种子发育成熟过程中，水气可以通过栅栏组织的气孔道（图9-17，b）出入种子。当种子成熟干燥时，由于栅栏层细胞次生壁物质的充分积累和籽粒干缩，气孔道关闭，水气不能再进入种子，因而能在泥水中长期保持生活力。而在长期淹水状态下，由于水生菌类的侵袭，种被透性逐渐改善而透水吸胀、发芽。莲子所以能在无氧环境下萌发，是因为种子顶部的种被内有一气室，其贮存的空气可满足胚萌发时对少量氧气的需求。

水稻也能在淹水条件下萌发，是因其对氧气的需求较少，特别在萌动之前，而正常幼苗的形成则不能无氧。淹水条件下水稻只发芽，特别是胚芽鞘伸长而不发根，只有胚芽鞘露出水面后才能生根立苗。

三、兰科植物种子的发芽和人工培养

兰科植物产种子非常多，但单粒种子非常细小，整个种子的种皮内只有未分化的胚，基本上没有贮藏组织。因此，兰科种子萌发时必须依赖外部供应有机养分。在自然状态下，为兰科种子萌发提供养分的是内根菌，即种子吸水膨胀，下部分泌出某些物质，诱导附近的共生菌丝侵入种子胚。侵入胚中的菌丝可从外界吸收有机物，并把它们变成其寄主——兰科种子胚易于吸收的形态。得到营养的胚开始分化、生长，萌发成幼苗。

要使人工采收的兰科种子萌发，需事先将这种根菌（丝核菌属）进行纯培养，并接种在培养基上后再进行种子培养，或者是在培养基中加入20%左右的蔗糖（麦芽糖更佳）。菌的培养可从兰科植物根系断面上截取一小块组织，埋在淀粉琼脂培养基中。待菌丝长出后，将其接种到要培养的种子上或培养种子的培养基上，继续进行种子的培养直到幼苗形成。兰科种子培养萌发过程如图9-18。

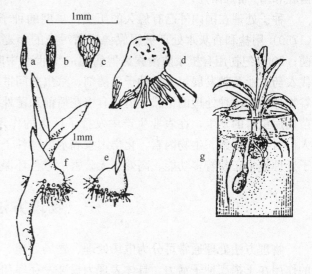

图9-18　兰科种子培养条件下的萌发过程
a～f. 萌发过程　g. 培养好的幼苗

四、寄生植物种子的萌发

种子植物大多数为自养植物，但也有少数为异养植物（图9-19），如桑寄生、槲寄生、水晶兰、野菰及菟丝子属的某些种。这些种子萌发的最大特点是必须在寄主根茎附近才能发芽。若将寄主根茎的浸出液加到发芽床中，这些种子就可发芽，若不加入这种浸出液则不发芽。这表明，寄主根茎的某种（些）物质与这些种子的发芽有关。

对豆科、酒花及木本植物危害很大的菟丝子属寄生植物，其种子萌发时，发出幼芽的根、茎虽有生理分化，但外观上呈一棒状，很难区分出根、茎、叶。茎伸长后旋回运动寻找寄主植物，如附近有寄主植物则马上缠绕，如无寄主则枯死。但此类种子具散发性发芽习性，有些种子成熟后数天内就能发芽，有些则要到第二年或第三年才发芽，因而危害性很大。

第五节 种子的播前处理

广义的种子处理（seed treatment）是指从收获到播种为提高种子质量和抗性、破除休眠、促进萌发和幼苗

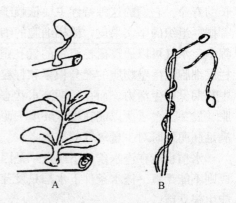

图 9-19 寄生植物种子的萌发
A. 桑寄生 B. 菟丝子

生长以及方便播种，对种子所采取的各种处理措施，包括清选、干燥、分级、浸种、催芽、杀菌消毒、春化处理及各种物理化学处理。狭义的种子处理是指在种子加工过程中或临近播种前对种子进行各种化学物质、物理因素和生物因素等处理。

种子处理的方法很多，由于方法不同，其处理效果也不尽相同。种子处理目的概括起来有以下几点：①防治种子和土壤中的病菌和害虫；②方便播种；③刺激种子萌发和幼苗生长；④促进根际有益微生物的生长；⑤使用安全剂防止幼苗被除草剂危害。总之，通过种子处理达到苗全、苗壮和增产的目的。

种子处理在国内外已有悠久的历史，早期的种子处理多是以防病虫为目的，Mathieu Tillet（1750）用盐和石灰水处理被腥黑穗病菌污染的小麦种子；19 世纪末用福尔马林控制腥黑穗病菌；20 世纪初用有机汞防治腥黑穗病菌；20 世纪中叶杀虫剂林丹用于种子；20 世纪 60～70 年代农药工业蓬勃发展，大量种子杀菌剂、杀虫剂问世。我国古代《尹都尉书》、《氾胜之书》中有谷物拌种和浸种处理的记载；清代有棉花播前杀菌处理的记载；我国农民长期使用药剂拌种防治苗期病虫害的发生，在农业生产中发挥了巨大的作用。近 20 年来，随着科学技术的快速发展，人们对物理因素、生物因素、化学因素和水处理种子的效应与机理进行了广泛的研究和探讨。种子处理技术正朝着多功能、高效、无公害、绿色环保的方向发展。

一、物理方法处理

物理方法处理通常可分为电场处理、磁场处理、射线处理及温度处理。电磁等物理因素处理的作用在于提高种子活力，具体表现为提高发芽率和田间出苗率，特别是对于陈种子和活力低的种子效果更明显。而温度处理的目的主要是防治种子病虫害。

（一）电磁处理

1. 电场处理 电场处理方法很多，在 20 世纪 70 年代前苏联和我国对各种电场的处理作用

进行了较多的研究，不管采用何种电场处理，其作用基本一致：①低频电流场处理，是将种子放在两电极之间并加入水，通入低频电流（200V，50Hz，0.1～1.0A），处理15～30min。②静电场处理，是将种子置于直流静电场中，处理一定时间。作物不同、场强不同，处理的时间不同，场强增高，处理时间适当缩短。处理农作物种子电场强度一般在100～550kV/m，处理时间为3s至2h不等；蔬菜作物种子一般在50～250kV/m，时间为1～1.5min，不同研究结果之间有较大差异。③电晕场处理，是将种子置于放电的单向电晕场中，750kV/m处理各种农作物及蔬菜种子，结果表明种子越小，处理的最佳时间有变短的趋势，如菜椒种子处理时间在750kV/m条件下，10s最佳，茄子40s较好，黄瓜80s较好。处理效应与种子原发芽率成显著负相关。单向电晕场处理不仅具有提高种子活力的作用，同时也明显降低棉花苗期的立枯病。

试验证明，电场处理对谷类作物如小麦、玉米、大麦、水稻等，经济作物类的花生、棉花、甜菜等，蔬菜类的番茄、青椒、小萝卜、莴苣等均具有提高种子活力的作用。其效应的生理生化基础主要表现在以下几方面：①种子置静电场中可被极化，能荷水平提高，从而提高了种子内脱氢酶、淀粉酶、酸性磷酸酶、过氧化氢酶等多种酶的活性。②电场处理还可使过氧化物酶同工酶、酯酶同工酶和可溶性蛋白谱带数目增加、谱带颜色变深。这表明电场处理后酶含量增加，活性增强，基因表达的活性也增强，加速了蛋白质的合成，从而加快了各种生化反应速度。③静电处理过的种子呼吸速率明显提高，为种子萌发和幼苗生长提供了充足的营养和能量。④电场处理后蔬菜、棉花等作物的苗期病害明显降低，幼苗抗性增强，其原因可能是电场处理杀死了种子表面所携带的病原物所致。

2. 磁场处理　磁场处理分为永久磁铁、电磁铁和磁化水处理。磁场处理的作用基本同电场处理，可明显提高发芽势和发芽率。不同研究者使用的磁场强度不同，处理时间不同，提高发芽率的幅度不同。戴心维等研究认为，干种子的处理效果不如湿种子的处理效果明显。多数报道认为，粮食作物磁场强度在0.15～0.2T（特斯拉）、蔬菜种子在0.1～0.4T之间较为适宜。利用磁化水浸泡种子可得到与磁场直接处理相似的效果。磁场处理的作用磁剂量（磁场强度×磁作用时间）不同作物亦不一致，需要进一步研究，一般为1.5T·min为宜。磁化作用除对发芽势、发芽率有影响外，对根系的生长、芽的生长均有较大影响。黑龙江省创业农场1984年研究发现，磁场处理种子可使作物产量增加12%左右，小麦增幅一般为7%～12%，大豆为8%～15%，玉米为12%，甜菜为17%左右。磁场对松木陈种子处理的结果表明，磁场处理增加了种子露白以后的内源激素 GA_3、IAA、CTK 的含量，ABA活性受到抑制，种子发芽率提高。

3. 电磁波及射线处理　处理种子的射线有超声波、微波、激光、紫外线、红外线，以及α、β、γ、χ射线等。利用各种波和射线处理种子，在适宜的范围内均可提高种子的发芽势、发芽率。水稻种子利用16.5kHz的超声波处理10min，发芽率、发芽势分别提高20.5%、7.1%，小麦和棉花种子处理后发芽率提高10%～20%。微波处理会导致种温提高，Spilde利用微波处理菜豆种子，种温48℃时，发芽率上升6%，种温增加到68℃时，发芽率下降3.1%。低剂量的α、β、γ射线（2.58×10^{-2}～2.58×10^{-1}C/kg）照射种子，也可提高发芽率。

各种电场及电磁波处理在适宜的范围内均可提高种子的发芽势、发芽率及种子活力，但作用的真正机制并不清楚，处理前后比较发现，处理后与代谢有关的各种酶活性提高，发芽和萌动期间代谢旺盛，有利于萌发生长的内源激素含量增加。除此之外，改变生物膜的透性，改变生物膜两侧的离子分布和电位。处理效果也因种子类型、作用剂量、作用时间、处理方式等不同而异。因此，在生产上应用时应进行试验，找出最佳处理方法。同时，对电磁处理如何影响种子活力的作用机理要深入研究，以便为实际应用提供理论依据。

二、植物生长调节剂处理

1. **生长素类物质处理** 生长素类物质有萘乙酸（NAA）、吲哚乙酸（IAA）、2,4 - D、复硝钾、复硝酚钠等。这类物质处理有促进生根、刺激生长的作用。萘乙酸、吲哚乙酸、2,4 - D 等一般采用 5～10mg/L 浸种为好。复硝钾可用 200～500mg/L 浸种，复硝酚钠用 300～600mg/L 药液浸种效果较好。

2. **赤霉素类物质处理** 赤霉素类物质均带有赤霉烷环，生产上应用的主要为 GA_3，此外还有 GA_4、GA_7 等。这类物质可促进细胞和茎的伸长、叶片扩大、单性结实，打破种子休眠，还可诱导 α-淀粉酶的产生，提高 α-淀粉酶的活性。用 20～50mg/L 的赤霉素处理高粱、大豆、棉花、水稻、豌豆种子能加速发芽、提高出苗率。马铃薯切块用 1mg/L 溶液浸泡，麦类种子用 50～100mg/L 溶液浸泡均可有效打破休眠，促进萌发。赤霉素类还可促进需光种子在黑暗中萌发，如需光的莴苣、烟草种子吸水后，假如不用红光或白光照射就不能发芽，但若用适当浓度赤霉素处理，即使在黑暗中也可正常萌发。

3. **细胞分裂素类物质处理** 细胞分裂素类常用的有激动素、6-苄基腺嘌呤（6 - BA）、玉米素等。该类物质具有促进细胞分裂、诱导组织分化、延缓组织衰老的作用。国内商品化的产品为 5406 细胞分裂素，该商品为粉剂，用 100 倍的稀释液浸小麦种子和马铃薯块，50 倍的稀释液浸白菜种子，均可提早发芽。此类物质亦可打破因 ABA 存在而导致的种子休眠。

4. **其他生长调节类物质处理** 矮壮素是赤霉素的颉颃剂，主要是抑制贝壳杉烯的生成，使内源赤霉素生物合成受阻，从而控制植物徒长，使节间缩短，使植株矮、壮、粗，根系发达，抗倒伏；同时叶色加深，叶片增厚，叶绿素含量增多，光合作用增强，提高产量，促进生殖生长。玉米、小麦用 10～50mg/L 的溶液浸种可使植株矮化、增产。

多效唑是内源赤霉素的合成抑制剂，其作用效果同矮壮素。小麦用 200mg/L 浸种，可有效降低株高，抗倒伏。

三十烷醇具有多种生理作用，能增加叶面积，增加叶绿素含量，提高酶活性，促进矿质元素吸收，促进种子萌发，促进生根，促进花芽分化等。用 0.1% 三十烷醇乳油 1 000 倍稀释液浸种 0.5～1d 播种，可提高种子抗旱和发芽能力。

三、化学药剂处理

化学药剂处理是防治种子病虫的有效措施之一。它较物理方法处理更加有效、快捷，可用于种子仓虫及地下害虫的防治和种子病害的防治。常用的种子仓虫防治药剂有磷化铝、磷化锌、敌敌畏、马拉硫磷。使用方法详见《种子贮藏加工学》。

（一）化学药剂处理种子防苗期害虫

作物苗期害虫主要有蝼蛄、蛴螬、地老虎、金龟子、金针虫、蚜虫、红蜘蛛、步行甲、飞虱等。种子处理常用的杀虫剂种类以有机磷类为最多，此外还有甲酸酯类。不同药剂杀虫的种类、机理、效果不同，应根据其说明使用，同时应注意使用时的安全。常用的药剂及使用方法如下。

甲胺磷和乙酰甲胺磷，对害虫有内吸、胃毒及触杀作用。50％甲胺磷乳油 75～100ml 对水 5kg，拌小麦、玉米或高粱种 50kg，可防蝼蛄、蛴螬。50％甲胺磷乳油 1：100 拌种，可防小地老虎，保护棉花、玉米等作物幼苗。

对硫磷（1605）、甲基异硫磷、辛硫磷均为广谱杀虫剂，可防多种地下害虫。50％对硫磷乳油 100ml 对水 2.5～5kg 拌玉米、小麦 25～50kg。40％甲基异硫磷乳油 50ml，对水 5kg 拌小麦、玉米、高粱 50～60kg，或甜菜种子 25kg。50％辛硫磷乳油 100～150ml，对水 5～7.5kg，拌小麦、玉米、高粱、谷子等 50kg。

甲拌磷（3911）对刺吸式口器和咀嚼式口器害虫都有效，但对鳞翅目幼虫药效差。甲拌磷处理棉种可防治棉蚜、地下害虫，处理小麦可防麦蚜、灰白虱及其他地下害虫。剂型有 60％乳油和 30％粉剂。60％甲拌磷乳油 0.5kg 加水 100kg，浸泡 50kg 棉籽 12～24h，然后闷种 8～12h，即可播种。60％的乳油 350ml 加水 10kg，拌甜菜种 50kg，也可加水 50kg，将 50kg 种浸泡 24h，捞出阴干播种。30％的粉剂 1～1.5kg 拌小麦种 50kg，防蚜虫及灰飞虱。油菜种子按每 667m^2 用种量，采用 30％粉剂 60～80g 拌种。

克百威（呋喃丹）或丙硫威（丙硫克百威）是氨基甲酸酯类广谱内吸杀虫、杀线虫剂，高毒，具触杀和胃毒作用。可用 3％颗粒剂和 35％种子处理剂处理种子，用量为种子的 1％（有效成分），可有效防治各种地下害虫。

（二）化学药剂处理防治种子病害

防治种子病害的化学药剂可分为非内吸性杀菌剂、内吸性杀菌剂和复配杀菌剂三大类。非内吸性杀菌剂又分为无机杀菌剂和有机杀菌剂。这类杀菌剂具有以下特点：①广谱性，一般一种药剂能够防治多种病害；②药剂多在植物体表面形成沉积，以保护植物不受病菌侵染，有些药剂虽能渗入植物体，但不能传导；③作为预防性药剂，应在病原尚未侵入植物体内时用药；④要求在植物体表面形成均匀的药膜，否则会影响药效；⑤一般不易诱发病菌产生抗药性。

内吸性杀菌剂能渗入植物组织或被植物吸收并在其体内传导。多数内吸性杀菌剂进入植物体后做单向向顶传导，即从根部向茎、叶传导，而少数药剂可双向传导。在一个地区连续使用一种内吸性杀菌剂，常使病原菌产生抗药性。易引起抗药性的药剂有苯并咪唑类、苯基酰胺类。易产生抗药性的病原菌有白粉菌、疫病菌、霜霉菌、青霉菌、灰霉菌、黑穗病菌等。为了尽量延长药剂的使用寿命，应妥善安排药剂间的合理搭配。

除以上两大类杀菌剂外还有许多其他种类，如复配杀菌剂退菌特（福美双 25％、福美锌 12.5％、福美甲砷 12.5％）、拌种双（拌种灵和福美双 1：1）、卫福（萎锈灵 37.5％、福美双 37.5％）等，经复配后其杀菌范围更广，杀菌效果更好。

此外还有抗生素类杀菌剂。抗生素类杀菌剂作用特点有：①有效浓度低，一般为 2～

200mg/L；②多具内吸或内渗作用，易被吸收；③多数抗生素易被生物分解，所以对人的毒性较低，残毒少。常用的抗生素类杀菌剂有抗菌剂 401、抗菌剂 402、公主岭霉素（农抗 109）和井冈霉素等。

四、种子引发

种子引发（seed priming）最早由 Heydecker 等（1973）提出，用于描述控制下的种子吸水作用，即控制种子缓慢吸水使其停留在吸胀的第二阶段，种子进行预发芽的生理生化代谢和细胞膜、细胞器的修复，但种子胚根不能伸出。引发的最终目的是提高种子活力。因此，国内外种子工作者在小麦、玉米、大豆、高粱、牧草、蔬菜等作物上对此开展了广泛的研究。创造了多种基于引发剂不同而达到控制种子吸水过程的引发方法。除以 PEG 为常用引发剂外，还有多种化学试剂可用于种子引发，如甘露醇、山梨糖醇、脯氨酸、甜菜碱、交联型聚丙烯酸钠等有机物，KNO_3、K_3PO_4、KH_2PO_4、$MgSO_4$、$NaCl$ 等无机物，以及几种药剂混合或再加入链霉素、四环素等抗生素作为处理溶液。有机物在种子引发方面的作用主要是调节溶液渗透压，控制水分进入种子。无机盐溶液在种子引发期间有两方面作用，一是无机盐类在溶液中作为渗透质调节水分进入种子，二是分解产生的离子可渗入种子组织内部，影响渗透的梯度，还可能对酶和细胞膜造成损伤。在种子引发过程中，由于种子在高湿温暖环境下，极易受真菌和微生物的侵害，抗生素可防止种子引发期间产生的有害微生物的侵害，或使用杀菌剂控制病原菌。据 F. J. Sundatrom 等报道，也可利用在引发期间有益微生物作为种子保护剂，而不是利用传统的抗菌剂。由此产生了生物引发，即在种子表面的有益微生物在控制种子引发期间快速繁殖并布满种皮，起到保护种子的作用。引发剂的种类不同，其效果亦存在差异。

（一）引发效果与机理

大量研究表明，经引发后的种子其细胞膜得到修复，完成了一些有利于其后萌发及生长的物质代谢的准备，从而使种子的萌发能力及抗逆能力有了明显的提高。主要表现在低温或高温下加速发芽，提高发芽和出苗的一致性。提高在逆境下的出苗率，增加幼苗鲜重和苗高，具有一定的提高产量的作用。目前引发效果得到普遍认可，但引发的机理尚无全面公认的解释。总结前人的研究主要有以下几方面。

1. 引发诱导细胞膜修复 Pandey（1988）报道引发诱导法国菜豆细胞膜的修复。试验证明，过氧化物含量在高活力种子中是较低的，PEG 处理能降低种子中过氧化物含量，电导率的变化与过氧化物的含量变化规律一致，表明 PEG 引发处理可减弱膜的过氧化作用，使膜得到修复。

2. 引发使 RNA 和蛋白质合成增加 傅家瑞等用 20％的 PEG - 6000 处理花生种子，发现总 P 吸收量和渗入 RNA 的 ^{32}P 水平均有所增加，渗入 RNA 的 ^{32}P 的量以 PEG 处理 2d 为最高，而种子萌发也以 PEG 处理 2d 的效果最好。根据 ^3H -尿嘧啶结合进 RNA 的合成进程，判断 RNA 的合成研究表明，用 25％的 PEG - 6000 引发莴苣种子两周后，发芽速率与 RNA 合成速率有平行关系。引发后的种子约在 6h 后发芽，而此时 RNA 合成达到高峰。未处理的种子 RNA 合成模式与引发种子相似，但总的合成活动明显低于引发种子。根据 ^{14}C -亮氨酸判断蛋白质的合成也表明，同样引发的莴苣种子蛋白质合成增加。引发引起的核酸和蛋白质的增加与观察到的引发不但加速种子发芽，而且能提高种子和幼苗活力相一致。但引发引起吸水的同时，如何启动核酸及蛋白质的合成是引发机制的关键，目前研究较少。

3. 引发使酸性磷酸酯酶活性增加，合成新的酸性磷酸酯酶　引发后的种子碱性磷酸酯酶活性无变化，而酸性磷酸酯酶增加到未引发种子的160％。引发还引起酸性磷酸酯酶新的同工酶出现。

4. 引发使脱落酸水平发生变化　脱落酸被认为与种子的发芽和休眠有关。未引发的种子具有相对较高的 ABA 水平，引发后的种子游离 ABA 或结合态的 ABA 均为零。

5. 引发具有有效活化和除去种子萌发抑制物质的作用　有效活化是指种子在引发过程中启动了萌发所需的某些代谢过程。引发除了启动某些代谢活动外，引发也可能滤去某些萌发抑制物，去除芹菜和胡萝卜种子的滤液可加速种子萌发证实了这一点。

6. 引发加速了与抗逆性有关的物质合成　在一般正常条件下，引发时的物质合成与积累为以后种子萌发和幼苗生长奠定了基础，使其成苗更强壮，更具有对不良环境的抵抗力。对于番茄和芦笋在含盐量高的环境中引发有利于抗盐性的提高，可以这样认为，在相应的逆境条件下引发，有利于抗该种逆境有关的物质的合成及代谢的启动，从而提高了抗该种逆境的能力。

（二）影响引发效果的因素

除了引发剂的种类与引发效果有关外，引发溶液的渗透压、引发时的温度、引发时间的长短都影响引发效果。

引发是通过调节溶液的渗透压来达到其目的的。所以溶液的渗透压是影响引发成败的关键。最适的溶液渗透压就是能使种子最大限度地水合而又不使其发生可见的萌发。不同作物种子、不同的引发剂在不同浓度和温度下，适宜的渗透压是不同的。对于 PEG，渗透能力随温度的上升而上升。有人认为，无机盐类引发剂对引发效果影响较大的是溶液的离子强度而不是渗透压。事实上，溶液的离子强度与渗透压成正相关，它们之间并没有很大的区别。

温度与引发的时间密切相关。很多种子在同样的引发剂和渗透压条件下引发的最佳时间随温度而变。一般情况下，较低温度下引发对种子萌发率的提高较为缓慢，但其最终能达到的萌发率却并不一定比较高温度下引发的低。有研究认为，引发时的温度对于种子萌发率、出苗率以及萌发或出苗达50％所需的时间无明显影响。当然，引发温度应该是一定范围之内的。

对于不同的种子，在不同渗透压与温度条件下，引发时间的控制也是至关重要的。最适引发时间随温度、渗透压及种子种类而不同。种子引发的最佳时间应该是指在最适温度和渗透压条件下，达到最好引发效果所需的引发时间。引发最佳时间的确定涉及种子种类、引发溶液渗透压、引发温度等诸多因素，但最基本的一个原则是必须根据引发所需达到的主要目的来选择确定最佳引发时间。

（三）引发的方法

1. PEG 渗透调节处理　PEG 渗透调节是种子引发的一种方法。PEG 是高分子惰性物质，无植物毒性，具有胶体的性质，其溶液能形成较低的水势，处理时 PEG 不会渗入种子内部。常用的是 PEG-6000。对许多蔬菜、豆类、园林植物及牧草等的种子效果都较好。一般 PEG 溶液的渗透压在 $-5\sim20Pa$ 之间，处理温度在 $10\sim15℃$，处理时间 $7\sim15d$。处理后的种子一些酶活性提高，膜系统得到良好修复，ATP、RNA、蛋白质合成量增加。渗透调节引起的核酸及蛋白质的合成增加与观察到的提高种子和幼苗的活力相一致。对于某一种子而言，最佳的渗透液浓度、渗调时间、处理温度等条件的确定应反复试验，以达到最好渗调效果为准。

为提高渗调效果，在 30% PEG 溶液中加入定量 H_2O_2，可以改善渗调过程中的供氧状况，防止溶液霉变。H_2O_2 的添加量因作物而异，在 $0.01\%\sim0.2\%$ 之间都有不同程度的增效。浓度不宜过大，否则会使种子发黑，畸形苗增加，失去了 PEG 引发的作用。

2. 水合—脱水处理　浸种能促进种子吸水，加速代谢，使出苗整齐。但对有些作物种子会产生不利影响，这类种子一般种皮较薄，透水性好，吸水力强，易因吸水速度过快而造成快速吸胀伤害。为了克服快速吸水所造成的吸胀伤害，并保持浸种有利于种子内部生理活化和膜修复的作用，常采用水合—脱水处理。此法是将干种子在 $10\sim25℃$ 的条件下吸水数小时，然后用气流干燥至原来的重量，这一过程可重复 $2\sim3$ 次，依不同作物而异。吸水的过程也可以用浸润（种子在水中浸 $1\sim5min$ 捞出，保湿数小时）和吸湿（在高湿度空气中缓慢吸水）来代替。处理后的种子发芽迅速，对生长发育和产量均有促进作用。对一些能引起浸种损伤的豆类种子不能直接利用吸水处理，可结合渗透溶液或吸湿进行。

据研究，水合—脱水处理的作用一是可以提高某些酶的活性并有利于膜系统的修复，二是可以改变种子渗透势。关于改变种子的渗透势，认为引发期间种子部分吸水，促进了一些物质合成，若在种子重新干燥时保存这些物质，则再次吸胀时细胞就会有一个较低的渗透势，使吸水迅速并很快达到萌发所需膨压，缩短了吸胀到出根的时间，从而加速种子萌发。三是水合—脱水处理可使亲水胶体增加，束缚水含量提高，原生质的黏性和弹性增大。因此，处理后的种子发芽迅速，抗寒尤其是耐旱性增强，有利于幼苗的生长发育。

3. 种子引发器械　种子引发技术如要在生产上推广应用，需要引发器械以引发大量种子。如位于英国 Wellesbourne 的园艺研究国际组织开发了滚筒引发技术，通过控制直接吸水方法来控制种子的水势，该方法在 1991 年获得英国专利。此外，还有起泡柱、搅拌型生物反应器引发及固体基质引发等。试验表明，对于韭葱种子滚筒引发的效果优于 PEG。

第六节　种子萌发中的基因表达

研究种子由休眠转入萌发的分子生物学机制对于丰富植物种子生物学的基础理论具有重要意义，而且在农业生产应用方面具有重要的经济价值。但目前的资料尚少，现以拟南芥和番茄为例予以介绍。

一、拟南芥种子

拟南芥是植物生物学研究的一个模式植物。美国俄勒冈州立大学使用这个模式系统进行的研究表明，拟南芥种子具有被单层胚乳和多层种皮包围的种胚，提供了一个进行胚和覆盖组织之间相互作用研究的最佳模式系统。当拟南芥种子萌发时，在种子上会出现胚根穿入胚乳和种皮的现象（图9-20）。

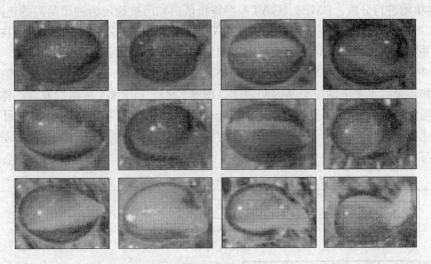

图9-20　拟南芥种子的萌发

1. 种子增强子捕获　增强子捕获是鉴定植物和动物中组织和阶段特异基因表达的一种强有力的手段。目前已在吸胀的种子中分离出大于120个单一品系显示出GUS报告基因表达，已观察到多种多样的组织特异GUS表达模式，包括胚和胚乳特异的表达。在胚中，胚根、胚中轴、下胚轴和子叶特异的GUS表达被检测到。胚乳中的超优势表达模式在珠孔区域是特异的（图9-21）。

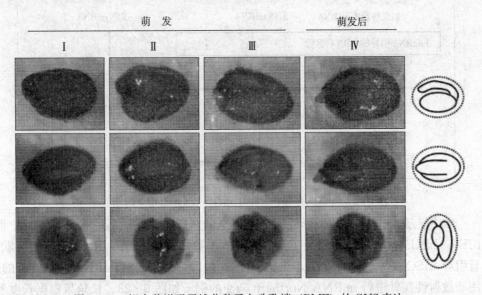

图9-21　拟南芥增强子捕获种子在珠孔端（BME）的GUS表达

在BME株系中观察到的GUS表达的代表性图像显示了一个BME株系（ABRC CS24447）种子三个不同的视角。在大多数BME系中，在胚根出现之前和之后的胚和胚乳中均检测到GUS

活性。

负责 GUS 表达的基因通过基因组步移 PCR 进行鉴定。已鉴定基因的生物学功能使用 T-DNA 敲除的植物进行分析。BME3（GATA 型锌指蛋白）已被确定为种子萌发的正向调节子。

种子 GUS 表达文库已被捐赠到拟南芥生物资源中心（ABRC）供国际种子生物学研究机构存取种子，并鉴定更多的种子萌发相关基因以确定其特征。种子可从 ABRC 得到。

2. 种子中的微小 RNA 微小 RNA（miRNA）是很小（21～24 个核苷酸）的单链 RNA，能够在转录和转录后水平下调控靶基因的表达（图 9-22）。miRNA 在植物发育、体内稳态的保持以及对环境信号的反应方面发挥关键作用。miRNA 和它的靶基因，在植物中可通过计算预测，与在其他植物组织中一样，在发育和萌发的种子中表达，表明 miRNA 在种子基因表达调节中潜在的参与。

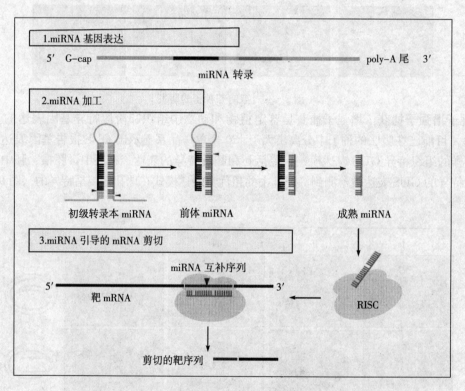

图 9-22 miRNA 表达、加工和在 mRNA 剪切中的功能图

图 9-22 中显示，miRNA 转录形成一个不完全的茎环结构，然后它被一个 RNA Ⅲ核糖核酸酶 DICER-LIKE1（DCL1）加工，成熟的 miRNA 被掺入到 RISC（RNA 诱导的沉默复合体）中，并且引导 RISC 去切割靶 mRNA，该靶 mRNA 包含一个与成熟 miRNA 序列互补的系列。

使用非放射性探针进行 miRNA Northern 杂交的例子如图 9-23。长角果根据长度和胚发育阶段分为五类（图 9-23 左上，标尺＝10mm）用于 RNA 提取，在阶段 Ⅳ 和 Ⅴ 中为种子和胚分离（图 9-23 右上，标尺＝1mm）。低分子质量 RNA 与 miR160 探针进行杂交，5s rRNA 和 tRNA 上样图像在下面显示。

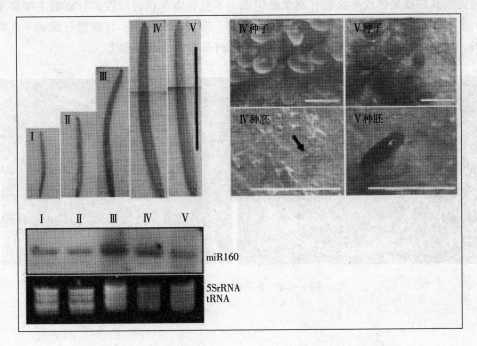

图 9 - 23　非放射性探针进行 miRNA Northern 杂交的举例

　　为了获得种子表达 miRNA 靶基因（和 miRNAs 负向调节靶基因的能力）的生物学功能的线索，沉默突变被引入到与 miRNA 互补的靶基因区域并没有改变 aa 序列。因此完整、有功能的靶蛋白将过量积累，这种"失调"或"去阻抑"途径，将产生能抵抗 miRNA 引导的 RISC 切割的 miRNA 靶基因，它是有效的，能为植物发育提供有用的信息。当前，正在进行 microRNA 和它的靶基因的功能分析。

二、番茄种子

　　番茄种子提供了一个种子萌发研究的优秀模式系统，因为它具有胚和胚乳，这是进行这两种组织之间的物理和化学互作分析所必需的。番茄种子的大小相对比其他植物种子如烟草和拟南芥种子大，容易将种子分为不同的部分，而且它的种子又足够小便于进行萌发试验和生化分析等群体分析。

　　在发芽的种子中，胚根的出现是由胚生长潜势和胚乳的机械阻力之间的平衡所决定的。种子萌发的基本概念通过对番茄种子的研究有了极大的发展。

　　在番茄种子中，种胚被刚性的胚乳所包围（图 9 - 24A）。尽管胚乳在萌发后为胚的生长提供营养起了重要作用，但胚乳组织对胚根的突出是一种障碍。胚乳的珠孔区域（称为胚乳帽）邻近胚根的尖端，为胚的生长提供了一个机械阻力。对番茄种子的萌发而言，胚乳帽必须被弱化。该研究集中在胚乳弱化的机制上。

　　胚乳帽的刚性是由于相对厚的细胞壁（图 9 - 24B）。这些组织的细胞壁主要由甘露聚糖高分子，可能是半乳甘露聚糖或半乳葡甘露聚糖组成。半乳甘露聚糖由线性的甘露糖主链和半乳糖侧链组成，半乳甘露聚糖的完全降解需要三种主要酶，即甘露聚糖酶、甘露糖苷酶和半乳糖苷酶的协同作用。现在研究主要集中在 endo-甘露聚糖酶的基因表达和功能上。

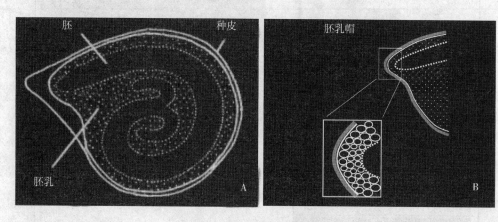

图 9-24　番茄种子的胚乳组织

第十章　种子生态

达尔文 150 年前的《物种起源》记载了池塘污泥中种子的种类和数量,从而开启了种子生态研究之门。1918 年 Brenchley 发表了有关土壤中杂草种子的论文,其后陆续有研究报告指出在各类栖地中存在大量种子,这些种子在植被更新复育上的生态功能开始被重视。近年来,种子生态方面的研究渐多,资料的累积已逐渐可以对各地区植物进行比较研究,更有希望运用土壤种子库的数据纳入植被演替的一般模式,甚至溶入整个生态体系的构建。除此之外,种子生态在植被管理发展上也提供了相当重要的线索。因此,在人类开发土地规模渐大、环境保护需求迫切的今天,种子生态原理及应用的研究就显得愈为重要。

第一节　种子的生命循环

除无性繁殖外,种子是植物的主要繁殖器官,也是植物生命循环的起点及终点。植物开花后,种子会四处散播至田区内,经耕犁或动物的携带进入土壤。种子的生命循环包括种子的形成、散播、入土及从土中发芽形成新个体(图 10-1)。发芽的种子可以长成新个体,但若埋土太深,发芽后可能来不及见到阳光而夭折。土壤中种子的发芽视种子的休眠特性及土壤环境的配合与否。

一、种子繁殖

在植物生殖生长的后期,大量的光合作用产物转运至种子并合成贮藏性大分子,以供将来幼苗初期的生长。种子所蓄积养分的多寡,或者说种子的平均质量,与所形成种子数目的乘积即繁殖体的质量,繁殖体的重量除以全植株的重量

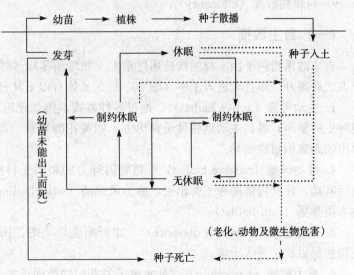

图 10-1　种子的生命循环
→从幼苗至种子形成、散播入土、萌发出苗或幼苗死亡的过程
……种子入土至休眠或萌发前的阶段
--→从种子入土至死亡的可能过程
(Kuo, 1994)

即所谓的繁殖体支出（reproductive allocation），用农艺学的术语就是收获指数。Steven（1932）调查了美国所见 45 科 148 属计 240 种杂草不同产生地每株所产种子数目以及种子千粒重（表10 - 1），数据显示种子的生产量因物种、地点及人为措施而有极大的差异。

表 10 - 1　耕地杂草种子的生产量

（Steven，1932）

地区	杂　草	种子量（个/m²）	栽培法
英国	*Alopecurus myosuroides*	6 500	冬季谷类
美国	*Amaranthus retroflexus*	1 038 000	施肥区
		415 800	不施肥区
	Portulaca oleracea	78 600	
	Agropyron repens	634	
加拿大	*Panicum miliaceum*	42 600	豆类
		3 400	玉米
		150	大麦
芬兰	*Polygonum convolvulus*	543	
印度	*Xanthium strumarium*	250	

二、种子散播

种子成熟后通过散播离开母体，然后进入土壤。种子散播的方式一般分为自主散播（autochory）与藉物散播（allochory）。

（一）自主散播

自主散播指种子因本身的构造通过重力（如海茄苳）、弹跳（如酢浆草）或旋钻（如野燕麦）等方式而离开母体甚至进入土中（图 10 - 2）。具体有以下几种。

1. **主动弹播（active ballist）**　通过各种方式，例如死组织的吸水、活组织的张力（如果实或种皮的膨压）等，主动地将种子弹出去。如黄花酢浆草、凤仙花、天竺葵、喷瓜、老鹳草等，弹出的距离因植物而异。

2. **被动弹播（passive ballist）**　植物因外力的刺激而将种子弹出。如风将一些植物的果实前后吹动，使其内部的种子弹出去，称为风弹播（wind ballist）；雨打在果实上，使种子弹出去，称为雨弹播（rain ballist）。

3. **旋钻散播（creeping diaspore）**　如野燕麦果实的芒因大气湿度的干湿交替而膨胀收缩，使得芒得以旋钻进入土壤。

4. **重力散播（barochory）**　如水笔子发芽的幼苗因重力下落并插入泥中，完成散播。

（二）藉物散播

藉物散播则可再分为水力散播（hydrochory）、风力散播（anemochory）及动物散播（zoochory）。

图 10-2　自主散播的种子
1. 凤仙花果自裂　2. 老鹳草果皮翻卷　3. 绿豆果皮扭转
4. 喷瓜熟后，果实脱离果柄时由断口处喷出浆液和种子
(徐汉卿，1996)

1. 水力散播　一般水生植物和沼泽地带植物的果实和种子多形成漂浮结构，以适应水力散播。如莲的聚合果，其花托组织疏松，形成"莲蓬"，可以漂浮果实传播（图 10-3）。也有种子由于有一个特殊的充气组织使种子漂浮在水中进行水力散播，这类组织包括：①细胞间隙充满气体，呈海绵状；②在果实的不同部分有充气细胞，如椰子中果皮的木质化充气细胞，外果皮平滑不透水；③由假种皮围绕种子形成一个充气囊，其功能像一个飘浮的气泡。

2. 风力散播　风是种子所有传播媒介中最有效的。与此相适应，种子也形成适于在风中传播的特有结构，这些结构包括种子细小，或者具有球状、羽状、翅状等容易随风飘散的结构（图 10-4）。非常细小的种子在风中传播就像灰尘一样，这些种子通常包括未发育的种胚及少量贮藏物质，很少超过 3～4μg/粒，如丝石竹属（*Gypsophila*）、鹿蹄草属（*Pyrola*）、景天属（*Sedum*）、风铃草属（*Campanula*）、洋地黄（*Digitalis*）。兰花种子外具球囊状结构围绕，仅仅 1 到几层细胞厚，这使种子相对密度下降而表面积提高，容易在空气中运动；酸浆的果实外包有花萼所形成的气囊，能随风飘扬，传播到远方。羽状种子有香毛簇或茸毛覆盖在种子表面，如紫菀科的连萼瘦果形成羽状冠毛，杨、柳等植物的种子外面具有细长的绒毛，蒲公英

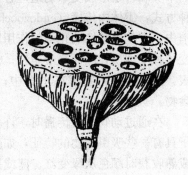

图 10-3　莲的果实和种子依靠
　　　　水力传播
(徐汉卿，1996)

的果实上生有降落伞状的冠毛。翅状种子有平扁翅状突起，如枫树、槭树、白蜡树种子，或围绕种子的翅如山毛榉、榆树种子。翅的形状决定了种子在风中如何运动，翅通常较大，但重量小、相对坚硬。

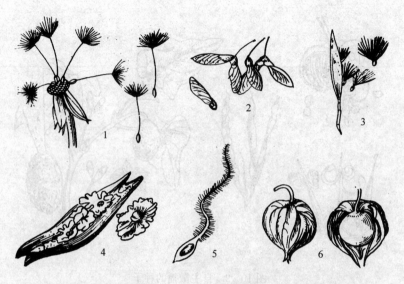

图 10-4　风力传播的种子
1. 蒲公英的果实，顶端具冠毛　2. 槭树的果实，具宽翅
3. 马利筋种子，顶端有种毛　4. 紫薇种子，四周具翅
5. 铁线莲的果实，花柱残留呈羽状　6. 酸浆的果实，外包花萼所成的气囊
(徐汉卿，1996)

3. 动物散播　动物传播是种子传播的主要方式之一，但其对种子的传播十分复杂。如果种子安全完好地被传播和扩散，则动物是种子传播者，但实际上所有动物都有可能捕食种子，成为捕食者。因此，植物一方面要吸引和奖励传播者，另一方面要排斥和阻止捕食者，从而导致植物的果实和种子形成复杂的适应性。依据传播的机制，Van der Pijl (1972) 将动物传播划分为三种方式：①体内传播（endozoochory），即种子被动物食用，通过动物的消化道后，有些被消化消失，有些经酸性消化液的作用后随粪便排出，被传播到远方，不但保存了生命力，而且由于改变了种皮性质，反而易于萌发；②附着传播（epizoochory），即种子黏附在动物毛发、皮革或体表，随其活动而散落在土壤中；③搬运传播（synzoochory），即种子被动物收集、隐藏作为食物。

在通过动物体内传播时，许多鱼、爬行动物、鸟、啮齿动物都食用种子（表 10-2）。这类种子具有一些吸引动物的特征，如颜色、气味、丰富的营养物质和较大的体积。例如，许多果实在成熟收获时颜色从绿变红、蓝或黑，以便和叶片的绿色相区别，这种颜色上的变化确保种子非常容易被捕食的动物发现，更重要的是果实成熟也确保种子的成熟和能够萌发。柑橘通过散发有吸引力的香气来吸引动物。果实贮藏物质的类型（碳水化合物、蛋白质、脂肪）和体积大小也与动物搜寻食物的特性有关。

通过附着传播时，种子形成了至少两种黏附动物的机制来帮助种子传播：①钩刺；②黏性物质。Sorensen (1986) 调查了 476 种依赖动物附着传播的植物，84% 的种类有钩或刺，13% 的种类有黏性物质。钩刺多数长在果实上，也有少数长在种子上（图 10-5）。有些种子的茸毛或刚毛有利于种子风传播，也有利于种子黏附在动物体表。黏性物质如在清晨露水未干时从湿种皮上分泌的黏液使种子黏附在动物体表，随着黏液的干燥，种子散落在动物活动的区域。黏液在唇形科（Labiatae）薄荷属、菊科（Compositae）紫菀属、车前科（Plantaginaceae）的植物中普遍存在，能产生丰富黏性物质的植物种属包括鼠尾草和车前草。

表 10-2　体内传播的动物类群组成和特点

动物类群		传 播 特 点	重要程度
鸟类	食肉质果鸟类	以浆果、核果等为食物，消化道消化果肉而种子随粪便排出或呕出	常见的一种重要的传播方式
哺乳类	灵长类	家族群活动，消化道消化果肉，种子随粪便排出	热带地区重要的传播方式
	翼手类	消化道消化果肉，种子随粪便排出	热带地区重要的传播方式
	有蹄类	食草时大量的种子被捕食，经过消化道完整地排出	常见的一种传播方式
	食肉类	偶尔捕食果实或种子，经消化道随粪便排出	偶见
鱼类		吞食果实后，种子随粪便排出	局部地区的一种传播方式
爬行类		吞食果实后，种子随粪便排出	局部地区的一种传播方式

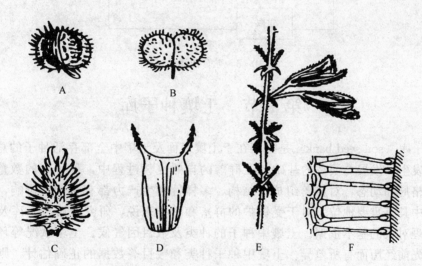

图 10-5　依靠动物附着传播的果实和种子

A. 蓖麻的果实　B. 葎草属的果实　C. 苍耳的果实　D. 鬼针草的果实

E. 鼠尾草属的一种，萼片上遍生腺毛，能黏附人和动物上　F. E图的一部分腺毛放大

（徐汉卿，1996）

在动物搬运传播时，由于营养的原因种子被动物收集、贮藏、取食，没有被取食的种子可能会发芽，从而帮助种子传播的方式称为贮食传播，这是搬运传播的主要形式。具有贮食传播的动物主要是食干果鸟类和啮齿类（表 10-3），其传播过程如图 10-6。有些种子带有富含营养的附属物，很容易从种子上剥离，而种子坚硬不能食用。这方面的例子有刺槐、堇菜，蚂蚁收获这些种子，将它们带回蚁巢，附属物从种子分离，不能食用的种子被抛弃，这种传播方式称为蚁传播，其价值不在于种子被传播的距离（仅仅几米），而在于降低了种子被捕食的危险，提高了种子在传播后萌发的质量。

表 10 - 3　贮食传播的动物类群组成及特点

传播动物类群		传 播 特 点	重要程度
鸟类	食干果鸟类	以坚果、松子为食物，分散贮藏的大量种子未被全部重新取食而得以传播	十分常见，是一种重要的传播方式
哺乳类	啮齿类	以坚果、松子、草籽等为食物，除集中贮藏外，分散贮藏的大量种子未被全部重新取食而得以传播	十分常见，是一种重要的传播方式

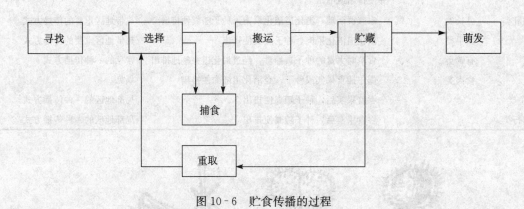

图 10 - 6　贮食传播的过程

第二节　土壤种子库

　　土壤种子库（soil seed bank）是指存在于土壤表面及土壤中全部存活种子的总和。土壤种子库是群落发生、发展与演替的基础。在群落的自然更替过程中，种子库的数量、质量、组成及其空间格局和动态，对群落组成、结构、多样性和生产力都有关键性影响，在植物种群生态学研究中具有重要地位。对于受保护的群落和种群来说，研究土壤种子库及其动态是制订保护和管理对策的基本依据。土壤中种子的种类及数目因气候、土壤状况等环境因素及植被、动物等先前经历而有所差异。土壤中种子种类和数目等数据的正确估计，则是了解种子动态最基本的手段。

一、种子库的预估方法

　　由于土壤质地及表土深度不一，地上植物种类、数目的差异以及空间分布的不均匀，使得种子种类和数目的估计难以有一致的方法，而不同方法得到的数据所代表的意义也不尽相同。预估技术的要点在于取样方法及种子数目的计算方式。决定取样方法主要考虑的是样品数、每个样品大小、两者间如何调节、总土样大小以及参与研究的人力、物力间的取舍。如何在研究资源与取样代表性间取得平衡，在进行取样前必须决定。至于样本数的多寡，学者看法不一。根据 Benoit 等（1989）的看法，在 800～1 000m² 的农田中，需采集至少 100 个土壤样本才能做合理的种子库估计；按照 Marshall 和 Arnold（1994）的方式，在 1 000m² 的农田中，取 480 个土样，每样本约 98 ml；根据 Brown（1992）的做法，在 1 000m² 的林地中，取 52 个土样，每样本约 50ml；而 Sauerborn 等（1991）研究寄生性杂草列当属（*Orobanche*）的土壤种子库，则在 1 000m² 的农田中仅取 8 个土样，每样本约 300ml。

　　样品取得后即可计算种子的种类及数目。目前常用来预估种子库的方法有以下两种。

　　1. 分离计数法　分离计数法是以物理方法把种子从土壤中分离出来，直接计数种子。研究者所用的过程大致相同，都以筛选或漂浮的方法分离种子。筛选是使用风力或选别机将种子从风干后的样本中分离出来，此法可能无法区分与土壤颗粒同大小或同重量的种子，特别是小种子容易丢失。漂浮方法则是用 K_2CO_3、$NaHCO_3$、$MgSO_4$ 等水溶液与土样相混，种子与土壤分离后再用筛选或过滤的方式分离出种子；也可将土壤样本放入细孔尼龙袋，悬吊在水桶内摇动以冲掉土壤，此法较简单，但种子小于孔径者易流失。种子分离出来后，通常在解剖显微镜下做进一步的辨认分类，并分别计数。种子的活力测定，是用钳子挟住种子，然后施加压力，能抵抗压力者视为具有活力的种子，此法可能会误将仍略坚硬的死种子算入。而 Malone（1967）则采用 TZ（Triphenyl‐tetrazolium chloride）种子活力测定法（又称 TTC 法），此法的缺点是耗时太久，而且技术必须熟练。分离法把土壤与种子分离，降低样品体积，在空间不足时可以采用。

　　2. 土壤发芽法　土壤发芽法是把土壤样本放在容器内，移置温室让幼苗出土，计算幼苗的种类及数目。空间较大时，可以直接在温室加水，让土壤中的种子发芽，发芽后定期辨认和计算幼苗。此法虽操作容易，但是各种杂草的种子所需的发芽条件并不相同，部分活种子可能不发芽。针对此缺点，可以在幼苗萌发停止后，将土样予以各种休眠解除处理，一段时间后重做试验，或给予不同的发芽条件。除了要求空间大之外，此种方法所需的时间也很长，而且不能保证所有休眠种子都能发芽。

二、土壤种子库的组成与大小

　　种子库的大小因地区、植被类型的不同而有很大差异（表 10‐4），反映出耕地环境、作物类型与栽培方式的影响。在英国 Warwick 的蔬菜轮作园，土壤中早熟禾（*Poa annua*）种子含量为 3 120 粒/m²；而在 Nr Oxford 的大麦、玉米和胡萝卜田区，其土壤中种子含量则较少，分别为 1 100～1 700、1 500 和 1 600 粒/m²。有人为干扰的栖地，以耕地的研究较为详细，因此以下就影响耕地中杂草种子库的数据加以说明。

　　1. 耕犁的影响　耕犁是作物栽植前的基本准备工作，也即耕地作业的第一步。耕犁除了可做成适当的作物播床，也可除去或延缓杂草的生存竞争。减少种子库内杂草种子数目的方法有轮耕、休耕及其他作物管理法等。Schweizer 和 Zimdahl（1984b）综合过去 50 年的作物管理研究发现，无论哪一种栽培作业（休闲、减少耕犁、单作、轮作和除草剂处理的耕作），若无杂草种子的引入，杂草种子库的种子数目大多在 1～4 年内明显减少。在完全不耕犁的休闲田，任由杂草滋生，土壤中杂草种子会大量增加。但是，偶尔的耕犁使杂草种子发芽，且避免再度产生种子，则能有效地减少土壤中的杂草种子。同是休闲地，一年耕犁两次对减少土壤中种子数目的效果比施用除草剂更好。

表 10-4 不同类型土壤种子库的大小

地区	植被类型	种子含量（粒/m²）	土深（cm）
美国	农地	4 255~29 974	3
	草原	287~27 400	—
	湿地	50~255 000	4~3
	阿拉斯加水分中等的苔原	779	13
日本	草原	23 430	—
澳洲	常绿森林	588	5
	半落叶森林	1 069	5
新几内亚	平地森林	398	5
泰国	低地山地森林	161	5
	荒地	59	5
乌干达	燃烧过的热带稀树草原	520	2
贝里斯	牧场	7 786	4

Roberts 和 Stokes（1965）研究认为各土层的种子分布随不同耕作方式而异（图 10-7）。经深耕、浅耕或浅耕加底土耕犁后，种子的分布大都集中于土壤中层，而深耕能将较多的杂草种子埋在土壤深层。旋转犁并无翻转土壤的作用，仅将土壤予以切碎，因此使杂草种子集中于土壤最上层。不同的耕犁方法对杂草相也有影响。例如，轮作 6 年的蔬菜田，经旋转犁处理后，早熟禾（*Poa annua*）的族群明显增加。若田间有此情形，可偶尔采用深耕，以减少此问题。

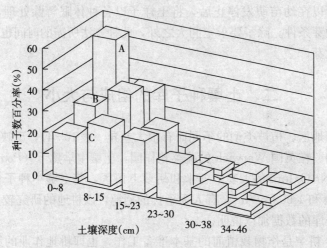

图 10-7 耕犁方式对土壤中种子分布的影响
A. 转盘浅犁 15~18cm　B. 浅犁 15~18cm　C. 深犁 36~41cm
（Roberts 和 Stokes，1965）

2. 除草剂的影响　持续使用除草剂可降低土壤中杂草种子数目。Schweizer 和 Zimdahl（1984a）指出，在玉米单作田区连续使用草脱净（atrazine）6 年，杂草种子可减少 98％。若草脱净只施用于前 3 年，土壤中杂草种子的数目会回升至原来的密度。无论是密集（施用量或次数较多）或适度（标准施用量或次数）的杂草管理系统，两者均可减少土壤中杂草种子数目。但是，密集杂草管理系统可能因为施用次数较多，能把尚留在田间没被除去的杂草在未结实以前除去，避免种子的产生。而适度杂草管理系统施用次数较不密集，因而在6年试验期间，其土壤中杂草种子数目较密集杂草管理系统高出1.3倍。因此，Schweizer和Zimdahl（1984b）认为当土壤中杂草种子库庞大时，前几年应该施行密集的杂草管理系统；当种子数目降低至某一程度，则可持续采用适度的管理系统。

3. **肥料的影响**　一般而言，杂草在肥沃土壤中易产生较多的种子。虽然土壤肥力的增加会促进杂草种子的数目，但是施加肥料也能解除种子休眠，使土壤中杂草种子的数目减少。这是因为肥料含有硝酸盐和亚硝酸盐，这些含氮化合物可诱导一些种子的萌发，其中KNO_3和NH_4Cl的诱导作用较其他含氮化合物更有效。

三、土壤种子库的类型

种子的成熟及散播有其季节性，非季节性的种子非常少见，种子在土壤中萌发也是如此。因此，对于土壤中种子种类及数目的调查，若不考虑季节的变迁，则无法得到种子库动态的完整数据。Thompson和Grime（1979）在英国10个地区进行详尽的周年调查，根据所得到的数据，将温带地区草本植物的种子库分成四种类型（图10-8），第一及第二类型称为暂时性（transient）种子库，这类种子仅在一年的特定季节（月份）出现，其他的时期则无；第三及第四类型称为持续性（persistent）种子库，这类种子整年都存在于土壤中。

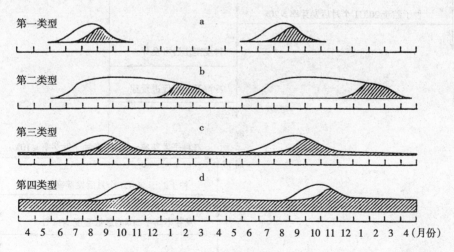

图10-8　温带地区草本植物的种子库类型

非阴影区，种子存活但在20℃/15℃不能萌发；阴影区，在20℃/15℃能萌发

（Thompson和Grime，1979）

第一类型（图10-8a）：在干燥或是被干扰的栖地中的禾草，如硬绳柄草（*Catapodium rigidum*）、鼠大麦（*Hordeum murinum*）、黑麦草（*Lolium perenne*）等。这类种子夏秋季成熟落土后，短暂时间内无法发芽（图中线条内空白范围，下同）；随着休眠性的逐渐消失而在土中发芽（图中阴影范围，下同），以致冬天土壤中种子会全部消失，直到下一季新种子落土为止。

第二类型（图 10-8b）：某些常在早春发芽的草本植物，如峨参（*Anthriscus sylvestris*）、有腺凤仙花（*Impatiens glandulifera*）等。这类种子的休眠性稍长，土壤中种子在晚春后全部消失。

第三类型（图 10-8c）：如细弱剪股颖（*Agrostis tenuis*）、鹅不食草（*Arenaria serpyllifolia*）、绒毛草（*Holcus lanatus*）等。主要在秋季发芽，但整年中至少保持小部分的无休眠种子于土中。

第四类型（图 10-8d）：如红叶藜（*Chenopodium rubrum*）、繁缕（*Stellaria media*）等草本或灌木类植物。整年均可在土壤中维持庞大数量的种子。

这个分类常被学者所引用，但存在若干缺点，例如有些植物在某时期似乎属于某类型，但在

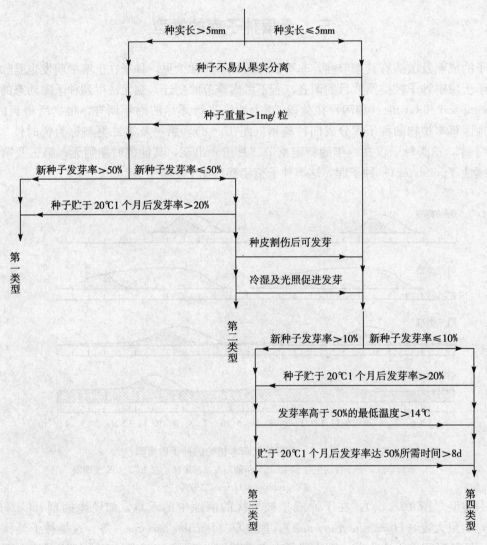

图 10-9　土壤种子库检索图

(Grime，1989)

其他时间却又接近另一类型。最不足之处是无法区分持续的年度长短，因此后来又将持续型分为短持续型及长持续型两类，种子在土壤中持续存在1～5年属于前者，持续存在至少满5年才称为长持续型。长持续型在植被遭受破坏或消灭时，依靠土壤中种子再生的几率最高。

由于种子库的类型在解释植物的繁殖特性及其在时间演替上具有强有力的预测作用，因此对于某一未经研究的植物，如何简易推测其可能的种子库类型就显得十分重要，因为种子库调查毕竟相当繁琐。就已知的数据而言，种子的形态、大小、表面质地等均与种子库类型有关。一般而言，小种子常为持续型，而大种子常为暂时型，但发芽特性也具影响潜力，例如种子大者若具有硬实特性，则可能为持续型。图10-9为种子库检索图，根据种子的大小及发芽特性，可以预测该种子属于何种种子库类型。

第三节　种子的休眠循环及自然萌芽

种子常具休眠性，可确保恶劣环境下的新植物个体不至于全部死亡。休眠用来描述适合种子发芽环境条件的宽窄。活种子若无可发芽的条件，可说是绝对休眠；若发芽条件最宽广时，则为无休眠状态。从发生学的角度，种子成熟后即具有的休眠称为先天性休眠，先天性休眠的种子经过一段后熟时期，休眠性会逐渐消失，最后呈无休眠状态。种子从完全休眠到无休眠期间，可说是处在制约（conditional）休眠状态。

休眠的程度是相对于种子与发芽环境的关系而言。当种子处于完全休眠时，表示没有任何的环境条件，包括温度、水分及氧气状况，足以使该活种子发芽；当种子处于无休眠时，表示该种子能发芽的环境（如发芽温度范围）最宽广。处在制约休眠的种子则仅在特定的环境（如温度）范围中才可以发芽，而此范围较无休眠种子窄。休眠种子在后熟过程中，该范围会逐渐扩大。刚成熟的种子则可能是处在完全休眠或无休眠状态，也可能在某种程度的制约休眠状态。

种子进入土壤以后，周围环境对种子具有两个方向的影响。

一是土壤环境，包括温度、光照、各种有机或无机化合物以及氧气等各类气体，都可能直接决定种子能否发芽。例如，喜好低温发芽的种子不会在夏天长出幼苗，而需光种子在深土中也不易发芽。无休眠种子若处在不适宜的环境下，如温度过高时亦不会发芽。一般土壤中的种子若翻耕于土表，当温度与水分合适，见光则发芽。

二是由于种子经常埋在土壤中，因此会因这些环境因素的影响而逐渐改变其休眠状态，这也是土壤中种子常显现休眠循环的原因。由于这些环境因素，特别是土壤温度随季节而变，因而导致种子的萌发也有季节性变化。决定种子从土壤中发芽的因素，一是当时的环境，二是种子的休眠状态，即当时该种子对于环境的需求。环境因素的变动在较大尺度上，常是可预期且容易测量的；种子发芽能力的季节性变迁虽然有一定的规律，但不同植物甚至不同族群都有所不同，而且在测定上也较复杂。

一、种子休眠循环的测量

测量种子的休眠循环，必须先采集成熟的种子。种子采集后，经过风干、过筛等处理，立即进行试验，或者贮于冷藏库中短暂时间，以不影响休眠状态为原则。一般是将采收的种子分成小批，放入细孔的纱网或尼龙网中，目的是整袋种子埋入土中，以方便日后收集，同时网袋上的小孔可使种子与外面土壤保持良好的接触，亦有利于排水。

种子分批放入网袋后，将各袋种子埋入盛土的黑色塑料容器内，然后将整个塑料容器埋入土中，土壤深度5～10cm。深埋的目的是使无休眠的种子因环境不适宜而不能发芽，从而有机会进行休眠性的变化，否则一经发芽，就不再为种子了。

种子定时取出，取出时将整个塑料容器取出，以避免塑料容器中的种子受到光线的刺激，改变试验结果；同时在将塑料容器从田间运送至实验室的过程中，必须使用黑色塑料袋覆盖，以彻底隔绝光线。对于要进行黑暗处理的发芽试验种子，必须使用这种埋土方法，因为对某些种子而言，种子出土短暂的曝光就具有促进发芽的能力。通常试验的进行以月为单位，每月定期取出部分种子，分成若干小样品，在各种温度与光照环境下进行发芽试验，以了解各时期所挖出的种子在不同环境条件下的发芽能力。

发芽试验的控制变因有两项，一为光照，二为温度。光照处理分为黑暗处理及每日给予8～14h光照处理两种，以模拟土壤深处及土表种子两种不同的受光状况。温度的调控则分别采用高低不同的温度处理，以发芽适温范围的宽窄来探知种子的休眠状态。黑暗处理的种子，先在绿色安全光暗室中将种子置入培养皿中，外包铝箔以隔绝光线，然后放入温箱中。计数种子或幼芽时也在绿光下进行。

二、土壤中种子发芽能力的变迁

种子休眠程度周年循环的研究，以Baskin（1988，1989a）等的成果最为丰硕。他们历时20余年，对美国肯塔基州及田纳西州311种草本及灌木植物种子进行研究，得到一些休眠变迁的通则。将不同植物依种子发芽季节的不同，大致分为以下几类。

1. **夏季一年生植物** 以萹蓄（*Polygonum aviculare*）为例（图10-10），11月开始埋土试验时，萹蓄种子在两种温度处理下发芽率都接近0，埋土1个月后发芽率逐渐上升；此时种子在高温下发芽率较高，低温下较低。3月时出土的种子在各温度下都有很高的发芽率；5月后，低温下的发芽率开始下降，但高温下仍维持高发芽率；到8、9月时发芽率都降得很低，显示出种

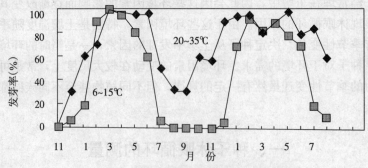

图10-10 土壤中萹蓄种子发芽能力的周年变迁

（Baskin J M 和 Baskin C C，1990）

子发芽能力的周年循环。在春季时（3月）处于无休眠状态，夏季时（8月）处于休眠状态，而春夏之交（6月）与秋冬之交（12月）则处于制约休眠的状态。这类植物常于春季发芽夏季开花。

2. 绝对冬季一年生植物　以野芝麻属的 *Lamium purpureum* 为例（图10-11），5月刚埋于土壤中的种子处于完全休眠状态，在各种温度下都不发芽。其后发芽率随之上升，低温下的发芽率上升较快，高温下则较慢，与萹蓄恰好相反。7、8月夏天时出土的种子在各温度下都有高发芽率，显示此时种子处于无休眠状态。3月左右种子则处于休眠状态，而在春夏（5～6月）及秋冬交替时（11月）则呈现制约休眠。这类植物常在秋季发芽，冬春之际开花结子而后死去。

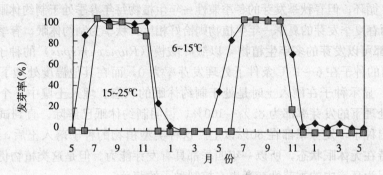

图10-11　土壤中野芝麻属种子发芽能力的周年变迁
（Baskin J. M. 和 Baskin C. C.，1984）

3. 兼性冬季一年生植物　美国肯塔基州荠菜（*Capsella bursa - pastoris*）种子刚埋土时还是完全休眠（图10-12），经过一段时间后，低温下发芽能力上升，10月后冬季出土的种子，在高温下也可以发芽，此时种子处于无休眠状态。此后的1～2个月内，低温下种子都可以发芽，但是高温下的发芽力则有周期性。一般而言，秋季时为无休眠状态，每年春、夏季时则处于制约休眠状态。与春季发芽的一年生夏季植物不同的是，此类兼性冬季一年生植物，种子在春夏季温度较低下仍能发芽，为制约休眠状态；绝对冬季一年生的植物则不同，在春夏季种子休眠期间，无论何种温度处理，发芽率都为接近0的休眠状态。因此，绝对冬季一年生植物是进行着"休

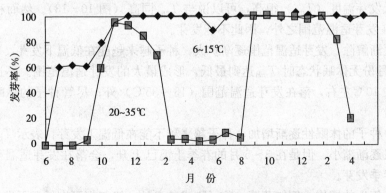

图10-12　土壤中荠菜种子发芽能力的周年变迁
（Baskin J. M. 和 Baskin C. C.，1989b）

眠—制约休眠—无休眠—制约休眠—休眠"的周期循环,而兼性冬季一年生植物则进行着"制约休眠—无休眠—休眠"的周期循环。兼性冬季一年生植物主要是在秋天萌芽,但春天也有部分种子可以从土中萌发。

4. 春夏季发芽的夏季一年生植物　以毛龙葵(*Solanum sarrachoides*)为例,这类种子无休眠状态发生在春夏季,制约休眠发生在冬季。与春季发芽的夏季一年生植物不同的是,此类植物在夏秋季高温下(20～35℃)仍可以发芽,显示此时种子处于制约休眠的状态,而春季发芽的夏季一年生植物在夏季为休眠状态。

将此类植物与春秋季发芽的冬季兼性一年生植物比较,可以发现两者都是进行一年周期的"制约休眠—无休眠"循环;但春秋季发芽的冬季兼性一年生植物每年春季处于制约休眠状态,秋季处于无休眠状态;而春夏季发芽的夏季一年生植物则恰好相反,秋季为制约休眠,春季为无休眠。

5. 一年四季都可以发芽的多年生植物　以皱叶酸模(*Rumex crispus*)的种子为例,1月埋入土壤,2月取出的种子在6～15℃条件下处理发芽率为0,而在其他温度处理下,发芽率介于75％～90％之间,显示种子在刚入土时是处于制约休眠的状态。埋入土壤中4个月后取出的种子,在各种温度处理下的发芽率为85％～100％,说明制约休眠已解除。直到试验结束,无论何时从土壤中取出种子,发芽率都在80％以上。这种类型植物的种子落入土后,一旦制约休眠解除,就一直维持在无休眠状态,所以一年四季都具有发芽能力。但是这类植物仍在某些季节才自然萌芽,这是因为环境中的季节性变迁也在控制种子的萌芽。

三、温度与土壤中种子的萌芽

土壤内种子的休眠状态有一定的变迁方式。休眠状态的变化显现在种子发芽适温范围的变宽或变窄。适温范围的变化存在有一定的规律,例如冬季一年生植物的种子常需要高温来解除休眠,而夏季一年生植物的种子则需要低温(层积)解除休眠。实际上田间自然状态下,种子能否萌芽,除了受到种子休眠状态的影响外,田间温度是否落在发芽适温内,更是决定的因素。

以夏季一年生植物蔨蓄为例,在冬春两季出土的种子都可在最高的温度下发芽,显示此期间最高发芽温度(T_{max})是固定的。在此之前秋季出土的种子表现出休眠性,显示其适温范围很窄,即此时最低发芽温度(T_{min})很高,可以说与T_{max}同高(图10-13)。然而秋天土壤温度已降到20℃,落在发芽适温范围之外,因此不能发芽。

随着休眠逐渐解除,发芽适温范围逐渐扩大,种子越来越能在低温下发芽,表示T_{min}逐渐降低,直到2～3月份无休眠状态时T_{min}达到最低,形成最大的发芽适温范围。不过此时冬天尚未结束,土温仍在10℃左右,落在发芽适温范围(15～35℃)外;尽管种子的休眠程度最低,仍然不能发芽。

此后土壤中种子的休眠性逐渐增加,种子越来越不能在低温下发芽,表示T_{min}逐渐升高,即发芽适温范围又逐渐缩小。但是在3～5月的春季土温已上升,会落在发芽适温范围内,因此蔨蓄的种子仅在春季发芽。

兼性冬季一年生的植物,例如荠菜,除了刚成熟之外,终年都可在低温下发芽,表示其T_{min}不变(图10-14)。夏天出土的种子处在高温下不能发芽,表示其T_{max}很低,几乎与T_{min}相同

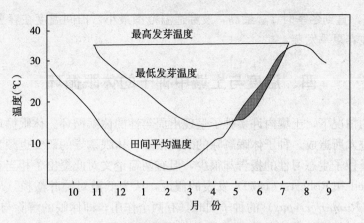

图 10 - 13　夏季一年生植物的自然萌芽时期
（黑色部分指田间萌芽时机）
（Probert，1992）

（如 12℃）。而夏天土温又偏高，种子则不能自行萌发。

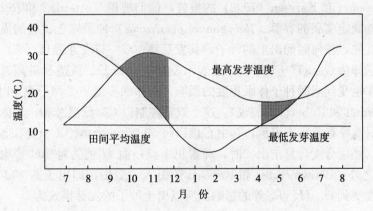

图 10 - 14　兼性冬季一年生植物的自然萌芽时期
（黑色部分指田间萌芽时机）
（Probert，1992）

　　入秋后出土的种子可发芽的温度越来越高，表示 T_{max} 逐渐上升，发芽适温范围渐渐扩大。但是需要等到土温降到发芽适温范围内时，也就是晚秋，种子才可能由土壤中自行发芽。隆冬之际，种子逐渐步入制约性休眠，发芽适温范围渐窄，但是土温已降到近 0℃，低于 T_{min}，因此种子不能萌芽。春季土温有短暂的上升，且落在适温范围内，因而在春季也有一小段时期可以发芽。同理，绝对冬季一年生植物及春夏季发芽的夏季一年生植物，也可通过试验的结果，推测其适温范围。

　　以绝对冬季一年生植物 *Lamium purpureum* 为例，其 T_{min} 在夏秋季是固定的，冬季时处于休眠状态，发芽适温范围最窄。随着休眠的解除，T_{max} 渐渐上升，直到秋季时，发芽适温的范围最大。因此在秋季时，田间温度会落在发芽适温范围内。夏季一年生植物毛龙葵（*Solanum sarrachoides*）的 T_{max} 是固定的，在春夏季无休眠状态，发芽适温的范围最大；随着制约休眠的来临，T_{min}渐渐升高，直到冬季时 T_{min}最高，发芽适温范围最小。田间温度在春夏季时落在可发芽的范围内，因而在春夏季发芽。

四、温度与土壤中种子的休眠循环

在没有发芽的情况下，土壤内许多种子呈现出周年性的休眠循环。休眠循环由种子休眠性的逐渐解除与逐渐进入所造成。种子休眠解除的研究很多，休眠诱导的研究也颇为可观，但是将这两者相结合来解释种子生态习性的报告却很少，但有两篇论文对此提出了相当有意的解释。

一是 Totterdell 和 Roberts（1979）发表的假说，认为低温对钝叶酸模（*Rumex obtusifolius*）和皱叶酸模（*Rumex crispus*）的种子同时具有两个作用，即休眠的解除与二次休眠的诱发，因此低温处理一段时间后发芽率的表现是两种作用的净结果。当温度低于一定值时，休眠会解除。这个临界温度对酸模属的种子略低于 15℃，在此温度以下（0℃以上）休眠会解除。而二次休眠的诱发可能发生在任何温度，且诱发的速度随温度升高而上升。因此，最有效的休眠解除是温度在 0℃时，因为此时二次休眠的诱发速度是最慢的。

二是 Bouwmeester 和 Karssen（1992）的报告，他们根据 Totterdell 和 Roberts 的温度假说提出数学模式，并测定蓼属的春蓼（*Polygonum persicaria*）种子埋土试验的周年发芽能力及土温的周年数据。首先，任何时间出土的种子，其发芽率（G）与发芽温度（T）间的关系都是二次的，用模式表示即为 $G=aT^2+bT+c$，这表示发芽有其最低、最适及最高温；其次，各月份出土种子的发芽率也受到当时种子休眠程度的影响，而休眠程度是受种子埋土以来所经历温度双重控制的（Totterdell 和 Roberts 的假说）。这个双重控制以 C（低温总和，与休眠解除有关）和 H（积温，与休眠诱导有关）来表示，其中 C 值以每 10d 为一个单位，只要在各单位内土温平均值小于临界温度（经适合度计算求出）时，即累积 1 点；而 H 值为每 10d 平均土温的累积。除了这两个温度项之外，Bouwmeester 和 Karssen 还引入一变量，即出土前 30d 的平均土温 T_m，也就是说休眠程度受到 C、H、T_m 等的影响。所以出土种子的发芽模式为：

$$G = (aC+bH+cT_m+d)T^2+(eC+fH+gT_m+h)T+(iT_m+j)$$

把各次出土种子在各温度下的 G、C、H、T_m 及 T 带入上式，即可求出各项常数（a、b、c、d、e、f、g、h、i、j）。所求出的常数不但可用来绘制种子发芽能力的周年变迁图，而且更能利用室外自然气温数据预测种子在室外的自然萌芽率。这也支持了 Totterdell 和 Roberts 的温度假说。当然，其他植物情况是否与此相同，仍有待更多的工作来验证。

温度本身还需要更进一步的探讨，例如日夜变温是自然的常态，而且与种子的发芽休眠也有一定的关系，完善的数学模式或许需要将其纳入考虑范围。除了温度外，光照、土壤、水分，甚至硝酸根、氧、乙烯等土壤中化学成分对种子发芽休眠的解除或诱导也可能有作用，这仍有很大的研究空间。

第四节　种子的生态适应

生物改变自身的结构和生长发育过程以与其生存环境相协调的过程称为生态适应（ecological adaptation)，是生物处于特定环境条件，特别是极端环境之下时发生的结构、过程和功能的改变，这种改变有利于生物在新环境下生存和发展。种子作为高等植物的繁殖器官，在其生命循环过程中形成了形形色色的生态适应。

一、种子对不良环境的适应

植物能在沙漠、戈壁、高山、涝洼等不良环境中生存，与其种子特殊的繁殖、传播和萌发机制密切相关。

1. 种子对干旱的适应　有些旱生植物产生大量的灰尘状种子，并在成熟后迅速传播，如牛漆姑草可产生粒重 0.018mg 的种子，这些极细小的种子在成熟后被迅速干燥，传播到土壤裂缝中并被土壤颗粒埋起来，等待水分的降临。还有些植物如野苋菜、鸡冠花等，种子多而小，且具有忌光的萌发特性，待到有较充足的水分，处于土壤稍深处（暗条件）的种子才萌发出苗，迅速开花结种，完成一代循环。

沙漠中一些植物种子具有很厚的种皮，靠发洪水时的石砾碾碎种皮而萌发，从而确保了种子萌发时能得到水分。也有许多植物的种子具有部分休眠及部分萌发的特性，从而可使种子在土壤库中保存多年且每年都能有种子萌发，极大地增加了世代繁衍的机遇。种子的萌发力还受种子在果实或花序中的位置影响，如地中海沿岸植物 *Pteranthus dichotomus* 的种子（表 10-5）。

表 10-5　*Pteranthus dichotomus* 不同顺序的种子在不同条件下的萌发情况

(Evenari 等，1982)

温度（℃）	传播单位上不同顺序种子的萌发率（%）						三种类型传播单位（A，B，C）上的种子的顺序示意图
	1		2		3		
	光	暗	光	暗	光	暗	
8	12	18	58	72	99	90	
15	23	50	83	89	97	98	
26	8	65	90	97	95	100	
30	16	72	84	97	96	100	
35	4	12	20	66	89	100	
37	0	0	24	65	82	91	

另外，在很短的时间范围内完成营养生长和生殖生长的短生育期种子植物的形成，也是种子对干旱环境的一种适应。因为干旱的生态环境大大降低了长生育期的种子植物存活的可能性，而能充分利用短时的少量降水完成营养生长和生殖生长的短生育期种子植物却能得以存活和繁衍。如撒哈拉沙漠中的植物 *Boerrhavia repens*，从种子发芽到植株开花结种、种子成熟只需要 10d 左右时间。

2. 种子对涝渍生境的适应　不同的植物适应涝渍化环境的程度不同，有些植物非常适应涝渍化环境，有些或多或少具有抗涝的特性，主要原因一方面在于种子萌发和植株生长忍受无氧呼吸的能力差异，另一方面在于氧气的输送供应结构。水生植物及水生起源植物均有抗涝结构及适于水生的代谢方式。

水生植物及水生起源植物的种子萌发能忍受很低的氧分压，而有些水生植物及水生起源植物的根细胞在进行无氧呼吸时有其他的呼吸途径，其最终代谢产物不是酒精而是一些有机酸如苹果酸、芥草酸等。另有一些植物可利用 NO_3 作为 O_2 的来源，以补充氧气的不足。

水生植物及水生起源植物均具有抗涝结构，植株地上部有向地下部运送氧气的通道，主要是皮层中的空气间隙。有些植物的通气组织可贮藏白天光合作用放出的氧气，供植株本身呼吸使用。在水稻的幼根皮层中，细胞呈柱状排列，空隙大，且随植株生长，皮层内的细胞凋亡分解，成为空腔，形成独特的通气组织。莲藕不仅植株具有类似的通气组织，而且种子具有很厚的种被和种内气室，可在水中长期生存并选择适宜时期萌发生长。陆生小麦幼根皮层细胞偏斜排列，空隙较小，随植株生长，根结构也没有显著变化，缺乏这样的通气组织；但当小麦、玉米等根部缺氧时，也可诱导形成通气组织，因为缺氧刺激乙烯的生物合成，乙烯的增加刺激纤维素酶活性增强，将皮层细胞的胞壁溶解，最终形成通气组织。

在海岸边生长的红树林植物，长有向上的特殊根系，能伸出通气不良的基质，而根内部具有良好的细胞气室系统，与气孔相连。

3. 种子对盐渍生境的适应　植物种子能在盐渍环境中萌发、生长并完成生活史，即对盐渍生境产生了适应，这种适应性的大小，即植物的抗盐性。盐分对种子萌发的影响一般归结为渗透效应（即盐分降低了溶液渗透势）和离子效应（盐离子对种子萌发的影响）。渗透效应引起溶液渗透势降低而使种子吸水受阻，从而影响种子萌发。离子效应一方面造成直接毒害而抑制种子萌发；另一方面渗入种子，降低种子渗透势，加速吸水而促进萌发。对碱茅（*Puccinellia tenui-flora*）种子萌发的研究结果表明，渗透效应和离子效应的共同作用影响了碱茅种子的萌发。碱茅种子吸水速率和吸水量随着盐浓度的上升而逐渐降低，造成原因是使种子细胞内外水势降低和膜系统修复受阻，从而抑制种子萌发。对早熟禾（*Poa annua*）的研究表明，随着盐分浓度的增加，5个早熟禾品种的膜透性都逐渐增大。对5种非盐生植物种子的萌发特性研究表明，因盐分渗入种子内部而降低种子渗透势，使得盐分条件下种子吸水量大于相同渗透势下的吸水量，但盐分造成离子毒性。对碱茅种子萌发的研究表明，盐胁迫诱导萌发的碱茅种子抗氰呼吸途径，盐浓度为 0.4%～1.2% 的抗氰呼吸速率高于正常呼吸速率。

离子效应在低浓度盐分时表现为正效应，能促进某些种子萌发。低浓度的盐分对草木樨（*Melilotus albus*）、碱谷（*Eleusine coracana*）、籽粒苋（*Amaranthus hypochondriacus*）和碱茅种子萌发起促进作用。对大多数种子来说，盐分对种子萌发起抑制作用，并且发芽率与盐浓度成显著负相关，如 *Suaeda fruticosa* 种子发芽率随着盐分浓度的增大而减小。相同的结果出现在海韭菜（*Triglochin maritimum*）、碱蓬（*Suaeda glauca*）、梭梭（*Halaxylon ammodendron*）、盐地碱蓬（*S. salsa*）、灰绿藜和盐肤木（*Rhus chinense*）种子中。同盐分影响发芽率一样，盐分胁迫对幼苗生长的影响有两种类型，一为轻度胁迫对幼苗的生长起促进作用，重度胁迫则起抑制作用；另一为胁迫一直抑制幼苗的生长。低浓度盐分促进而高浓度抑制苜蓿（*Medicago sativa*）种子胚根的生长，对其胚芽则一直起抑制作用；低浓度的盐分促进朝鲜碱茅（*P. chinam poensis*）种子幼苗的生长，高浓度则起抑制作用。而也有研究表明，盐分对幼苗的生长起抑制作用，即随着盐分浓度增加，幼苗长度呈下降趋势。

盐胁迫可引起种子内部一系列生理代谢的变化。盐分胁迫下，水稻（*Oryza sativa*）种子的细胞膜透性增加，膜内 K^+、Na^+ 外渗量增大，淀粉酶尤其 α-淀粉酶活性迅速下降，使可溶性糖和蛋白酶含量降低。盐分胁迫下，随着盐分浓度的增大，黄瓜（*Cucumis sativus*）种子 α-淀粉酶活呈下降趋势，幼苗叶片的 POD 活性呈先升后降趋势，丙二醛（MDA）含量先缓慢上升，而后急剧上升。

较高的盐浓度不仅使长期生长在盐碱地的植物产生了很强的抗盐性，还能促进某些植物的开花与种子发育。当盐分不足时，部分盐生植物表现出生殖过程不能顺利进行。这种现象最早发现于 18 世纪，白刺（*Nitraria schoberi*）在乌普萨拉的花园中生长了 20 年没有开过一次花，而当把它当作盐生植物增施食盐时才第一次开花。沙霍夫（1958）将白滨藜（*Atriplex cana*）在非盐渍土中培养虽然生长接近正常，但 5 年内未开过一次花，直到第 6 年才开始开花。后来他又进行了海蓬子和猪毛菜的盆栽试验，在有 NaCl 的盆中，全部植株都开花并形成了正常种子，而对照条件下只有个别植株开花，且种子发育不充分，空瘪或颜色浅，证明盐渍化对盐碱地植物开花结种有促进作用。

二、种子对植食动物的适应

所有植物都面临的一个现实就是它们的种子一定会受到动物的捕食。于是，为了生存，植物便使其种子形成了对动物捕食的适应。植物对植食动物的适应，主要是通过防御抵抗进行的，而种子的防御水平一般较营养器官更高一些。在营养器官没有防御的植物中，其果实和种子也会有着不同程度的防御。

1. **物理防御** 壳斗科的特征——壳斗是由总苞发育而来包裹坚果的保护器官，坚硬且有鳞片和刺；松柏类裸子植物的大孢子叶球上密合的种鳞在花后增大并木质化，外露部分增厚成鳞盾。这些特征都是为了更好地保护种子免受动物的采食。甚至有人认为，可能是植物的防御性抵抗导致了裸子植物（胚珠/种子裸露）逐渐向被子植物（有子房壁/果皮保护胚珠/种子）的演化。

相反，有些植物种子的散布依赖于动物的采食，所以果实在种子成熟后便要卸下武装，此时具有能抵抗胃液侵蚀、免遭消化的坚硬种皮或特化的内果皮便是种子有效的防御手段，如核桃、桃、杏等。某些植物种子形成警戒色甚至拟态，也是很好的防御方式。

间歇性的大量结实也被视为某些植物的一种防御方式，如竹子、山毛榉等，这些植物在间歇的某些年份大量结实，而在其中间的年份很少结实或根本不结实。大量结实年份的间隔期波动且漫长，在竹子中甚至可长达 100 年以上，而一旦结实，可遍及数百千米的植株，产生的大量种子，在满足了捕食者的饱食后仍能大量剩余，以保证物种的延续。许多森林树种都有这种现象，如水青冈在大量结实年份只有 3.1％的种子被一种穿孔蛾毁坏，而在非大量结实年份 38％的种子被捕食；丛生禾草在大量结实年份只有 10％的种子被捕食，但在普通年份种子被捕食的比例高达 80％。而且这种间歇性结实还能因环境而变，如南美叉叶树（*Hymenaea coubaril*）在缺少一种食种昆虫的波多黎各岛上未出现间歇性结实行为，但在哥斯达黎加大陆却表现出预期的间歇性结实，一些抵御种子捕食者的形态学特征仅出现在哥斯达黎加种群中。

2. **化学防御** 植物种子内的化学防御物质主要有毒素、刺激性物质和干扰性激素三大类，除少数是蛋白质外，绝大多数属于次生代谢产物。对于次生代谢产物的防御功能，有人认为这些物质是代谢废物，在进化过程中转化成有防御功能的物质，但目前多数人认为这些物质就是植物专门进化出来对付植食动物的化学武器。

化学防御是幼嫩的种子、果实当然也包括它们的前体——花的主要防御手段。许多花的花蜜都是精心配制的"鸡尾酒"，由糖和稀释了的毒素组成，以拒绝错误的造访者又不使传粉者却步。黄花菜的毒性主要集中在雄蕊中，使传粉者碰得吃不得，从而减少了花粉浪费。茄科植物曼陀罗的花和种子中含有莨菪碱、东莨菪碱及少量阿托品等，有麻醉、松弛肌肉、抑制汗腺分泌等作用，能抵抗大多数动物的啃食。我国古代常被用来制成"蒙汗药"。

许多野草、中草药的种子都有毒。呋喃雅槛蓝酮是野生欧洲防风草专一分配到种子中的毒物，这种物质在果实成长中积累，与胚乳的生长一致。海芒果等植物的果实与种子含有较营养器官多得多的毒素。橡树种子内含量高达9%的单宁（8%即可致大鼠死亡），使松鼠不得不将其储存一段时间后再进食，而松鼠往往会忘记埋藏地点，橡树种子得以在存储期间发芽。

几乎所有植物都在尚未成熟的果实和种子中分布了毒素或不适口的物质，如柿、苹果等果实中的单宁要到成熟时甚至成熟后才逐渐分解，都是为了避免动物过早采食，使自身失去了繁衍后代的机会。羊角拗（*Strophanthus divaricatus*）的果实含有剧毒，物理学和化学防御手段都臻于完美，有效地防止了植食动物的取食。

三、生态条件对种子萌发的影响

种子能否萌发产生正常苗，受外界生态条件如水分、温度、氧气、光照、土壤酸碱、土壤盐分、化学物质、埋深和生物条件的综合影响。概言之，种子萌发是各种生态因子互作的产物。近年来，有大量的文献报道了生态条件对种子萌发的相关研究，因而推动了种子萌发生态学研究的发展。

1. **水分** 水分是种子萌发的首要条件，其过多或不足都不利于萌发。水分过多，间接造成氧气缺乏，不仅使发芽力下降，有时还导致幼苗形态异常。25℃条件下，土壤含水量为14.7%时，白沙蒿（*Artemisia sphaerocephala*）种子萌发迅速且发芽率最高；含水量为14.7%～18.3%时，土壤湿度越高，其萌发越慢且发芽率越小；为19.4%～20.5%时，种子萌发受到抑制。西南紫薇（*Lagestroemia intermedia*）种子发芽率在土壤水分含量为40%的条件下最高，土壤水分含量低于10%和超过40%，种子萌发严重受抑制。坡垒（*Hopea hainanensis*）种子萌发的适宜土壤含水量为30%～50%，当超过50%时发芽率明显降低。

水分供应不足，难以满足物质代谢需求，即造成干旱胁迫。干旱首先使种子吸水速率减慢，最大吸水量减小。干旱胁迫下的高粱（*Sorghum bicolor*）、柠条（*Caragana korshinskii*）、花棒（*Hedysarum scoparium*）和灰绿藜（*Chenopodium glaucum*）种子累积吸水率随干旱胁迫的加剧呈显著降低趋势。干旱胁迫使种子萌发受到抑制或发芽延迟，因而抑制幼苗生长。例如，干旱胁迫对野大麦（*Hordeum brevisubulatum*）和布顿大麦（*H. bogdanii*）种子的胚根和胚芽起抑制作用。但有些种子轻度干旱胁迫促进幼苗胚根的生长，重度胁迫则起抑制作用。

干旱胁迫可引起种子内部代谢物质的变化。随着干旱胁迫的加剧，种胚淀粉酶活性、可溶性糖含量都明显升高，而胚乳的淀粉酶活性变化不大，可溶性糖含量反而下降。小麦（*Triticum aestivum*）种子在干旱胁迫下膜透性增加，幼苗叶片脯氨酸含量增加。干旱胁迫使山黧豆（*Lathyrus sativus*）根芽和子叶可溶性蛋白质含量增加，非可溶性蛋白分解受到抑制；子叶中 β-N-草酰-L-2,3-二氨基丙酸（β-ODPA）和游离氨基酸含量降低，根芽中 β-ODPA 和游离氨基酸含量增加，且干旱胁迫的程度直接影响贮藏蛋白质降解为游离氨基酸的含量，导致代谢缓慢。而有研究者认为，小麦种子只要可以萌发，在一定时期内蛋白质合成过程可能对水分胁迫是不敏感的。

2. 温度　温度强烈影响发芽率和萌发速率，适宜的温度促进种子的萌发和幼苗的生长。植物种不同，种子最适萌发温度不同，即使为同一植物种，因产地不同最适萌发温度也不同。产于高纬度的马尾松（*Pinus massoniana*）种子在较低温度下（19～23℃）有较高的发芽率，而产于低纬度的在较高温度（28～30℃）下发芽率较高。同为梭梭（*Halaxylon ammodendron*），采收于内蒙古吉兰泰地区的种子最适萌发温度为25℃，甚至在60℃条件下发芽率高达64%，而采收于中国科学院吐鲁番沙漠植物园的种子最适萌发温度为10℃。自然条件下，昼夜存在变温，因此变温更有利于某些种子的萌发。例如，无芒隐子草（*Cleistogenes songorica*）、萹蓄（*Polygonum aviculare*）、虎尾草（*Chloris virgata*）和 *Allenrolfea occidentalis* 等种子在变温条件下萌发更好。但某些种子的最适萌发温度为变温或恒温，如驼绒藜属 *Ceratoides* 植物种子的最适萌发温度为25℃恒温或25/15℃变温。

温度强烈影响萌发种子内部的酶活性和物质代谢。温度不足，酶的活化或催化作用受到抑制；温度过高会使酶结构破坏或使酶失活，抑制种子正常的生理代谢。甜菜（*Beta vulgaris*）种子的萌发温度显著地影响着线粒体中的细胞色素氧化酶（CCOD）、苹果酸脱氢酶（MDH）和较小相对分子质量热休克蛋白22。随着温度的升高，番茄（*Lycopersicon esculentum*）种子超氧化物歧化酶（SOD）和过氧化物酶（POD）含量上升，温度为30℃时最大，之后减小。一定温度范围内，萌发中的小麦种子植酸酶活性随温度升高而升高，温度为50℃最大，之后迅速下降。

3. 氧气　种子在缺氧或无氧条件下萌发，胚乳贮藏物质的转化受阻，使胚陷入饥饿状态，种子的物质转化显著降低，并产生大量有害的中间物质。氧气不足时，种子内乙醇酸脱氢酶诱导产生乙醇，乳酸脱氢酶诱导产生乳酸，而乙醇和乙酸对种子萌发均有害。

氧气不足会抑制大多数种子的萌发，提高氧分压可克服供氧不足而促进萌发。西藏沙生槐（*Sophora moorcroftiana*）种子因种皮不透气而供氧不足使种子萌发受到抑制，通过刺破种皮改善透气性而提高发芽率。对东北红豆杉（*Taxus cuspidata*）的研究也有同样的结果。但例外的是，有些种子反而在低氧分压条件下发芽率更高，例如宽叶香蒲（*Typha latifloia*）和狗牙根（*Cynodon dactylon*）种子在8%氧分压的发芽率显著高于20%氧分压时的发芽率。

4. 光照　无论需光、需暗还是光中性种子，其萌发或休眠均取决于种子内所建立起来的 Pfr 含量和 Pfr/（Pr+Pfr）值。光中性种子在种子成熟时已存在适合萌发的 Pfr 水平；需光种子在不同程度地接受白光和红光照射后方可达到适宜的 Pfr 水平；需暗种子萌发要求的 Pfr 水平较低，萌发需要较长时间的黑暗。在某些植物种子萌发过程中，光照的作用与赤霉酸（GA₃）对种子的诱导作用相似。红光和远红光照射莴苣（*Lactuca sativa*）和拟南芥（*Arabidopsis thaliana*）种子可诱导 GA₃ 的合成，红光照射萌发中的莴苣和拟南芥种子能提高 GA₃ 含量和赤霉酸氧化酶基因（$GA_{3\alpha}$）的表达。光照一般对光中性种子不起作用，光照可促进需光种子的萌发，而抑制需暗种子的萌发。梭梭种子为光中性种子，光照和黑暗条件下的发芽率无显著差异；驼绒藜属植物种子属非光敏感种子，光照与否对种子萌发没有明显影响；狼毒（Stellera chamaejasme）种子萌发对光照条件不敏感。光照对有斑百合（Lilium concolor）、川百合（L. davidii）和毛百合（L. dauricum）种子萌发有显著促进作用；白沙蒿种子为需光种子，在光下萌发而在黑暗中受到抑制。红砂（Reaumuria soongorica）种子为需暗种子，黑暗较光照更利于红砂种子的萌发。

5. **土壤酸碱** 过酸或过碱都抑制种子内物质的转化，使呼吸作用降低，酶活性降低，可溶性糖含量降低，从而抑制种子萌发和幼苗生长。在 pH 为 6 时，油菜（Brassica campestris）子叶的降解速率、呼吸速率、脂肪酶、淀粉酶、蛋白酶活力和可溶性糖含量最高，发芽率和幼苗长度也最大；pH 大于 8 或小于 5 时均呈现降低趋势。pH 大于 7 或小于 6，小麦种子所含淀粉酶、蛋白酶和脂肪酶活力降低，呼吸速率、胚乳分解速率减慢，苗期根系活力、硝酸还原酶活力、叶绿素含量、光合速率、蒸腾强度降低；pH 为 6.5 是小麦种子萌发和幼苗生长的最适值，pH 增大或减小均使发芽率和幼苗生长速率降低。

6. **生化物质** 某些植物和真菌可产生一些生化物质，从而打破种子休眠或抑制种子萌发。由壳梭孢菌（Fusicoccum amygdali）产生的壳梭孢素能促进因 ABA 抑制的种子的萌发；多裂骆驼蓬（Peganum multisectum）产生的骆驼碱对燕麦（Avena nuda）、玉米（Zea mays）种子的萌发具有抑制作用。动物、昆虫的啃咬，消化液中的酶或稀酸等会促进某些种子的萌发。赤麂取食南酸枣（Choerospondias axillaris），使果肉与种子分开，免除果肉对种子的抑制作用。Sorbus commixta 浆果经过鸟取食后，其种子方可萌发。鸟类的研磨作用显著加快了海三棱藨草（Scirpus mariqueter）种子萌发，而酸性环境和高温条件缓冲了种子的萌发速率。昆虫保幼激素（JHⅢ）能推迟莴苣种子的萌发和抑制水稻幼苗胚芽的生长；金合欢醛抑制萝卜、莴苣和水稻种子的萌发；金合欢醛和JHⅢ均抑制碎米莎草（Cyperus iria）幼苗的生长。

7. **埋深** 随着埋深的增加，喜光种子和光中性种子其发芽率呈递减趋势；对需暗种子，随着埋深的增加，发芽率呈先增后减趋势。油蒿（Arternisia ordosica）种子的发芽率随着埋深的增加而逐渐下降，到 7cm 时发芽率为 0；而柠条和花棒种子发芽率随着埋深的增加呈先增加后减小趋势，分别在 5cm 时发芽率为 0。白沙蒿种子发芽率随着埋深的增加而逐渐下降，当埋深为 2cm 或更深时，发芽率为 0。稗草（Echinochloa crusgalli）、鳢肠（Eclipta prostrata）、千金子（Leptochloa chinensis）和异型莎草（Cyperus difformis）种子发芽率随埋深的增加而逐渐下降，当埋深分别为 10、2、4 和 4cm 时，稗草、鳢肠、千金子和异型莎草种子发芽率为 0。无芒隐子草和条叶车前种子的发芽率皆随着埋深的增加呈显著下降趋势，当深埋深于 2cm 时两种植物种子都不能萌发。

第五节　种子生态的应用

除了学术上的探讨外，种子生态的研究更有其实际的用途，因而近年受到广泛重视，也有相当的发展，这包括人为干扰地的草相管理、自然植被的复建与管理以及野生植物的生产等。

一、人为干扰地的草相管理

最广大的人为干扰地莫如农田。从某种角度说，一部农业生产史可说是作物与杂草的竞争史。古代农法都是用人工农具来除草，但这些经验法却是很符合种子生态生理的。例如明朝末年出版的《沈氏农书》（约 1640 年）中对于除草的要领，认为要除得快而彻底，就是说杂草种子成熟掉地后再除已来不及；此外，该书倡议秧田播前应先将表土括去寸余，说明对当季杂草种子在土层的空间分布已有认识。

近代农业生产上采用除草剂防除杂草，虽然有效地降低生产成本、提高产量，大大减少杂草种类，但是杂草数量降低有限，这是众所皆知的事实。杂草相的单纯化使得许多天敌昆虫没有足够的食物而无法生存，又循环地导致虫害猖獗。因此，最近一些学者借用害虫防除的概念，提出最低密度的杂草管理法，强调杂草密度在低于某密度时，对作物产量影响不大，此时防除杂草的成本大于其利润，因此可以不施用除草剂。此种方法的采用，需要考虑当前的成本（本期杂草对作物的减产）以及将来的成本（不防除所产生杂草种子对于下季作物可能的影响）。进行此杂草管理方法前，对于杂草种子生产、入土、种子田间萌芽时机与数量及种子数与杂草密度的关系等都需要有所了解与掌握。Forcella 等（1993）曾说明如何运用种子生态的知识来减少化学药剂的使用。他们在美国米里苏达州测量 204 块田的种子库，发现土壤中种子数目介于 200～16 000 粒/m²，平均 2 081 粒/m²，中值为 944 粒/m²，就是说约有 102 块田其种子密度在 944 粒/m² 以下。作者认为这一半的农地在当季均不需使用除草剂，用耕犁除草就可以将杂草控制在不影响作物产量的水平下。

接着他们通过试验显示，杂草密度只要控制在 40 株/m² 幼苗以下，大豆就不至于减产（图 10-15）。其次，土壤中杂草种子能萌芽长成幼苗的比率约为 40%。由于播种前的耕犁会将刚长出的幼苗除去，越晚耕犁，杂草种子发芽的越多，因而所降低的土壤中种子数目就越大（图 10-16）。例如延迟到 6 月耕犁，该地土壤中种子只剩 10%。所以，杂草种子密度在 1 000 粒/m²（40÷0.4÷0.1）以下时，调整耕犁期就可以控制杂草的危害，而不必使用农药。不过在某些地区，太晚播种本身也会减产，因此需要在机械除草的前提下，就杂草危害与晚耕减产间估算出最适的耕犁期。因此，若能了解田间埋藏的杂草种子的种类与数目以及其发芽率季节性变化的模式，则有助于土壤中杂草种子的控制，达成作物低生产成本及省工栽培的目标。

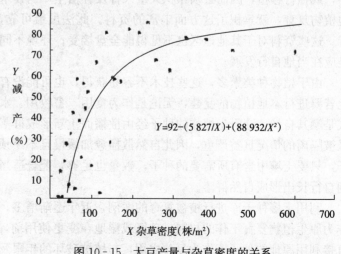

图 10-15 大豆产量与杂草密度的关系

(Forcella 等, 1993)

随着经济环境的变迁，人为干扰的土地除了农地外，其他新的土地用途，包括大型工厂的周边绿地、道路边缘草皮、都会公园、球场、马场、野餐场、乡村公园、休闲农场等的面积，近年来也急剧增加。就已开发国家而言，传统上这些草皮以种植绿色的单纯草相为主，是较密集的管理，但是管理的成本颇大。因此，近年来兴起了野花草地，其特点是粗放管理、草相较杂，而且包含各种野花物种来增加观赏或教育的价值。

野花草地基本上是生产本地野花种子，配合地区的环境特性选择植物，以一定比例的种子混种，并做适当的管理。在发达国家野花草皮已行之有年，而且

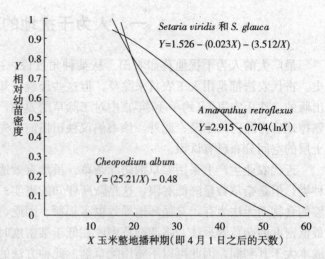

图 10-16　整地日期对幼苗密度的影响
(Forcella 等，1993)

造就一定的野花种子市场。对于种子生态习性的了解，可以提供植物种类的选择及播种管理上的参考，也有助于种子公司生产质量较高的种子。

二、自然植被的复建与管理

由于耕地、道路、工业区等的不断扩充，环境植被的复建及管理工作的需求日见增加。植被的复建，要求的是当地野生植物群落的再现，并非单纯植相的栽培工程所能比拟。高歧异度草相的复建，需要种类繁多的植物繁殖体，比较保险的方法是生产、采集野生植物种子进行人为播种，或径行移植，因而必须累积大量采种及种苗生产的技术，才能顺利完成。澳大利亚矿区的当地植物复育，就累积了这方面丰富的资料。此法虽最可靠，然而有时植材不易取得，且所费不赀。这些资料对于其他地区也不见得能全盘接受；环境不同的地区，植物不一样，有关的技术还是应在当地自行发展。

由于植物种类繁多，这些技术不容易获得，也可能没有种苗商能一次供应如此多的植物。因此若要进行本地植物的复建，无论是作为食用、畜牧用、水土保持或是景观的需要，最简单的方式是顺其自然，让野生植物的种子经由散播而重新形成群落。不过由于人为的因素，近来许多地区被隔离的情况日益严重，因此自然散播愈加缓慢且不易预期。另一个方法则是善用土壤中的种子，只要土壤中含有所需要的种子，数量也足够，配合适当的管理措施，使这些种子在适当的时期自行长出形成自然群落。

利用土壤种子库进行植被复育的案例，近年逐渐增多。例如 Wade 取部分的森林表土，可以作为原生植物复育工作的材料；矿区或湿地在变更使用前，也可以将表土刮移到需要复建之处。直接利用原地的种子库作为复建之用，与植被破坏的年限及种子在土壤中的寿命有关。土壤中种子一旦消失，就无法进行复建。土壤种子库不但可用来复建本地植物，也可用来控制即有植被的

组成与结构。火烧、过度放牧、干旱、淹水等造成地上植物毁灭，通过土壤中种子再生出新植被的例子较多；通过人为管理来达到相同效果的例子则较少。以美国为例，草原用火烧的方法，去除现有的外来种植被，然后依靠土壤种子库自行恢复原来族群。

淡水湿地也可以定时放水降低水位，以便从土壤中再生所需要的植物，这方面在美国中西部做的研究相当多。这些研究显示，在进行各种管理措施之前，应先调查土壤种子库的状况，而土壤种子库的调查也可以用来预测未来植被的组成。

三、野生植物的生产

近年来，以野生植物充作蔬菜的风气日盛，有些已经人为栽培，虽然面积不广，但对于农村经济的发展至关重要。因此，野生植物栽培技术应加以改良，其中对于种子生态习性的研究颇有帮助。

以冬天自行萌芽生长的荠菜为例，通过对种子萌发温度的全面研究，得知种子在平均温度为19℃以上时不易萌发，埋土试验也显示周年种子均无法在高温下萌发，因此只有用低温催芽的方法才可能在暖季种植。

鸭舌草（*Monochoria vaginalis*）在美洲地区也是水田著名野菜，可以自生栽培或撒播栽培。根据周年埋土试验，鸭舌草种子容易在盛夏进入制约性休眠或近乎完全休眠，只在4～6月才是无休眠状态，因此可以自生栽培的时期较为有限，盛夏后以播种法为宜。撒播法过去常局限于种子休眠，通过对种子休眠特性的研究，发现将种子浸泡于5℃下，在夏季适于栽培的期间均可以维持无休眠状态。

种子生态研究的历史虽然不短，然而主要的内容却是近几十年来才逐渐累积起来的，与其他领域相比，可以说仍相当年轻。探讨种子生态可以了解种子在各类栖地上植被更新演替的功能，在植被管理上也有很大的贡献。

我国气候地形极其多样，植物种类的范围非常广泛，从植物生态研究的立场看，可以说蕴含着极其丰富的宝藏。种子生态的研究，有助于全国生态体系的构建，因为经济环境的变迁，无论是有机栽培的杂草管理方法，还是各类保育地、新兴草地，甚至休闲农地的植相管理技术，都迫切需要发展，种子生态的研究与应用对其有实质的帮助。

附录一 种子生物学专业名词中英文对照

氨基酸 amino acid

暗发芽 dark‐germination

白熟期 white ripe stage

半活期 half‐living period

半纤维素 hemicellulose

伴胞 companion cell

苞片，苞叶 bract

胞质分裂 cytokinesis；plasmodieresis

饱和湿度 saturation humidity

保卫细胞 guard cell

不发育胚 rudimentary embryo

不健全种子 unsound seed

不良种子 bad seed

不实年度 off year

不透水种子 impermeable seed

不育种子 sterile seed；infertile seed

不正常苗 abnormal seedling

层积处理 stratification

长寿种子 macrobiotic seed

超低温保存 cryopreservation

超干贮藏 ultra‐dry storage

成苗率 stand establishment percentage

成熟 maturation

成熟期 maturation period

赤霉素 gibberellin

赤霉酸 gibberellic acid（GA）

翅果 samara

虫蛀种子 worn‐eaten seed

出土型发芽 epigeous germination

传递细胞 transfer cell

传统型种子 orthodox seed

雌蕊 pistil

次生休眠 secondary dormancy

代谢蛋白 metabolic protein

单性生殖 parthenogenesis

蛋白（质）体 protein body；aleuroplast

蛋白质 protein

蛋白质种子 protein seed

电导率测定 electrical conductivity test

淀粉 starch

淀粉粒 starch grain

淀粉胚乳 starchy endosperm

豆球蛋白 legumin

短命种子 microbiotic seed

盾片 scutellum；scute

多核体 coenocyte

多胚现象 polyembryonia；polyembryony

萼片 sepal

发芽 germination

发芽高峰值 peak value

发芽口 micropyle

发芽力 germinating ability

发芽率 germinating percentage

发芽势 germinating energy

发芽速率 germinative rate

发芽抑制剂 germination inhibitor

发芽值 germinative value

发芽指数 germinative index

非需光的种子 non light‐requiring seed

分果 schizocarp

粉质种子 starch seed

复果，聚花果 multiple fruit

腹白 abdominal white

腹沟 crease

高尔基体 dictyosome

谷醇溶蛋白 prolamine

谷蛋白　glutelin

冠毛，茸毛　pappus

光媒介发芽　light‑mediated germination

果胶　pectin

果皮　fruit coats；pericarp

果脐　fruit navel

果实　fruit

果糖　fructose

合点　chalaza

合子　zygote

核果　drupe

核膜　nuclear membrane

核仁　nucleolus；nucleole

核糖体　ribosome

核型　nuclear type

褐熟期　brown ripe stage

后熟　after‑ripening；after mature

糊粉　aleurone

糊粉层　aleurone layer

糊粉粒　aleurone grain

护颖，颖片　glume

花　flower

花瓣　petal

花被　perianth；floral envelope

花萼　calyx

花粉　pollen

花粉管　pollen tube

花粉粒　pollen grain

花粉囊　pollen sac

花冠　corolla

花管　floral tube

花色素　anthocyanidin

花色素苷　anthocyanin

花丝　filament

花托　receptacle

花药　anther

花柱　style

黄熟期　yellow ripe stage

活力　vigour

活力指数　vigour index

活种子　viable seed

激动素　kinetin

极核　polar nucleus

忌光性种子　heliophobous seed

加速老化测定　accelerated aging test

加速老化法　accelerated aging

荚果　legume

假发芽　false germination

假果　false fruit

假核果　false drupe

假种皮　aril

坚果　nut

角质　cutin

结构蛋白　structural protein

结果率　fruit bearing percentage

结果实　bearing

结实年份　crop year；bearing year

结实周期　periodicity of seed bearing

结种子　seed setting

结籽实率　seed setting percentage

聚合果　aggregate fruit

绝对湿度　absolute humidity

开花，花开期　anthesis

空粒　blind seed；empty seed

控制劣变测定　controlled deterioration test

枯熟期　dead ripe stage

蜡熟期　waxy ripe stage

老化　aging

老化种子（陈种子）　aged seed；old seed

离体胚休眠　dormancy of excised embryos

劣变　deterioration

临界水分　critical water content

磷脂　phosphatide

绿熟期　green ripe stage

麦醇溶蛋白　gliadin

麦谷蛋白　glutenin

麦芽糖　maltose

芒　awn

酶　enzyme

萌动　protrusion

萌发　sprouting

萌发迟缓　postponing germination

萌发过程　germination process
萌发过程中的种子　germinating seed
萌发孔　germination aperture
萌发抑制物　germination inhibitor
面筋　gluten
膜的完整性　intactness of membrane
膜损伤　membrane damage
母细胞　mother cell
内稃　palea
内果皮　endocarp
内胚乳　endosperm
内脐，合点　chalaza
内种皮　endopleura
耐藏潜力　storage potential
耐藏性　storability
能发芽的种子　germinable seed
能荷　energy charge（EC）
农业种子　agriculture seed
胚　embryo
胚柄　suspensor
胚根　radicle
胚根鞘　coleorhiza
胚根原细胞 hypophysis
胚囊　embryo sac；embryonic sac
胚乳　endosperm
胚胎发生　embryogenesis；embryogeny
胚休眠　embryo dormancy
胚芽　plumula；embryo bud
胚芽鞘　coleoptile
胚中轴　embryonic axis
胚珠　ovule
胚状体　embryoid
品种纯度　purity of variety
平衡水分　equilibrium moisture content
葡萄糖　glucose
脐条　raphe
强迫休眠　enforced dormancy
清蛋白，白蛋白　albumin
球蛋白　globulin
球果　cone；strobile
全熟的种子　fully ripened seed

染色体　chromosome
染色体畸变　chromosome aberration
人工胚乳　artificial endosperm
人工种皮　artificial seed coat
人工种子　artificial seed
人工贮藏　artificial storage
稔实度　seed setting rate
日平均发芽量　mean daily germination
日平均发芽率　mean day's germination
绒毛　hair
乳熟期　milk ripening stage
上胚轴　epicotyl
上胚轴休眠　epicotyl dormancy
上皮细胞　epithelium
上位式　epigyny
渗透调节　osmotic conditioning
生长素　indoleacetic acid
生活力　viability
生理成熟　physiological ripening
生理休眠　physiological dormancy
实用发芽率　practical germination percentage
寿命　longevity；life span
受精作用　fertilization
受伤害的种子　damaged seed
瘦果　achene
束缚水　bound water
衰老　aging；senescence
双受精　double fertilization
双重休眠　double dormancy
水合—脱水　rehydration - dehydration
死种子　dead seed
四唑测定　tetrazolium test
糖类　carbohydrate
体细胞胚　somatic embryo
天然贮藏　storage in nature
田间出苗　field emergence
脱落酸　abscisic acid（ABA）
脱水素　dehydrin
外稃　lemma
外果皮　exocarp
外胚乳　perisperm

外胚叶　epiblast
外颖　outer glume
外源凝集素　lectin
外种皮　testa
豌豆球蛋白　vicilin
丸化　pelleting
完全花　complete flower
完熟期　full ripe stage
顽拗型种子　recalcitrant seed
维生素　vitamin
未成熟胚　immature embryo
未熟粒　immature seed
无胚乳种子　exalbuminous seed
无胚种子　embryoless seed
无氧呼吸　anaerobic respiration
吸附性　absorbability
吸湿性　hygroscopicity
吸胀　imbibition
吸胀冷害　imbibition chilling injury
吸胀速率　rate of imbibition
细胞　cell
细胞板　cell plate
细胞壁　cell wall
细胞分裂素　cytokinin
细胞核　cell nucleus
细胞间质　intercellular substance
细胞膜　cell membrane
细胞器　cell organelle；cell organ
细胞型（指胚乳）　cellular type
细胞质　cytoplasm
下胚轴　hypocotyl
下胚轴休眠　hypocotyl dormancy
下位式　hypogyny
纤维素　cellulose
酰胺　amide
线粒体　mitochondrion
相对湿度　relative humidity
小坚果　nutlet
小穗　spikelet
小穗轴　rachilla；rhachilla
雄蕊　stamen（pl. stamina）

休眠期　dormancy stage
需光种子　light‑requiring seed
延迟发芽的种子　sluggish seed；delayed seed
衍生细胞　derivative cell
胰蛋白酶抑制剂　trypsin inhibitor
乙烯　ethylene
颖果　caryopsis；grain
硬实种子　hard seed
油脂酸败　rancidity
油质种子　oil seed
有胚乳种子　albuminous seed
有色体　chromoplast
有丝分裂　karyokinesis
有氧呼吸　aerobic respiration
幼苗活力分级法　seedling vigor classification
幼苗评价　seedling evaluation
诱导休眠　induced dormancy
原初休眠　primary dormancy
原胚　proembryo；primary embryo
原始生活力　primary viability
原始细胞　initial cell
原种　basic seed
沼生目型（指胚乳）　helobial type
蔗糖　sucrose
真空贮藏　vacuum storage
整齐度、均匀性　uniformity
正常苗　normal seedling
支链淀粉　starch branching
脂肪　oil
脂肪酸　fatty acid
脂肪体　lipid body
直链淀粉　amylose
植物激素　phytohormone；plant hormone
纸间发芽法　between paper（BP）
纸上发芽法　top of paper（TP）
中果皮　mesocarp
中间细胞　intermediate cell
中间型种子　middle seed
中胚轴　mesocotyl
中寿种子　mesobiotic seed
种被休眠　coat imposed dormancy

种柄　seed stalk；seed‐pedicels
种翅　seed wing
种阜　caruncle；strophiole
种苗活力　seed and seedling vigour
种苗评价测定法　seedling evaluation test
种苗生长测定　seedling growth test
种胚　embryo
种皮　seed coat
种脐　hilum (pl. hila)
种衣剂　seed coating formulation
种质库　germplasm bank
种质资源　germplasm resources
种子　seed
种子包衣　seed coating
种子包装　seed package
种子保存　seed preservation
种子标准化　seed standardization
种子处理　seed treatment
种子带　seed tapes
种子的结露　seed dewfall
种子发芽　germination of seed
种子发芽力　seed germinability
种子发芽潜力　seed germination potential
种子干燥　seed drying
种子工程　seed engineering
种子呼吸　seed respiration
种子活力　seed vigour
种子精选　seed choice
种子生活力　seed viability

种子生理　physiology of seed
种子生理学　seed physiology
种子生命力　seed vitality
种子生物学　seed biology
种子毯　seed mats
种子丸　seed pellets
种子微生物　microorganism of seed
种子休眠　seed dormancy
种子学　seed science
种子真实性　genuineness of seed
种子质量　seed quality
种子贮藏　seed storage
皱粒　shriveled seed；wrinkle seed
珠被　integument；integumentum
珠孔　micropyle
珠心　nucellus；nucellar
主要贮藏蛋白质　major storage protein
柱头　stigma
子房　ovary
子叶　cotyledon
自由水　free water
最终发芽率　final germination percentage
裸子植物　gymnosperms
形态休眠　morphological dormancy
形态生理休眠　morphophysiological dormancy
物理休眠　physical dormancy
综合休眠　combinational dormancy
合点帽　ovary cap
葡聚糖酶　β‐1，3‐glucanase

附录二　常见植物汉英拉名称对照

中　文	英　文	拉丁文
1. 禾本科	grass family	Gramineae
小麦	wheat	*Triticum aestivum* L.
大麦	barley	*Hordeum vulgare* L.
稻	rice	*Oryza sativa* L.
玉米	maize	*Zea mays* L.
黍	broomcorn millet	*Panicum miliaceum* L.
粟	foxtail millet	*Setaria italica*（L.）Beauv.
高粱	sorghum	*Sorghum vulgare* Pers.
薏苡	jobstears	*Coix lacryma - jobi* L.
甘蔗	sugarcane	*Saccharum officinarum* L.
雀麦	Japanese Brome	*Bromus japonicus* Thunb.
燕麦	oat	*Avena sativa* L.
黑麦	rye	*Secale cereale* L.
裸麦	highland barley	*Hordeum vulgare* var. *nudum* Hook. f.
毒麦	darnel	*Lolium temulentum* L.
莜麦	naked oat	*Avena nuda* L.
冰草	wheatgrass	*Agropyron cristatum*（L.）Gaertn.
看麦娘	equal alopecurus	*Alopecurus aequalis* Sobol.
结缕草	Korean lawngrass	*Zoysia japonica* Steud.
稗	barnyardgrass	*Echinochloa crusgalli*（L.）Beauv.
芦苇	common reed	*Phragmites communis* Trin.
茭白	water bamboo	*Zizania caduciflora*（Turcz. ex Trin.）Hand. - Mazz.
毛竹	moso bamboo	*Phyllostachys pubescens* Mazel.
2. 豆科	pea family	Leguminosae
大豆	soybean	*Glycine max*（L.）Merr.
落花生	peanut	*Arachis hypogaea* L.
蚕豆	broadbean	*Vicia faba* L.
豌豆	garden pea	*Pisum sativum* L.
赤豆	adsuki bean	*Phaseolus angularis* Wight
绿豆	green gram	*Phaseolus radiatus* L.
扁豆	hyacinth dolichos	*Dolichos lablab* L.

菜豆	kidney bean	*Phaseolus vulgaris* L.
长豇豆	yardlong cowpea	*Vigna sesquipedalis* (L.) Fruwirth
刀豆	sword bean	*Canavalia gladiata* (Jacq.) DC.
木豆	cajan (pigeonpea)	*Cajanus cajan* (L.) Millsp.
瓜尔豆	guar	*Cyamopsis tetragonoloba* (L.) Taub.
四棱豆	winged bean	*Psophocarpus tetragonolobus* (L.) DC.
兵豆	common lentil	*Lens culinaris* Medic.
多花菜豆	scarlet runner bean	*Phaseolus coccineus* L.
金甲豆	sieve bean	*Phaseolus lunatus* L.
紫苜蓿	alfalfa	*Medicago sativa* L.
紫云英	Chinese milkvetch	*Astragalus sinicus* L.
田菁	common sesbania	*Sesbania cannabina* (Retz.) Poir.
救荒野豌豆	common vetch	*Vicia sativa* L. (Fodder Vetch)
合欢	silktree albizzia	*Albizzia julibrissin* Durazz.
合欢草	rayado bundleflower	*Desmanthus virgatus* (L.) Willd.
洋槐	black locust	*Robinia pseudoacacia* L.
槐树	Japanese pagodatree	*Sophora japonica* L.
紫穗槐	indigobush amorpha	*Amorpha fruticosa* L.
白花草木樨	white sweetclover	*Melilotus alba* Medic. ex Desr.
草木樨	sweetclover	*Melilotus officinalis* (L.) Pall.
甘草	ural licorice	*Glycyrrhiza uralensis* Fisch.
含羞草	sensitive plant	*Mimosa pudica* L.
皂荚	Chinese honeylocust	*Gleditsia sinensis* Lam.
3. 十字花科	mustard family	Cruciferae
白菜	Peking cabbage	*Brassica pekinensis* Rupr.
油菜	bird rape	*Brassica campestris* L.
萝卜	garden radish (radish)	*Raphanus sativus* L.
甘蓝	cabbage	*Brassica oleracea* L.
芜菁	turnip	*Brassica rapa* L.
青菜	pakchoi	*Brassica chinensis* L.
芥菜	India mustard	*Brassica juncea* (L.) Czern. et Coss.
芜菁甘蓝	rutabaga	*Brassica napobrassica* (L.) Mill.
花椰菜	cauliflower	*Brassica oleracea* var. *botrytis* L.
卷心菜	cabbage	*Brassica oleracea* var. *capitata* L.
独行菜	pepperweed (peppergrass)	*Lepidium apetalum* Willd.
荠菜	shepherd's purse	*Capsella bursa-pastoris* (L.) Medic.
紫罗兰	common stock violet	*Matthiola incana* (L.) R. Br.
4. 葫芦科	gourd family	Cucurbitaceae
西瓜	watermelon	*Citrullus lanatus* (Thunb.) Mansfeld
黄瓜	cucumber	*Cucumis sativus* L.
香瓜	muskmelon	*Cucumis melo* L.

南瓜	cushaw	*Cucurbita moschata* (Duch.) Poiret
丝瓜	suakwa vegetablesponge	*Luffa cylindrica* (L.) Roem.
苦瓜	balsampear	*Momordica charantia* L.
佛手瓜	chayote	*Sechium edule* (Jacq.) Swartz
笋瓜	winter squash	*Cucurbita maxima* Duch.
冬瓜	Chinese waxgourd	*Benincasa hispida* (Thunb.) Cogn.
节瓜	chiehqua	*Benincasa hispida* var. *chiehqua* How.
瓠瓜	makino calabash	*Lagenaria siceraria* var. *makinoi* (Nakai) Hara
葫芦	bottle gourd	*Lagenaria siceraria* (Molina) Standl.
西葫芦	pumpkin	*Cucurbita pepo* L.
罗汉果	grosvenor momordica	*Momordica grosvenori* Swingle
5. 百合科	lily family	Liliaceae
大葱	welsh onion	*Allium fistulosum* L.
蒜	crown's treacle (garlic)	*Allium sativum* L.
韭菜	tuber onion	*Allium tuberosum* Rottl. ex Spreng.
洋葱	common onion	*Allium cepa* L.
韭葱	leek	*Allium porrum* L.
北葱	chive	*Allium schoenoprasum* L.
金针菜	daylilies	*Hemerocallis liloasphodelus* L. (*H. flava* L.)
黄花菜	citron daylily	*Hemerocallis citrina* Baroni
百合	greenish lily	*Lilium brownii* var. *viridulum* Baker
大百合	largelily	*Cardiocrinum giganteum* (Wall.) Makino
郁金香	common tulip (late tulip)	*Tulipa gesneriana* L.
吊兰	tufted bracketplant	*Chlorophytum comosum* (Thunb.) Baker
风信子	common hyacinth	*Hyacinthus orientalis* L.
文竹	setose asparagus	*Asparagus setaceus* (Kunth) Jessop
万年青	nipponlily	*Rohdea japonica* (Thunb.) Roth
芦荟	Chinese aloe	*Aloe vera* var. *chinensis* (Haw.) Berg.
麦冬	dwarf lilyturf	*Ophiopogon japonicus* (L. f.) Ker - Gawl.
川贝母	tendrilleaf fritillary	*Fritillaria cirrhosa* D. Don
黄精	Siberian solomonseal	*Polygonatum sibiricum* Delar. ex Redoute.
萱草	orange daylily	*Hemerocallis fulva* L.
龙须菜	schoberia-like asparagus	*Asparagus schoberioides* Kunth
天门冬	cochinchinese asparagus	*Asparagus cochinchinensis* (Lour.) Merr.
虎尾兰	tigertaillily	*Sansevieria trifasciata* Prain
6. 蔷薇科	rose family	Rosaceae
苹果	apple	*Malus pumila* Mill
山楂	Chinese hawthorn	*Crataegus pinnatifida* Bunge
草莓	garden strawberry	*Fragaria ananassa* Duchesne
梅	Japanese apricot	*Prunus mume* (Sieb.) Sieb. et Zucc.
桃	peach	*Prunus persica* (L.) Batsch

山桃	david peach	*Prunus davidiana* (Carr.) Franch.
油桃	nectarine	*Prunus persica* var. *nectarina* (Ait.) Maxim.
樱桃	cherry	*Prunus pseudocerasus* Lindl.
蟠桃	flat peach	*Prunus persica* var. *compressa* Bean
杏	apricot (common apricot)	*Prunus armeniaca* L.
李	Japanese plum	*Prunus salicina* Lindl.
洋李	European plum	*Prunus domestica* L.
杜梨	birchleaf pear	*Pyrus betulaefolia* Bunge
沙梨	sand pear	*Pyrus pyrifolia* (Burm. f.) Nakai
日本樱花	Tokyo cherry	*Prunus yedoensis* Matsum.
月季花	Chinese rose	*Rosa chinensis* Jacq.
玫瑰	rose	*Rosa rugosa* Thunb.
木香花	banks rose	*Rosa banksiae* Aiton
木瓜	Chinese flowering-quince	*Chaenomeles sinensis* (Touin) Koehne
枇杷	loquat	*Eriobotrya japonica* (Thunb.) Lindl.
山荆子	Siberian crabapple	*Malus baccata* (L.) Borkh.
覆盆子	red-and-yellow garden raspberry	*Rubus idaeus* L.
海棠花	Chinese flowering crabapple	*Malus spectabilis* (Ait.) Borkh.
7. 大戟科	spurge family	Euphorbiaceae
蓖麻	castorbean	*Ricinus communis* L.
泽漆	sun spruge	*Euphorbia helioscopia* L.
猩猩草	painted euphorbia	*Euphorbia heterophylla* L.
大戟	Peking spurge	*Euphorbia pekinensis* Rupr.
一品红	common poinsettia	*Euphorbia pulcherrima* Willd
8. 锦葵科	mallow family	Malvaceae
锦葵	Chinese mallow	*Malva sinensis* Cavan.
草棉	levant cotton	*Gossypium herbaceum* L.
海岛棉	barbados cotton	*Gossypium barbadense* L.
陆地棉	upland cotton	*Gossypium hirsutum* L.
木槿	shrubalthea	*Hibiscus syriacus* L.
大麻槿	hemp hibiscus	*Hibiscus cannabinus* L.
苘麻	chingma abutilon	*Abutilon theophrasti* Medic.
9. 茄科	nightshade family	Solanaceae
茄子	garden eggplant (eggplant)	*Solanum melongena* L.
马铃薯	potato	*Solanum tuberosum* L.
番茄	tomato	*Lycopersicon esculentum* Mill.
辣椒	redpepper	*Capsicum frutescens* L.
烟草	common tobacco	*Nicotiana tabacum* L.
曼陀罗	jimsonweed	*Datura stramonium* L.
颠茄	common atropa	*Atropa belladonna* L.
枸杞	Chinese wolfberry	*Lycium chinense* Mill.

矮牵牛	common petunia	*Petunia hybrida* Vilm.
10. 菊科	composite family	Compositae
莴苣	garden lettuce	*Lactuca sativa* L.
向日葵	sunflower	*Helianthus annuus* L.
蒲公英	Mongolian dandelion	*Taraxacum mongolicum* Hand.-Mazz.
白术	largehead atractylodes	*Atractylodes macrocephala* Koidz.
苍耳	Siberian cocklebur	*Xanthium sibiricum* Patrin.
除虫菊	dalmatian pyrethrum	*Pyrethrum cinerariifolium* Trev.
瓜叶菊	florists cineraria	*Cineraria cruenta* Masson
红花	safflower	*Carthamus tinctorius* L.
菊花	florists chrysanthemum	*Dendranthema morifolium*
牛蒡	great burdock	*Arctium lappa* L.
艾蒿	argy wormwood	*Artemisia argyi* Levl. et Vant.
菊芋	Jerusalem artichoke	*Helianthus tuberosus* L.
雏菊	English daisy	*Bellis perennis* L.
金盏菊	potmarigold calendula	*Calendula officinalis* L.
翠菊	China aster	*Callistephus chinensis* Nees
大丽花	dahlia	*Dahlia pinnata* Cav.
孔雀草	french marigold	*Tagetes patula* L.
万寿菊	aztec marigold	*Tagetes erecta* L.
百日草	zinnia	*Zinnia elegans* Jacq.
11. 蓼科	knotweed family	Polygonaceae
荞麦	common buckwheat	*Fagopyrum esculentum* Moench
玉竹	fragrant solomonseal	*Polygonatum odoratum* (Mill.) Druce
毛蓼	hair knotweed	*Polygonum barbatum* L.
何首乌	tuber fleeceflower	*Polygonum multiflorum* Thunb.
蓼蓝	knotweed ingigo	*Polygonum tinctorium* Ait.
大黄	drug rhubard	*Rheum officinale* Baill.
12. 旋花科	morningglory family	Convolvulaceae
甘薯	sweet potato	*Ipomoea batatas* Lam.
打碗花	ivy glorybind	*Calystegia hederacea* Wall.
菟丝子	Chinese dodder	*Cuscuta chinensis* Lam.
蕹菜	swamp morningglory	*Ipomoea aquatica* Forsk.
茑萝	cypress vine	*Quamoclit pennata* (Desr.) Bojer.
13. 伞形科	carrot family	Umbelliferae
芫荽	coriander	*Coriandrum sativum* L.
胡萝卜	carrot	*Daucus carota* var. *sativa* DC.
川芎	chuanxiong	*Ligusticum wallichii* Franch.
当归	Chinese angelica	*Angelica sinensis* (Oliv.) Diels
防风	divaricate saposhnikovia	*Saposhnikovia divaricata* (Turcz.) Schischk.
茴香	fennel	*Foeniculum vulgare* Mill.

旱芹	dry celery	*Apium graveolens* L.
14. 藜科	goosefoot family	Chenopodiaceae
甜菜	common beet	*Beta vulgaris* L.
菠菜	spinach (common spinach)	*Spinacia oleracea* L.
地肤	belvedere	*Kochia scoparia* (L.) Schrad.
藜	lambsquarters	*Chenopodium album* L.
15. 毛茛科	buttercup family	Ranunculaceae
毛茛	Japanese buttercup	*Ranunculus japonicus* Thunb.
黄连	Chinese goldthread	*Coptis chinensis* Franch.
芍药	common peony	*Paeonia lactiflora* Pall.
牡丹	subshrubby peony	*Paeonia suffruticosa* Andr.
乌头	common monkshood	*Aconitum carmichaeli* Debx.
飞燕草	rocket consolida	*Consolida ajacis* (L.) Schur
16. 天南星科	arum family	Araceae
芋头	dasheen	*Colocasia esculenta* (L.) Schott
半夏	ternate pinellia	*Pinellia ternata* (Thunb.) Breit.
菖蒲	drug sweetflag	*Acorus calamus* L.
龟背竹	ceriman	*Monstera deliciosa* Liebm.
马蹄莲	common callalily	*Zantedeschia aethiopica* (L.) Spreng
17. 仙人掌科	cactus family	Cactaceae
令箭荷花	ackermann nopalxochia	*Nopalxochia ackermannii* Kunth
昙花	broadleaf epiphyllum	*Epiphyllum oxypetalum* (DC.) Haw.
仙人掌	cholla	*Opuntia dillenii* (Ker-Gawl.) Haw.
蟹爪兰	crab cactus	*Zygocactus truncatus* (Haw.) K. Schum.
18. 木兰科	magnolia family	Magnoliaceae
八角	truestar anisetree	*Illicium verum* Hook. f.
白兰	bailan	*Michelia alba* DC.
含笑	banana shrub	*Michelia figo* (Lour.) Spreng.
厚朴	official magnolia	*Magnolia officinalis* Rehd. et Wils.
五味子	Chinese magnoliavine	*Schisandra chinensis* (Turcz.) Baill.
19. 木犀科	olive family	Oleaceae
白丁香	white early lilac	*Syringa oblata* var. *affinis* Lingelsh.
连翘	weeping forsythia	*Forsythia suspensa* (Thunb.) Vahl
女贞	glossy privet	*Ligustrum lucidum* Ait.
20. 桑科	mulberry family	Moraceae
桑	white mulberry	*Morus alba* L.
无花果	fig	*Ficus carica* L.
榕树	smallfruit fig	*Ficus microcarpa* L. f.
21. 五加科	ginseng family	Araliaceae
人参	ginseng (Asiatic ginseng)	*Panax ginseng* C. A. Mey.
西洋参	American ginseng	*Panax quinquefolius* L.

三七	sanchi	*Panax pseudo-ginseng* var. *notoginseng* (Burk.) Hoo et Tseng
22. 唇形科	mint family	Labiatae
藿香	wrinkled gianthyssop	*Agastache rugosus* (Fisch. et Meyer) O. Kuntze.
益母草	wormwoodlike motherwort	*Leonurus artemisia* (Lour.) S. Y. Hu
丹参	dan-shen	*Salvia miltiorrhiza* Bunge
黄芩	baikal skullcap	*Scutellaria baicalensis* Georgi
23. 芸香科	rue family	Rutaceae
柠檬	lemon	*Citrus limon* (L.) Burm. f.
花椒	bunge prickleyash	*Zanthoxylum bungeanum* Maxim.
橘（柑）	satsuma orange	*Citrus reticulata* Blanco
金橘	oval kumquat	*Fortunella margarita* (Lour.) Swingle
枸橘	trifoliate orange	*Poncirus trifoliata* (L.) Raf.
甜橙	sweet orange	*Citrus sinensis* (L.) Osbesk
柚	pummelo	*Citrus grandis* (L.) Osbesk
24. 棕榈科	palm family	Palmaceae (Palmae)
槟榔	betelnutpalm	*Areca catechu* L.
椰子	coconut	*Cocos nucifera* L.
棕榈	fortune windmillpalm	*Trachycarpus fortunei* (Hook. f.) H. Wendl.
25. 报春花科	primula family	Primulaceae
报春花	fairy primrose	*Primula malacoides* Franch.
仙客来	florists cyclamen	*Cyclamen persicum* Mill.
26. 姜科	ginger family	Zingiberaceae
姜	common ginger	*Zingiber officinale* Rosc.
砂仁	villous amomum	*Amomum villosum* Lour.
27. 忍冬科	honeysuckle family	Caprifoliaceae
接骨草	Chinese elder	*Sambucus chinensis* Lindl.
忍冬	Japanese honeysuckle	*Lonicera japonica* Thunb.
28. 景天科	orpine family	Crassulaceae
景天	common stonecrop	*Hylotelephium erythrostictum* (Miq.) Ohba
落地生根	air-plant	*Bryophyllum pinnatum* (L. f.) Oken
29. 梧桐科	sterculia family	Sterculiaceae
可可	cacao	*Theobroma cacao* L.
梧桐	phoenix tree	*Firmiana simplex* (L.) W. F. Wight
30. 睡莲科	waterlily family	Nymphaeaceae
莲	Hindu lotus	*Nelumbo nucifera* Gaertn.
睡莲	pygmy waterlily	*Nymphaea tetragona* Georgi
芡实	gordon euryale	*Euryale ferox* Salisb.
31. 茜草科	madder family	Rubiaceae
茜草	India madder	*Rubia cordifolia* L.
六月雪	junesnow	*Serissa serissoides* (DC.) Druce

栀子	cape jasmine	*Gardenia jasminoides* Ellis
32. **无患子科**	soapberry family	Sapindaceae
荔枝	lychee	*Litchi chinensis* Sonn.
无患子	Chinese soapberry	*Sapindus mukorossi* Gaertn.
红毛丹	rambutan	*Nephelium lappaceum* L.
33. **苋科**	amaranth family	Amaranthaceae
苋菜（苋）	three-coloured amaranth	*Amaranthus tricolor* L. （Flower Gentle）
鸡冠花	common cockscomb	*Celosia cristata* L.
千日红	globeamaranth	*Gomphrena globosa* L.
34. **石蒜科**	amaryllis family	Amaryllidaceae
石蒜	shorttube lycoris	*Lycoris radiata* Herb.
水仙	Chinese narcissus	*Narcissus tazetta* L. var. *chinensis* Roem.
君子兰	scarlet kafirlily	*Clivia miniata* Regel
晚香玉	tuberose	*Polianthes tuberosa* L.
文殊兰	Chinese crinum	*Crinum asiaticum* var. *sinicum* Baker
35. **鼠李科**	buckthorn family	Rhamnaceae
酸枣	spine date	*Ziziphus jujuba* var. *spinosa* （Bunge） Hu
枣	common jujube	*Ziziphus jujuba* Mill.
36. **石竹科**	pink family	Caryophyllaceae
王不留行	cowherb	*Vaccaria segetalis* （Neck.） Garcke
石竹	Chinese pink	*Dianthus chinensis* L.
美国石竹	sweet william	*Dianthus barbatus* L.
石竹梅	button pink	*Dianthus latifolius* Willd.
香石竹	carnation	*Dianthus caryophyllus* L.
满天星	babysbreath	*Gypsophila paniculata* L.
37. **芭蕉科**	banana family	Musaceae
香蕉	dwarf banana	*Musa nana* Lour.
芭蕉	Japanese banana	*Musa basjoo* Sieb. et Zucc.
38. **山茶科**	tea family	Theaceae
茶	tea	*Camellia sinensis* （L.） O. Kuntze
山茶	Japanese camellia	*Camellia japonica* L.
39. **莎草科**	sedge family	Cyperaceae
荸荠	waternut	*Eleocharis dulcis* Trin. ex Henschel
40. **杨柳科**	willow family	Salicaceae
垂柳	babylon weeping willow	*Salix babylonica* L.
41. **凤梨科**	bromelia family	Bromeliaceae
凤梨	pineapple	*Ananas comosus* （L.） Merr.
42. **胡麻科**	pedalium family	Pedaliaceae
胡麻	oriental sesame	*Sesamum indicum* L.
43. **亚麻科**	flax family	Linaceae
亚麻	common flax （flax）	*Linum usitatissimum* L.

44. 椴树科	linden family	Tiliaceae
椴	tuan linden	*Tilia tuan* Szysz.
黄麻	roundpod jute	*Corchorus capsularis* L.
45. 壳斗科	beech family	Fagaceae
栗	hairy chestnut	*Castanea mollissima* Blume
46. 杨梅科	sweet gale family	Myricaceae
杨梅	Chinese waxmyrtle	*Myrica rubra* (Lour.) Sieb. et Zucc.
47. 葡萄科	grape family	Vitaceae
葡萄	European grape	*Vitis vinifera* L.
山葡萄	amur grape	*Vitis amurensis* Rupr.
48. 柿科	ebony family	Ebenaceae
柿	persimmon	*Diospyros kaki* L. f.
49. 兰科	orchid family	Orchidaceae
天麻	tall gastrodia	*Gastrodia elata* Bl.
春兰	goering cymbidium	*Cymbidium goeringii* (Rchb. f.) Rchb. f.
蕙兰	faber cymbidium	*Cymbidium faberi* Rolfe.
建兰	swordleaf cymbidium	*Cymbidium ensifolium* (L.) Sw.
墨兰	Chinese cymbidium	*Cymbidium sinense* (Andr.) Willd.
石斛	noble dendrobium	*Dendrobium nobile* Lindl.
波瓣兜兰	paphiopedilum insig	*Paphiopedilum insigne* (L.) Pfitz.
50. 泽泻科	waterplantain family	Alismataceae
泽泻	oriental waterplantain	*Alisma orientale* (Sam.) Juzepcz.
慈姑	oldworld arrowhead	*Sagittaria sagittifolia* L.
51. 八角枫科	alangium family	Alangiaceae
八角枫	Chinese alangium	*Alangium chinense* (Lour.) Harms
52. 爵床科	acanthus family	Acanthaceae
板蓝	common baphicacanthus	*Baphicacanthus cusia* Bremek.
53. 车前科	plantago family	Plantaginaceae
车前	Asiatic plantain	*Plantago asiatica* L.
54. 苦木科	quassia family	Simaroubaceae
臭椿	tree of heaven ailanthus	*Ailanthus altissima* (Mill.) Swingle
55. 柏科	cypress family	Cupressaceae
刺柏	Taiwan juniper	*Juniperus formosana* Hayata
圆柏	Chinese juniper	*Sabina chinensis* (L.) Antoine
56. 柳叶菜科	eveningprimrose family	Onagraceae
倒挂金钟	common fuchsia	*Fuchsia hybrida* Voss.
57. 灯心草科	rush family	Juncaceae
灯心草	common rush	*Juncus effusus* L.
58. 冬青科	holly family	Aquifoliaceae
冬青	purpleflower holly	*Ilex purpurea* Hassk.
59. 杜鹃花科	heath family	Ericaceae

杜鹃	Indian azalea	*Rhododendron simsii* Planch.
60. 杜仲科	eucommia family	Eucommiaceae
杜仲	eucommia	*Eucommia ulmoides* Oliv.
61. 鸢尾科	iris family	Iridaceae
鸢尾	roof iris	*Iris tectorum* Maxim.
番红花	saffron crocus	*Crocus sativus* L.
小苍兰（香雪兰）	common freesia	*Freesia refracta* Klatt
62. 凤仙花科	balsam family	Balsaminaceae
凤仙花	garden balsam	*Impatiens balsamina* L.
63. 浮萍科	duckweed family	Lemnaceae
浮萍	common duckweed	*Lemna minor* L.
64. 橄榄科	bursera family	Burseraceae
橄榄	white canarytree	*Canarium album*（Lour.）Raeusch.
65. 胡椒科	pepper family	Piperaceae
胡椒	black pepper	*Piper nigrum* L.
66. 黄杨科	box family	Buxaceae
黄杨	Chinese box	*Buxus sinica*（Rehd. et Wils.）Cheng
67. 夹竹桃科	dogbane family	Apocynaceae
夹竹桃	sweetscented oleander	*Nerium indicum* Mill.
68. 桔梗科	bellflower family	Campanulaceae
桔梗	balloonflower	*Platycodon grandiflorus*（Jacq.）A. DC.
69. 蜡梅科	allspice family	Calycanthaceae
蜡梅	wintersweet	*Chimonanthus praecox*（L.）Link
70. 菱科	waterchestnut family	Trapaceae
菱	singharanut	*Trapa bispinosa* Roxb.
71. 马齿苋科	purslane family	Portulacaceae
马齿苋	purslane	*Portulaca oleracea* L.
72. 马鞭草科	verbena family	Verbenaceae
蔓荆	shrub chastetree	*Vitex trifolia* L.
73. 美人蕉科	canna family	Cannaceae
美人蕉	India canna	*Canna indica* L.
74. 秋海棠科	begonia family	Begoniaceae
秋海棠	evans begonia	*Begonia evansiana* Andr.
75. 紫葳科	bignonia family	Bignoniaceae
楸树	manchurian catalpa	*Catalpa bungei* C. A. Mey.
76. 樟科	laurel family	Lauraceae
肉桂	cassiabarktree	*Cinnamomum cassia* Presl
77. 胡颓子科	oleaster family	Elaeagnaceae
沙棘	seabuckthorn	*Hippophae rhamnoides* L.
78. 石榴科	pomegranate family	Punicaceae
石榴	pomegranate	*Punica granatum* L.

79. 桦木科	birch family	Betulaceae
榛	Siberian filbert	*Corylus heterophylla* Fisch. ex Bess.
80. 檀香科	sandalwood family	Santalaceae
檀香	sandalwood sandaltree	*Santalum album* L.
81. 紫草科	borage family	Boraginaceae
勿忘草	woodland forgetmenot	*Myosotis silvatica* Hoffm.
82. 楝科	mahogany family	Meliaceae
香椿	Chinese toona	*Toona sinensis* (A. Juss.) Roem.
83. 败酱科	valeriana family	Valerianaceae
缬草	common valeriana	*Valeriana officinalis* L.
84. 虎耳草科	saxifrage family	Saxifragaceae
绣球	largeleaf hydrangea	*Hydrangea macrophylla* (Thunb.) Seringe
85. 罂粟科	poppy family	Papaveraceae
罂粟	opium poppy	*Papaver somniferum* L.
86. 漆树科	cashew family	Anacardiaceae
腰果	common cashew	*Anacardium occidentale* L.
芒果	mango	*Mangifera indica* L.
87. 萝藦科	milkweed family	Asclepiadaceae
夜来香	cordate telosma	*Telosma cordata* (Burm. f.) Merr.
88. 胡桃科	walnut family	Juglandaceae
核桃	Persian walnut	*Juglans regia* L.
89. 猕猴桃科	actinidia family	Actinidiaceae
中华猕猴桃	yangtao actinidia	*Actinidia chinensis* Planch.
90. 银杏科	ginkgo family	Ginkgoaceae
银杏	maidenhairtree (ginkgo)	*Ginkgo biloba* L.
91. 松科		Pinaceae
华山松	armand pine	*Pinus armandii* Franch.
马尾松	masson pine	*Pinus massoniana* Lamb.
黑松	Japanese black pine	*Pinus thunbergii* Parl.
火炬松	loblolly pine	*Pinus taeda* L.

主 要 参 考 文 献

H. T. Hartmann, D. E. Kester 著.郑开文,吴应祥,李嘉乐等译.1985.植物繁殖原理和技术.北京:中国林业出版社

L. O. 考布莱德 [美] 著.许蕊仙等译.1987.种子科学原理与技术.哈尔滨:黑龙江科学技术出版社

M. K. Razdan 著.肖尊安,祝扬译.2006.植物组织培养导论.北京:化学工业出版社

L. 朱斯梯士,L. N. 巴土著.浙江农业大学种子组译.1983.种子贮藏原理与实践.北京:农业出版社

T. D. Hong, R. H. Ellis 著.陶梅,张敦译.国际植物遗传资源研究所.技术简报第 1 册

北條良夫,星川清亲等著.郑丕尧译.1983.作物的形态与机能.北京:农业出版社

毕辛华,戴心维.1994.种子学.北京:中国农业出版社

陈德富,程炳嵩,李修庆.低温与液体石蜡结合贮藏根芹人工种子研究.李修庆.1990.植物人工种子研究.北京:北京大学出版社,103~107

陈德富,程炳嵩,王韵等.根芹人工种子在液体石蜡中的生长及其生理生化研究.李修庆.1990.植物人工种子研究.北京:北京大学出版社,96~102

崔德才,徐培文.2003.植物组织培养与工厂化育苗.北京:化学工业出版社

董树亭,高荣岐等.2006.玉米生态生理与产量品质形成.北京:高等教育出版社

付晓棣,牛小牧,朱澂等.植物人工种子滴制仪研制与试用.李修庆.1990.植物人工种子研究.北京:科学出版社,144

傅家瑞.1985.种子生理.北京:科学出版社

高灿伦等.1990.作物种子实验技术.郑州:河南科学技术出版社

高荣岐,张春庆.2002.种子生物学.北京:中国科学技术出版社

高荣岐,张春庆等.1997.作物种子学.北京:中国农业科技出版社

高新一,王玉英.2003.植物无性繁殖实用技术.北京:金盾出版社

桂耀林.植物人工种子的研制.郭仲琛,桂耀林.1990.植物体细胞胚发生和人工种子.北京:科学出版社,10~19

郭琼霞.1998.杂草种子彩色鉴定图鉴.北京:中国农业出版社

郭仲琛,桂耀林等.1990.植物体细胞胚胎发生和人工种子.北京:科学出版社

国际种子检验协会.1999.1996 国际种子检验规程.北京:中国农业出版社

韩建国.1997.实用牧草种子学.北京:中国农业大学出版社

何照范.1983.粮油籽粒品质及其分析技术.北京:农业出版社

胡晋.2006.种子生物学.北京:高等教育出版社

胡适宜.1982.被子植物胚胎学.北京:高等教育出版社

黄先伟.1984.种子毒物.西安:陕西科学技术出版社

蒋高明.2004.植物生理生态学.北京:高等教育出版社

姜汉侨,段昌群,杨树华等.2004.植物生态学.北京:高等教育出版社

李修庆,邓莱莲,陈德富等.胡萝卜人工种子在液体石蜡中的发芽生长及其生理特性.李修庆.1990.植物人工

种子研究．北京：北京大学出版社，81～90

李修庆．1990．植物人工种子研究．北京：北京大学出版社

刘建敏，董小平．1997．种子处理科学原理与技术．北京：中国农业出版社

陆承勋，张天宏，邓茉莲等．活性炭的吸附与解吸附特性在胡萝卜人工种子中的应用．李修庆．1990．植物人工
　种子研究．北京：北京大学出版社，36～40

陆定志，傅家瑞，宋松泉．1997．植物衰老及其调控．北京：中国农业出版社

陆时乃，徐祥生等．1991．植物学．北京：高等教育出版社

农业科学院．1988．棉花的生长和组织解剖．上海：上海科学技术出版社

潘瑞炽，董愚得．1984．植物生理学．北京：高等教育出版社

陶嘉龄，郑光华．1991．种子活力．北京：科学出版社

田纪春．1995．优质小麦．济南：山东科学技术出版社

王景升．1994．种子学．北京：中国农业出版社

王沙生，洪铁宝等译．1989．种子休眠和萌发的生理生化．北京：农业出版社

吴淑芸，曹辰兴．1995．蔬菜良种繁育原理和技术．北京：中国农业出版社

徐汉卿．1996．植物学．北京：中国农业出版社

许慕农，胡大维．1993．银杏栽培和产品加工技术．北京：中国林业出版社

许智宏，刘春明．1999．植物发育的分子机理．北京：科学出版社

颜启传，胡伟民，宋文坚．2006．种子活力测定的原理和方法．北京：中国农业出版社

颜启传．2001．种子检验原理和技术．杭州：浙江大学出版社

颜启传．2001．种子学．北京：中国农业出版社

张春庆，高荣岐等．1995．种子生产．郑州：河南科学技术出版社

张春庆，尹燕枰．1995．种子质量检验原理与技术．北京：中国农业出版社

张大勇．2004．植物生活史进化与繁殖生态学．北京：科学出版社

张天宏，陆承勋，邓茉莲等．胡萝卜人工种子外膜及防腐剂的研究．李修庆．1990．植物人工种子研究．北京：北
　京大学出版社，41～47

赵国余．1989．蔬菜种子学．北京：北京农业大学出版社

赵世绪．1982．作物胚胎学．北京：农业出版社

赵文明．1995．种子蛋白质基因工程．西安：陕西科学技术出版社

赵玉巧．1998．新编种子知识大全．北京：中国农业科技出版社

郑光华，史忠礼，赵同芳等．1990．实用种子生理学．北京：农业出版社

郑光华．2004．种子生理研究．北京：科学出版社

支巨振．2000．《农作物种子检验规程》实施指南．北京：中国农业出版社

中国农学会．1997．种子工程与农业发展．北京：中国农业出版社

中国农业工程学会．1996．论中国种子工程．北京：中国农业科技出版社

中山包（日）著．马云彬译．1988．发芽生理学．北京：农业出版社

达尔文著．周建人，叶笃庄，方宗熙译．1995．物种起源．北京：商务印书馆

朱培贤，陈银华等．1996．蔬菜种子质量辨别技术．北京：中国农业大学出版社

叶常丰，戴心维．1994．种子学．北京：中国农业出版社

陈德富等．1995．人工种子几个问题的讨论．山东农业大学学报，26（2）：249～256

陈叔平．1990．作物种质资源的保存．作物品种资源，2：37～38

陈叔平等．1992．种子超干贮存研究．种子，1：32～33

陈贞等. 1991. 种质资源贮存的科学管理. 作物品种资源, 1: 42~44

戴开军, 高翔, 董剑等. 2005. 麦谷蛋白亚基对小麦品质特性的影响及其遗传转化. 麦类作物学报, 25 (4): 132~137

董海州, 高荣岐等. 1998. 不同贮藏和包装方式对大葱种子生理生化特性的研究. 中国农业科学, 31 (4): 65~67

杜兰芳, 沈大稜, 李瑶等. 1994. 丙烯酸树脂作为水稻人工种子外膜试验. 上海农业科技 (5): 41~42

傅家瑞, 李卓杰等. 1987. 花生种子劣变中超微结构的研究. 植物生理学报, 3: 229~235

高艾英, 张昊, 湛平. 2007. 小麦醇溶蛋白等位基因研究进展. 山东农业科学, 1: 25~27

高荣岐, 董树亭等. 1992. 高产夏玉米籽粒形态建成和营养物质积累与粒重的关系. 玉米科学 (创刊号): 52~58

高荣岐, 董树亭等. 1993. 夏玉米籽粒发育过程中淀粉积累与粒重的关系. 山东农业大学学报, 24 (1): 42~48

高荣岐, 董树亭等. 1997. 玉米盾片发育过程中超微结构的变化. 作物学报, 23 (2): 232~236

高荣岐, 席湘媛. 1992. 长豇豆胚和胚乳的发育及营养物质积累. 植物学报, 34 (4): 271~277

高荣岐, 席湘媛. 1993. 长豇豆种皮和种脐的发育. 西北植物学报, 13 (4): 277~281

高荣岐, 席湘媛. 1994. 薏苡糊粉层及糊粉亚层细胞发育的超微结构观察. 植物学报, 36: 37~42

郝春燕, 李建国, 李雅轩等. 2006. 小麦醇溶蛋白基因克隆研究进展. 首都师范大学学报, 27 (2): 67~70

何奕昆, 朱长书, 何孟元等. 1997. 半夏小块茎的形态发生及人工种子的制作. 作物学报, 23 (4): 482~486

胡承莲等. 1991. 种子干燥问题的研究. 作物品种资源, 4: 42~44

胡晋, 戴心维, 叶常丰. 1988. 杂交水稻及其三系种子的贮藏特性和生理生化变化. I. 不同水分种子贮藏期间含水量和活力的变化. 种子 (1): 1~8

黄善军, 陈银龙, 胡晋等. 2001. 自然与人工老化粳稻种子活力与田间苗期性状的相关性析. 种子 (3): 23~26

黄上志, 傅家瑞. 1992. 花生种子贮藏蛋白质与活力的关系及其在萌发时的降解模式. 植物学报, 34 (7): 543~550

黄上志, 汤学军等. 2000. 莲子超氧物歧化酶的特性分析. 植物生理学报, 26 (6): 492~496

黄绍兴, 黄美娟, 朱澂. 1995. 木薯淀粉对人工胚乳性能及对人工种子发芽率的影响. 生物工程学报, 11 (1): 39~44

贾立国, 樊明寿. 2006. 种子理化反应与种子衰老关系的研究进展. 中国农学通报, 22 (4): 260~263

姜文, 姚大年, 张文明等. 2006. 小麦种子萌发过程贮藏蛋白变化及其与活力关系的研究. 种子, 25 (7): 16~19

李爱莲, 曾献英, 陈玉萍等. 1998. 转育 Bt 抗虫基因棉与常规棉种子的活力比较. 作物杂志 (2): 37~38

李宗智. 1987. 提高粮食作物的营养价值. 河北农业大学学报, 10 (1): 13~22

林鹿, 傅家瑞. 1996. 花生种子的内源 ABA 含量变化及其与活力的关系. 植物学报, 38 (3): 209~215

刘贵华, 肖蕻, 陈漱飞等. 2007. 土壤种子库在长江中下游湿地恢复与生物多样性保护中的作用. 自然科学进展, 17 (6): 741~747

刘军, 黄上志, 傅家瑞. 2001. 种子活力与蛋白质关系的研究进展. 植物学通报, 18 (1): 46~51

卢新雄. 1991. 国家种质库种子入库处理程序. 种子, 6: 60~62

卢新雄. 1993. 我国作物种子资源保存及其研究的进展. 种子, 5: 34~36

马卉, 徐秀红, 江绪文等. 2006. PEG 引发对草坪草种子萌发及活力的影响. 种子, 25 (11): 20~25

孟祥栋, 李曙轩. 1992. 菜用大豆种子活力与 DNA、RNA 及蛋白质合成的关系. 植物生理学报, 78 (2): 121~125

乔燕祥, 高平平, 马俊华等. 2003. 两个玉米自交系在种子老化过程中的生理特性和种子活力变化的研究. 作物学报, 29 (1): 123~127

孙海燕, 张文明, 姚大年等. 2007. 甜玉米种子活力测定方法的比较研究. 安徽农业科学, 35 (6): 1593~

1594，1622

孙海燕，张文明，姚大年等.2006. 甜玉米种子活力及其种子处理方法研究进展. 种子，25（8）：35～38

王文国，王胜华，陈放.2006. 植物人工种子包被与储藏技术研究进展. 种子，25（2）：51～57

魏育明，颜泽洪，吴卫等.2004. 应用 PCR 技术研究中国特有小麦种子贮藏蛋白基因的遗传变异. 四川农业大学
　学报，22（4）：287～292

吴长明，孙传清，陈亮等.2000. 控制稻米脂肪含量的 QTLs 分析. 农业生物技术学报，8（4）：382～384

吴关庭，郎春秀，胡张华等.2006. 应用反义 PEP 基因表达技术提高稻米脂肪含量. 植物生理与分子生物学学
　报，32（3）：339～344

席湘媛，叶宝兴.1997. 大麦胚和胚乳发育的相关性及贮藏营养物质的积累. 植物学报，39（10）：905～913

席湘媛，叶宝兴.1994. 薏苡胚发育及营养物质积累的研究. 植物学报，36（8）：573～580

邢小黑，沈毓渭，高明尉等.1995. 水稻籼粳杂种人工种子制备的研究. 作物学报，21（1）：45～48

许光学，卢泽俭，林少琨等.1990. 人工种子种皮的研究现状. 生物工程进展，10（5）：14～23

薛建平，张爱民，葛红林等.2004. 半夏的人工种子技术. 中国中药杂志，29（5）：402～405

闫巧铃，刘志民，李荣平.2005. 持久土壤种子库研究综述. 生态学杂志，24：948～952

杨光孝，李元鑫，岑益群等.1995. 安祖花不定芽人工种子直播成株. 复旦学报（自然科学版），34（4）：
　438～444

杨辉霞，王芳，单雷.2002. 大豆贮藏蛋白基因及其表达调控研究进展. 大豆科学，22（4）：296～299

杨期和，叶万辉，宋松泉等.2003. 植物种子休眠的原因及休眠的多形性. 西北植物学报，23（5）：837～843

杨足君，李光蓉，刘畅等.2006. 小麦高分子量谷蛋白亚基 Glu - B1 位点沉默基因的克隆与序列分析. 遗传学报，
　33（10）：929～936

姚大年，徐秀红，钱森和等.2002. 糯小麦种子活力的初步研究. 安徽农业科学，30（5）：690～691

于顺利，陈宏伟.2007. 土壤种子库的分类系统和种子在土壤中的持久性. 生态学报，27（5）：2099～2108

鱼小军，师尚礼，龙瑞军等.2006. 生态条件对种子萌发影响研究进展. 草业科学，23（10）：44～49

张明科，张鲁刚，张敏杰.2002. 蔬菜作物人工种子研究进展. 西北农业学报，11（4）：121～126

张铭，黄华荣，魏小勇.2000. 植物人工种子研究进展. 植物学通报，17（5）：407～412

张铭，魏小勇，黄华荣.2001. 铁皮石斛人工种子固形包埋系统的研究. 园艺学报，28（5）：435～439

张文明，梁振华，姚大年等.2005. 砂引发对甜玉米种子萌发及活力的影响. 安徽农业大学学报，32（2）：
　178～182

张文明，倪安丽，王昌初.1997. 包衣对大豆种子萌发及活力的影响. 安徽农学通报（3）：26～28

张文明，倪安丽，王昌初.1997. 杂交水稻及其双亲种子活力的研究. 安徽农业大学学报（1）：40～44

张文明，倪安丽，王昌初.1998. 杂交水稻种子活力的研究. 种子（2）：7～9

张文明，徐秀红，姚大年等.2004. 砂引发对草坪草种子萌发及活力的影响. 种子，23（2）：14～16

张文明，姚大年，王昌初等.1999. 籽粒性状对油菜种子活力的影响. 种子（3）：28～29

张文明，郑文寅，任冲等.2003. 电导法测定大豆种子活力的初步研究. 种子（2）：34～36

张文明，郑文寅，姚大年等.2004. 草坪草种子活力测定方法的比较研究. 草原与草坪（3）：48～51

张宪银，薛庆中.2000. 水稻种子贮藏蛋白分子生物学研究进展. 浙江农业学报，12（2）：108～111

张小明，鲍根良，叶胜海等.2002. 作物人工种子的研究进展. 种子，121（2）：41～43，84

张小明，鲍根良，叶胜海.2002. 作物人工种子的研究进展. 种子，121（2）：41～43，84

赵献林，夏先春，刘丽等.2007. 小麦低分子量麦谷蛋白亚基及其编码基因研究进展. 中国农业科学，40（3）：
　440～446

Ali-Rachedi S.，Bouoinot D.，Wagner M.，et al. 2004. Changes in endogenous abscisic acid levels during dormancy release and maintenance of mature seeds: studies with the Cape verde Islands ecotype, the dormant model of *Arabidopsis thaliana*. Planta, 219: 479~488

Anderson, O. D. , et al. 1984. Nucleic sequence and chromosome assignment of a wheat storage protein gene. Nucleic Acids Res, 12: 8129~8144

Aukerman, M. J. , et al. 1991. An arginine to lysine substitution in the bZIP domain of an Opaue-2 mutant in maize abolishes specific DNA binding. Genes Dev. 5: 310

Baskin, C. C. , J. M. Baskin. 1988. Germination ecophysiology of herbaceous plant species in a temperate region. American Journal of Botany, 75: 286~305

Baskin, J. M. , C. C. Baskin. 1989b. Germination responses of buried seeds of *Capsella bursa-pastoris* ecposed to seasonal temperature changed. Weed Research. 29: 205~212

Baskin, J. M. , C. C. Baskin. 1984. Role of temperature in regulating timing of germination in soil seed reserves of *Labium purpureum*. Weed Research, 24: 341~349

Baskin, J. M. , C. C. Baskin. 1990. The role of light and alternating temperatures on germination of *Polygonum aviculare* seeds exhumed on various dates. Weed Research, 30: 397~402

Baskin, J. M. , C. C. Baskin. 1989. Physiology of dormancy and germination in relation to seed bank ecology. In M. A. Leck , V. T. Parker and R. L. Simpson (eds.), Ecology of Soil Seed Banks. Acad. Press, San Diego. 53~66

Bass, H. W. , et al. 1992. A maize ribosome-inactivating protein is controlled by the transcriptional activator *O-paque*-2. Plant Cell, 4: 225~234

Benfy, P. N. , et al. 1993. Root development in *Atrabidopsis*: Flower mutants with dramatically altered root morphogenesis. Development, 119: 57~70

Benoit D. L. , N. C. Kenkel, P. B. Cavers. 1989. Factors influencing the precision of soil seed bank estimates. Canadian Journal of Botany, 67: 2833~2840

Berleth, T. , Jurgens, G. 1993. The role of the MONOPTEROS gene in organizing the hasal body region of the Arabidopsis embryo. Development, 118: 575~587

Bewley J. D. 1997. Seed germination and dormancy. The plant cell, 9: 1055~1066

Blackman, S. A. , et al. 1992. Maturation proteins associate with developing soybean seeds. Plant Physiol, 100: 225~230

Blackman, S. A. , Obendorf, R. L. , Leopold, A. C. 1992. Maturation proteins and sugars in desiccation tolerance of developing soybean seeds. Plant Physiol, 100: 225~230

Boston, R. S. , O' Brian, G. R. , Bass, H. W. 1994. Differential expression of two ribosome - inactivating protein (RIP) genes from maize. Abstracts of 4th internation congress of plant molecular biology, #568

Bouwmeester, H. J. , C. M. Karssen. 1992. The dual role of temperature in the regulation of the seasonal changes in dormancy and germination of seeds of *Polygonum persicaria* L. Oecologia, 90: 88~94

Bradford, K. J. , Chandler, P. M. 1992. Expression of "dehydrin-like" proteins in embryos and seeslings of *Zizania palustris* and *Oryza sativa* during dehydration. Plant Physiol, 99: 488~494

Brown, D. 1992. Estimating the composition of a forest seed bank: a comparison of the seed extract and seedling emergence methods. Canadian Journal of Botany, 70: 1603~1612

Chappell, J. , Chrispeels, M. J. 1986. Transcriptional and post transcriptional control of phaseolin and phytohemagglutinin gene expression in developing cotyledons of *Phasedlus vulgaris*, 81: 50~54

Chauhan, K. P. S. 1992. The incidence of deterioration and post transcriptional control of phaseolin and phytohemag-glutinin gene expression in developing. Plant Physiol，99：488～494

Chee，P. P.，Klassy，R. C.，Slightom，J. L. 1986. Expression of a bean storage protein "phaseolin minigene" in foreign plant tissues. Gene，41：47～57

Chee，P. P.，Jones，J. M.，Slightom，J. L. 1991. Expression of bean storage protein minigene in tobacco seeds：intron splicing are not required for seed specific expression. J Plant Physoil，137：402～408

Chen F.，Nonogaki H.，Bradford，K. J. 2002. A gibberellin-regulated xyloglucan endotransglycosylase gene is expressed in the endosperm cap during tomato seed germination. Journal of Experimental Botany，53：215～223

Clark，J. K.，Sheridan，W. F. 1991. Isolation and characterization of 51 *embryo-specific* mutations in maize. Plant cell，3：935～951

Coleman，K. E.，et al. 1994. Synthesis of maize zein proteins in transgenic tobacco seed. Plant Pbysiol（Supplement to），105：164

Colucci G.，Apone F.，Alyeshmerni N.，et al. 2002. *GCRI*，the putative Arabidopsis G protein-coupled receptor is cell cycle-regulated，and its overexpression abolished seed dormancy. Proc Natl Acad Sci USA，99：4736～4741

Debeayjou，I.，Koornneef，M. . 2000. Gibberellin requirement for Arabidopsis seed germination is determined both by testa characteristics and embryonic abscisic acid. Plant Physiol，122：415～424

Dey（Pathak），Mukherjee，R. K. 1998. Invigoration of dry seeds with physiologically active chemicals in organic solvents. Sees Sci. & Technol，16（1）：145～154

Durrant，M. J.，et al. 1987. Experiments to determine the optimum advancement treatment for sugar beet seed. Seed Sci. & Technol，15（1）：185～196

Edwardsd G W，EL-Kassaby Y A. 1995. Douglas-fir genotypic response to seed stratification. Seed Sci & Technol，23：771～778

Forcella，F.，K. Eradat-Oskoui，S. W. Wagner. 1993. Application of weed seedband ecology to low-input crop management. Ecological Applications，3：74～83

Gokhan Hacisa Lihoglu，Anwar A. Khan. 1997. Factors influencing tomato and lettuce seed dormancy，progress in seed research，Z_{ND} ICDDT，May12～16，1～9

Grime，J. P. 1989. Seed banks in ecological perspective. In M. A. Leck，V. T. Parker and R. L. Simpson（eds.），Ecology of Soil Seed Banks. Academic Press，San Diego. P. xv-xxii.

Hendry，G. A. F.，K. Thompson，C. J. Moss，et al. 1994. Seed persistence：a correlation between seed longevity in the soil and *ortho*-dihydroxyphenol concentration. Functional Ecology，8：658～664

Hilhorst，H. W. M.，C. M. Karssen. 1992. Seed Dormancy and Germination：the Role of Abscisic and Gibberelins and the Importance of hormone Mutants，Plant Growth Regul，11：225～238

J. Wan，T. Nakazaki，et al. 1997. Identification of marker loci for seed dormancy in rice（*Oryza sativa* L.）. Crop Sci（37）：1759～1763

Kato K.，Nakamura W.，et al. 2001. Detection of loci controlling seed dormancy on group 4 chromosomes of wheat and comparative mapping with rice and barley genomes. Theor. Appl. Genet（102）：980～985

Khan，A. A.，Braun J. W.，Tao，K. L. et al. 1976. New method for maintaining seed vigor and improving performance. Journal of seed Technology，1：33～57

Koornneef M.，Karssen C. M. 1994. Seed dormancy and germination. In：*Arabidopsis*，edited by Koornneef M. and Karssen C. M. Cold Spring Harbor Laboratory Press，Cold Spring Harbor，NY. 313～334

Kowithayakorn，L. 1982. Astudy of Lucerne seed development and some aspect of hard seed content. Seed

Sci. & Technol. 10 (2): 179~186

Kuo, W. H. J. 1994. Seed germination of *Cyrtococcum patens* under alternating temperature regimes. Seed Sci. & Technol, 22: 43~50

Lin S. Y. , Sasaki T. 1998. Detection of quantitative trait loci controlling primary seed dormancy and heading date using rice backcross inbred lines. Theor Appl Genet, 96 (8): 997~1003

Liu P-P, Koizuka N, Homrichhausen TM. et al. 2005. Large scale screening of *Arabidopsis* enhancer-trap lines for seed germination-associated genes. The Plant Journal, 41: 936~944

Liu P-P, Koizuka N, Martin RC. et al. 2005. The *BME*3 (*Blue Micropylar End* 3) GATA zinc finger transcription factor is a positive regulator of Arabidopsis seed germination. The Plant Journal, 44: 960~971

Lopes M. A. , Larkins. 1993. Endosperm origin, development and function, plant cell, 5: 1383~1399

Lunn, G. , Madsen E. 1981. ATP levels of germinating seeds in relation to vigor. Physiologia Plantarum, 54: 146~169

Maheshwari P. , Chopra, R. N. 1995. The structure and development of the ovule and seed of Opuntia dillenii Haw. Phytomorphology, 5: 112~122

Marks, M. K. , A. C. Nwachuku. 1986. Seed-bank characteristics in a group of tropical weeds. Weed Research, 26: 151~157

Marshall, E. J. P, G. M. Arnold. 1994. Weed seed banks in arable fields under contrasting pesticide regimes. Annals of Applied Biology, 125: 349~360

Martin RC, Liu P-P, Nonogaki H. 2006. MicroRNAs in seeds - Modified techniques and potential applications. Canadian Journal of Botany, 84: 189~198

McCarty D. R. , Hattori T. , Carson C. B. , et al. 1991. The *Viviparous-I*, developmental gene of maize encodes a novel transcriptional activator. Cell, 66: 895~905

Medford, J. I. , et al. 1992. A Normal and abnormal development in the *Arabidopsis* vegetative apex. Plant Cell, 4: 631~643

Nicchitta, C. V. , Blobel, G. . 1993. Lumenal proteins of the mammalian endoplasmic reticulum are required to complete protein translocation. Cell, 73: 989~998

Nonogaki H, Gee OH, Bradford KJ. 2000. A germination-specific endo-b-mannanase gene is expressed in the micropylar endosperm cap of tomato seeds. Plant Physiology, 123: 1235~1245

Nonogaki H, Morohashi Y. 1996. An endo-b-mannanase develops exclusively in the micropylar endosperm of tomato seeds prior to radicle emergence. Plant Physiology, 110: 555~559

Nonogaki H, Nomaguchi M, Morohashi Y. et al. 1998. Development and localization of endo-b-mannanase in the embryo of germinating and germinated tomato seeds. Journal of Experimental Botany, 49: 1501~1507

Nunberg, A. N. , et al. 1994. Developmental and hormonal regulation of sunflower helianthinin genes: proximal promoter sequences confer regionalized seed expression. Plant Cell, 6: 473~488

Or, E. , Boyer, S. K. , Larkins, B. A. 1993. *Opaque*-2 modifiers act post-transcriptionally and in a polar manner on gama-zein expression in maize endosperm. Plant Cell, 5: 1599~1609

Otrega, E. I. , Bates, L. S. . 1983. Biochemical and agronomic studies of two modified hard-endorsperm *opaque*-2 maize (Zea mays) populations. Cereal Chem, 60: 107~111

Probert, R. J. 1992. The role of temperature in germination ecophysiology. In Fenner, M. , (ed.) Seeds: The Ecology of Regeneration in Plant Communities. CAB International, Wallingford, UK. pp. 285~325

R. Gao, S. Dong, et al. 1998. Relationship between development of endosperm transfer cells and grain mass in maize. Biologia plantarum, 41 (4): 539~546

Richard, G., et al. 1988. Effect of the pericarp on sugar beet seed germination. Seed Sci. & Technol, 16: 123~130

Roberts, E. H. 1989. Seed quality. Seed sci. & Technol. 17 (1): 175~185

Roberts, H. A., F. G. Stokes. 1965. Studies on the weeds of vegetable crops. V, Final observations on an experiment with different primary cultivations. J Appl Ecol, 2: 307~315

Roberts, H. A., P. M. Feast. 1973. Changes in the numbers of viable weed seeds in soil under different regimes. Weed Research, 13: 298~303

Rudrapal, D., Nakamura, S. 1988. The effect of hydration-dehydration pretre-atments of eggplant and radish seed viability and vigor. Seed Sci. & Technol, 16: 123~130

Russell L., Larner V., Kurup S. et al. 2000. The *Arabidopsis COMATOSE* locus regulates germination potential. Development, 127: 3759~3767

Sachar, R. C., Chopra. 1957. Astudy of the endosperm and embryo in *Mangifera* L. Indian J Agric Sci, 27: 219~228

Sacmidt, R. J., et al. 1993. *Opaque*-2 is a transcriptional activator that recognizes a specific target site in 22-kD zein genes. Plant Cell, 4: 689~700

Saha, R., et al. 1984. Invigoration of soybean seed for the alleviation of soaking injury and ageing damage on germinability. Seed Sci. & Technol, 12 (2): 613~622

Sauerborn, J., G. Wyrwal, K. -H. Linke. 1991. Soil sampling for broomrape seeds in naturally infested fields. In K. Wegmann and L. J. Musselman (eds.) Progress in Orabanche Research. Eberhard-Karls Universitat, Tubingen. p. 35~43

Schweizer, E. E., R. J. Zimdahl. 1984b. Weed seed decline in irrigated soil after rotation of crops and herbicides. Weed Science, 32: 84~89

Schweizer, E. E., R. J. Zimdahl. 1984a. Weed seed decline in irrigated soil after six years of continuous corn (*Zea mays*) and herbicides. Weed Science, 32: 76~83

Skadsen R. W. 1998. Physiological and molecular genetic mechanisms regulation hydrolytic enzyme gene expression in cereal grains. Physiologia plantarum, 104: 486~502

Skriver K., Olsen F. L., Rogers J. C. 1991. Cris-acting DNA elements responsive to gibberellin and its antagomist abscisic acid. Proc Natl Acad Sci USA, 88: 7266~7270

SONG Song-Quan, Kenneth M. Fredlund, Ian M. Møller. 2001. Changes in low-molecular weight heat shock protein 22 of mitochondria during high-temperature accelerated ageing of *Beta vulgaris* L. seeds. Acta phytophysiologica Sinica, 27 (1): 73~80

Spencer, D., et al. 1990. The regulation of pea seed storage protein genes by sulfur stress. Aust. J. Plant Physiol. 17: 355~363

Stalberg, K., et al. 1993. Deletion analysis of a 2S seed storage protein promoter of *Brassica mapus* in transgenic tobacco. Plant Mol Biol, 23: 671~683

Steven, O. A. 1932. The number and weight of seeds produced by weeds. American Journal of Botany, 19: 784~794

Still, D. W., Kovach, D. A., Bradford, K. J. 1994. Development of desiccation tolerance during embyogenesis in rice (*Oryza sativa*) and wild rice (Zizania palustris): Dehydrin expression, abscisic acid content, and sucrose accumulation. Plant Physiol, 104: 431~438

Takawa, F., et al. 1994. Characterization of cis-regulatory elements responsible for the endosperm spedific regulation of rice storage protein glutelin gene. Abstracts of 4th internation congression of plant molecular biology, #533

Thompson, A. J., et al. 1989. Transcriptional and posttranscriptional regulation of seed storage - protein gene expression in pea (*pisum sativam* L.). Planta, 179: 279~287

Thompson, K., J. P. Grime. 1979. Seasonal variation in the seed banks of herbaceous species in ten contrasting habitats. J Ecol, 67: 893~921

Totterdell, S., E. H. Roberts. 1979. Effects of low termperatures on the loss of innate dormancy and the development of induced dormancy in seeds of *Rumex obtusifolius* L. and *Rumex crispus* L. Plant Cell and Environment, 2: 131~137

Trev or Martin. 1994. Seed Treatment: Progress and Prospects, BCPC Monograph No. 57

Van der Pijl, L. 1972. Principles of dispersal in higher plants. Berlin: Springer-Verlag

Wilson, D. O. 1986. The lipid peroxidation model of seed ageing. Seed Sci&Technol, 14 (2): 269~300

Xi Xiang-yuan. 1987. Embryo and endosperm development in green onion, Allium Fistulosum L. Phytomorphology, 37 (2, 3): 225~233

Xu, N., Bewley, J. D. 1994. Germiate embryos of alfafa (*Medicago sativa* L.) will synthesize storage proteins in response to abscisic acid and osmoticum unless subjected to prior desiccation. Plant physiol (Supplement to), 105: 166

Yin Yanping, Gao Rongqi, et al. 1999. Effects of storage temperature and container type on the vigour of welsh onion seeds with low moisture content. Australian Journal of Experimental Agril, 39: 1025~1028

Yin Yianping, Gao Rongqi, et al. 2000. Vigour of welsh onion seeds in relation to storage temperature and moisture content. Seed Sci & Technol, 28: 818~823

Yunes J. A., et al. 1994. The transcriptional activator *Opaque*-2 recognizes two different target sequences in the 22-kD-like alfaprolamin genes. Plant Cell, 6: 237~249

Zhang, F., Boston, R. S. 1992. Increases in binding protein (Bip) accompany changes in protein boby morphology in three high-lysine mutants of maize. Protoplasma 171: 142~152

Zimmerman, J. L. 1993. Somatic cmbryo genesis: A model for early development in higher plants. Plant Cell, 5: 1411~1423

图书在版编目（CIP）数据

种子生物学/高荣岐，张春庆主编 . —北京：中国农业
出版社，2009.1（2015.6重印）
全国高等农林院校"十一五"规划教材
ISBN 978-7-109-13091-3

Ⅰ. 种… Ⅱ. ①高…②张… Ⅲ. 种子—生物学—高等学
校—教材 Ⅳ. Q945.6

中国版本图书馆 CIP 数据核字（2008）第 169799 号

中国农业出版社出版
（北京市朝阳区农展馆北路 2 号）
（邮政编码 100125）
责任编辑 李国忠 田彬彬

北京通州皇家印刷厂印刷 新华书店北京发行所发行
2009 年 1 月第 1 版 2015 年 6 月北京第 2 次印刷

开本：820mm×1080mm 1/16 印张：18.75
字数：450 千字
定价：34.00 元
（凡本版图书出现印刷、装订错误，请向出版社发行部调换）